T0140659

V&R

Hypomnemata

Untersuchungen zur Antike und zu ihrem Nachleben

Supplement-Reihe

Herausgegeben von
Albrecht Dihle, Siegmar Döpp, Dorothea Frede,
Hans-Joachim Gehrke, Hugh Lloyd-Jones †, Günther Patzig,
Christoph Riedweg, Gisela Striker

Band 2

Walter Burkert, Kleine Schriften

Herausgegeben von Christoph Riedweg,
Laura Gemelli Marciano, Fritz Graf, Eveline Krummen,
Wolfgang Rösler, Thomas Alexander Szlezák,
Karl-Heinz Stanzel

Band V

Vandenhoeck & Ruprecht

Walter Burkert

Kleine Schriften V
Mythica, Ritualia, Religiosa 2

Herausgegeben von

Fritz Graf

Vandenhoeck & Ruprecht

Bibliografische Information der Deutschen Nationalbibliothek

Die Deutsche Nationalbibliothek verzeichnet diese Publikation in der
Deutschen Nationalbibliografie; detaillierte bibliografische Daten sind
im Internet über http://dnb.d-nb.de abrufbar.

ISBN 978-3-525-25278-9

Hypomnemata ISSN 0085-1671

Inhaltsverzeichnis

Vorwort

Religion ist das Zentrum von Walter Burkerts Werk. Ganz besonders sind es Mythos und Ritual, seit *Homo Necans* (1972), einem Buch, das in Burkerts eigener Einschätzung das erste war, das "umfassend und methodisch die Parallelismen der beiden Phänomene im griechischen Material verfolgte". Entsprechend sind "Mythus" und "Ritual" die beiden grossen Teile der Bände IV und V, die (zusammen mit Band III und VI) zentrale Schriften aus diesen Bereichen vorlegen, angereichert durch eine etwas vagere Gruppe von Schriften zur Religion in Band IV. Wie immer ist die Auswahl mit dem Autor abgesprochen, liegt aber in der letzten Verantwortung des Herausgebers. Um die Bedeutung der Thematik zu unterstreichen, sind in beiden Bänden zwei eher programmatische Texte der jüngeren Vergangenheit an den Schluss gestellt, die beide dem Herausgeber selber am Herzen liegen – die Hans Lietzmann-Vorlesung zum christlichen Altertum und Klassischer Philologie von 1996 in Band IV, mit ihrem nachdrücklichen Plädoyer für eine grössere Annäherung der beiden Disziplinen als Teildisziplinen einer (religiösen) Altertumswissenschaft, einer "übergreifenden Religionswissenschaft", und der Beitrag zu Mythus und Ritual in der Festschrift für Henk Versnel von 2002 in Band V, in der Burkert sein eigenes Werk in einen grösseren geistigen Zusammenhang einordnet.

Die Edition folgt den Richtlinien der bereits erschienenen Bände. Wie bisher wurden also reine Versehen stillschweigend berichtigt; Konventionen wurden einander angeglichen, ohne jedoch (etwa in den Abkürzungen in den Fussnoten) völlig vereinheitlicht zu werden; die häufigen Abkürzungen "Jh." und "Jt." im Text wurden der besseren Lesbarkeit halber stillschweigend aufgelöst. Alle anderen Eingriffe des Herausgebers (meistens Verweise auf neuere Editionen) wurden kursiv in eckigen Klammern markiert.

Wie immer hätten auch diese beiden Bände nicht erscheinen können ohne vielfältige Hilfe. Christoph Riedweg, der seinerzeit diese Reihe angeregt hatte, ist mehrfach mit tatkräftiger Hilfe beigesprungen; Eveline Krummen, die Herausgeberin von Band VI, der zusammen mit diesen beiden Bänden dieses Unternehmen abschliesst, hat ihre Arbeit mit meiner kurzgeschlossen; meine wissenschaftlichen Mitarbeiter in Columbus, Rode-rick Saxey und Hanne Eisenfeld, haben alle Artikel mitgelesen, und ihr Scharfblick hat geholfen, die Versehen einzuschränken; Katrina Väänanen hat bei der Erarbeitung des Index beigestanden. Ihnen allen sei an dieser Stelle gedankt. Für mich als Herausgeber aber war dieses Unternehmen nicht nur eine Gelegenheit, Walter Burkert Dank abzustatten dafür, was er für unsere Wissenschaft und für mich selber in fünf Jahrzehnten geleistet hat, es war auch ein erstaunliches Erlebnis, noch einmal zu sehen, wie reich dieses Œuvre ist und wieviele seiner Einsichten ich erst heute, wo ich selber das Ende meiner wissenschaftlichen Laufbahn absehen kann, besser zu verstehen glaube.

Columbus, im November 2010   Fritz Graf

C. Ritual

Erschienen in: Carl Friedrich Siemens Stiftung, Themen 40. München 1984

1. Anthropologie des religiösen Opfers: Die Sakralisierung der Gewalt

Widerwille und Widerstand gegen Gewalt und Aggression artikulieren sich heute weit deutlicher als in früheren Generationen. Soweit noch ein moralischer Konsens in der Öffentlichkeit besteht, geht er in diese Richtung. Dies dominiert in den offiziellen Medien und erreicht besonders die Beweglichen und Aufgeschlossenen, die Intellektuellen, die Jungen. Konservative sehen eher neue Probleme, wird doch nicht nur das Militär, sondern auch Polizei, Strafvollzug, Erziehung zunehmend in Frage gestellt. Auch mag man sich sorgen, ob etwa zur Kompensation eine geheime Lust an Gewalt und Aggression in die Subkultur ausweicht, z.B. den Videomarkt. Wird die Welt grau in grau, wenn mit der Aggression auch der Triumph verloren geht? Bedarf es zum mindesten der Aggression gegen die Aggression in Demonstrationen und 'Märschen', um den Alltag bunter zu machen? Trotzdem scheint sich ein Einstellungswandel von säkularem Ausmaß anzubahnen. Es wandelt sich damit auch der Blick auf die eigene Kultur, auf Tradition und Geschichte. Mit welcher Selbstverständlichkeit hat man noch vor wenigen Jahrzehnten, noch in meiner Schulzeit Geschichte als Kriegsgeschichte betrieben! Jetzt hat sich längst der Überdruß an Kriegen und Triumphen breitgemacht; die Siege werden problematisiert: wir haben den Blick für die Opfer und protestieren in ihrem Namen. *[16]*

Merkwürdig ragt dabei mit dem Begriff 'Opfer' ein Stück alter religiöser Tradition noch in unsere Gegenwart. Wir sprechen von den Opfern einer Katastrophe, eines Verbrechens, eines Kriegs; englisch entspricht *victim*, französisch *victime*, von lateinisch *victima* 'Opfertier'. Die Aufforderung freilich zum aktiven 'Opfer', die doch noch vor wenigen Jahrzehnten möglich war, der Wille zum Opfer, die Freiwilligkeit des Opfers bis zur Selbstaufopferung, dies ist kaum noch anzubringen. Allenfalls wieder in der Subkultur, in Sekten, in Selbstmordkommandos von Terroristen, oder in der fremden Kultur des militanten Islam rührt uns etwas von der irrationalen Macht des Opfers an.

Von Haus aus ist das 'Opfer' ein religiöser Akt – das deutsche Wort kommt von lateinisch *operari*, 'handeln'. Man bringt dem Gott an seinem Altar ein Opfer dar; dies bedeutet, zumindest in der intensivsten Form, daß man ein Opfer schlachtet. Hier wird, neben dem Theologen und Religionswissenschaftler, der Altertumswissenschaftler zuständig oder vielmehr beunruhigt und herausgefordert. Es gibt eine sehr alte christliche Opfertheologie, wonach nur das vollkommene Opfer des Gottessohnes, sein Tod am Kreuz die Menschheit mit Gott versöhnen konnte; in der Redeweise vom "Lamm Gottes" ist dabei das uralte Bild vom Opfertier bewahrt.[1] Von der Praxis der Tieropfer künden, neben Israel, auch in der Welt der klassischen Antike allenthalben die Altäre, die zu jedem Heiligtum gehören: kein griechischer Tempel ohne Altar, an dem das Blut der geopferten Schafe und Rinder ausgegossen wurde. Um den Weltfrieden zu feiern, errichtet Kaiser Augustus einen Altar, *Ara Pacis Augustae*; man kennt die erlesenen Marmorreliefs, Höhepunkt augusteischer Kunst: sie stellen den Kaiser im Opferzug dar, sie bilden den festlichen *[17]* Rahmen für reales, ja banales Schlachten und Blutvergießen. Warum und wozu? Wieso eigentlich muß man Tiere schlachten, damit Friede sei?

Schon gebildete Menschen der Antike haben so gefragt, ja nicht wenige haben bestritten, daß Götter so etwas verlangen können; aber sie setzten sich nicht durch. Stärker war der Brauch, die "Sitte der Väter", ein irrationaler Zwang: dies muß so sein. Man läßt dem Willen der Götter gern den Willen des Opfers entsprechen: freiwillig geht es dem Tod entgegen. Durch den Erfolg des Buches *Kassandra* von Christa Wolf ist vielen wohl die Situation Kassandras vor dem Löwentor von Mykene gegenwärtig, in Erwartung des eigenen gewaltsamen Todes. Diese Situation ist von Aischylos in seinem Drama *Agamemnon* entworfen, und da heißt es von Kassandra: "Gleich einer vom Gott getriebenen Kuh schreitest du guten Mutes zum Altar".[2] Das Bild des Opferzugs, mit dem geschmückten, ruhig schreitenden Tier im Zentrum ist uns von der antiken Kunst her wohl vertraut. Der Gott selbst ist es, der das Opfer 'treibt'. Bei Aischylos wird der Mord an einem Menschen mit Opfer-Metaphorik beschrieben; heißt dies, daß das Opfer seinerseits Vollzug eines Mordes ist? Man kennt die Geschichte von Abraham und Isaak, Inbild des Opfers: Ohne Begründung verlangt Gott ein Menschenopfer, das Opfer des eigenen Sohns. Als Ablösung tritt im letzten Au-

---

[1]   Johannesevangelium 1,29; 36; Paulus 1. Kor. 5,7; Hebräerbrief 9–10.
[2]   Chr. Wolf, *Kassandra*, Darmstadt 1983. – Aischylos, *Ag.* 1297; *HN [=W. Burkert, Homo Necans, Berlin 1972,] 3f.*

genblick der Widder ein, das von Natur ganz unbeteiligte Tier. Das Verbrennen von Widdern ist das realiter im Tempelhof von Jerusalem vollzogene Opfer. Die mythische Erzählung läßt hinter dem Tieropfer ein Menschenopfer auftragen. Die Ausgrabungen auf dem *Tophet* von Karthago und Mozia haben erschreckend gezeigt, wie bei den Phöniziern Tieropfer immer wieder mit Menschenopfer *[18]* abgewechselt haben.[3] Gewiß, das Christentum hat dies überwunden. Und doch hat gerade das Christentum das Meßopfer geschaffen, hat mit dem Kreuz das Bild einer Menschentötung von exemplarischer Grausamkeit ins Zentrum gestellt, und christliche Kunst hat im Mittelalter eine unbehagliche Vorliebe für grausame Martyrien-Darstellungen entwickelt, durchaus auf dem Hintergrund der Opfer-Theologie, der Nachfolge Christi in den Tod. Das Opfer bleibt, was es war, das Heilige schlechthin, lateinisch *sacrificium*, griechisch *hiereúein*.

Hier liegt ein Paradox vor, das ebenso fundamental wie allgemein ist – nur aus methodischen Gründen beschränken wir uns im wesentlichen auf das jüdisch-christliche und das griechische Material. Insofern bekanntlich Religion mit der Formung menschlicher Gesellschaft aufs engste verbunden ist, handelt es sich um ein Paradox menschlicher Gesellschaft. Freilich ist es bezeichnend, daß eigentlich erst in unserer Zeit dieses Paradox deutlich sichtbar geworden ist und zu weiter ausgreifenden Diskussionen Anlaß gegeben hat. Im Jahre 1972 erschienen gleichzeitig zwei Bücher, die eine prinzipielle Auseinandersetzung damit in Angriff nehmen, René Girard, *La violence et le sacré*, "Die Gewalt und das Heilige" – weitere Studien, die in die gleiche Richtung zielen, sind gefolgt[4] –, und mein Buch *Homo Necans*, "Der Mensch, der tötet". Im Titel von Girards Buch ist das Paradoxon besonders prägnant zusammengefaßt. Wie ist es zu verstehen, daß Blutvergießen und Töten in einem zentralen Akt der Religionen und der damit verwachsenen gesellschaftlichen Institutionen seinen festen Platz hat?

René Girard gibt die Antwort, indem er die Frage umkehrt: wie ist überhaupt Friede in menschlichen Gruppen möglich, die doch stets den zerstörenden Kräften von Interessenkonflikten *[19]* und Eifersucht ausgesetzt sind? Girard führt dabei den Begriff des *désir mimétique* als einer psychologischen Grundkraft ein, 'Verlangen', das durch 'Nachahmung' des Partners sich orientiert und steigert. In der intensiven Interaktion menschlicher Gruppen, zumal wenn noch der Druck einer äußeren Krise – Krankheit,

---

[3] Karthago: L.E. Stager, in: *The Oriental Institute Annual Report*, Chicago 1978/9, 56–59; Motye-Mozia: A. Ciasca, "Sul 'tofet' di Mozia", *Sicilia Archaeologica* 14 (1971) 11–16.

[4] R. Girard, *La violence et le sacré*, Paris 1972, engl. Übers. *Violence and the Sacred*, Baltimore 1977. – Id., *Des choses cachées depuis la fondation du monde*, Paris 1978. – Id., *Le bouc émissaire*, Paris 1982.

Hunger – dazukommt, muß sich dieses *désir mimétique* emporschaukeln bis zu einem kritischen Punkt; dann setzt ein merkwürdiger, gefährlicher Mechanismus ein: ein 'Opfer', *victime*, wird designiert, ein 'Sündenbock', *victime émissaire*, und damit löst sich das Gegeneinander aller gegen alle unversehens in Einmütigkeit: das 'Opfer' erscheint als 'schuldig' und muß vernichtet werden; durch den 'Lynchmord' an dem angeblich schuldigen Opfer entsteht Einigkeit, ist der Friede hergestellt. Nach Girards Theorie setzt alle menschliche Gesellschaft, insofern sie ein friedliches Zusammenleben ermöglicht, diesen Mechanismus voraus: kathartische Gewalt verhindert unreine Gewalt. Allerdings wird dies aus dem Bewußtsein verdrängt, wie auch der Titel von Girards nächstem Buch andeutet: *Des choses cachées depuis la fondation du monde*. Doch in Opferritualen, in denen ein Tier als Ersatz eintritt, wird jene Urszene in harmloserer Form weiter durchgespielt. Auch die Dichter dringen zurück bis in jene Tiefe des Ursprungs: die Kunst enthüllt, was der Mythos verbirgt. Ein Beispiel Girards ist das Drama *König Oedipus* von Sophokles: für die von der Pest bedrängte Stadt wird der König zum 'Sündenbock' gemacht, er erscheint mit grausigster Schuld beladen, die doch eigentlich nicht seine Schuld ist und die er doch zu tragen hat.

Man erkennt als Hintergrund der Theorie den Begriff der Katharsis, der reinigenden Entladung, wie ihn zuerst *[20]* Jacob Bernays aus Aristoteles-Texten gewonnen hat,[5] Nietzsche und Freud weiter ausgebildet haben. Explizit nimmt Girard auch auf Freuds *Totem und Tabu* Bezug, dazu auf die Aggressionstheorie von Konrad Lorenz: Gemeinsam ausgespielte Aggression schafft das 'Band' der Einigkeit. René Girard ist von Haus aus Literaturkritiker, doch dringt er durch die Literatur hindurch auf reales Geschehen und seine psychologisch-gesellschaftlichen Bedingungen. Es ist eine gewisse Verengung, wenn im folgenden nur die formalisierte, wiederholbare Realität behandelt wird, das ritualisierte Opfer; ihm gilt auch das erste Kapitel von *La violence et le sacré*. Opfer ist demnach Kanalisation und Ableitung von Aggression, die sonst die Gesellschaft zerstören müßte: "c'est la communauté entière que le sacrifice protège de sa propre violence" (22); umgekehrt: "c'est la violence qui constitue le coeur véritable et l'âme secrète du sacré" (52); "tout rituel religieux sort de la victime émissaire, et les grandes institutions humaines … sortent du rite" (425).

Mit seiner Theorie gewinnt Girard ein hermeneutisches Modell, das sich in der Interpretation von Literatur und Mythologie bewähren kann. Als Bei-

---

[5]   J. Bernays, *Grundzüge der verlorenen Abhandlung des Aristoteles über die Wirkung der Tragödie*, Breslau 1857, Nachdr. hg. u. eingel. v. K. Gründer, Hildesheim 1970.

spiel die biblische Erzählung von Kain und Abel:[6] Kain ist ein Ackersmann, und er bringt Gott Gaben von den Früchten des Feldes; Abel ist ein Schafhirt, und er schlachtet ein Schaf "von den Erstgeburten" seiner Herde für Jahwe. Gott aber sieht auf das Opfer Abels, auf das Opfer Kains sieht er nicht. Kain ergrimmt, und dies führt zum Brudermord. Jahwes Wahl des ihm genehmen Opfers ist im Text nicht motiviert; der These griechischer Reformer, wonach unblutige Opfer die eigentlich reinen und frommen sein müßten, läuft Jahwes Entscheidung schnurstracks zuwider: er will das blutige *[21]* Opfer. Übersetzt in Girards Theorie, heißt dies: die Gesellschaft braucht die Ableitung der Aggression, und dies eben leistet das blutige Opfer; die Früchte des Feldes zu schenken, genügt da nicht. Konsequenterweise begeht denn auch Kain die weit ärgere blutige Tat, die seine Sonderexistenz begründet: er lebt fortan als Nomade fern vom Ackerbau, doch unverletzlich dank dem Kains-Zeichen. Dazwischen steht, wie ein versprengter Rest einer anderen Fassung, daß Kain eine Stadt erbaute, die erste Stadt des Menschengeschlechts. Damit hat man den Mythos von Romulus und Remus verglichen:[7] auch die Stadt Rom nimmt ihren Anfang mit einem Brudermord. Die Gesellschaft ist gegründet auf ein "fundierendes Verbrechen", *la violence fondatrice*.

Mit Romulus und Rom sind wir wieder zu Themen geführt, die die klassische Altertumswissenschaft direkt betreffen. Mein Buch *Homo Necans*, das griechischen Opferritualen gilt, enthält Überlegungen und Interpretationen ganz ähnlicher Art und führt für Kain und Abel auf die gleiche Deutung. Den gemeinsamen Hintergrund bildet die Aggressionstheorie von Konrad Lorenz und durch sie hindurch Anregungen Freuds aus *Totem und Tabu* und der späteren Lehre vom 'Todestrieb'. Während jedoch in Girards Modell der spontane Sündenbock-Mechanismus auf Grund des *désir mimétique* eigentlich nur eine Bedingung der Möglichkeit ist, die keine historische Konkretisierung oder gar Verifikation verlangt, sieht sich der Philologe und Historiker veranlaßt, entschieden die historische Entwicklung der menschlichen Kultur in Rechnung zu stellen; dies macht die Theorie konkreter, partiell verifizierbar, freilich auch verwundbarer, weil falsifizierbar im einzelnen.

Die griechische Religion führt beim Phänomen des Opfers ein weiteres Paradox vor Augen, das in anderen *[22]* Kulturen durchaus vorhanden, doch weniger augenfällig ist: daß das Tieropfer aufs Essen zielt. "Für die Götter" werden auf den Altären die Knochen des Opfertiers, von Fett be-

---

6   *Genesis* 4; Girard (1972) 17.

7   N. Strosetzki, "Kain und Romulus als Stadtgründer", *Forschungen und Fortschritte* 29 (1955) 184–188.

deckt, verbrannt, auch die Gallenblase, den Rest aber, das ganze gute Fleisch nimmt die fromme Gemeinde zu sich im festlichen Mahl. Opfern heißt einen Festbraten zur Verfügung stellen. Götterfeste sind die wichtigsten Gelegenheiten, überhaupt Fleisch zu essen. Es gibt archaische Gruppen, wo Fleisch überhaupt nur im Rahmen des Opfers gegessen wird. So steht es *expressis verbis* im Buch Leviticus des Alten Testaments: wer ein Tier schlachtet ohne Opferzeremoniell, dem soll es als Blutschuld angerechnet werden.[8] Im Tempelkult von Jerusalem freilich ist das Holokaust, das vollständige Verbrennen von Schafen, zum wichtigsten Akt geworden. Für die Griechen blieb das Opfermahl zentral, obgleich es schon sehr früh aus kritischer Distanz betrachtet wird: der Mythos von Prometheus, der in Hesiods *Theogonie* gestaltet ist, nennt das Opfermahl nicht weniger als einen Betrug an den Göttern. Als listiger Menschenfreund hat Prometheus Knochen und Fleisch in dieser Weise verteilt, daß den Göttern Knochen und Fettdampf bleiben.[9] So profitieren in Wahrheit die Menschen von ihrem Opfer, ihrem "Heiligen Handeln". Wie konnte so etwas als religiöses Ritual zustande kommen?

Die Antwort gab Karl Meuli in einer großen Studie über "Griechische Opferbräuche" 1946.[10] Sie liegt wieder in einer Umkehrung der Fragestellung: nicht warum die Menschen Fleisch essen, ist das Problem, sondern warum das Fleischessen ein heiliger Akt, "heiliges Wirken" schlechthin ist. Karl Meuli hat zunächst den griechischen Befund aus seiner Vereinzelung gelöst: zwar nicht Knochenverbrennung, wohl aber 'Bestattung' von Knochen, Deponierung *[23]* von Knochen, insbesondere Schenkelknochen und Schädeln geschlachteter Tiere an heiliger Stätte finden sich besonders bei sibirischen Jägern und Nomaden, und dies läßt sich bis ins Paläolithicum zurückverfolgen. Ein Jägerbrauch also liegt vor, der sich sowohl im Nomadentum als auch, leicht verwandelt, in der Bauern- und Stadtkultur gehalten hat. Es geht dabei darum, gleichsam den Wesenskern des getöteten Tieres zu bewahren bzw. zurückzugeben an eine Lebensmacht, die über das Jagdwild verfügt. Daß der Mensch die Tiere ausrotten könnte und damit die eigene Lebensgrundlage zerstört, ist eine ganz konkrete Angst schon der 'primitiven' Jäger. Vielerlei Mythen, auch in der Edda, auch in Alpenländer-Sagen, schildern, wie aus den Knochen ein Tier oder auch ein Mensch

---

[8]   Leviticus 17,3f.

[9]   Hesiod, *Theogonie* 535–557.

[10]   K. Meuli, "Griechische Opferbräuche", in: *Phyllobolia. Festschrift P. Von der Mühll*, Basel 1946, 185–288 = K. Meuli, *Gesammelte Schriften*, Basel 1975, Bd.2, 907–1021.

wieder entstehen kann;[11] es darf nur ja kein Knochen gebrochen werden. Oft ist, in sibirischen Kulten wie in Alpenländer-Sagen, von einem Herrn oder einer Herrin des Jagdwilds die Rede.[12] Die Idee der Restitution, der Rückgabe an einen Herrn oder eine Herrin des Lebens findet man in den Opferritualen in verschiedener Gestalt immer wieder ausgedrückt. Laut Homer werden mit den Knochen auch kleine Teile von "allen Gliedern" des Opfertiers mitverbrannt, so daß der Intention nach doch die 'Gesamtheit' des geschlachteten Wesens den Göttern gegeben wird; ebenso werden bei den Römern den 'ausgeschnittenen' Innereien, die den Göttern zukommen, *exta*, Teile von allen übrigen Gliedern beigegeben – der Terminus hierfür ist *magmentum*.[13] Die Aufmerksamkeit kann sich aber auch besonders auf die Reproduktionsorgane des Opfertiers richten: der Großen Göttin in Kleinasien werden die Hoden der Opfertiere umgehängt – dies die Erklärung für die vielberufenen "vielen Brüste" der Artemis von Ephesos.[14] Aus der gleichen Vorstellung, mit *[24]* einem verständlichen anatomischen Irrtum, dürfte herzuleiten sein, daß nach den Opfergesetzen Israels gerade die Nieren für Jahwe verbrannt werden. In dem weiten von Karl Meuli gezogenen Rahmen, der bis ins Paläolithicum zurückreicht, ergibt sich also die Sinndeutung der paradoxen Knochenverbrennung, der prometheischen Opferteilung: es geht um die Restitution des Lebensgrundes, den Bestand des Lebens über Schlachten und Töten hinweg. Hierzu hat Meuli in eindrucksvoller Weise Jägerbräuche vor allem aus Sibirien zusammengetragen, in denen ausgedrückt wird, wie das Töten der Tiere als etwas Bedenkliches, als Befleckung, ja wie eine Schuld erscheint, die entsühnt oder aber umgangen und abgewälzt werden muß: es gibt eine 'Unschuldskomödie', in der das Opfer beklagt wird und die Verantwortung anderen, Fremden, aufgebürdet wird;[15] entsprechendes gibt es in einem vielbesprochenen Opferritual aus Athen, genannt *Buphonia*, 'Ochsenmord'.[16] In alledem drückt sich, laut Meuli, schon beim sogenannten Primitiven eine grundsätzliche "Ehrfurcht

[11] L. Schmidt, "Pelops und die Haselhexe", *Laos* 1 (1951) 67–78; id., "Der Herr der Tiere in einigen Sagenlandschaften Europas und Eurasiens", *Anthropos* 47 (1952) 509–38, beides abgedruckt in L. Schmidt, *Die Volkserzählung*, Berlin 1963, 113–155.

[12] I. Paulson, *Schutzgeister des Wildes (der Jagdtiere und Fische) in Nordeurasien*, Uppsala 1961; O. Zerries, *Wild- und Buschgeister in Südamerika*, Wiesbaden 1954; E. Hofstetter, *Der Herr der Tiere im alten Indien*, Wiesbaden 1980.

[13] Meuli, *Ges. Schr.* (vgl. Anm. 10), Bd. 2, 941, 990f.; K. Latte, *Römische Religionsgeschichte*, München 1960, 389.

[14] G. Seiterle, "Artemis – Die Große Göttin von Ephesos", *Antike Welt* 10,3 (1979) 316. Vgl. auch *S&H [=W. Burkert, Structure and History, Berkeley 1979,]* 202f.

[15] Meuli, *Ges. Schr.* 2, 950–964.

[16] Meuli, *Ges. Schr.* 2, 1004–1006; *HN [s. Anm. 2]* 135–143.

vor dem Leben" aus. Sie hat um Schlachten und Fleischverteilen jene Rituale der Vorsicht, des Schuldgefühls, der Restitution erwachsen lassen, die in den Opferritualen vorliegen. Der Jäger muß töten, um zu leben, und er spielt dieses Paradox in seinen Bräuchen aus. So wird das Opfer-Paradox historisch einsehbar: man hat nicht zu fragen, wie je denn Töten und Essen ins Götterfest hineingeraten sind; dies war seit je da, doch daß man im notwendigen Töten sich beugt vor der Macht des Lebens, ist Religion.

Eindrucksvoll ist, wie Meuli so das scheinbar Abstruse menschlich verstehbar gemacht hat; dies gibt seiner Interpretation die anthropologische Tiefe. Es geht nicht um Primitives, sondern um Fundamentales. Zugleich ist Meulis *[25]* Studie ein Exempel, wie konsequentes Fragen über die Grenzen der Einzeldisziplin hinausführen muß: Meuli war klassischer Philologe, doch von der griechischen Literatur, dem Hesiod-Text, führt das Opferproblem zur allgemeinen Religionswissenschaft und damit von Hellas nach Sibirien und in andere Reiche "wilden Denkens", vom Altertum bis weit in die Prähistorie zurück. Gewonnen wird eine anthropologische Perspektive, die notwendig interdisziplinär ist.

In *Homo Necans* ist Meulis Ansatz noch nach zwei Richtungen erweitert: zum einen wurde die Diskussion aufgegriffen, die in Prähistorie und Anthropologie über die Rolle der Jagd bei der Menschwerdung in Gang gekommen war, die "hunting hypothesis"; zum anderen wurde das Jagen und Töten mit der Aggressionstheorie von Konrad Lorenz verbunden, vor allem mit dem Modell, wie aus gemeinsamer Aggression Gemeinschaft entsteht. Dies bedeutete, auch die Verhaltenswissenschaft, die Ethologie, mit der historischen Religionswissenschaft in Kontakt zu bringen, wobei ein wesentlicher verbindender Begriff der des 'Rituals' und der 'Ritualisierung' ist.

The Hunting Hypothesis ist der Titel eines Buchs von Robert Ardrey (1976). Die Thesen wurden von ihm und anderen schon früher entwickelt; auch der Bestseller von Desmond Morris mit dem burschikosen Titel *Der nackte Affe* liegt ganz auf dieser Linie.[17] Die Primaten sind von Haus aus Früchte-Esser. Sie haben sich entwickelt als intelligente Baumkletterer, mit der Greifhand und dem genauen räumlichen Sehen. Der Mensch hingegen hat die Bäume wieder verlassen und die Erde erobert, als Jäger. Schon im frühen Paläolithicum ist der Mensch erfolgreicher Großwildjäger; dokumentiert ist dies z.B. bereits in den Funden von Chou Kou Tien, vom soge-

---

[17] R. Ardrey, *The Hunting Hypothesis*, London 1976; D. Morris, *The Naked Ape,* New York 1967, dt. Übers. *Der nackte Affe*, München, Zürich 1968. Vgl. auch S.L. Washburn, C.S. Lancaster, "The Evolution of Hunting", in R.B. Lee, I. DeVore, *Man the Hunter*, Chicago 1968, 293–303.

nannten Peking-Menschen.[18] *[26]* Vorausgesetzt ist dabei ein charakteristischer Komplex an physischer Ausstattung und an Verhaltensweisen, die den Menschen von seinen nächsten Verwandten deutlich abheben und damit zum Menschen machen: aufrechter Gang und Waffengebrauch, so daß schnelles Laufen auf zwei Beinen möglich ist und die Hände frei bleiben; Zusammenarbeit in Gruppen mit einem entsprechenden Zeichensystem; Feuergebrauch, insofern die erste effektive Waffe der im Feuer gehärtete Holzspeer war; Differenzierung der Geschlechter, insofern die Männer auf die Jagd gehen und Frauen und Kinder im Schutz des Herdfeuers zurücklassen[19] – dies ist nicht unveränderliche Natur, doch wer dagegen angeht, hat es mit einer Tradition von 100.000 Generationen aufzunehmen. Dies bedeutete vor allem, daß Nahrung ausgetauscht und gemeinsam verzehrt wurde: die Männer bringen die Jagdbeute, die Frauen sammeln eßbare Früchte und Kräuter. Das Fleisch, die hochwertige Proteinnahrung, wird dabei in autoritärer Weise verteilt.[20] Beides, die Geschlechterdifferenzierung in Relation zur Nahrungsbeschaffung und die Fleischverteilung, hat weder bei Primaten – mit einer gleich zu nennenden Ausnahme – noch etwa bei Raubtieren ein Analogon. Dies ist spezifisch menschlich, für menschliche Gesellschaft aber absolut fundamental. Der Soziologe Marcel Mauss hat 1923 eine berühmte Studie über die Gabe, *Le don*, veröffentlicht.[21] Der universale Akt des 'Gebens' auf Grundlage der Reziprozität ist zurückführbar auf die Grundsituation der Fleischverteilung nach der Jagd. Noch im Griechischen bezeichnet *géras* die Ehre und zugleich konkret das Fleischstück, und das allgemeinere Wort *moîra*, das die Weltordnung überhaupt bezeichnet, heißt gleichfalls von Hause aus Fleisch-'Portion'.[22] Kurzum: die "hunting *[27]* hypothesis" führt auf ein Grundmuster des Funktionierens menschlicher Gesellschaft in Kooperation und gegenseitigem Austausch, mit der Sequenz Erjagen – Töten – Verteilen; zwischen dem 'Nehmen' und dem 'Geben' steht das Schlachten. Es ist dann ohne weiteres zu sehen, wie dies im Tieropfer nachgespielt wird: Man bringt das Tier, man schlachtet, man verteilt; in symbolischer Reduktion: "nahm er das Brot, brach's, und gab es

---

[18] Wu Rukang, Lin Shenglong, "Der Pekingmensch", *Spektrum der Wissenschaft* 1983: 8, 102–111.

[19] H. Watenabe, "Hunting as an Occupation of Males", in Lee–DeVore (vgl. Anm. 17), 74–77.

[20] Vgl. G. Ll. Isaac, "Food Sharing and Human Evolution", *Journal of Anthropological Research* 34 (1978) 311–325 und in Y.Z. Young (ed.), *The Emergence of Man*, London 1981, 177–181; G.J. Baudy, "Hierarchie oder: Die Verteilung des Fleisches", in B. Gladigow, H.G. Kippenberg (ed.), *Neue Ansätze in der Religionswissenschaft*, München 1983, 131–174.

[21] M. Mauss, "Essai sur le don", *Année Sociologique* Il 1, 1923/4, wieder abgedruckt in M. Mauss, *Sociologie et anthropologie*, Paris 1950, 1966³, 143–279.

[22] Vgl. *Hom. Hermeshymnus* 128f.; Baudy (vgl. Anm. 20) 162–167.

seinen Jüngern". Damit aber steht von Anfang an Blutvergießen und Töten im Zentrum der Grundordnung menschlicher Gesellschaft, die auf Kooperation und Reziprozität beruht.

Wenn man in dieser Weise vergleichsweise rezente Vergangenheit und die Hominisierung des Menschen zusammensieht, darf man freilich nicht aus dem Bewußtsein verlieren, welch enorme Zeiträume man damit überspannt. Die Trennung von Menschen- und Schimpansenstamm dürfte mehr als fünf Millionen Jahre zurückliegen. Die "missing links" sind in letzter Zeit immer zahlreicher, aber auch immer verwirrender geworden. Die wesentlichen evolutionären Schritte erscheinen nicht mehr koordiniert, sondern durch lange Zeiträume getrennt zu sein: aufrechter Gang schon sehr früh – zum Transport von Nahrungsmitteln? –, Werkzeugherstellung erst weit später, später auch die Zunahme des Gehirnvolumens.[23] In welcher Phase die Jagd entscheidend wichtig wurde, ist umstritten. Man hat vor der Überschätzung der Jagd auch grundsätzlich gewarnt. In rezenten Jägervölkern, die der Beobachtung zugänglich sind, liefert de facto die Jagd immer nur einen Bruchteil der verzehrten Nahrung.[24] Dem wiederum ist entgegenzuhalten, daß offenbar überall die Jagd ein ganz spezielles Prestige genießt, das weit über ihre reale Bedeutung hinausreicht; sie ist und bleibt fast überall Männersache; und für fast alle [28] Menschen ist der Fleischgeschmack etwas besonderes, das wahre Zentrum eines guten Essens. Dies ist der Paläolithiker in uns. Die Regression zum Vegetarier ist möglich, bedarf aber eines gewissen seelischen Aufwandes. Jagd und Fleischessen hat die Menschheit geprägt. Wichtig ist dabei, daß eine Vorstufe des Menschlichen, nämlich eben Jagd und Fleischverteilung, sich bereits bei Schimpansen beobachten ließ: sie jagen gelegentlich erfolgreich kleinere Tiere und essen sie mit Genuß.[25]Solche Jagd wird fast ausschließlich von männlichen Schimpansen ausgeführt, und der erfolgreiche Jäger pflegt dann, umlagert von bettelnden Gruppenmitgliedern, nach Laune Fleischstücke zu verteilen. Es ist dies die einzige Gelegenheit, bei der Schimpansen Nahrung verteilen – von der Spezialbeziehung Mutter-Kind abgesehen –: nach der Banane greift jeder für sich. Inwieweit das Schimpansenverhalten als vor-menschlich oder gar als dehumanisiert zu beurteilen ist, mag dahinstehen. Es deutet jedenfalls ebenso auf das Alter des Schemas wie auf die Sonderstellung von Jagd und Fleischverteilung im sozialen Kosmos. Wir finden dies reflektiert noch in

---

[23] Neuere Materialien und Diskussionen in Young (vgl. Anm. 20).

[24] Durchschnittlich 35%, Lee in Lee-DeVore (vgl. Anm. 17) 30–48.

[25] G. Teleki, *The Predatory Behavior of Wild Chimpanzees*, Levisburg 1973 und in R.S.O. Harding, G. Teleki (ed.), *Omnivorous Primates, Gathering and Hunting in Human Evolution,* New York 1981, 303–343; P.J. Wilson, "The Promising Primate", *Man* N. S. 10 (1975) 5–20.

der Sonderstellung des Opfermahls in antiken Kulturen. Auch die Tatsache, daß jede rechte Opferstätte, jedes alte Heiligtum einen Baum haben muß, kann man vor diesem Hintergrund sehen.

Wenn man mit solcher Kontinuität in der Organisation des Verhaltens über Tausende von Generationen hinweg rechnet, wird der Begriff des Rituals wichtig, der eine Brücke von der Verhaltensforschung zur Religion schlägt. Kritiker sagen, es handle sich hier um eine Äquivokation; ich bin nicht dieser Meinung.[26] Ritual ist standardisiertes Verhalten in kommunikativer Funktion, wobei die pragmatische Grundlage zurücktreten oder ganz verschwinden kann; dafür wird eine 'Botschaft' vermittelt, ein 'symbolischer' [29] Gehalt. So ist 'Bringen' und 'Geben' in mannigfacher Weise ritualisiert worden, als Ausdruck von Königsmacht und Unterordnung – ich denke an die Reliefs von Persepolis – wie als religiöses Gaben-Opfer. Es gibt auch gerade in Hochkulturen die zeremonielle Jagd, wieder als Ausdruck von Königs- und Adelsherrschaft, es gibt praktisch überall das zeremonielle Essen als Ausdruck von Gemeinschaft, es gibt aber auch das demonstrative Töten, Ausdruck von höchstem Ernst und höchster Macht; all dies findet sich im Bereich der Opferrituale. Die Ethologie hat Tierrituale studiert, die angeboren und somit genetisch fixiert sind, wobei durch den Vergleich verschiedener Species die Evolution vom Pragmatischen zum Symbolischen dokumentiert werden kann. Menschliches Verhalten ist weithin erlernt; dies gilt auch für Rituale. Neben imitativem und bewußt veranstaltetem Lernen gibt es freilich auch frühkindliche Prägung, die nicht rückgängig zu machen ist, und angeborene Elemente spielen gewiß eine tragende, wenn auch schwer nachweisbare Rolle. Jedenfalls ist mit einer kontinuierlichen, nie abgerissenen Tradition im Fortbestand menschlicher Gesellschaft zu rechnen, Tradition des Erlebens und des rituellen Handelns in stetiger Korrelation, vor und neben der Sprache, die dann die wichtigste Form geistig prägender Tradition geworden ist. Wer die Sprache nicht lernt, wird als Idiot behandelt; aber auch "rituelle Idioten" haben in geschlossenen Gesellschaften keine Chance. Rituelles Verhalten ist somit in der Evolution der Kultur geradezu als Auslese-Faktor mit in Rechnung zu stellen.

Die Entwicklung von der Jagd zu Jagdritualen, von Jägerritualen zu Opferritualen in der Prähistorie muß weithin Spekulation bleiben; auf Dokumentation ist nicht zu hoffen. Die frühesten scheinbaren Zeugnisse für

---

[26] *HN* 22–29, *S&H* 35–39, nach K. Lorenz, *Das sogenannte Böse*, Wien 1963 (1970[25]) Kap. 5; vgl. R.A. Rappaport, "Ritual, Sanctity, and Cybernetics", *American Anthropologist* 73 (1971) 59–76; E. G. d'Aquili, Ch.D. Laughlin, J. McManus, *The Spectrum of Ritual. A Biogenetic Structural Analysis*, New York 1979; Widerspruch z.B. von E.O. Wilson, *Sociobiology: The New Synthesis*, Cambridge, Mass. 1975, 560f.

religiöse *[30]* Knochen-Deposita, die Meuli heranzog, die 'Bären-Bestattungen' des Altpaläolithicums, sind als Befund innerhalb der Prähistorie neuerdings wieder sehr umstritten.[27] Aus dem Jungpaläolithicum dürfte einiges Wesentliche faßbar bleiben. Auch die Sprache war damals gewiß schon entwickelt, während unsicher ist, inwieweit der Neanderthaler sprechen konnte.[28] Als stärkster Einwand gegen die Jagd-Opfer-Theorie wird der entscheidende Kulturwandel aufgeführt, den der Übergang zu Ackerbau und Viehzucht bedeutet hat, die "neolithische Revolution": Opfertiere sind praktisch stets domestizierte Tiere. Besagt dies nicht, daß Tieropfer eben – frühestens – eine neolithische 'Erfindung' sind? Der Übergang zur Stadtkultur, die "urbane Revolution", stellt dann eine weitere Kulturschwelle dar, die abermals wesentliche Änderungen der Tradition mit sich brachte. Entgegen solchen Einwänden bleiben Meulis Beobachtungen über Entsprechungen im Verhalten, im Ritual von Jägern und Viehzüchtern bestehen: nicht nur der Umgang mit Tieren überhaupt, das Schlachten und Essen, sondern eben Formen der vorbereitenden 'Reinheit', der Entschuldigung, der 'Unschuldskomödie', der angeblichen Freiwilligkeit des Opfertiers, der Restitution und Rückgabe an die Gottheit: dies gibt es hier wie dort, dies spricht für Kontinuität über die Kulturschwellen hinweg. In der Tat ragen Jagdzeremonien in die neolithische Kultur und in die Stadtkultur hinein. Besonders aussagekräftig sind die Wandmalereien aus den 'Heiligtümern' der neolithischen Stadt Çatal Hüyük in Anatolien, ca. 6000 v. Chr.:[29] sie zeigen Männer, als Leoparden kostümiert, bei der Stier- und Hirschjagd: der Mensch wird zum Raubtier, um zu jagen; dann die Restitution: die Stierhörner werden in den 'Heiligtümern' aufgestellt, unter dem plastischen Bild einer gebärenden Göttin. Im griechischen *[31]* Ritual kommt es vor, daß ein Haustier erst 'freigelassen' wird, um geopfert zu werden;[30] es wird vom Hausgenossen erst wieder zum 'wilden' Tier. Umgekehrt gibt es sibirische Jäger, die ein Bärenjunges einfangen und aufziehen, um den Bären dann in

---

[27] Meuli, *Ges. Schr.* 2, 964–966 – kritisch F.E. Koby, *L'Anthropologie* 55 (1951) 304–308, H.G. Bandi, in: *Helvetia antiqua. Festschrift E. Vogt,* Zürich 1966, 1–8; vgl. J. Maringer, "Die Opfer des paläolithischen Menschen", *Anthropica. Gedenkschrift P.W. Schmidt,* Wien 1968, 240–271; M. Eliade, *Histoire des croyances et des idées religieuses* I, Paris 1976, 23–27, 393f.; A. Leroi-Gourhan, *Les religions de la préhistoire: Paléolithique,* Paris 1971², 30–36.

[28] Ph. Liebermann, "On the Evolution of Human Language", *Proceedings of the 7th International Congress of Phonetic Sciences,* Leiden 1972, 258–272; *Annals of the New York Academy of Sciences 280: Origins and Evolution of Language and Speech* (darin Lieberman pp. 660–672); G.S. Kruntz, "Sapienization and Speech", *Current Anthropology* 21 (1980) 772–792 (mit Diskussion).

[29] J. Mellaart, *Çatal Hüyük, Stadt aus der Steinzeit,* Bergisch Gladbach 1967.

[30] *HN* 16.

einer großen Opferzeremonie zu töten und zu verspeisen.[31] Überspitzt gesagt: die ideale Jagd wird zum Opfer, das ideale Opfer zur Jagd. Der historische und wesenhafte Zusammenhang von der Jagd zum Opfer steht m.E. außer Frage.

In Frage steht nur, wie weit man auf diesem Weg an das Phänomen des Heiligen herankommt, das das Opfer als *sacri-ficium* konstituiert. Hier muß zum Ritual doch wohl der sprachliche Ausdruck treten, dazu aber auch eine bestimmte Erlebens-Qualität; um psychologische Rekonstruktionen oder Konstruktionen kommt man hier kaum herum. Karl Meuli insistierte auf dem Ausdruck von Bedenken und Schuldgefühlen beim Jagen und Schlachten, der 'Unschuldskomödie', der "Ehrfurcht vor dem Leben"; ähnliche Gedanken hat Adolf Ellegard Jensen ausgesprochen.[32] Dem evolutionistisch Denkenden bleibt freilich das Zustandekommen dieser Einsicht oder Ergriffenheit ein Problem. In *Homo Necans* ist die Aggressionslehre von Konrad Lorenz herangezogen, Aggression mit Erregung, Angst und Triumph, woraus eine besondere persönliche Bindung entstehen kann; dies suchte ich auf das Modell der urtümlichen Jägergruppe zu übertragen: im gemeinsamen Jagen und Töten konstituiert sich die solidarische Gemeinschaft, beim Jäger wie dann später in den durch Opferriten verbundenen, verschworenen Gruppen von Clans, Bünden, ja Städten und Staaten. Die Aggression wird ausgespielt, im Durchgang durch den Schrecken des Blutvergießens bildet sich Bereitschaft zu Wiedergutmachung und Anerkennung *[32]* einer Ordnung. Nun ist aber die Lorenzsche Aggressionslehre von vielen Seiten heftig kritisiert worden, die These vom angeborenen Aggressionstrieb zumindest hat sich nicht gehalten;[33] die Verbindung von Aggression und Jägerverhalten ist eine gewagte Hypothese. Allerdings geht es gerade in der Perspektive der rituellen Tradition nicht darum, daß bestimmte, womöglich angeborene Formen des Erlebens und Reagierens die Riten hervorbringen, also etwa eine besondere Disposition zu Schuldgefühlen und Ehrfurcht die Formen von Restitution und Ehrung, sondern daß die rituelle Tradition besondere Reaktionen vorschreibt, die sich bewähren; sie werden eingeübt, ja erzwungen, indem der "rituelle Idiot" ausfällt. Es wird dem entgegengehalten, daß die Zuschreibung von Schuldgefühlen an einen Neo-

---

[31] J.M. Kitagawa, "Ainu Bear Festival (Iyomante)", *History of Religions* 1 (1961) 95–151.

[32] A.E. Jensen, "Über das Töten als kulturgeschichtliche Erscheinung", *Paideuma* 4 (1950) 23–38, ~ *Mythos und Kult bei Naturvölkern*, Wiesbaden 1951, 197–229.

[33] Z.B. M.F. Ashley Montagu (ed.), *Man and Aggression*, New York 1968, 1973[2] ~ *Mensch und Aggression*, Basel 1974; A. Plack, *Die Gesellschaft und das Böse*, München 1967, 1969[4]; ders. (Hg.), *Der Mythos vom Aggressionstrieb*, München 1973; J. Rattner, *Aggression und menschliche Natur*, Freiburg 1970.

lithiker oder gar Paläolithiker höchst unwahrscheinlich sei. Die Buschmänner, heißt es, Musterbeispiel einer sehr primitiven Jägerkultur, zeigen
keinerlei Mitgefühl mit ihrer Beute und freuen sich nur des Fleisches. Demgegenüber möchte ich festhalten, daß jene Riten der Sorge, ja der Schuld
und der Wiedergutmachung nicht nur in Sibirien bezeugt sind, sondern auch
in Afrika und Südamerika, also doch eine recht allgemeine menschliche
Möglichkeit zum Ausdruck bringen.[34] Repräsentieren die Buschmänner in
besonders ungünstiger Umwelt eine Reduktion in der Richtung, die in
Turnbulls berühmtem Buch *The Mountain People* beschrieben ist?[35] Allen
psychologischen Deutungen freilich bleibt das Problem, daß Phänomene
psychologisch vieldeutig sind, daß das Eigentliche verborgen sein kann und
darum dem wissenschaftlichen Beweis nicht zugänglich ist – ein Problem
jeder 'Tiefen'-Psychologie. Selbstsicherheit und schlechtes Gewissen, Triumph und Angst können sich in merkwürdigen Verbindungen gegenseitig
bedingen oder *[33]* ineinander umschlagen. Der Deuter wird, bewußt oder
unbewußt, je auch die eigene Psyche mit ins Spiel bringen. Fürs antike
Tieropfer scheint mir deutlich, daß es um ein Töten geht und damit um eine
Bestätigung des Lebens aus dem Tod – dies auch in der schlichten Form des
Essens. Den emotionellen Höhepunkt markiert der unartikulierte Schrei der
Frauen, die *ololygé*, wenn das Beil niederfällt. Tötungsschock und nachfol-
gende Ordnung gerade auch in der festlichen Mahlzeit, dies ist analog zu
den Begriffen von *mysterium tremendum*, *fascinans* und *augustum*, mit denen Rudolf Otto *Das Heilige* umschrieben hat.[36] Den ethologischen Hintergrund beleuchtet die von Konrad Lorenz angeführte Erklärung der "heiligen
Schauer", die wir den Rücken entlanglaufen fühlen in Situationen der
Furcht und Ehrfurcht, auch der aggressiven Begeisterung, beim Aufbruch
zu Demonstration und Kampf: es sind dies die Relikte jenes Nervensystems,
das beim Primaten die Rückenmähne sich sträuben läßt zum Imponier-
gehabe: Umrißvergrößerung als Drohgebärde.[37] Auch das Erleben des Heiligen entfaltet sich auf der von der biologischen Evolution gelegten Grundlage im Sinnfeld von Aggression und Angst.

Damit ist natürlich nicht Religion schlechthin erklärt; da kommen noch
ganz andere Phänomene wie Ekstase, Vision, Magie, Mantik, Meditation,

---

[34] Afrika: H. Baumann, "Nyama, die Rachemacht", *Paideuma* 4 (1950) 191–230; Amazonas-
Gebiet: D. Reichel-Dolmatoff, *Desana. Le symbolisme universel des Indiens Tukano de
Vaupés*, Paris 1973.

[35] C. Turnbull, *The Mountain People*, New York 1972.

[36] R. Otto, *Das Heilige*, München 1917; danach G. Mensching, *Wesen und Ursprung der Religion: Die großen nichtchristlichen Religionen*, Stuttgart 1954, 11–22.

[37] Lorenz (vgl. Anm. 26) 259–261.

auch Musik und Tanz als entscheidende Faktoren mit ins Spiel. Dies liegt
außerhalb der jetzt verfolgten Linie der Opferrituale, so gewiß diese mit all
jenen Phänomenen in Verbindung treten können.

Es bleibt die Herausforderung durch das konkurrierende Modell von
René Girard. Der Sündenbock-Mechanismus, wie ihn Girard beschreibt, ist
andersartig als das Jagd-Opfer-Modell, trotz der parallelen Anwendung von
Konrad Lorenz' Aggressionstheorie. Sein Vorteil ist, daß es die *[34]*
menschlich-gesellschaftlichen Funktionen unmittelbar, ohne den Umweg
übers Tier, beschreiben kann, während von der Jagd her wiederum die tat-
sächliche Rolle von Tier und Essen im Opfer direkt erklärt wird. Nun geht
es aber nicht um ein Entweder-Oder. Der Neigung unseres linearen Denkens, monokausale Theorien aufzustellen, stehen gerade die biologischen
Beobachtungen von der ungeheuren Komplexität aller Lebensvorgänge entgegen. Von den tatsächlich bezeugten Ritualen ausgehend muß man auch
René Girards Modell noch weiter differenzieren. Girard sieht in der Austrei-
bung des König Ödipus bei Sophokles und in der Zerreißung von König
Pentheus durch die Mänaden in Euripides' *Bakchen* den gleichen Mechanismus am Werk, obgleich doch zwischen dem Verjagen und dem Erjagen,
dem Austreiben des Befleckten und dem Einfangen der Beute ein deutlicher
Gegensatz besteht. Der eigentliche 'Sündenbock' im Buch Leviticus 16
wird nicht eingefangen und getötet, sondern weggeführt in die Wüste und
einer fremden Macht überlassen. Es lassen sich weitere Fälle eines derarti-
gen Wegführens, Aufgebens, Überlassens an feindliche Mächte zusammen-
stellen; als Hintergrund kann man auf die Situation der von Raubtieren um-
lagerten Herde verweisen:[38] ein Mitglied, vielleicht ein Außenseiter, ein
junges oder altes, krankes Tier wird zum 'Opfer' werden. Gerade in dieser
Sicht ist der 'Sündenbock' Ausgestoßener und Retter zugleich. Dies ist freilich nur ein bildhafter Hintergrund, der aber verständlich, erlebbar, vielleicht sogar genetisch festgeschrieben ist: wie beliebt ist das Erzählmotiv
von dem von Wölfen verfolgten Schlitten; einer muß "zum Opfer fallen".
Hier also haben wir einen Opferbegriff, der vom Jagd-Modell nicht abge-
deckt wird, sondern eher seine Umkehrung darstellt: der 'opfernde' Mensch
als der Gejagte, nicht als *[35]* Jäger. Es gibt Mythen von der Begründung
des Opfers, die eine solche Situation ausmalen. Nach einem indischen
Mythos hat Prajapati, das erste Wesen, das Feuer hervorgebracht, Agni. Agni ist ein Fresser, der nun mit offenem Maul auf Prajapati zukommt und ihn
in Panik versetzt; zum Glück kann Prajapati aus seinen Händen Butter und
Milch hervorbringen, die Opfermaterie, die man für Agni ins Feuer gießt.[39]

---

[38] *S&H* 71.
[39] W.D. O'Flaherty, *Hindu Myths*, Harmondsworth 1975, 32f. (atapatha Brahmana).

Grausamer ist es im aztekischen Mythos: da brennt das verzehrende Feuer, in das ein Mensch als Opfer sich stürzen muß, 'freiwillig'; der ersterwählte schreckt zurück, der zweite springt ohne Zaudern: er wird zur Sonne, der andere nur zum Mond[40]– der Kosmos ist durchs Opfer geschaffen, Feuer und Opfer sind immer wieder im Ritual präsent. In babylonischen Beschwörungstexten, die vor allem im Krankheitsfall anzuwenden sind, wird das Opfertier immer ausdrücklich als 'Ersatz', *pu·u*, für den Kranken bezeichnet: die Dämonen werden aufgefordert, sich an ihm zu sättigen und den Kranken frei zu lassen;[41] wieder also das Bild der Raubtiere, die durchs 'Opfer' abzulenken sind. Auch im Griechischen gibt es die Vorstellung vom Ersatz- oder Ablösungsopfer durchaus. Die Dichtung malt gerade hier Menschenopfer aus, vor allem im Krieg oder gegen eine Seuche. "Leben um Leben", *vitam pro vita, animam pro anima* heißt es in Opferinschriften aus dem römischen Nordafrika für 'Saturnus',[42] hinter dem wohl ein phönizischer Moloch steht. Auch an die christliche Opfer-Theologie ist nochmals zu erinnern: das freiwillige, stellvertretende Sterben, damit die anderen leben.

Hier also liegt ein Komplex von Opferritualen vor, den die Jagd-Opfer-Theorie nicht erklärt. Übrigens hat Meuli in seiner fundamentalen Arbeit einen solchen Anspruch auch nicht erhoben, er schränkt sein Modell ausdrücklich auf das *[36]* "olympische Speiseopfer" ein. Man kann die Unterschiede der beiden Modelle als Antithesen herausarbeiten: Hier Aggression – dort Angst; hier der Triumph des Tötenden – dort die Erleichterung dessen, der einen anderen an seiner statt sterben läßt; hier Gewinnen und Essen – dort Preisgeben an drohende Mächte; hier der Jäger – dort der Gejagte.

Eben damit zeigt sich, daß diese Antithesen aufeinander bezogen sind. Insofern ist die positivistische Feststellung, daß in der Praxis der Kulturen meist je verschiedene Opferklassen nebeneinanderstehen, kaum das letzte Wort. Im Alten Orient gibt es Opfermahlzeiten für die Götter und blutige Ersatzopfer für die Dämonen, im Griechischen kennt man düstere 'Abwendungs'-opfer', *apotrópaia*,[43] neben den glänzenden Götterfesten; inwieweit die Totenopfer eine eigene Kategorie darstellen, ist eine weitere Frage.

---

[40] Bernardino de Sahagun, *Historia general de las cosas de Nueva España* VII 2 (ed. C.M. de Burtamane, Mexiko 1829, II 245–250).

[41] E. Ebeling, *Tod und Leben nach den Vorstellungen der Babylonier*, Berlin 1931, Nr. 15/16; G. Furlani, *Riti Babilonesi e Assiri*, Udine 1940, 285–305 ("Miti Babilonesi e Assiri di sostituzione").

[42] M. Leglay, *Saturne Africain*, Paris 1966.

[43] Dazu Verf. in: *Le sacrifice dans l'antiquité* (Entretiens sur l'antiquité classique 27), Genf 1981, 116–124.

Komplizierte Kategorisierungen bietet das Alte Testament. Es gilt, diese Differenzierungen nicht zu verwischen und doch das komplexe Ineinander zu sehen, das insgesamt das religiöse Opfer konstituiert.

In historischer Perspektive könnte man argumentieren, daß Ersatzopfer qua Tieropfer erst möglich wurden, als man über Haustiere verfügen konnte, also nach der "neolithischen Revolution" mit der folgenden Domestikation. Heißt dies, daß sie jünger sind als der Jagd-Komplex der sakralisierten Fleischmahlzeit? Kaum: in Form von Menschenopfern können Ersatzopfer weit älter sein; auch finden sich bei offenbar recht 'primitiven' Ethnien wie Australiern Formen der blutigen Selbstverwundung, um den Zorn höherer Wesen zu beschwichtigen,[44] die man als äquivalent nehmen könnte. Als partielles 'Selbstopfer' in Situationen der Angst erscheint das weitverbreitete Haaropfer, eine Entstellung, [37] die nicht wehtut und vorübergeht; härter ist das gleichfalls vielfältig bezeugte Fingeropfer – es erscheint auch im griechischen Mythos: Orestes habe sich den eigenen Daumen abgebissen, um so die ihn verfolgenden Erinyen loszuwerden.[45] Zudem gibt es Preisgabe-Opfer von Eigentum, die seit je möglich waren, Versenkung von Wertgegenständen, was weit in die Prähistorie zurückreicht, Versenkung von erlegten Jagdtieren vielleicht schon im Jungpaläolithicum. Entsprechendes wirkt bis in die Gegenwart: Ein Kollege hat mir erzählt, er habe im Kongo erlebt, wie ein Potentat im Seesturm Dollarscheine in die aufgewühlten Wogen warf, als zeitgemäßes Ersatzopfer. Es gibt geradezu ein biologisches Modell für solches Verhalten: Spinnenbeine, Eidechsenschwänze brechen im Notfall ab, um Verfolger irrezuführen und ein Entkommen zu ermöglichen.

Angst und Aggression sind offenbar in den Mechanismen von Verhalten und Erleben aufs engste gekoppelt. Der Geängstigte, Gejagte hilft sich, indem er ein Teil preisgibt, die Katastrophe damit gleichsam in die eigene Hand nimmt und limitiert, ja indem er selbst in aggressiver Weise tätig wird, als Schlächter "sein Opfer bringt" und so den Verfolgern zuvorkommt: Der Gejagte wird zum Jäger, Todesangst wird überwunden durch Tötungsmacht. *De facto* findet man, mit der Institution von Priestertum, statt des Rollentausches recht deutlich das Zusammenspiel der Rollen: Der Opferherr, vermögend und doch voll Zukunftsangst, stellt aus seinem Besitz zur Verfügung, was den Priestern, die Schlachten und Fleischverteilung

---

[44] A. Vorbichler, *Das Opfer auf den uns heute noch erreichbaren ältesten Stufen der Menschheitsgeschichte*, Wien 1956, 38–40, 83–86, 97.

[45] Paus. 8,34,2. Vgl. E.M. Loeb, *The Blood Sacrifice Complex* (Memoirs of the Anthropological Association 30), 1923.

übernehmen, direkt oder indirekt zur Nahrung dient. So ist es *eine* Situation, in der Verfolgungsangst und Jagd, Preisgabe und Zugriff sich treffen. *[38]*

Religion hat mit Angst zu tun, auch wenn die seit der Antike[46] beliebte Herleitung der Religion aus der Angst sicher zu kurz greift. Zur Hominisierung gehörte evidentermaßen eine Vervielfältigung der Ängste, durch soziale Abhängigkeit und insbesondere durch das spezifisch menschliche Wissen um die Zukunft, das allein Planung möglich macht, aber auch die potentiellen Gefährdungen vervielfachend zum Bewußtsein bringt. So wurden symbolische Handlungen, Rituale zur Kontrolle und Ableitung der Gefahren entwickelt und verfestigt, die als Formen von Opfern in alten Religionen zentral sind. Von hier aus ist einsehbar, wieso Opferrituale qua Tötungsrituale "Heiliges Wirken" sind, sowohl wenn man von Residuen der Tötungshemmung, vom Schock des Blutvergießens und der Gewinnung der Fleischmahlzeit ausgeht als auch wenn man Todesangst und den Schock des Überlebens im Untergang des anderen ins Auge faßt. Um Opferriten konkret und im Detail zu verstehen, muß man freilich auch die jeweilige gesellschaftliche Wirklichkeit sehen, das Ineinanderwirken von Individuen und Gruppen mit ihren Interessen und intelligenten Machinationen, von Alt und Jung, Männern und Frauen, Herrschenden und Beherrschten, Spezialisten und Laien, um zu sehen, wie da Zwang zur Konformität, Erziehung, prägender Terror, aber auch Erlebnis von Erfolg und Beglückung sich verketten zu Formen kultureller Tradition, die erstaunlich stabil sein können. Es sind Traditionen höchsten Alters, von einer Generation der anderen aufgeprägt, die in den religiösen Ritualen zum Ausdruck kommen. Dies erklärt denn auch, daß Gesellschaft und Psyche, kulturelle Form und Erlebnisbereitschaft, so wohl aufeinander abgestimmt erscheinen, daß Religion Freude bereitet, daß von "religiösen Bedürfnissen" die Rede ist. Allerdings *[39]* hat die menschliche Tradition nie die genetisch fixierte Stabilität eines Ameisenstaates erreicht; Regression ist ebenso möglich wie progressive Veränderung; auch vieltausendjähriges Kulturgut kann fast schlagartig ausgelöscht werden; wir brauchen uns nur umzusehen.

Doch sei dem Altertumswissenschaftler verstattet, statt aktueller Analyse lieber noch zwei Beispiele aus dem Bereich, für den er fachlich zuständig ist, anzuführen, um zu zeigen, wie die menschheitsgeschichtliche Perspektive, die entworfen wurde, auch einzelne philologisch faßbare Zeugnisse zu erhellen imstande ist. Zunächst zu den Mithras-Mysterien, die im Bereich der römischen Legionen vom 2. bis zum 4. Jahrhundert n.Chr. populär waren. Im Zentrum, in der Apsis der unterirdischen Kulträume steht das

---

[46] Stat. *Theb.* 3,661, vgl. Kritias, *Fragmente der Vorsokratiker* 88 B 25,29, Demokrit, ib. 68 A 75; Lucrez 5, 1204–1240.

Bild des Stieropfers: Mithras, mit wehendem rotem Mantel, hat den zusammenbrechenden Stier an den Nüstern gepackt und stößt ihm das Schwert in die Seite; der Schwanz des Stieres verwandelt sich dabei in eine Getreideähre. Darauf bezieht sich offenbar die rätselhaft andeutende Inschrift aus dem Mithräum von Santa Prisca in Rom: "Und du hast uns gerettet ... durch das vergossene Blut", *et nos servasti ... sanguine fuso* – in der Mitte fehlt ein Wort, das unleserlich ist.[47] Die Tat des Gottes Mithras besteht im Jagen, Einfangen, Schlachten des Stiers, gefolgt vom Mahl zusammen mit dem Sonnengott am Tisch, der mit der Stierhaut gedeckt ist. Realiter fanden in den Mithräen Fleischmahlzeiten statt. Wieso liegt darin "unsere Rettung"? 'Rettung' für den Menschen der Vorzeit war der Übergang zur Jagd in einer sich ändernden Umwelt; 'Rettung' war die Entdeckung des Getreides für das sich mehrende Menschengeschlecht; 'Rettung' ganz konkret im Leben erwartet der Soldat von seinem Gott; 'Rettung' auch über dieses Leben hinaus wird *[40]* wohl dem Eingeweihten versprochen. Für alle Stufen der 'Rettung', *salvatio*, gibt es eine Grundfigur, das 'Blutvergießen' von seiten des göttlichen Jägers.

Das andere Beispiel, gleichfalls aus dem Bereich der Spätantike: Bei der Weihe für die Große Göttermutter, dem *taurobolium*,[48] kauert der Einzuweihende in einer balkenbedeckten Grube; darüber wird ein Stier geschlachtet, so daß an die 50 Liter heißes Blut sich über ihn ergießen. Dies garantiert 'Rettung' zumindest für die nächsten 20 Jahre. Durch das Opfer, den intensiven, *prima vista* widerlichen Kontakt mit Blut und Tod festigt sich eine neue Existenz. Ich habe zufällig vor kurzer Zeit mir erzählen lassen, wie ein Jäger im weißen Südafrika, wohl in Burentradition, mit dem Blut des ersten von ihm erlegten Wildes über und über eingeschmiert wird, und wie bei der Wildschweinjagd in der Toskana der Jäger, der einen Eber schießt, ganz entsprechend blutüberströmt im Triumph nach Hause geleitet wird. Das antike *taurobolium* der Göttermutter stellt sich explizit in Jägertradition: schon das Wort heißt, genau genommen, Stierjagd, und man tötet den Stier mit einem Jagdspeer. 'Rettung' also, neue Existenz durch Blutvergießen auch hier, das Ersatzopfer und jägerische Tat zugleich ist. Die rituelle Stierjagd in Verbindung mit der Großen Göttin läßt sich zurückverfolgen bis zu den schon erwähnten Darstellungen der Steinzeitstadt Çatal Hüyük in Anatolien;[49] dort fand sich auch eine Statuette der Göttin, die zwi-

---

[47] M.J. Vermaseren, C.C. van Essen, *The Excavations in the Mithraeum of the Church of Santa Prisca in Rome*, Leiden 1965, 217–20; zur Lesung und Interpretation vgl. U. Bianchi (ed.), *Mysteria Mithrae*, Leiden 1979, 883ff.

[48] Haupttext Prudentius, *Peristephanon* 10, 1006–1050; R. Duthoy, *The Taurobolium*, Leiden 1969.

[49] Vgl. Anm. 29.

schen zwei Leoparden thront, entsprechend der klassischen Ikonographie der Kybele mit ihren zwei Löwen. In den Heiligtümern von Çatal Hüyük sieht man die gebärende Göttin über den dorthin verbrachten Hörnern der gejagten Wildstiere und den Gebeinen der dort beigesetzten Toten: Restitution und Kontinuität des Lebens in einer Symbolik, die aus der rituell *[41]* verfestigten Praxis der Jäger stammt und in Ausläufern bis in die Gegenwart reicht.

Eine direkte Anwendung aus alledem auf die Gegenwart läßt sich nicht ziehen. Es hat nicht viel Sinn, in romantischer Rückschau den fortschreitenden Zerfall von altgeprägten Formen zu beklagen. Denkwürdig freilich erscheint in dem Jagd-Opfer-Komplex ein Sinn für Gleichgewicht und Reziprozität: ein Beutemachen, das nicht zur Ausbeutung der Natur wird, weil man im Triumph das Bedenkliche ahnt, Autorität, die eben im Verteilen sich bewährt. Man könnte wohl ein potentiell gefährliches Minus im optimistisch verflachten modernen Bewußtsein diagnostizieren, indem das Ernste und Erschreckende, Tötung und Tod, verdrängt wird, statt in kathartischem Durchgang heilige Ordnung zu begründen. Solch eine Formulierung freilich klingt erschreckend reaktionär, und noch erschreckender sind atavistische Versuche, etwas dergleichen restituieren zu wollen. Eher ist hinzuweisen auf die von so langer Tradition geprägte, bedenkliche Bereitschaft, in Situationen der Angst den anderen zu 'opfern' oder aber Solidarität in der Aggression zu suchen. Unsere Aufgabe in der technisch erstarrenden Welt ist offenbar, entgegen menschheitsgeschichtlichen Traditionen neue Formen des Ernsten und Wesentlichen zu finden. Wenn wir freilich meinen, im humanen Fortschritt uns über die blutigen Riten der Vergangenheit leichthin erheben zu können, mag ein letztes Beispiel warnen. Ein amerikanischer Ethnologe berichtet von einem Kopfjäger-Stamm auf den Philippinen, den im 2. Weltkrieg auch die japanische Eroberung erreichte:[50] Sie, die kopfjagenden 'Wilden', seien entsetzt gewesen über die organisierte Kriegführung; daß ein Offizier durch seinen Befehl die eigenen Soldaten gegen Gewehr- oder Kanonenfeuer *[42]* treiben kann, daß man einem solchen Befehl gehorchen, daß man einen solchen Befehl erteilen kann, daß man in dieser Weise den Freund opfert, dies ist für Kopfjäger unfaßlich. Die Fähigkeit zur Organisation von Befehl und Ausführung, der programmierte Mensch unter Ausschaltung eigener Lust und Laune, dies ist eine spezifisch menschliche, höchst ambivalente Errungenschaft der Hochkultur. Doch dies ist eine andere Geschichte.

---

[50] Mündliche Mitteilung von Renato Rosaldo, vgl. sein Buch *Ilongot Headhunting, 1883–1974*, Stanford 1980.

Erschienen in: R.G. Hamerton-Kelly (ed.): Violent Origins, Stanford 1987, 149–176.

2. The Problem of Ritual Killing

I.

In the history of religions, the concept of ritual, based on the use of *ritus/ rituale* in the Christian church, was first discovered from the viewpoint of "survivals"; subsequently it became a major concern of functionalist theories with Emile Durkheim and J.E. Harrison; and recently it has been further developed by structuralist semiology. (Cf. Burkert 1979: 35–39; 1983: 22–29. For a semiotic approach, see Calame 1973; Staal 1979.) It should be clear at once that the functional and the semiotic aspects need not be in conflict with each other: signs do have functions in a given system, even if they are not reducible to them.

I hope we agree about the framework for a definition of ritual: rituals, *dromena* in Greek ("things done," besides "things said" and "things shown," especially in mysteries), are action patterns used as signs, in other words, stereotyped demonstrative action; the demonstrative element might as well be called "rhetorical" (Mack) or even "symbolic," though this depends on the definition of the controversial concept of symbol. (Cf. Rappaport 1971: esp. 67. The communicative element is denied by Staal 1979.) Ritual is thus a form of nonverbal communication, analogous to language at least to some extent. Ritual is a pattern, a sequence of actions that can be perceived, identified, and described as such, and that can be repeated in consequence. We know that action goes together with motives, emotions,[1] projective "ideas," but we need not refer to these for the identification and description of ritual; even the fact of communication is observable from its effects, from behavioral responses. Interaction in any society may be both pragmatic and communicative; we speak of ritual if the communicative function is dominant (i.e., independent to some extent of the pragmatic

---

[1] Scheff 1977 makes ritual "distanced reenactment" of "emotional distress," taking funeral rites as his model; this would hardly apply to preparative ritual or to a sacrificial feast.

situation), which in turn makes possible stereotyped patterns, and is manifest from them.[2]

We should still distinguish "ritual" in a strict sense, a stereotype *[151]* prescribed and predictable in detail, from a looser sense in which we may speak of a ritual hunt, a ritual war, a ritual theft: such actions may be expected and prescribed in certain societies, and surrounded by ritual in the strict sense, but their course and outcome are unpredictably pragmatic.

This concept of ritual is equally applicable to animal behavior; it has been adopted by Sir Julian Huxley and especially by Konrad Lorenz, the most forceful promoter of modern ethology. "A behavioral pattern," to use Lorenz's words,[3] that "acquires an entirely new function, that of communication," is observable in many species of animals as action redirected for demonstration, and the very variety of species allows for the systematic study of its evolution through all its steps.

This view is not popular with the many representatives of human studies who insist on the basic distinction between "human" and "animal." It should be clear, however, that the term "animal" contains a terrible simplification: a chimpanzee is closer to man than to a snail on practically all counts. The most revealing studies on animal rituals come, nevertheless, from less-related species, such as crested grebes or greylags, where the stereotypy is more marked. Of course, human behavior is largely learned, whereas much of animal behavior is innate, but this distinction becomes blurred with mammals, especially primates. There are innate rituals (i.e., significant behavior patterns that are proper to man and culture-independent), such as smiling, laughing, and weeping, whereas gestures of greeting, sympathy, or threat are found in very similar forms in chimpanzees. Other gestures are culturally transmitted and differ accordingly – for example, how to say no. Yet the "arbitrariness of the sign" (*l'arbitraire du signe*) noted by Ferdinand de Saussure in linguistics does not generally apply in ritual communication: you cannot show pride by hanging your head, or peaceful intentions by raising a fist.

A basic fact established by ethology is the priority of ritual communication over language. The priority of phylogeny is indeed repeated in ontogeny: every baby has to respond to behavior long *[152]* before it acquires

---

[2]   The detachment from the "accidents of ordinary life" is correlated to what Jonathan Smith sees as the essence of ritual, "performing the way things ought to be," "the creation of a controlled environment" (Smith 1980: 124f).

[3]   Lorenz 1966: 72, accepted by Burkert 1983: 22–29; see also Rappaport 1971; d'Aquili et al. 1979; and esp. W. Smith 1979; not accepted by E. Wilson 1978: 179, who stresses the complexity of human as against animal 'ritual.'

the ability to speak. This should warn us not to base a theory of ritual on verbalized concepts.

In this context, a discussion opened by Philip Lieberman (see Lieberman 1972; Lieberman et al. 1972; Lieberman 1975; Kruntz 1980) is of great interest. His thesis is that "Neanderthal man" of the Lower Paleolithic still lacked the physiological equipment to produce articulate speech, as do the chimpanzees. This would make the language of *homo sapiens* only about forty thousand years old. It seems to account best for the disappearance of Neanderthal man and the comparatively rapid spread of *homo sapiens*, introducing new forms of symbolizations such as paintings and plastic art. Yet Neanderthal man already had elaborate rituals that are currently qualified as "religious": even if the deposits of bear skulls on which Karl Meuli relied as the first testimonies for sacrifice are controversial (cf. Burkert 1983: 14; Leroi-Gourhan 1971: 30–36), there remain clear cases of burial, including the use of red paint, ochre, and some uncanny collections and treatments of human skulls.[4] This means symbolic activity in an interplay of life and death. Lieberman's findings have been criticized and modified by some and defended by others; I am not able to pass an expert's judgment in the matter. The problem is further complicated by the fact that famous experiments have revealed a capacity for language in chimpanzees (in the form of sign language) that exceeds all expectations (see R.W. Brown in Young 1982: 197–204). In a sense, there must have been language before language. It remains to state that ritual communication must have accompanied all stages in this complicated evolution, and to speculate about its importance in the process.

At any rate, ritual behavior must have been a major factor in evolution (Burkert 1983: 26f; cf. Rappaport 1971; Wilson 1978: 177f). Every person has to learn language or risk being treated as an idiot; the disappearance of Neanderthal man has just been mentioned. Similar risks and consequences will apply to ritual communication in a close-knit society: there are no chances of survival for a "ritual idiot," whereas the genes of those who effectively use the rituals to increase their personal prestige will multiply. Rituals are prominent *[153]* in courting ceremonies, and thus clearly become factors in natural selection; other rituals may have indirect effects of the same kind. Ritual is, after all, communication of a special sort: it is action rooted in pragmatic interaction, and thus not only transports information, but often directly affects the addressee and possibly the "sender" as

---

[4]   Müller-Karpe 1966: 229–42 (burial); P.V. Tobias in Young 1982: 48 (ochre); Wreschner 1980; Edwards 1978. For a special treatment of skulls, the most intriguing find is from Monte Circé (Leroi-Gourhan 1971: 44f).

well. This has been called the operative or influential function of communication. Biology has drawn attention to the phenomenon of "imprinting," an irreversible modification by experience, distinct from normal learning by trial and error; it is most notable in the early stages of life. In fact, religious attitudes seem to be largely shaped by childhood experience and can hardly be changed by arguments; this points to the imprinting effects of ritual tradition. But there are also more direct pragmatic effects of ritual activity, such as the transfer of food or wealth to certain groups. After all, ritual killing is real killing, and the ritual expulsion of a pharmakos is directly effective on the societal level. The ethological perspective suggests that this has been working for thousands of generations. It is all the more remarkable that the result has not yet been an antlike, perfectly functional, finite, and stable system of human society.

The problem of religious ritual has already been touched on. The importance of ritual for religion has been observed and discussed ever since Robertson Smith. This is not to say that religion is to be reduced to ritual, only that ritual seems to provide a substructure that is essential and that is not to be derived from "higher" aspects such as myth or theology. A purely "cognitive theory of religion" must be a failure. There seems to be no religion without ritual.

This leaves the question of the *differentia specifica*: what is it that makes ritual religious ritual? The simplest answer seems to be that it is the intervention of language[5] and verbalized concepts, including names, to denote "superior beings." This creates another problem for the "religion" of Neanderthal man, who was possibly not endowed with speech, but we need not solve this now. The normal observer will take the testimony of language about demons, ghosts, *[154]* or gods as the criterium that we are dealing with religion. The more central problem is whether the advent of language should be thought to imply a reversal of structures, so that ritual communication, though older and originally independent, has been transformed under the domination of speech and verbalized concepts and has thus lost all connections with what was there before, especially "animal" ritual.

In spite of the spell the concepts of innovation and creativity may exert in modern discussions, it can be held that it is easier to find the germs of religion in ritual than to derive the necessity of ritual from conceptual religion. Indeed, some form of displacement, of reorientation, of turning away

---

[5]   Cf. Rappaport 1971: 66–72 on the "semantic content" added to ritual by language, which is not coextensive with the "social message" conveyed by it; he finds the essence of "sanctity" in "the quality of unquestionable truthfulness" (p. 69). This creates problems in the myth-and-ritual complex: myth is not "unquestionable."

from the pragmatic context, is the very essence of ritual. Hence an element of "as if" is inherent in ritual from the start, creating some void to be filled out by mythical designations (see Burkert 1979: 50–52). This seems to prepare the way for imaginary partners.

On another but not unrelated line, the concepts of synergetics may be brought in. Synergetics is a comparatively recent branch of physics that studies the emergence of states of order out of chaos, and vice versa; an example is laser light. Most remarkable is the sudden appearance of an "order parameter" that "enslaves" the performance of the single constituents, atoms and their electrons in this case, and makes one regular pattern emerge (see Haken 1978, 1981). The emergence of a pattern in communicative interaction (e.g., rhythmical chanting in a crowd of people) could be described in this way. Thus Greek gods such as Paian, Iakkhos, and Dithyrambos, who have been recognized to be "personifications" of the respective songs, are, rather, the "order parameters," suddenly appearing and disappearing again, of synergetic phenomena in ritual behavior.

There is no doubt that the transmission of religion heavily relies on the experience of ritual. No less a witness than Plato emphasizes how children both see their parents dealing in supreme seriousness with invisible powers and live through the joyous views of the festivals themselves: this is why they should be immune to the danger of atheism (*Leg.* 887de). The orator Dion (*Or.* 12,33) describes a mystery initiation, with abrupt changes of light and darkness, puzzling views and sounds, dancers whirling around and around: all *[155]* this will make the initiate, Dion says, surmise some deeper sense and wisdom behind the confusing appearances. These texts point to characteristics of religious ritual that are manifest even from a behavioral point of view: an intricate yet somehow integrated complexity that leads to a postulation of "sense," and supreme, almost compulsive seriousness, at least with certain participants or at certain phases of the proceedings. This corresponds to what is often described as "awe" in the phenomenology of religion. It is no doubt a major factor in imprinting.

There is no denying that ritual, including religious ritual, has so far been approached in terms of functionalism. Functional interpretations of religious ritual have been developed by Durkheim, Harrison, and Radcliffe-Brown. In this perspective, religious ceremonies are seen to be a form of communication that creates, commemorates, and preserves solidarity among the members of the group (cf. Burkert 1983: 24–28). Social roles are played out by dramatizing both antithesis and thesis; they are thus determined, confirmed, and brought to attention. Society thereby ensures its own stability, both in the synchronic and the diachronic dimension; this brings in what has been said on the educational and imprinting effects of ritual. Thus ritual, especially religious ritual, is self-perpetuating.

Functionalism has been out of favor for some decades,[6] and no doubt the automatism of tradition that would result from its premises is neither attractive nor verifiable. Yet before dropping the functional approach, we should not lose sight of the remarkable advance it made in interpreting ritual. I wish to make three points:

1. Functionalism makes clear that ritual is interpersonal. It is not one person's invention, not an individual's quest for sense, but a system taken over, experienced, nay suffered, by every single being. This is especially true of religious ritual. The boy suffers circumcision before he has any possibility of deciding for himself. To use the analogy of language once more: nobody in the last forty thousand years has invented language; we learn it, we use it, sometimes improving or changing details, but we have already been shaped by it and experience the world through its framework. In a similar way, *[156]* nobody in millennia has invented religious ritual; every *homo religiosus* has been shaped by it. Some struggle with it, some succeed in working effective change, some may free themselves totally if society allows for "religious idiots." But there still remains the power of religious tradition, shaping generation after generation in the accepted way.

2. Functionalism coincides with the self-interpretation of traditional religions. Bronislaw Malinowski wrote on the function of initiation ceremonies (1948: 40): "They are a ritual and dramatic expression of the supreme power and value of tradition in primitive societies; they also serve to impress this power and value upon the minds of each generation." "This much I know," a pagan Greek proclaimed as his faith, "that one must maintain the ancestral customs, and that it would be improper to excuse oneself for this before others" (Ath. 297d). To worship the gods and to honor the ancestors were parallel obligations; in the *patrios nomos*, as in the *mos maiorum* (ancestral customs), was found the main or even the only legitimation of religion. With Judaism, Christianity, and Islam, a sacred scripture has come in to provide a new foundation, which, however, is all the more the basis for purportedly immutable authoritative tradition.

3. The consequence is what I once ventured to call a "Copernican Revolution" (Burkert 1972a: 37): ritual is not to be understood as incorporating an "antecedent idea," not as the secondary manifestation of spiritual belief, but as communicative activity prescribed by tradition; ideas and beliefs are produced by ritual, rather than vice versa. In other words, we should not presuppose that people perform religious acts because they believe, but rather that they believe because they have learned to perform religious acts,

---

[6]   Stone 1981: 9–11 even speaks of the "disease of functionalism." On the other hand, the approach of Rappaport has been termed "neo-functionalist"; see also Goldschmidt 1966.

or even more plausibly, that they act in the accepted way, whether they believe or not. This may seem to correspond just too well to contemporary practice; but for earlier periods, too, close inspection will show that it is the interplay of traditions and interests that determines the individual's choice, not "pure" religion in isolation.

Functionalism has been close to Darwinism, which is a functional theory in itself. There have been attempts at "social Darwinism," applying the principle of "survival of the fittest" to competing groups. In about 1900, it could have been said that religious communities *[157]* were more coherent and hence more successful in the struggle for existence, and that this explained the tenacious success of religion in the evolution of mankind (e.g., Gruppe 1921: 243); some historical evidence could have been brought in for illustration. But the modern approach of sociobiology, using game theory and the computer, has exploded the concept of "group selection": it is only and always the individual's "selfish genes" that survive, which seems to favor the egoist, the hypocrite, the trickster (Dawkins 1976; cf. also E. Wilson 1978: 169–93). Computers have run hot recently in attempts to explain how altruism could come about all the same (Hofstadter 1983b). Yet I am afraid that altruism may be neither the core of morality nor the core of religion, and we should not even look for the religious gene. It is a commonplace that, in human evolution, genetic tradition has been supplemented and largely supplanted by cultural, learned tradition. It may nevertheless be useful to see this tradition, or rather the multiplicity of traditions, in sociobiological terms, as "strategies" in a game continuing through many generations. Sociobiology is looking for "evolutionarily stable strategies"; these would be the most successful and stable traditions. It is important to note that forms of "grudge" and retribution necessarily seem to enter successful strategies: "Tit for tat."[7] Has this something to do with the concepts of reciprocity, retribution, and justice, which loom so large in religious traditions – and which seem to be totally foreign to chimpanzees? Is ritual a means developed to inculcate and to rehearse fundamental rules, successful "strategies" in the continuing social game?

Some sociobiologists have gone on to speculate about the evolution of human tradition as a "selection of memes" analogous to the Darwinian "selection of genes." (See Dawkins 1976: 203–15; Colman 1982: 288f; and cf. J.L. Machic in Colman 1982: 271–84; Hofstadter 1983a.) The word *meme*, though, remains painful to a Hellenist. What is more important: it is of no avail, I think, to look for the logical structure of memes (e.g., some sort of

---

7   Dawkins 1976: 79f. (retaliation) and 199f (grudge); Hofstadter 1983b (tit for tat).

self-reference) to explain their power of "success" and "replication." There is, rather, some psychological mechanism that shields the individual from the superabundant influx of sensory data and singles out what *[158]* is "memorable," which draws the person's attention by alerting him. This, however, once again introduces the quality of "seriousness," which was seen to characterize religious ritual, and recalls the phenomenon of "imprinting."

It is probably too early to expect definitive results in a field that has just recently been opened for discussion, but there does seem to be the possibility of rephrasing the concepts of functionalism in terms of the new perspectives and thus of reinterpreting even religious ritual. A tentative conclusion could be: rituals are communicative forms of behavior combining innate elements with imprinting and learning; they are transmitted through the generations in the context of successful strategies of interaction. Religious rituals are highly integrated and complex forms that, with the character of absolute seriousness, shape and replicate societal groups and thus perpetuate themselves.

A basic concept that has emerged, be it from the viewpoint of functionalism or of sociobiology, is that of tradition, of persisting supra-individual rules. It is hardly a popular one. The aboriginal age and continuity of religious traditions were more easily accepted by earlier generations, which had an interest in "origins" and "survivals." At present, the insistence is, rather, on the revolts against tradition and creative beginnings, on breaks, innovations, and discontinuities. A characteristic example is the critical analysis of the Hainuwele myth by Jonathan Z. Smith (1976).

Nobody will deny that religious traditions are extremely conservative, and that religious institutions are among the oldest institutions that survive to the present day. Judaism and Buddhism may by now claim to be about twenty-five hundred years old; if religions based on scripture should be judged a special case, one may point to Vedic ritual, older still, which continues to be practiced. Yet normally the proof of continuity becomes impossible for illiterate and prehistoric societies, whereas in certain cases interruptions, change, and innovation can be observed to occur notwithstanding the persistent appeal to ancestral customs, *mos maiorum.*

The emergence of new religions, on the other hand, the achievements of religious founders, never imply a radical break with tradition. There has never been a reinvention of religion as such. As to ritual in particular, older forms are often taken up: the essential *[159]* features of the *hadj* are pre-Islamic, and baptism is pre-Christian. And even through its negation, the force of tradition can still be operative.

Even in the absence of direct evidence, the hypothesis of discontinuity is neither more cautious nor more logical than the hypothesis of continuity.

Two parallel phenomena should give us pause. As to language, there can be no reasonable doubt that there has never been an independent invention for the last forty thousand years, but always continuous tradition, even if written testimonies do not lead back farther than about five thousand years, and linguistic reconstructions not too much beyond this term. Yet the idea that human language might have been creatively invented several times has nothing to recommend it: in this very special form of learned behavior, there has been evolution and diversification on the basis of unbroken continuity. Life itself, on the other hand, depends on the continuous replication of genes, of DNA. In spite of the general and ubiquitous chemical laws, it is not by multiple fresh formations that life has been on this planet for so many millions of years. The forms of behavioral communication could possibly be situated somewhere in between; there is no reason to assume that they were less continuous. As to the emotional equivalents that correspond to observable behavior, a striking example for continuity has been adduced by Konrad Lorenz (1966: 259–61; cf. Burkert 1979: 51): in anxiety as well as in enthusiasm, we feel "shivers of awe" running down our back – and remember the role of "awe" in religion. These shivers are, physiologically, the residual nerves and muscles once used to raise the hair at back and head for aggressive display, as gorillas impressively do. The emotional experience still complies with what had been demonstrative action, ritual at the subhuman level; and artificial signals such as Hector's crested helmet may be adopted to make good for the lost abilities. Thus the sign is restored to its meaning.

This does not mean that all traits of ritual should be traced back to prehuman levels; yet often their "etymology" is revealing beyond mere curiosity. Interpretation proper will always concentrate on definite social units at definite time levels; yet none of these is autonomous. The very instability of cultural systems, as abundantly proved by history, is the reason they cannot be seen as perfect, closed, and *[160]* self-sufficient, but must be seen as shaped by and often struggling with tradition, conditioned by earlier states whose solutions may become problems in the course of time. The question "Where from?" remains a legitimate or even necessary complement to functional and structural interpretations. Ethology reopens and enlarges the perspective of history.

It remains to consider some alternative concepts of ritual, especially those that seem to question the interpersonal, communicative aspect of ritual. Are there not private rituals that are attributed to either neurotic trauma or magical intent? Jonathan Z. Smith has used the example of the farmer who every morning takes up a handful of earth to rub his hands with before starting to work (1978: 291f). This is an instance of private ritual. Even so, it is not without communicative character, marking distinctions to the farmer himself, as well as to others. Primarily, it seems to be self-communication, though probably not without relation to what had been communicated to the farmer by his elders about dirt and tidiness. But it is also pointed out to others; it would become religious ritual if and only if it were handed down and prescribed in a closed community.

Similar considerations apply to compulsive neurotic behavior that may be called ritualistic (Freud 1907; Reik 1931): these are patterns of behavior apparently used for self-communication, while normal communication with other people is disturbed; such patterns could become rituals of the kind that concern the history of religions only if and insofar as they were drawn into the interpersonal stream of communicative tradition. Private, neurotic "rituals" can sometimes be explained on the basis of traumatic experience, and similar origins "by accident" have been attributed to certain taboos and avoidances; the Pythagorean taboo on beans is said to have originated in a special allergy still found in Mediterranean countries.[8] This may or may not be "origin"; food taboos often seem to defy explanation. At any rate, a "real" experience, however shocking, cannot be transmitted unless it enters the system of communication, which means that it is shaped according to the preexisting framework. There may be elements in a ritual tradition that *[161]* really go back to some "accident" of the kind, but it would be wrong to derive ritual tradition itself from this source.

Another attempt to explain ritual within the individual's perspective is the magical interpretation, as exemplified especially in the work of Sir George Frazer. Ritual action is seen as purposeful manipulation in order to obtain a desired result, such as rainmaking or curing the sick. Insofar as this seems to result in the symbolic imitation of pragmatic activities, "action redone or pre-done" (Harrison 1921: xliii), the interpretation becomes largely parallel to the ethological perspective that looks for displaced action patterns. The difference is that instead of communicative functions, the "magical" hypothesis tended to assume some "primitive mentality" unable to make proper distinctions between reality and wishful thinking. This construct of a primitive mentality has been exploded by Malinowski (1948: esp. 25–36), among others, and will hardly find favor today. The tendency now is to understand magic in terms of communication, as a kind of "language." It may be noted that magicians used to have their special teachers (i.e., they relied heavily on tradition), and that the effect of magic art evidently depends on signals that reach the common people; a magician or witch whose powers nobody knew of would be reduced to nonexistence. Yet magic

---

[8] Burkert 1972b: 184. For discussions of food taboos and their explanation, see Ross 1978; Diener and Robbin 1978.

remains a special case, and its relation to religion has not at all been settled. Suffice it to say that magical ritual is more than just wishful thinking and imitation; it has its tradition, and it has a seriousness of its own as it proves effective in reality.

Let us not forget that the preceding outlines have necessarily been working with abstractions on the basis of reduced and simplified models. Nothing has been said about motivations and interpretations, the integrative power of myth, the conceptual and moral orientations that go along with religious rituals. A notable phenomenon is what I would call the "good conscience complex," the unscrupulous security of divine legitimation that, from a humane point of view, may become quite dangerous. Another qualification needs to be added: if, in the wake of functionalism, we speak of society communicating messages of solidarity through ritual, this is not to overlook the heterogeneous plurality of the persons concerned, the social differentiations, the interests of institutions and individuals. There are normally those for whom it is profitable to *[162]* perform religious ceremonies, and they take the lead.[9] The profit may consist in prestige and authority – this seems to be the case with the families and officials of the ancient polis, but in a sense, every father and mother of a pious family take their share. In most societies, however, there are those who make a living out of religion, be it totally or in part – priests, monks, ascetics, charismatics of various caliber. Even if ritual is interpersonal, not invented by the individual but acquired or suffered through the force of tradition, it was used by an intelligent and cunning species in olden as in more recent days. The irrational and the rational, far from excluding each other, may enter strange coalitions.

II.

Turning to the special problem of sacrifice, and thus limiting the scope of inquiry, let us concentrate on the area of study with which most of us are familiar – namely, animal sacrifice in Jewish, Greek, and Roman religion, including its sublimation in Christian theology. This does not forbid us to look for similarities and divergences in other cultures, though such evidence will not decisively corroborate or falsify the findings. Whether the sacrifice we choose is a typical or a very special case is another question. I do not wish to contradict Frits Staal's claim that the most promising field for ritual studies is the Indian and Chinese tradition.

---

[9]   Julius Caesar had already made this observation with regard to the Druids and their disciples: *tantis excitati praemiis ... (Bellum Gallicum* 6.14.2). See also Herrenschmidt 1978.

I shall not dwell on the well-known data. They have been studied extensively in recent times by the Paris school of Vernant-Detienne and, in part, by myself (Detienne and Vernant 1979, with bibliography; Burkert 1983).[10] The basic paradox that continues to draw attention is best described by the title of René Girard's book *Violence and the Sacred*, which shows slaughter, blood, and killing as the central ritual of religion. This is the main form of communication *[163]* with the gods, and it is at the same time the most effective "status dramatization," defining inclusion and exclusion, position and rank, in all forms of community, notably in oaths and alliances. There is an impressive continuity of the practice from the Pentateuch to the Jewish catastrophe, from Homer to Constantine, with some good evidence even from the Bronze Age, and striking survivals, especially among Greeks and Armenians, down to the present day. The ritual tradition is seen to date back at least four thousand years.

I shall not discuss sacrificial ideology, either, be it in tragedy, patriotic rhetoric, or theology proper. I take for granted the "anomaly" (Mack) inherent in this ritual, its puzzling, nay shocking, character. This is not just personal sentimentality; criticism seems to be as old as the Prometheus myth, and the resounding protest of Empedocles belongs to the classical age. It is the intriguing equivalence of animal and man, as expressed in mythology in the metaphors of tragedy, but also in rituals of substitution, that casts the shadow of human sacrifice over all those holy altars in front of the temples. Later, Christianity transformed the world, only to bring sacrificial ideology to a climax in the theology of redemption.

In an attempt to explain the "anomaly," both René Girard and I have had recourse to an "original scene" of necessary violence that became the foundation of human society and thus, even through the veils of religion, continued to exert its influence. This is to be taken not as a "just-so story" equivalent to legend, but as the projection of relations onto an image from which the original functions as well as the later displacements should become more clearly visible.

Let us be warned in advance that we are probably in danger of too easily assuming monogenetic developments. Trained by scientific logic, we are used to seeing just one line of cause and effect. In the complex process of human evolution through the vast spaces of prehistory, we should, rather, think in terms of a multidimensional network of interrelations. As for the

---

[10]   In accordance with the ancient use of *sacrificare*, my approach starts from animal sacrifice and puts this in the context of ritual killing; in such a view, the resulting picture can only partly overlap the approach of van Baal 1976, who starts from "offering" and excludes ritual killing from the concept of "sacrifice."

problem of murder, no less than four varieties of intraspecific killing have been observed in ape societies within the last decade: a "war" between two troops (communication of J. Goodall, Dec. 18, 1981), and cannibalism within one group of chimpanzees (Goodall 1977); the killing of nonrelated *[164]* babies among gorillas (Fossey 1981: 511f); and the drowning of a sibling out of jealousy among orangutans (Galdikas 1980: 830–32). Already at the prehuman level, the stock of destructive behavior is seen to be too rich and multifarious for only one line of cause and effect.

From Hunt to Sacrifice

Following Karl Meuli's pioneering essay on Greek sacrificial practices (1946), I have attempted to derive sacrificial ritual from Paleolithic hunting. This is the perspective of "where from?," explaining the later from the earlier stages, the ritualized communicative action from pragmatic activity, presupposing basic continuity in the evolution of behavior, psychic responses, and institutions. The central, practical, and necessary act would be to kill animals for food. Sacrifice is ritual slaughter (Meuli 1946: 224), followed by the communal meal, which in this perspective is not an infringement on "pure religion" but the very telos.

There are at least three facts that should be borne in mind in connection with this thesis: (1) the biological importance of a diet rich in proteins, together with the psychological adaptation of our species for such a diet; for the overwhelming majority of people, the taste of meat is still the very essence of a good meal; (2) the opposition of this development to primate tradition, which started with the ability to climb trees and to grasp for fruit and leaves; and (3) the universal combination of a meat diet with rules for the distribution of food. (See Goldschmidt 1966: 87–92; G. Isaac 1978a, b; Isaac in Young 1982: 177–81; Lancaster 1978; Baudy 1983.)

In a simplified, popular form, this means that man is the primate that turned carnivore, the "hunting ape." The implications of this adaptation are manifold and yet specific. It is possible to derive from it a kind of blueprint of human society in general.

This is the "hunting hypothesis" of hominization.It includes cooperation for hunting and the distribution of meat; sexual differentiation, with men hunting and thus feeding the females, and females *[165]* tending the fire for cooking and thus feeding the males;[11] the use of fire and weapons; and up-

---

[11] Modern trends are against this differentiation, but the association of male prestige and hunting is practically universal; see Watenabe 1968: 74: "It is the individualistic hunting of larger mammals that is invariably the task of males." See also, on Bushmen, Marshall 1976: 180f.

right posture for running and transport. Basic human actions, represented by basic verbs in most languages, thus come into existence: to get, to bring, to give – and to kill. All this can be seen to be mirrored in sacrifice: to bring, to kill, to give. The span of time involved in the process, however, is staggering: about twenty million years. It also seems clear that hominization did not occur in one simple straight line; there were many blind alleys of evolution.

To be more precise, several steps must evidently be distinguished. I did not know, in 1972, that incipient hunting behavior, including cases of cannibalism, had been observed in chimpanzees. Normal chimpanzee hunting is done almost exclusively by males (Teleki 1973a, b, and restatement in Harding and Teleki 1981: 303–43; P. Wilson 1975). Following the hunt, there is some "distribution of meat." It is not a ceremonious dinner but a process of begging and granting; still, it is the only occasion when chimpanzees do share food, apart from the special and different mother-child relation (Silk 1978). We can notice the germ of what seem to be practically universals in human civilizations: the hunt as men's business, and men feeding the family (Galdikas and Teleki 1981; Wolpoff 1982). There is no analogy to this in other mammals. Sacrifice preserves the image, the founding of community by communal eating, with a previous kill and a prestigious "Lord of Sacrifice" at the center.

Far beyond the chimpanzee stage is what we figure to have been early Paleolithic hunting. It is characterized by the cooperation of hunting males using fire and weapons; the first effective hunting weapon was the wooden spear hardened by fire. This situation seems to be indicated, for example, by the findings at Chou Kou Tien (Wu and Lin 1983) – of a "Peking man" who used fire and was able to hunt large animals, especially cervids, with great success. The *Männerbund* (male hunting group), with the use of weapons and sacrificial banquets, has remained a powerful configuration in ritual and symbolism. *[166]*

Meuli's most original and permanent contribution was to draw attention to the Siberian hunters' ritual.[12] The hunt itself is a pragmatic activity; ritual stereotypes, rather, concern the framework, the beginning and the ending: there are forms of avoidances and purifications before the hunt; there are attempts at compensation or restoration afterward, with disclaimers of

---

[12] Meuli 1946: 224–52; for Africa add Baumann 1950; for South America, Reichel-Dolmatoff 1971. The rituals of excuse and appeasement are always brought in in connection with the hunt; I see no reason to postulate that they have been taken over from pastoralists, as J.Z. Smith does. It is true that the account of Trilles 1933 on the elephant ceremony of the pygmies (used e.g. in Burkert 1983: 68 n. 44) has been called into question by the findings of Piskaty 1957.

responsibility and expressions of guilt and mourning; Meuli coined the memorable term "comedy of innocence." Most of these rites will not leave tangible traces to be ascertained by prehistory; but there are the customs of depositing skulls and bones, especially thighbones, in certain places, and Bächler and others claimed to have discovered such deposits from the Lower Paleolithic period. Meuli relied on them, as did I, but more recent discussions by prehistorians seem to have seriously invalidated Bächler's findings. Yet some evidence from the Upper Paleolithic has remained, as far as I can see, to allow comparison with later sacrificial ritual: setting up the cranium of a reindeer on a pole, putting a bear's hide on a clay model in a cave. Naturally, the Paleolithic evidence is lacunar and difficult to interpret; one may claim that the first task is still to see even Paleolithic evidence in its own context, which leaves much room for controversies among specialists about hunting magic, shamanism, and the like.

The next crucial step was the creation of animal sacrifice proper amid Neolithic husbandry.[13] This meant bringing in domesticated animals instead of wild ones to be slaughtered in local "sanctuaries"; this would finally lead to the temples of urban high culture. That a basic continuity of ritual should be assumed in this process of the "Neolithic" and the "urban revolution" is a daring hypothesis. It is easy to point out the differences in structure and function of the respective societies. Sacrifice at the new level is a transfer of property, a "gift" instead of forceful appropriation. The domesticated *[167]* animal can be paraded as a consenting victim, which is impossible with a "wild" one. (The problem is overcome in the "bear festivals," for which they rear and tame a young bear; Kitagawa 1961: 141.) Yet there remain those striking similarities between hunting ritual and sacrificial ritual on which Meuli relied. Strong corroboration has come from the excavations at Çatal Hüyük (Mellaart 1967; Burkert 1983: 43). As the "sanctuaries" in this Neolithic town, from about 6000 B.C., impressively show, hunting wild bulls was at the center of religious activity and imagery, with deposits of actual bulls' horns beneath the plastic figure of a Great Goddess giving birth (Burkert 1979: 119); bones of the dead were interred in these places. These memorable documents of prehistoric religion point as much to Paleolithic hunting as to the ceremonies and images of classical urban civilization.

Further confirming evidence may be found in the elements of hunting still to be found in later sacrificial ritual, such as "setting free" the animal

---

[13]   The thesis of E. Isaac 1963, that animals were first domesticated for the purpose of sacrifice (cf. Burkert 1983: 43), does not imply that the origin of sacrifice is in the Neolithic, but, on the contrary, implies that there was a preexisting "purpose," there was ideology and ritual.

destined for sacrifice (Burkert 1983: 16). In relation to Çatal Hüyük, the Great Goddess of Anatolia is a most interesting case. She is a huntress, still honored with actual bull hunts. What has mistakenly been called the many "breasts" of Artemis of Ephesus are bulls' testicles fastened to the image (G. Seiterle, *Antike Welt*, 10.3 [1979]: 3–16). This is giving back the source of life to the goddess, comparable – with understandable physiological mis-apprehension – to the role of kidneys in Hebrew ritual, or the collection of seals' gallbladders by Eskimo hunters (see Meuli 1946: 247; Burkert 1979: 202f). Nothing seems to block the line from hunting to sacrifice.

There is no need to stress that there are hordes of problems in this recon-struction. To mention the two most important lines of criticism known to me: it is claimed that the importance of hunting for hominization has been exaggerated and should be reduced considerably, and that the complex of bad conscience, guilt, and compensation in killing animals, so impressively set out by Karl Meuli, has been given undue prominence, too.

Some critical reaction to popularizing books such as those by Robert Ardrey and Desmond Morris is natural, and symposia of specialists will usually pile up criticisms and qualifications of details. I am not a specialist on the Paleolithic period, and I detest *[168]* hunting, but this much I venture to say: the importance of hunting is not to be measured by the percentage of calories provided for the diet.[14] The hunt has been, and still is, something special, entailing men's pride and preoccupation far beyond what is econo-mically reasonable. Paleolithic men may have succeeded in getting 100 percent of the prestige for contributing 20 percent or less to their groups' subsistence. The preoccupation with animals, with animals for hunting, is abundantly clear from the cave paintings of the Upper Paleolithic, and it is still equally visible in the profusion of animal statuettes in Greek sanctu-aries. For the Greeks, a painter is an "animal-drawer" (*zographos*). If there is exaggeration of the importance of hunting and of animals in general, this is not the modern scholar's idiosyncrasy but the predilection of a very early tradition, especially the tradition of religious sacrifice.

The "respect for life" that Meuli discovered in the hunters' behavior seems to be, alas, less universal. It is neither innate nor taught in all socie-ties. The bushmen of South Africa, a model case of a primitive hunting society, are said to laugh at the convulsions of the dying animal; the joy of getting food is overwhelming. Yet once more the important question is not about statistics, the percentage of positive or negative responses to killing. What is required for the thesis of continuous evolution from hunt to sacri-

---

[14] Lee (in Lee and DeVore 1968: 30–48) gives an estimated average of 35 percent that hunters contribute to nutrition in "hunting cultures"; on male preponderance, see n. 12.

fice is not that all human beings necessarily act or react in a certain way, but only that (1) some groups of hunters installed rituals that made the killing of animals for food a striking and labyrinthine affair that drew attention, affecting the life and consciousness of all members, and (2) these customs did not constitute a "blind alley" in the evolution of civilization, but set the path for further development through the Near Eastern Neolithic to the Mediterranean high cultures. This line of tradition still seems viable.

Possibilities of Psychological Interpretation

For methodological reasons, I have so far avoided bringing in psychological considerations or, at any rate, using them as arguments. Psychology is obviously essential for understanding, for our *[169]* empathy with the phenomena described. Yet continuity of behavior – its communicative function for creating social solidarity, the hunt and the hunters' customs – can be described without recourse to psychic experience, to the internal motives and responses of the actors involved. This seems to be the prudent course. In fact, modern scientific psychology, which works with experiments, questionnaires, statistics, is not of much help in our conversations about man's problematic heritage, whereas haphazard "eclectic" psychology is not of probative value.

The psychological categories I used in *Homo Necans* concentrate on aggression, remorse, and compensation (*Wiedergutmachung*). I was much impressed by Konrad Lorenz's book *On Aggression* (1966), and especially by his model of how aggressive behavior, ritualized, is transformed into a bond of personal solidarity and friendship. I shall not again describe the behavior of Lorenz's greylags here. An effect of sudden solidarity in a situation of aggression has often been described as a function of wars. (Solidarization against an aggressor is also found in monkeys; see K.R.L. Hall in Carthy and Ebling 1964: 53.) I extended the principle to include sacrifice in both its violent and its society-founding aspects, and combined this with Meuli's derivation of sacrifice from hunting and the anthropological thesis of hominization through the hunt.

Lorenz's theory of aggression has met with vigorous attacks from anthropologists and sociologists, and it does not seem to stand up too well against all the objections. (A bibliography of the tortuous discussions is not possible here; see E. Wilson 1978: 96–115; Burkert 1983: 1.) No doubt some extrascientific motives have entered the debate: cultural anthropologists dislike the animal perspective; progressive ideologists dislike pronouncements on "human nature"; the trend of our media, and possibly the hope of our generation, is toward man being nice and sociable. But some points of Lorenz's theory seem to be seriously undermined, such as his assertions about spontaneous, instinctive aggression in humans. I have not found any extensive discussion of the phenomenon that concerns us here, "the bond," i.e. solidarity wrought by common aggression; it seems to have been shuffled into the background, which is possibly a sign of some uneasiness. It is intriguing to note in this respect that the most dangerous variety, the welding together of a population in *[170]* time of war by an outburst of patriotic enthusiasm, was tremendously effective in 1914 but did not work at all in the United States during the Vietnam War. Evidently there is no simple, predictable mechanism. I suspect the change has something to do with the news media. Aggressive solidarity, on the other hand, is still found to work nicely at protest demonstrations: confronting the authorities and the police, youngsters still experience the sacred shivers of awe.

Critics of aggression theories have often remarked that aggression itself is not too well defined. Are there just different variants of aggression, or are totally separate phenomena involved in the concept? Already, Konrad Lorenz has made a clear distinction between a carnivore's behavior in catching its prey and intraspecific aggression, which is accompanied by bad temper, grim facial expression, menacing gestures. Others have made more subtle distinctions.[15] I held that the human hunter would be a special case: being trained to kill against his instincts and heritage, man would experience the man-animal equivalence and thus mix impulses of aggression with the craft of hunting (Burkert 1983: 19f). It is difficult to prove this empirically.

There might well be present, or develop in certain individuals, a special "killing instinct," a unique and thrilling experience, an experience of power, of breakthrough, of triumph.[16] Is this a psychic response in its own right, proper to humans, or is it, as the "sacred shiver of awe" may indicate, still another mask of general aggressive behavior?

Whatever the answer may be, the difference for a theory of hunt and sacrifice would not be decisive. We are still entitled to assume a "shock of killing," a mixture of triumph and anxiety, a catharsis of destructive impulses and the readiness to make amends. This is what the evidence from attested hunting rituals and sacrificial rituals indicates – the shrill cry (*ololyge*), the expressions of guilt, the "comedy of innocence," wailing, disclaimers of

---

[15] See Moyer 1968. Compare Johnson 1972: 21: "While aggression and predation should not be confused, it is not always possible to make simplistic distinctions between the two."

[16] Compare the explanation of human sacrifice proposed by Davies 1981: 282: "Reaching out for something higher than himself, man was driven to kill so as to placate his idols with the greatest prize of all, a human life." Washburn and Lancaster 1968: 299f speak of the "pleasures of killing."

responsibility, chasing *[171]* the sacrificer, attempts at restoration. In this context, it is essential to remember what has been said about ritual tradition in general: there is no need to postulate general human emotions to generate rituals; rather, it is a certain ritual tradition that has encouraged – nay, selected and taught – special responses, and that has proved to be a successful strategy in the competitive games of historical evolution. The ritualization of killing, the rules of guilt and amends, may be viewed as an age-long education to responsibility in a context of authority and solidarity; religious civilization has emerged as an "evolutionarily stable strategy."

Nothing of the like is found in chimpanzees: they apparently have no feelings of guilt, they exhibit just the faintest signs of grudge. They evidently fail to realize the time dimension, the consequences of the past, the demands of the future. Man, by contrast, is painfully aware of this dimension, the main characteristic of which is irreversibility. The most drastic experience of irreversibility, however, is death. This is both acknowledged and overcome by ceremonial killing. It is striking to see how much sacrifice in ancient religion is concerned with the time dimension: through prayers, vows, and thanksgiving with new vows, sacrifices form a continuous chain that must never be broken; any important enterprise starts with sacrifice as a first step that cannot be taken back. On the synchronic level, reciprocity is installed in a community through sacrifice, the sharing of guilt, and the sharing of food; on the diachronic level, fictional reciprocity is also seen to occur, from remuneration to resurrection. Thus the experience of sacrifice may be seen not only in its emotional, but also in its cognitive relevance. No wonder the two main forms of religious ritual in the large sense are concerned with death: burial rites and sacrificial rites.

Alternative Models

I still find it remarkable that *Violence and the Sacred* and *Homo Necans* were originally published in the same year (1972). Both books have much that is parallel in argument and elaboration, including the interest in Greek tragedy; some common background, of course, is provided by Freud's *Totem and Taboo* and Lorenz's *On Aggression*. The main difference consists in the reconstruction of the "original scene" (to avoid the Freudian term "primal scene"). *[172]* Instead of deriving ceremonial killing and eating from the hunt, René Girard describes an outbreak of intrahuman violence as the hidden center of social dynamics: an accumulation of "mimetic desire" erupts into violence that concentrates on a victim chosen by chance; after the victim's annihilation, order is restored at the price of the secret crime.

There are clear advantages to this construct, as compared with the many controversial items of evolutionary history adduced in *Homo Necans*. There is no need to hypothesize about evolution or even animal behavior, and the equivalence of man and animal plays quite a secondary role. In fact, Girard is not primarily interested in ritual; works of literature turn out to be the more revealing sources. He insists on the real occurrence of persecution; however, it is not the bare facts, but the psychological mechanisms that produce, transform, and hide them that are the objects of inquiry.

What troubles me from the viewpoint of Mediterranean religious rituals is that Girard's "original scene" seems to combine what appear to be two distinct patterns: the scapegoat, or pharmakos, and the Dionysiac *sparagmos* (tearing to pieces). The elaborations in classical literature would be *Oedipus the King* on the one side, and Euripides's *Bacchae* on the other. The salient difference is that Oedipus, assuming the role of the pharmakos, is not killed violently but voluntarily led away (cf. Burkert 1979: 59–77; and on rituals of aversion, Burkert 1981). If there is annihilation in the scapegoat complex, it is characteristically left to "the others," to hostile forces, be they demons or real enemies. The basic action seems to be abandonment. It is different with normal sacrifice, which through killing leads to the communal meal. *Sparagmos* may be seen as an exaggerated, paranoiac variant of this, with the Bacchae regressively transformed into bestial predators: "Now share the meal" (Eur. *Bacch.* 1184; on abnormal forms of sacrifice as an expression of marginal or protest groups, see Detienne 1979: chap. 4). This is linked to another difficulty I have with Girard's model: the basic fact that man has always eaten animals in sacrifice comes in only as an additional, secondary trait, a form of deterioration. Similar preconceptions may be found in many an account of sacrifice in standard works on the history of religion. Scholars concentrate on what *[173]* they consider to be the pure and religious side of the matter and leave in the dark the practical question of what finally happens to the "offerings"; only additional inquiry will show that these are normally brought back for human consumption.

Yet the scapegoat complex, raised to such prominence through the work of Girard, is an important phenomenon that is not accounted for in *Homo Necans*. The abandonment of the scapegoat and related forms of "purification" sacrifice, and even ritual killings termed purge and substitution, cannot be directly derived from the hunting-and-eating complex. Perhaps this is a case where monogenetic theories break down. Even Meuli did not claim to explain all forms of sacrifice with his model of hunting, but only the "Olympian" form of the Greek sacrificial feast. In my book *Structure and History* (1979: 71), I sketch quite another "original scene": the group surrounded by predators that will give up only if at least one member of the group falls victim to them.

The dominant force in this complex, as far as I see, is not aggression and violence, but anxiety. There may be seasonal cathartic "purges," but the main testimonies point to exceptional situations of danger – notably famine, war, and disease. The main message conveyed by the ritual is the separation of the victim bound for annihilation from all those others destined for salvation. There is often an insistence on the "free will" of the victim (which recalls the hunters' "comedy of innocence"); a strange and strong ambivalence is seen to arise: the victim is the outcast and the savior at the same time. It can be argued that with this we are closer to the essence of sacrifice than with the sacralized feast.

There need not be direct killing in the pharmakos complex, though it must be ensured that the scapegoat does not return: this would mean catastrophe. Hence instead of slaughter we often find other forms of annihilation, such as drowning or burning. The Aztec myth about the birth of sun and moon from victims "voluntarily" leaping into the fire, treated in Girard's recent book (1982: 85ff), is a memorable example. But there are also elaborate forms of slaughter and the manipulation of blood in rituals of aversion, and they are expressly said to mean the substitution of life for life. This is especially explicit in rituals from ancient Mesopotamia, where the [174] demons are imagined as greedy carnivores and must accordingly be fed with surrogate victims, and in Saturnus inscriptions from Roman Africa.

Perhaps it is not by chance that scapegoat has become a part of our modern vocabulary, a metaphor for reactions and events that still happen in our society. It is possible that behavior of this kind results spontaneously under certain circumstances – presupposing, of course, the role of aggression in group organization and individual reactions. In this case, I do not claim a direct continuity of ritual from the "original scene" of threatening predators. Our reactions and images of anxiety may well go back to prehuman levels, but it is only with the specifically human realization of the time dimension that the prevenient expulsion of a victim can take place. Nothing of the kind has been observed in chimpanzees.

In the Mediterranean civilizations, nevertheless, scapegoating was an established ritual tradition, and comparable data are reported from elsewhere. If we try to interpret the signals contained in such action patterns, we may note the reversal from passive anxiety to aggressive activity as there emerge from the crowd both the active executioners – the priests, the Lord of Sacrifice – and the chosen victim. Catastrophe is going to happen, but it is determined and limited by the sacred officials. Anxiety is transformed into manipulation, and the fixed pattern seems to ensure the auspicious outcome. Comparable actions, well attested in ethnography, are selfwounding and finger sacrifice.

We may be content to state the coexistence of several forms of sacrifice. In ancient Greece, this would be *apotropaia thyein* versus *charisteria thyein*, or aversion-sacrifice versus feast-sacrifice; in Mesopotamia, blood offerings to demons versus divine worship. Yet it is precisely ceremonial killing that draws together the separate lines; clear distinction will be difficult in many cases. There must have been considerable overlapping in the course of time. If the reversal from passivity to activity can be more precisely termed a change of roles from the hunted to the hunter, overcoming the fear of death by the power of killing, we would be back to the model of the primate turned carnivore. What is more, we do find a sort of cooperation of the two roles in the institution of priesthood: the Lord of Sacrifice, owner of property but haunted by insecurity, gives *[175]* up part of his possessions to the priests who, through butchering and the distribution of meat, act out the hunter's legacy (cf. Burkert 1979: 119 on *galloi*) and make their living. Such a synthesis might be the foundation of sacrifice proper. But more material would be needed to substantiate this idea.

Theophrastus, in his influential book *On Piety*, argued that Phoenician and Greek sacrifice had developed from cannibalism (see Bernays 1866; Pötscher 1964). This was how he explained both the labyrinthine preliminaries and disclaimers and the central role of eating in sacrificial ritual. Cannibalism has been observed among chimpanzees. Some findings of the Lower Paleolithic – indeed, nearly the first indications of symbolic activity by man – are uncannily suggestive of cannibalism.[17] This applies to the skulls of Monte Circé and possibly already to the Peking man of Chou Kou Tien. There is evidence from the Upper Paleolithic, the Neolithic, and even later periods that can hardly be denied. A startling discovery recently came from Minoan Knossos (Warren 1981). In classical Greece, the rumors about the Lykaia festival in Arcadia were the most notorious case, apart from what was told about secret terrorist organizations (Burkert 1983: 84–93; Henrichs 1972: 31–37, 48–53). Myths abound with motives of anthropophagy. But cannibalistic ideology has even entered religious formulas. A well-known example occurs in the ancient Egyptian pyramid texts. The Gnostic "Gospel of Philip" writes: "God is a man-eater. For this reason men are [sacrificed] to him. Before men were sacrificed, animals were being sacrificed, since those to whom they were sacrificed were no gods" (*C.G.* II 62f.; Robinson 1977: 138). A strange form of progress indeed. I refrain from quoting the New Testament.

---

[17] Skull rituals are even earlier attested than burial; see P.V. Tobias (in Young 1982: 48), and for a survey on cannibalism, Davies 1981.

Anthropologists have noted that there are hardly any eyewitness accounts of cannibalism; the practice is usually attributed to "the others"; some have doubted whether it ever occurred as an institution in reality. I think we cannot be too optimistic. I am afraid one could, in the wake of Theophrastus, in fact construe an "original scene" in which horror and joy, breakthrough, triumph, and remorse were inherent in such a way as to elicit the experience of "the Sacred," and one could draft "evolutionarily stable strategies" with *[176]* moderate cannibalism as a successful device. The force of such a tradition might still be seen in the fact that on the secret market of video, as can be read in our newspapers, cannibalism is a very big hit just now.

Protest against such a hypothetical construction must finally rely on common sense, on the hopeful argument that the normal and sane should be prior to the abnormal, the necessary and functional prior to the bizarre. In my view, the "hunting hypothesis" still envisages the one situation in which killing is as legitimate and necessary as it can possibly be, namely, the quest for food in the competitive system of life. I tried to show the hermeneutical value of the hypothesis in interpreting myths and festivals in *Homo Necans*; from this, though, plausibility may arise, but no proof. The multiplicity of concurrent factors is not to be denied; every account can give only a reduced and simplified picture. Possibly some of the inadequacies can be relieved by a common effort in "conversations."

This has been an attempt at a theory of tradition. I am afraid it does not help much in dealing with the problems of our time, problems of a world profoundly changed through technology and totally new forms of communication. It would be absurd even to think of reintroducing sacrificial ritual. Yet we are apparently less able than before to control violence, which remains both real and fascinating. We largely agree about human rights and human values, but we are at a loss about the moral education of our children; we have lost the "good conscience complex." We may still hope to arrive, at least, through our studies, at a "condensed reflection of the human situation" (Mack); we still perceive some kind of wisdom in the ancient traditions, wisdom pertaining to compensation and balance in a limited world pervaded by the continuing process of death and life.

Bibliographical References

D'Aquili, E.G., C.D. Laughlin, and J. McManus. 1979. *The Spectrum of Ritual: A Biogenetic Structural Analysis*. New York.
Ardrey, R. 1976. *The Hunting Hypothesis*. London.

Baudy, G. J. 1983. "Hierarchie oder die Verteilung des Fleisches," in: B. Gladigow and H.G. Kippenberg, eds., *Neue Ansätze in der Religionswissenschaft*, 131–74. Munich.

Baumann, H. 1950. "Nyama, die Rachemacht," *Paideuma* 4, 191–230.

Bernays, J. 1866. *Theophrastos' Schrift über Frömmigkeit*. Berlin.

Burkert, W. 1972a. *Homo Necans: Interpretationen altgriechischer Opferriten und Mythen*. Berlin.

—. 1972b. *Lore and Science in Ancient Pythagoreanism*. Cambridge, Mass.

—. 1979. *Structure and History in Greek Mythology and Ritual*. Berkeley, Calif.

—. 1981. "Glaube und Verhalten: Zeichengehalt und Wirkungsmacht von Opferritualen," in *Le Sacrifice dans l'antiquité: Entretiens sur l'antiquité classique* 27, 91–125.

—. 1983. *Homo Necans: The Anthropology of Ancient Greek Sacrificial Ritual and Myth*. Tr. Peter Bing. Berkeley, Calif.

Calame, C. 1973. "Essai d'une analyse sémantique de rituels grecs," *Études de Lettres* 6, 53–82.

Carthy, J.D., and F.J. Ebling, eds. 1964. *The Natural History of Aggression*. New York.

Colman, A.M., ed. 1982. *Cooperation and Competition in Humans and Animals*. Wokingham, Eng.

Dart, R. 1953. "The Predatory Transition from Ape to Man," *International Anthropological and Linguistic Review* 1, 201–19.

Davies, N. 1981. *Human Sacrifice in History and Today*. London.

Dawkins, R. 1976. *The Selfish Gene*. Oxford.

Detienne, M. 1979. *Dionysus Slain. Baltimore*. Originally published in 1977 as *Dionysos mis à mort* (Paris).

Detienne, M., and J.P. Vernant. 1979. *La Cuisine du sacrifice en pays grec*. Paris.

Diener, P., and E.E. Robbin. 1978. "Ecology, Evolution, and the Search for Cultural Origins: The Question of Islamic Pig Prohibition," *Current Anthropology* 19, 493–509.

Edwards, S.W. 1978. "Nonutilitarian Activities in the Lower Paleolithic: A Look at the Two Kinds of Evidence," *Current Anthropology* 19, 135–37.

Fossey, D. 1981. "The Imperiled Mountain Gorilla," *National Geographic* 159, 501–23.

Frazer, J.G. 1922 (1963). *The Golden Bough: A Study in Magic and Religion*. One-volume abridged ed. New York.

Freeman, D. 1964. "Human Aggression in Anthropological Perspective," in: J.D. Carthy and F.J. Ebling, eds., *The Natural History of Aggression* 109–19. New York.

Freud, S. 1907 (1924). "Obsessive Acts and Religious Practices," in: J. Riviere, ed., *Sigmund Freud, M.D., LL.D.: Collected Papers*, vol. 2, 25–35. London.

Galdikas, B.M.F. 1980. "Living with the Great Orange Apes," *National Geographic* 157, 830–53.

Galdikas, B.M.F., and G. Teleki. 1981. "Variations in the Subsistence Activities of Female and Male Pongids: New Perspectives on the Origins of Hominid Labor Division," *Current Anthropology* 22, 241–56.

Girard, R. 1977. *Violence and the Sacred*. Baltimore, Md. Originally published in 1972 as *La Violence et le sacré* (Paris).

—. 1982. *Le Bouc émissaire*. Paris.

Goldschmidt, W.R. 1966. *Comparative Functionalism: An Essay in Anthropological Theory*. Berkeley, Calif.

Goodall, J. 1977. "Infant Killing and Cannibalism in Free-Living Chimpanzees," *Folia Primatologica* 28, 259–82.

Gruppe, O. 1921. *Geschichte der klassischen Mythologie und Religionsgeschichte während des Mittelalters im Abendland und während der Neuzeit*. Supplement zu Roscher, Ausführliches Lexikon der griechischen und römischen Mythologie. Leipzig.

Haken, H. 1978. *Synergetics: An Introduction*. 2^d ed. Berlin.

—. 1981. *Erfolgsgeheimnisse der Natur: Synergetik: Die Lehre vom Zusammenwirken*. Stuttgart.

Harding, R.S.O., and G. Teleki, eds. 1981. *Omnivorous Primates: Gathering and Hunting in Human Evolution*. New York.

Harrison, J.E. 1921. *Epilegomena to the Study of Greek Religion*. Cambridge, Engl.

Henrichs, A. 1972. *Die Phoinikika des Lollianos: Fragmente eines neuen griechischen Romans*. Bonn.

Herrenschmidt, O. 1978. "A qui profite le crime? Cherchez le sacrifiant: Un désir fatalement meurtrier," *L'Homme* 18, 7–18.

Hofstadter, D.R. 1983a. "Virus-like Sentences and Self-replicating Structures," *Scientific American* 248.1, 14–19.

—. 1983b. "Computer Tournaments of the Prisoner's Dilemma Suggest How Cooperation Evolves," *Scientific American* 248.5, 14–20.

Isaac, E. 1963. "Myths, Cults and Livestock Breeding," *Diogenes* 41, 70–93.

Isaac, G.L. 1978a. "Food Sharing and Human Evolution," *Journal of Anthropological Research* 34, 311–15.

—. 1978b. "The Food-Sharing Behavior of Protohuman Hominids," *Scientific American* 238, 90–108.

Johnson, R.N. 1972. *Aggression in Man and Animal*. Philadelphia.

Kitagawa, J.M. 1961. "Ainu Bear Festival (Iyomante)," *History of Religions* 1, 95–151.

Kruntz, G.S. 1980. "Sapienization and Speech," *Current Anthropology* 21, 773–92.

Lancaster, J.B. 1978. "Carrying and Sharing in Human Evolution," *Human Nature* 1, 82–89.

Lee, R.B., and I. DeVore, eds. 1968. *Man the Hunter*. Chicago.

Leroi-Gourhan, A. 1971. *Les Religions de la préhistoire: Paléolithique*. 2^d ed. Paris.

Lieberman, P. 1972. "On the Evolution of Human Language," *Proceedings of the 7th International Congress of Phonetic Sciences*, 258–72. Leiden.

—. 1975. *On the Origins of Language*. New York.

Lieberman, P., E.S. Crelin, and D.H. Klatt. 1972. "Phonetic Ability and Related Anatomy of the Newborn and Adult Human, Neanderthal Man, and the Chimpanzee," *American Anthropologist* 74, 287–307.

Lorenz, K. 1966. *On Aggression*. New York. Originally published in 1963 as *Das sogenannte Böse: Zur Naturgeschichte der Aggression*.

Malinowski, B. 1948. *Magic, Science, and Religion*. New York.

Marshall, L. 1976. *The !Kung of Nyae Nyae*. Cambridge, Mass.

Mellaart, J. 1967. *Çatal Hüyük: A Neolithic Town in Anatolia*. London.

Meuli, K. 1946. "Griechische Opferbräuche," *Phyllobolia: Festschrift Peter Von der Mühll*, 185–288. Basel. Reprinted in 1975 in: K. Meuli, *Gesammelte Schriften* vol. 2, 907–1021. Basel.

Morris, D. 1967. *The Naked Ape: A Zoologist's Study of the Human Animal.* New York.

Moyer, K.E. 1968. "Kinds of Aggression and Their Physiological Basis," *Communications in Behavioral Biology* 2, 65–87.

Müller-Karpe, H. 1966. *Handbuch der Vorgeschichte.* Munich.

Piskaty, L.K. 1957. "Ist das Pigmäenwerk von Herrn Trilles eine zuverlässige Quelle?," *Anthropos* 52, 33–48

Pötscher, W. 1964. *Theophrastos Peri Eusebeias.* Leiden.

Rappaport, R.A. 1971. "Ritual, Sanctity, and Cybernetics," *American Anthropologist* 73, 59–76.

Reichel-Dolmatoff, G. 1971. *Amazonian Cosmos: The Sexual and Religious Symbolism of the Tukano Indians.* Chicago. Originally published in 1963 as *Desana: Le symbolisme universel des Indiens Tukano de Vaupés* (Paris).

Reik, T. 1931. *Ritual: Psychoanalytic Studies.* New York. Originally published in 1928 as *Das Ritual: Psychoanalytische Studien* (Leipzig).

Robinson, J.M., ed. 1977. *The Nag Hammadi Library in English.* New York.

Ross, E.B. 1978. "Food Taboos, Diet, and Hunting Strategy: The Adaptation to Animals in Amazon Cultural Ecology," *Current Anthropology* 19, 1–16.

Scheff, T.J. 1977. "The Distancing of Emotion in Ritual," *Current Anthropology* 18, 483–90.

Silk, J.B. 1978. "Patterns of Food Sharing Among Mother and Infant Chimpanzees at Gome National Park, Tanzania," *Folia Primatologica* 29, 129–41.

Smith, J. Z. 1976. "A Pearl of Great Price and a Cargo of Yams: A Study in Situational Incongruity," *History of Religions* 16: 1–19. (Reprinted in: Smith 1982: 90–101.)

—. 1978. *Map Is Not Territory: Studies in the History of Religion.* Leiden.

—. 1980. "The Bare Facts of Ritual," *History of Religions* 20, 112–27. (Reprinted in: Smith 1982: 53–65.)

—. 1982. *Imagining Religion: From Babylon to Jonestown.* Chicago.

Smith, W.J. 1979. "Ritual and the Ethology of Communication," in: E.G. d'Aquili et al., *The Spectrum of Ritual: A Biogenetic Structural Analysis* 51–79. New York.

Staal, F. 1979. "Ritual Syntax," in: *Sanskrit and Indian Studies: Festschrift Ingalls* 119–42. Dordrecht.

Stone, L. 1981. *The Past and the Present.* Boston.

Teleki, G. 1973a. *The Predatory Behavior of Wild Chimpanzees.* Lewisburg, Pa.

—. 1973b. "The Omnivorous Chimpanzee," *Scientific American* 228.1, 32–42.

Trilles, R.P. 1933. *Les Pygmées de la forêt équatoriale.* Paris.

van Baal, J. 1976. "Offering, Sacrifice and Gift," *Numen* 23, 161–78.

Warren, P. 1981. "Minoan Crete and Ecstatic Religion," in: R. Hägg and N. Marinatos, eds., *Sanctuaries and Cults in the Aegean Bronze Age*, 155–66. Stockholm.

Washburn, S.L., and C.S. Lancaster. 1968. "The Evolution of Hunting," in: R.B. Lee and I. DeVore, eds., *Man the Hunter*, 293–303. Chicago.

Watenabe, H. 1968. "Hunting as an Occupation of Males," in: R.B. Lee and I. DeVore, eds., *Man the Hunter*, 74–77. Chicago.

Wilson, E.O. 1978. *On Human Nature*. Cambridge, Mass.

Wilson, P.J. 1975. "The Promising Primate," *Man* n.s. 10, 5–20.

Wolpoff, M.H. 1982. "Ramapithecus and Hominid Origins," *Current Anthropology* 23, 501–10.

Wreschner, E.E. 1980. "Red Ochre and Human Evolution: A Case for Discussion," *Current Anthropology* 21, 631–44.

Wu Rukang and Lin Shenglong. 1983. "Peking Man," *Scientific American* 248.6, 78–86.

Young, J.Z., ed. 1982. *The Emergence of Man: A Joint Symposium*. London.

Erschienen in: F. Graf, Hg., Klassische Antike und neue Wege der Kulturwissenschaften, Basel 1992, 169–189.

3. Opfer als Tötungsritual:
Eine Konstante der menschlichen Kulturgeschichte?

"Griechische Opferriten", veröffentlicht 1946 in der Festschrift für Peter Von der Mühll, ist Karl Meulis umfangreichstes Werk.[1] Es zeichnet sich aus durch eine stupende Fülle von Vergleichsmaterial, das sorgsam aufgeschlüsselt vorgelegt wird, es ist auch ein Dokument des ausgeprägten Wirklichkeitssinns: Im Basler Schlachthaus liess sich Karl Meuli demonstrieren, was die homerische Formel vom "Ausschneiden der Schenkelknochen" konkret bedeutet.[2] Das Thema freilich ist scheinbar entlegen. Zwar kennt jeder Philologe und Freund des Altertums die Geschichte vom Opfertrug des Prometheus, wonach die Menschen für die Götter auf den duftenden Altären "weisse Schenkelknochen" des Opfertieres verbrennen und das gute Fleisch selber essen, man liest die Homerpassagen, die solche Opfer beschreiben; doch wozu sich ins Detail vertiefen?[3] Genau zu sehen, was man gemeinhin übersieht, war Meulis Leistung. Ich selbst erinnere mich, dass mir längst Meulis Arbeit über den Schamanismus vertraut und wichtig war, neben *Odyssee und Argonautika*, ehe ich die *Opferriten* wirklich studierte. Dann freilich, anlässlich einer ersten Vorlesung über

---

ANET = *Ancient Near Eastern Texts Relating to the Old Testament*, ed. J.B. Pritchard, Princeton [3]1974

GS = K. Meuli, *Gesammelte Schriften*, hrsg. von Thomas Gelzer, Basel/Stuttgart 1975

[1]   Neuausgabe mit einigen Zusätzen GS 907–1021; erst hier sind Bilddokumente beigegeben.

[2]   GS 940. Vergleichbar sind Michael H. Jamesons Experimente über das Verbrennen der Knochen, insbesondere des Ochsenschwanzes: *Scientific American* 214:2 (1966) 54 und in: *Greek Tragedy and Its Legacy, Essays Pres. to D.J. Conacher*, Calgary 1986, 60f. mit fig. 3.

[3]   Eingehend hatte P. Stengel die Details studiert, *Opferbräuche der Griechen*, Leipzig 1910; vgl. auch L. Ziehen, *RE* 18 (1939) 579–627 s.v. Opfer. S. Eitrem, *Opferritus und Voropfer der Griechen und Römer*, Kristiania 1915, blieb weithin im "Animismus" stecken. Zu Schwenn s. Anm. 10.

Tragödie, ist diese Abhandlung für meine eigenen Arbeiten[4] so wichtig geworden, dass es jetzt fast *[170]* schwer fällt, aus der Distanz und objektiv über Meulis Leistung zu reflektieren.

Für Karl Meuli selbst hatte das Thema seinen zentralen Ort im Zusammenhang des geplanten Lebenswerkes, von dem das biographische Nachwort Franz Jungs in den *Gesammelten Schriften* handelt. Der Plan ist fassbar in der Disposition von 1932 (*GS* 1180f.): Es ging im Grund um die Auseinandersetzung des Menschen mit dem Tod, gestaltet in 'Brauch' oder 'Sitte'; so sollte, nach "allgemeinen Grundzügen des Totenglaubens" und "Entstehung und Sinn der Trauersitten", von Schuld und Sündenbock, vom Maskenwesen und eben von "Opfertötung und Opfersühne" die Rede sein. Unter dieser Überschrift sind allerdings in der Disposition von 1932 vor allem Themen der griechischen Mythologie benannt, die Meuli später nicht ausführlich behandelt hat. Dabei ging die Intention zunächst, einem Lieblingsthema der Religionswissenschaft entsprechend, in Richtung auf die "Opfertötung des Gottes" (vgl. Jung, *GS* 1204). Es war die Beschäftigung mit dem 'Schamanismus', mit den 'Agonen' und mit dem finnischen Kalewala, die dann die eigentümlichen Kulturen der sibirischen Jäger- und Hirtenvölker und damit das schlichte Jagen und Schlachten der Tiere ins Zentrum von Meulis Aufmerksamkeit rückte. So ergab sich, dass ihm nun "in einer Kernfrage ...Verständnis erreichbar" schien: "in der uralten Frage nach dem Sinn des Opfers an die Olympier" (*GS* 909).

Dieses "Olympische Opfer" also ist das Thema (*GS* 935ff.), das Verbrennen der Tierknochen für die Götter auf den Altären, wie wir es aus Texten, Bildern und archäologischen Relikten kennen, ein Brauch, der kaum als 'Opfergabe' zu verstehen ist und den schon Hesiod einen Betrug an den Göttern nennt. Meuli lässt zwei gehaltvolle Kapitel vorangehen, "Speisungsopfer" (911–924) und "Chthonische Vernichtungsopfer" (924–934); von diesen Abgrenzungen, von der Problematik eines Systems der Opferformen soll hier nicht die Rede sein.[5] Der dritte und wesentlichste Teil steht programmatisch unter der These (948): "dass das olympische Opfer nichts anderes sei als ein rituelles Schlachten". Das ist schlicht, realistisch, und doch, wie sich zeigt, von überraschendem Tiefgang.

Methode des Beweises ist der Vergleich mit "ähnlichen Bräuchen der Naturvölker und vorgeschichtlicher Zeiten" (947), insbesondere der "asiati-

---

[4] Bes. Burkert (1972), vgl. (1966), (1981), (1984) [*= Nr. 1 in diesem Band*], (1987) [*= Nr. 2 in diesem Band*]. Neuere Literatur zum Opfer: Sabourin (1985); J. Henninger, *Encyclopedia of Religion* 12, New York 1987, 544–557; zum griechischen Opfer: M. H. Jameson, Sacrifice and Ritual: Greece, in: M. Grant – R. Kitzinger (Hgg.), *Civilization of the Ancient Mediterranean. Greece and Rome* 2, New York 1988, 959–979.

[5] Die Unterscheidung wird durch Burkert (1972) wieder relativiert.

schen Hirtenvölker", die ihrerseits "jägerischen Brauch" bewahrt haben (948). Man findet dort sorgsame Vorbereitungen des Jagens und *[171]* Schlachtens im Sinne besonderer 'Reinheit', sorgfältige und respektvolle Behandlung aller Einzelteile des getöteten Tiers und insbesondere – dies die schlagende Parallele zum 'Homerischen' Opferbrauch – die Aufbewahrung des Knochengerüsts, insbesondere der Schenkelknochen und Schädel an bestimmten, sozusagen 'heiligen' Stätten (958–963; 985–987). In solchen Bräuchen und vor allem in den zugehörigen verbalen Äusserungen kommt nicht selten ein Gefühl der Schuld gegenüber dem Tier zum Ausdruck, das freilich auch virtuos überspielt werden kann: Es wird behauptet, das Tier lasse sich freiwillig töten oder es sei selber schuld, oder aber es waren angeblich "die anderen", die getötet haben (952f.), und man klagt über dem getöteten Tier (955f.). Hier hat Meuli den Begriff der 'Unschuldskomödie' geprägt.[6] Das Deponieren des Knochengerüsts bedeutet demgemäss eine Wiederherstellung des getöteten Tiers, damit der Zyklus des Lebens sich schliesst. Der Jäger weiss, dass er das Wild, seine Lebensgrundlage, nicht ausrotten darf. Nun ist dieses ökologisch so behutsame Jägertum nicht irgendeine, sondern die älteste, grundlegende Kulturstufe der Menschheit.[7] Und in der Tat, das Deponieren der Knochen und Schädel lässt sich zurückverfolgen bis ins Paläolithicum. Der Sinn, die "ursprüngliche Bedeutung' der Jagd- und Opferbräuche aber lässt sich ermitteln bei den rezenten, so viel genauer fassbaren Jägern: Als "innerster Kern" all der merkwürdig umständlichen Rituale, die mit dem blutigen Geschäft des Schlachtens verbunden sind, erscheint eine "uralte, höchst denkwürdige Erscheinungsform des Mitleides" (978), ein "Gefühl der Schuld, das Bewusstsein der Lebenseinheit" (979), "ahnungsvolle Ehrfurcht vor jenen grossen Mächten, die Natur und Leben selbst gegen Egoismus und Grausamkeit eingesetzt haben" (979 vgl. 980). Es bleibt die Feststellung, "wie mächtig im Grund doch der Glaube an die Heiligkeit und an die Ganzheit des Lebens steht" (1012). Albert Schweitzers Begriff der "Ehrfurcht vor dem Leben"[8] wird von Meuli nicht zitiert, steht dem aber offenbar doch ganz nahe. *[172]*

---

[6] 'Komödien' *GS* 954. – "Die Unschuldskomödie ... ist beliebter Jägerbrauch" *GS* 1005.

[7] Die grundlegende Bedeutung des Jägertums für die menschliche Entwicklung ist eine Zeitlang emphatisch behauptet, dann in diversen Symposien und Sammelbänden wieder zurückgedrängt worden. Vgl. einerseits D. Morris, *The Naked Ape*, New York 1967 (dtsch. *Der nackte Affe*, München 1968); R. Ardrey, *The Hunting Hypothesis*, London 1976, andererseits R.B. Lee – I. DeVore, *Man the Hunter*, Chicago 1968.

[8] Das Prinzip der "Ehrfurcht vor dem Leben" wurde von A. Schweitzer entwickelt in *Kultur und Ethik*, Berlin 1923, Kap. 21/22, Neuausgabe München 1972, 328–368. Vgl. über 'Ehrfurcht' Meuli ausführlich in seiner Ansprache "Über Höflichkeit", *GS* 551–554.

Faszinierend ist die Weite des Blicks, der die ganze Menschheitsgeschichte seit dem Altpaläolithicum überspannt, ohne die charakteristischen Einzelheiten aus dem Auge zu verlieren, und zugleich und vor allem
die Energie eines Willens zum Verstehen, der im Fremdartigsten den unmittelbar einfühlbaren Sinn entdeckt. Meuli sprach ein andermal von der
"willigen Demut, auch im Fremdartigen das Menschliche zu erkennen".[9]
Über ein Kuriosum der griechischen Religionsgeschichte sind wir damit
weit hinausgeführt. Für Einzelheiten hatte Meuli Vorläufer: Ada Thomsen
hatte bereits den Opfertrug des Prometheus mit dem Schädel- und Langkno-
chenopfer der sibirischen Völker erklärt, Friedrich Schwenn hatte die 'Unschuldskomödie' der attischen Buphonia von der Tötungsschuld dem Tier
gegenüber gedeutet.[10] Die umfassende Konzeption war so nie erreicht
worden.

Es sei diese Konzeption in drei Schritten genauer untersucht, unter Be-
rücksichtigung seither geäusserter Kritik, die teils einzelnes, teils den
Grundgedanken betrifft. Zunächst sei der Kreis des von Meuli beigezoge-
nen Vergleichsmaterials abgeschritten, dann die Problematik des historischen Rückgangs bis in die Steinzeit besprochen, und schliesslich jener
"innerste Kern" des Rituals ins Auge gefasst, der humane Grund des scheinbar Bizarren.

1.

Vergleichsmaterial hat Meuli in seiner ganzen Lebensarbeit mit Beharrlich-
keit und unermüdlichem Fleiss zusammengetragen (vgl. 1174f.); man kann
bedauern, wie sehr die Erwartung, es könnte die entscheidende, weiterführende Parallele eben noch in einem weiteren Zeugnis zu finden sein, ihn
zögern liess, die Grundgedanken jener Disposition auszuführen. Für die
"Opferbräuche" stammen die wichtigsten Belege aus dem Bereich von Sibirien und Nordamerika; Meuli beruft sich vor *[173]* allem auf Zelenin und
Uno Holmberg-Harva (949,1), hat aber auch vielerlei zusätzliches Material
aufgearbeitet. Die Leistung des Sammelns und Ordnens erheischt allein
schon höchste Anerkennung.

---

[9] Einleitung zu "Die gefesselten Götter", *GS* 1035.

[10] Zu Thomsen *GS* 910; 947f.; Schwenn (1927) 102–108 hat die Buphonien aus der "Scheu
gegenüber dem Tier" gedeutet und ganz ähnliches Vergleichsmaterial wie Meuli herangezogen.
GS 909 Anm. 1 erkennt bei Schwenn "manches Gute" an, kritisiert die Gesamtkonstruktion.
Nilsson hatte Schwenn abgelehnt, *Deutsche Literaturzeitung* 5 (1928) 1748f.; vgl. auch Lorenz
(1974) 219.

Es liegt in dieser Orientierung freilich auch eine nicht selbstverständliche Vorentscheidung. Es waren, wie gesagt, die Arbeiten zu *Kalewala* und Schamanen, die Meulis Aufmerksamkeit auf Sibirien gelenkt hatten. Unverkennbar aber steht dabei auch eine kulturhistorische These im Hintergrund: "Dass die Kultur der von Norden in die Balkanhalbinsel einrückenden indogermanischen Stämme, der späteren Griechen, derjenigen der vaterrechtlich organisierten Hirtenkrieger des asiatischen Hauptlandes nahe verwandt war, ist ausgemacht" (948). Es geht also um die Zugehörigkeit der Indogermanen zu eurasischen Hirtennomaden. Demnach seien die Opferbräuche ein "angestammtes Erbstück"; die Griechen haben es "reiner und treuer bewahrt als alle indogermanischen Bruderstämme".[11] Griechisches also als Erbe eines 'Nordischen', das bis Sibirien führt, allerdings "ohne bei Sprachgrenzen haltzumachen" (948). Dem braunen Ungeist, der die nordische Rasse in Norddeutschland ansiedelte, steht Meuli also ganz fern. Aber man kann in dieser Perspektive doch eine Einschränkung sehen, die nicht ohne Probleme ist.

Die Festlegung auf die sibirisch-indogermanische Linie hat speziellere Konsequenzen: Sie scheidet nicht nur Afrika und Südostasien aus, obgleich es auch dort durchaus Parallelerscheinungen zu dem von Meuli Gemeinten gäbe,[12] sondern auch mesopotamische, hethitische, palästinensische, ägyptische Opferbräuche, den ganzen 'Orient' einschliesslich Israels. Es ist eigentlich paradox, dass in den "Opferbräuchen" das Buch Leviticus, das so ausführlich vom Tieropfer handelt, überhaupt nicht erwähnt ist;[13] dabei ist der Grundsatz, dass jedes Schlachten ein Opfer ist, den Meuli ausführlich belegt (938), dort am radikalsten formuliert: "Jedermann ... der ein Rind oder ein Lamm oder eine Ziege schlachtet ... und das Tier nicht hinbringt zur Türe des Offenbarungszeltes *[174]*, um Jahwe Opfergabe darzubringen ... einem solchen Mann soll es als Blutschuld angerechnet werden: Blut hat er vergossen ...".[14] Da "das Blut das Leben ist", gehört das Blut dem Gott,

---

[11] Vgl. auch Meulis Vermutung (*GS* 284), "dass die Fastnachtsbräuche in ihrem Kern in indogermanisches Altertum zurückgehen".

[12] Zu Afrika z.B. Baumann (1950); Lorenz (1974) 225–230; zu Malekula J. Layard, Identification with the Sacrificial Animal, *Eranos Jahrbuch* 24 (1955) 341–406 (dt. Zusammenfassung 513–516).

[13] Zu den Parallelen R.K. Yerkes, *Sacrifice in Greek and Roman Religions and Early Judaism*, New York 1952; Burkert (1966), (1972), (1975) [= *Nr. 5 in diesem Band*]; B. Janowski, Erwägungen zur Vorgeschichte des israelitischen šelamîm-Opfers, *Ugaritforschungen* 12 (1980) 231–259. Thomas Gelzer macht mich darauf aufmerksam, dass in der von Peter Von der Mühll vertretenen Klassischen Philologie alles Kirchliche und damit auch alles Jüdisch-Christliche prinzipiell ausgeschlossen war.

[14] *Lev.* 17,2ff. (Übersetzung E. Kautzsch); Burkert (1966) Anm. 41.

dessen Name Jahwe auf 'Leben' deutet; aber auch die Griechen giessen Blut am Altar aus,[15] ohne dies ausführlich zu begründen. Dass nach alttestamentlichem Gesetz die Nieren dem Gott gehören, zielt – mit anatomischem Irrtum – auf die Zeugungskraft, damit wieder auf das 'Leben' der Tiere; die Eskimos versenken die Harnblasen der gejagten Seehunde für die Herrin der Tiere im Meer.[16] Dass in vergleichbarer Weise der Artemis von Ephesos die Hoden der Opferstiere gehören, ist in Basel erst nach Meulis Tod dargetan worden.[17]

Die wesentlichste Gemeinsamkeit von hebräischem bzw. allgemein westsemitischem und griechischem Opfer besteht im Verbrennen der dem Gott zu heiligenden Teile auf entsprechenden Altären, was mit dem Opfermahl einher- bzw. diesem vorausgeht. Es gibt auch die typische Abfolge von Holokaust und Opfermahl. Der Gedanke an nahöstlichen Kultureinfluss ist immerhin möglich, doch ist das Problem offenbar vielsträngig, zumal auch die griechischen Bräuche keineswegs einheitlich waren und erst noch das Minoische und das Mykenische in ihrer offenbaren Andersartigkeit zu berücksichtigen wären.[18] Jedenfalls ist es ein flagranter Unterschied zum sibirischen Material, dass man bei den Griechen gerade die Langknochen, die μῆρια, nicht deponiert, sondern verbrennt. Meuli äussert sich dazu nur knapp, fast im Vorübergehen: "Zu gerne möchte man wissen, wo und wann das Verbrennen aufkommt" (989); immerhin sei Verbrennen "bei Hirten öfter zu beobachten" (990). Kein Wort von semitischen Brandopferaltären. Bei Meulis Einzelbeschreibung des griechischen Opfers (993–1004) sind Altar und Feuer, die in der Opfer-Ikonographie das Bild beherrschen, gänzlich ausgeblendet. Nur fürs Gabenopfer wird allerdings auf "semitische Opfer" verwiesen *[175]* (1012). Offenbar ist 'Indogermanisch' und 'Semitisch', nach längst eingespielter Tradition, als Antithese genommen.[19]

---

[15] Blut als Götteranteil: *GS* 945.

[16] I. Paulson – A. Hultkrantz – K. Jettmar, *Die Religionen Nordeurasiens und der amerikanischen Arktis* (Religionen der Menschheit 3), Stuttgart 1962, 386.

[17] G. Seiterle, Artemis – Die Grosse Göttin von Ephesos, *Antike Welt* 10:3 (1979) 3–16.

[18] Brandopfer sind selten in Mesopotamien, offenbar sekundär in Ägypten, dagegen bezeugt in Alalakh; sie sind eher ein Sonderfall bei Hethitern; immerhin ist in einem Ritualtext explizit: "Man ... verbrennt die Knochen:, O. Carruba, *Das Beschwörungsritual für die Göttin Wišurijanza*, Wiesbaden 1966, 6f. – Zum Westsemitischen vgl. Anm. 13. Zum Minoischen und Mykenischen Burkert (1976) [= *Nr. 5 in diesem Band*]; N. Marinatos, *Minoan Sacrificial Ritual*, Stockholm 1986, und "The Imagery of Sacrifice: Minoan and Greek," in: R. Hägg – N. Marinatos – G.C. Nordquist (Hgg.), *Early Greek Cult Practice*, Stockholm 1988, 9–20.

[19] Dazu W. Burkert, Homerstudien und Orient, in: J. Latacz, *Zweihundert Jahre Homerforschung* (Colloquia Raurica 2), Stuttgart 1991, 155–181 [= *Kleine Schriften I, 30-58*].

Dass Meuli den weiter abgelegenen eigentlichen Alten Orient nicht be-
rücksichtigt, wird man weniger erstaunlich finden.[20] Immerhin hätte er sich
bereits an jenem Ritualtext freuen können, der ein besonderes Stieropfer in
Babylon so ausführlich vorschreibt, das Stieropfer zur Gewinnung der Haut
für die grosse Tempelpauke: Da gibt es die 'Unschuldskomödie'. Vor dem
abgetrennten Schädel des Opfertiers verneigt sich der Priester und spricht:
"Diese Tat – alle Götter haben sie vollbracht; nicht ich habe sie vollbracht."[21] Sehr schön auch, wie nach einem anderen Text, der das Ritual des
Anu-Tempels in Uruk vorschreibt, der Priester angewiesen ist, bei der Op-
ferschlachtung "betreffs des Kehle-Abschneidens" von Rind und Schafen
einen Spruch vom Herrn der Tiere zu rezitieren: "Der Sohn des Sonnengot-
tes, der Herr der Tiere, schuf eine Weide in der Steppe": Gerade im Töten
wird an die 'wilden' Tiere und ihre vom Gott geschaffene Lebensgrundlage
ausserhalb der Zivilisation erinnert; bei einem anderen Opfer spricht der
Priester "betreffs des Kehle-Abschneidens" 'Leben' – was dem Herausgeber des Textes übrigens unverständlich schien.[22] Im Mythos weinen die
Tempeldienerinnen über den getöteten Himmelsstier, von dem man ihnen
doch die Keule hinwirft – ein aitologischer Mythos von der Einrichtung des
Opfers.[23] Ferner hat man beim griechischen Opfer den Göttern 'Tische'
(τράπεζαι) aufgestellt mit einer Ehrenportion der Mahlzeit; dies erwähnt
Meuli eher widerwillig als sekundär – in der Tat sind solche τράπεζαι bei
Homer nicht erwähnt[24] –, mit der Hypothese, dies stamme "doch wohl" aus
dem Heroenkult (942). Wenn man die ausführlich *[176]* dokumentierten
altorientalischen Rituale der Götterspeisung mit dem Herrichten und Abräu-
men der Tische zur Kenntnis nimmt,[25] wird man beginnen, an der innergrie-
chischen Entwicklung zu zweifeln.

---

[20] Im Zusammenhang mit der Baumbestattung ist Meuli auf den hethitischen Telepinu aufmerksam geworden, vgl. *GS* 1035; 1146; 1074–1076; er hatte vor, das babylonische Akitu-Fest zu
behandeln, 1148.

[21] Burkert (1972) 18f.; Thureau-Dangin (1921) 10–59, hier 22f.; *ANET* 334–338, hier 336;
andererseits gibt es das bedenkenlose Töten als Machterweis: "... schlägt der König ihr (der
Göttin) Rinder nieder ...", E. Ebeling, *Quellen zur Kenntnis der babylonischen Religion* 1,
Leipzig 1919, 57.

[22] Thureau-Dangin (1921) 78 (Transskription), 83f. (Übersetzung); er setzt zu dem an sich klaren
Ausdruck "Er spricht Leben" – "dira (l'oraison) de vie"– ein Fragezeichen.

[23] Gilgamesch 6,165ff., *ANET* 85; vgl. Burkert in: C. Grottanelli – N.F. Parise (Hgg.), *Sacrificio e
società nel mondo antico*, Bari 1988, 170f.

[24] Τράπεζαι erscheinen immerhin in der Inschrift aus Tiryns *Supplementum Epigraphicum Hel-
lenisticum* 30 (1980) 380 Nr. 14, 1.H. 6. Jh.v.Chr., und in dem Opfergesetz aus Selinus, 5.
Jh.v.Chr., das M. Jameson demnächst edieren wird *[Michael Jameson, David Jordan und Roy
Kotansky (Hrsgg.), A Lex Sacra From Selinous (Durham, NC, 1993)]*.

[25] Vgl. Thureau-Dangin (1921).

Auffällig kann auch erscheinen, dass Meuli trotz seinem Insistieren auf dem 'Indogermanischen' keinen Blick auf Indien richtet. Dabei hatten H. Hubert und M. Mauss ihre 1898 veröffentlichte, wegweisende Abhandlung über das Opfer gerade am indischen Ritual entwickelt.[26] Meuli hat Marcel Mauss im Zusammenhang der "obligatorischen Gefühle" beim Trauern zitiert (355,2; 367; 410), die Opfer-Studie aber offenbar nicht gekannt. Dabei gibt es doch auch in Indien – worauf Hubert-Mauss freilich nicht achten – das Ausspielen der Tötungs-Bedenklichkeit: Es wird kein Blut vergossen, das Opfer wird erwürgt; im Rigveda aber sagt der Priester zum Opfertier: "Du stirbst nicht, du gehst zu den Göttern".[27]

Meulis Vergleichsmaterial also, so imponierend es ist, lässt sich in verschiedensten Richtungen ergänzen; es zeigt gewisse Eingrenzungen, die man 'ideologisch' nennen könnte. Meulis Modell führt weiter, als er selbst wusste, verliert damit freilich viel von der Stringenz der innerasiatisch-indogermanischen Griechenlinie; der 'Erbgang' wird weniger eindeutig.

2.

Tiefgreifender sind die Probleme, die die eigentlich historische Dimension betreffen. Meuli sucht das 'Ursprüngliche' und findet es in einer "uralten Jägerkultur" (975). Er präsentiert dabei als "eine der allerwichtigsten Entdeckungen, die jemals auf dem Gebiete der Erforschung des paläolithischen Menschen gemacht worden ist",[28] jene Ansammlungen von Höhlenbären-Knochen in Schweizerischen Alpenhöhlen, die Ernst Bächler gefunden und als absichtliche, von Menschen durchgeführte 'Bestattungen' gedeutet hatte. Es handelt sich um das Wildkirchli unweit des Säntis, das Wildmannlisloch am Selun und vor *[177]* allem um das Drachenloch ob Vättis im Taminatal. Die Rede war z.B. von einer 'Steinkiste', worin sieben wohlerhaltene Höhlenbärenschädel lagen, alle die Schnauze dem Ausgang zugekehrt, dazu fünf Extremitätenknochen und ein Schulterblatt (965). Es geht dabei um die Zeit des 'Neanderthalers', das sog. Praemoustérien. Die Verwandtschaft mit den Jägersitten der Knochen-Deposita schien 'unbestreitbar' (966); und so sah sich Meuli berechtigt anzunehmen, dass der eigentliche Ausgangspunkt jener Bräuche, der Schreck über das Töten und das Wiedergutmachen im

---

[26] Hubert-Mauss (1898). Vgl. etwa M. Biardeau – C. Malamoud, *Le sacrifice dans l'Inde ancienne*, Paris 1976.

[27] Rigveda 1,162,21, W. Doniger O'Flaherty, *The Rig Veda. An Anthology*, Harmondsworth 1981, 91.

[28] *GS* 964; Meuli zitiert hier eine Formulierung von O. Menghin.

Niederlegen der Schädel und Knochen, schon im frühen Paläolithicum belegt sei (966).

Meuli wusste, dass Bächlers Deutungen in der Fachwelt umstritten waren (964,3). In der Zwischenzeit hat eindeutig die Kritik obsiegt.[29] Die 'Steinkiste' kann durch geologischen Zufall in der Plattenstruktur der Höhle entstanden sein, die Anhäufung der Bärenknochen ist ohne menschliche Intervention erklärbar. Bächlers Deutung der alpinen 'Bärenbestattungen' gilt darum heute eher als ein Musterbeispiel dafür, wie man es in der Prähistorie nicht machen darf. Im Hintergrund steht auch etwas vom 'Paradigmenwechsel' in der Prähistorie, dem – beispielshalber – auch die Pfahlbauten ganz oder fast ganz zum Opfer gefallen sind. Moderne geben sich lieber kritisch als 'ergriffen'. Religiöse Sinndimensionen müssen erst bewiesen werden. Ein vermeintlicher 'Ursprung' ist damit wieder verschüttet.

Man muss freilich auch bedenken, dass der Rückgriff bis zum sogenannten Neanderthaler sowieso eher zu weit ging. Das genaue Verhältnis dieser Spezies zu *homo sapiens sapiens* ist – wie könnte es anders sein – kontrovers, aber soviel ist klar, dass die sichere Kontinuität, die genetische 'Identität' des heutigen Menschen erst jenseits des Neanderthalers zu fassen ist, auch wenn die zeitlichen Dimensionen sich etwas verschoben haben. Es ist nicht sicher, ob der Neanderthaler sprechen konnte, jedenfalls hat er keine Bilddarstellungen hervorgebracht; beides, Sprache und Bilddarstellung, eine neue "symbolische Dimension" also, ist eindeutig mit der 'modernen' Menschenart gegeben; ob wir uns dabei in Epochen von etwa 30.000 oder 60.000 Jahren bewegen, spielt hier keine Rolle. Sicher ist, dass die Lebensform der jungpaläolithischen Menschen immer noch vom Jägertum bestimmt war; wie sehr sie von den Tieren, ihrem Wesen und ihrem Töten, fasziniert waren, davon legen die berühmten Höhlenmalereien Zeugnis ab. Diese 'Kathedralen' des Jungpaläolithicum, *[178]* wie man sie genannt hat, zu interpretieren, sei hier nicht versucht.[30] Auf ein Dokument hat immerhin Meuli selbst schon in den "Opferriten" hingewiesen, auf die Lehmfigur eines Bären in der Höhle von Montespan (968), der man offenbar ein veritables Bärenfell übergezogen hatte; er hat dies mit einem afrikanischen Jagdbrauch, den Frobenius berichtet, interpretieren können: Auch hier eine Art 'Wiederherstellung' des getöteten Tieres.

Ernster nehmen Kulturwissenschaftler heute das andere historische Problem, über das Meuli hinweggleitet: Den Übergang vom Jägertum bis zu

---

[29]   F.E. Koby, "Les ours des cavernes et les Paléolithiques", *L'Anthropologie* 55 (1951) 304–308; G. Bandi, "Zur Frage eines Bären- oder Opferkultes im ausgehenden Altpaläolithikum der Alpinen Zone", in: *Helvetia antiqua. Festschrift Emil Vogt*, Zürich 1966, 1–8.

[30]   Als wegweisend gilt A. Leroi-Gourhan, *Préhistoire de l'art occidental*, Paris 1965.

einer Ackerbaukultur neolithischen Stils und schliesslich zu einer stadt-
zentrierten Hochkultur. Man hat die Schlagworte von der "neolithischen
Revolution" und von der "urbanen Revolution" eingeführt. Im Kontext
einer Stadt- und Schriftkultur finden wir die griechischen Opferbräuche,
und zwar nicht als 'survival', sondern, wie sich zeigen lässt, als weit aus-
strahlendes Modell der ideellen und sozialen Organisation.[31] Nilsson formulierte sogleich als entscheidenden Einwand gegen Meuli, dass doch praktisch immer domestizierte, nicht wilde Tiere geopfert werden.[32] Meuli insis-
tiert auf dem bruchlosen Übergang vom Jäger zum Hirten: "Der Jäger war
zum Hirten geworden ... Wie sollten sie da beim Töten gleichgültiger gewesen sein ...?" (980 vgl. 948). Er beschreibt die Opfer sibirischer Hirtennomaden mit der Feststellung, es liege "klar zutage, dass diese Opferrituale
aus dem Jägerbrauch entwickelt sind" (989). Die Griechen aber haben, stellt
Meuli fest, das Erbe der "Hirtenkrieger" (948) bewahrt, und zwar "reiner
und treuer bewahrt als alle indogermanischen Bruderstämme" (948). Ist es
jedoch überhaupt möglich, über radikale wirtschaftlich-gesellschaftliche
Veränderungen hinweg ein 'Erbe' an Bräuchen schlicht "zu bewahren"?
Müsste es nicht im neuen Kontext neue Funktionen und damit auch einen
neuen Sinn annehmen? Die Probleme der andersartigen Minoischen und
Mykenischen Kultur sind hier ebenso souverän übersprungen wie die Frage
nach etwaigen Gemeinsamkeiten mit den Nachbarkulturen in Ost, Süd und
West. *[179]*
   Nun kann man Meuli nicht vorhalten, dass er in einem einzigen, in vieler
Hinsicht wegweisenden Aufsatz nicht gleich auf alle Fragen Antwort gibt.
Immerhin könnte er sich mit dem Hinweis verteidigen, dass die Kulturentwicklung vielschichtiger ist, als die Systematik der Kulturtypen zulassen
möchte. Es gibt 'Erbe', das gegenläufig zum 'System' durchaus wirksam
ist. So gewiss z.B. in Griechenland domestizierte Tiere, wertvoller Besitz
zudem, zum Opfer verwendet werden, wird doch immer wieder mit dem
'Wilden' gespielt, dem 'Draussen', der Jagd. In der Ikonographie von
Apollon und Artemis kann für die Ziege stets auch das Reh eintreten. Es
gibt die Riten, in denen Tiere 'freigelassen' werden, um schliesslich als

---

[31] Über Opfer und Polis handeln bes. Detienne und Vernant (1979) (mit Bibl.); vgl. auch J.-P.
      Vernant, "Théorgie générale du sacrifice et mise à mort dans la θυσία grecque", in: *Le sacrifice
      dans l'antiquité* (Entretiens sur l'Antiquité classique 27), Vandœuvres/Genève 1981, 1–18.
[32] M.P. Nilsson, *Geschichte der griechischen Religion* 1, München [2]1955 = [3]1967, 152, vgl. 145
      Anm. 2; o. Anm. 9. Vgl. immerhin *Anthol. Pal.* 6,240 καλλιθυτῶν κάπρον ὀρειονόμον und
      Arist. *Pol.* 7,2,1324b 39 θηρεύειν ... ἐπὶ θυσίαν. Vgl. auch Jameson 1988.

Opfer zu dienen.[33] Auch der Priester von Uruk gedenkt der 'Steppe'. Auch im ägyptischen Opfer sind jägerische Züge bewahrt.[34]

Zudem ist, jenseits des Griechischen, ein faszinierendes Zwischenglied zwischen Jägertum und Ackerbauerkultur bekannt geworden, wovon Meuli 1946 noch nichts ahnen konnte. Es handelt sich vor allem um die neolithische Stadt Çatal Hüyük in Anatolien.[35] Diese Kultur wird um 6000 v. Chr. datiert. Sie hat eigentümliche 'Heiligtümer' in den Häusern, charakterisiert durch Wandmalereien, durch Lehmplastiken an der Wand, durch die aufgestellten Hörner von veritablen Stieren und durch sekundäre Bestattungen von Menschen. Unter den Plastiken dominiert die Gestalt einer offenbar gebärenden Göttin, die eindrucksvollste der Malereien zeigt eine Stierjagd durch Männer, die als Tiere – als Leoparden? – verkleidet sind. Von Wildstieren stammen jene aufgerichteten Hörner. Hier hat man also einen überaus suggestiven Komplex religiösen Ausdrucks vor sich, wobei das Drama von Leben und Tod sich auf die Jagd, den Wildstier und die gebärende Göttin zu konzentrieren scheint und der Tod des Menschen durchaus einbezogen ist. Kontinuitäten zu den späteren Hochkulturen, zum Sumerischen ebenso wie zum Minoischen, drängen sich auf. Hier also ist die fundierende Rolle der Jagd in die neolithische Stadtkultur hineingenommen, 'survival' insofern, als die Wildrinder dann bald einmal ausgerottet waren. Es ist dies ein besonders markantes Beispiel dafür, wie Übernommenes in neuen Kontext eingefügt wird und doch in ungebrochener Tradition seinen Sinn behauptet, der im rituellen Handeln und in Bildern sich ausspricht; die zugehörigen Worte bleiben uns verloren. *[180]*

Kurzum, die historischen Entwicklungslinien sind komplizierter verwoben, als dass man schlechthin von 'Erbe' sprechen könnte; doch der Umbruch kultureller Systeme bleibt eingeschränkt durch religiöse Kontinuitäten gerade im Bereich der Opfertötung. Insofern scheint Meulis These vom jägerischen und damit letztlich paläolithischen 'Erbe' in den Opferriten nach wie vor vertretbar, auch wenn die Wirkungsart rituellen Erbes genauer zu explizieren bleibt.

3.

Die 'innerste' Deutung schliesslich ist wohl besonders bezeichnend für Karl Meuli. Es ist eine Binsenweisheit, dass in jeder Interpretation der Interpre-

---

[33] Burkert (1972) 23. Vgl. auch Otto (1950).

[34] Vgl. Otto (1950).

[35] J. Mellaart, *Çatal Hüyük, Stadt aus der Steinzeit*, Bergisch Gladbach 1967.

tierende sich selbst darstellt. So steht in der These vom uralt-menschlichen Mitleid – griechisch συμπάσχειν – ein überaus sympathischer Mensch vor uns, engagiert im Verstehen des Lebendigen und Echten. Sogar das Tier wird zur Person. Meuli selbst schrieb in einem Brief im Hinblick auf eine mögliche Rezension der "Opferbräuche": "Darüber hinaus sind für mich persönlich die Erkenntnisse über die menschliche Natur, über das Verhältnis des Menschen zum Töten, als eine Art religiöser Grunderkenntnis, wichtig gewesen, und ich könnte mir kaum Besseres wünschen, als dass diese Erkenntnis und Lehre weitere Verbreitung fände". [36]

Meuli hielt nichts von jener Religionswissenschaft, die abwertend das 'Primitive' zu denunzieren beliebte, und er äusserte sich mündlich ungescheut über die 'Dummheit' mancher vielbenutzter Autoren.[37] Er suchte den Kern der Rituale nicht in angeblich primitiver Mentalität, sondern in einer "natürlichen, spontanen Reaktion"; "echte Sitte wurzelt ... im natürlichen Verhalten des sittlich, das heisst sozial empfindenden Menschen, das sich dann der weniger stark empfindenden und im Ausdruck des Sittlichen weniger schöpferischen Menge als vorbildlich aufdrängt und von der Gesellschaft, als ihr förderlich, zur Verpflichtung erhoben wird" (911f.). Eine Entwicklung von Sitte und Gesellschaft vom 'Primitiven' zur "höheren Zivilisation" wird hier implizit doch entschieden *[181]* negiert. So hat Meuli insbesondere auch die 'Trauersitten' erklärt – der Aufsatz "Entstehung und Sinn der Trauersitten" erschien im gleichen Jahr 1946 wie die "Opferbräuche" –: ihnen "liegt überall der natürliche, spontane Ausdruck der Trauer zu Grunde" (350 vgl. 926f.). Sitten sind demnach "Kleider eines Grossen, eines wahr und tief Empfindenden, und ihm auf den Leib geschnitten; dem Kleinen und Gewöhnlichen ... schlottern sie seltsam um den Leib" (351). Beim Jäger nun also ist jene spontane, sittliche Reaktion das "auf Identifikation mit dem Tier sich gründende Mitleid" (978). Opferriten mögen kurios wirken, und doch, sie haben einen Kern, vor dem wir selbst staunen lernen.

Meuli selbst verwahrt sich dagegen, es handle sich bei der These von der "innigen Verbundenheit des Jägers und Hirten mit seinen Tieren" um "idealisierende Schönfärberei" (979). Mit skeptischem Lächeln musste er rechnen. Es gibt auch ausdrückliche Kritik. 1974 hat Günther Lorenz, Schüler von Franz Hampl, in einer Arbeit "Ehrfurcht vor dem Leben der Tiere bei frühen Griechen und Römern und bei den Naturvölkern?" sein Fragezeichen gesetzt und begründet. Indem er Meulis Material nicht unwesentlich

---

[36] Brief an Willy Borgeaud vom 5. Januar 1947; für die Kenntnis dieses Dokuments und die Erlaubnis, daraus zu zitieren, bin ich Philippe Borgeaud zu grossem Dank verpflichtet.

[37] Vgl. auch *GS* 1035f.

ergänzt, meint er, dass 'Ehrfurcht' doch nicht der rechte Begriff sei, solche rituellen Verhaltensweisen zu erklären; was vorliege, sei einfach 'Angst', Angst, das tote Tier könnte sich rächen. "Aus diesem Affekt heraus reagieren Primitive ... wie die Kinder", schreibt Lorenz (233); er rekurriert auf "herrschende Vorstellungen" der 'Primitiven' vom "lebenden Leichnam" und dergleichen. Im Grund setzt er damit die von Meuli überwundenen Wege bzw. Irrwege der früheren Religionswissenschaft mit ihrem Konstrukt der "primitiven Mentalität" fort.[38] Meuli hätte sich mit solchen Argumenten kaum schrecken lassen. Der Hinweis auf die Selbstdarstellung des Interpreten kann freilich als unfair erscheinen, insofern er aus der sachlichen Diskussion herausführt; trotzdem, es macht einen Unterschied, ob man die Betroffenheit, wenn nicht 'Ergriffenheit', oder das Nicht-Betroffensein vorzieht. Eben darum kann auch der Kritiker hieraus nicht bereits sein Argument gewinnen. Objektiv lässt sich die Frage stellen, was denn solche für den Modernen nicht einsehbaren Ängste und 'Vorstellungen' der sogenannten 'Primitiven' eigentlich auslöst; eine Antwort wäre dann allerdings immer wieder: In erster Linie eben der Brauch, das Ritual selbst, das auf diese Weise sich selber fortpflanzt.[39] Solche Überlegungen *[182]* freilich lagen Meuli ferner; er sucht vom 'Ursprung' her zu verstehen.

Man könnte geneigt sein, psychologische Deutungen von Kulturphänomenen als letztlich willkürlich oder eben als Projektion des Interpretierenden prinzipiell zu verbieten. Im allgemeinen wird es in jeder Vielzahl von Menschen verschiedene psychische Abläufe geben. Was ist da massgebend, charakteristisch, wie lässt sich die Übereinstimmung fassen, wie kann man sie werten? Geht es gar um Gesellschaften, die uns fern stehen, weit in die Vorgeschichte zurückreichen und uns nur durch kärgliche Reste ihres Tuns noch fassbar sind, so scheint vollends nichts hinauszuführen über das berüchtigte "if I were a horse"-Argument, wie es Evans-Pritchard[40] formuliert hat: "Wenn ich ein Pferd wäre, würde ich auch dies und jenes tun" – man kommt damit dem tatsächlichen Verhalten des Pferdes nicht viel näher, und ebenso wenig den sogenannten 'Primitiven'. Nun äussert sich Meuli allerdings in der Tat ganz zurückhaltend darüber, was der vermeintliche Neanderthaler am Drachenloch empfunden oder sich vorgestellt haben mag (966). Seine Zitate von Marcel Mauss[41] lassen erkennen, dass ihm auch be-

---

[38] Die Theorie der "primitiven Mentalität" ist prinzipiell durch Freud einerseits, Malinowski andererseits ausser Kurs gesetzt worden. Vgl. jetzt auch G.E.R. Lloyd, *Demystifying Mentalities*, Cambridge 1990.

[39] Vgl. Burkert (1972) 34–38.

[40] E.E. Evans-Pritchard, *Theories of Primitive Religion*, Oxford 1965, 24; 43 u.ö.

[41] Vgl. bei Anm. 26.

wusst war, wie sehr in der 'Sitte' – ich würde sagen: im Ritual – ein Konformitätszwang herrscht. Dies muss heissen – was Meuli so nicht formuliert hat –, dass das Verhältnis von Gefühl und Brauch sich *de facto* umkehrt: Der Brauch schreibt vor, welche Gefühle man zu haben hat, heldische Gefühle beim Heldenfest, traurige bei der Trauerfeier.[42] Was Meuli als starke ursprüngliche Empfindung eines 'Grossen' charakterisiert, kann dann ebenso als Selbstorganisation vieler Kleinerer genommen werden; wie aus dem 'Chaos', aus zufälliger Verteilung Strukturen entstehen, damit beschäftigen sich moderne Theorien besonders intensiv. Doch auch in dieser Perspektive ist die Deutung der Opferrituale nicht weniger bedeutsam: Die Konformität zielt auf Äusserung erlebbaren Gefühls; wir verstehen emotional und damit 'richtig', wie durch die Opferrituale der Mensch in seiner jeweiligen Kultur lernt, dass Tod und Töten notwendig ist, dass aber Schlachten und Töten nicht irgendeine Tätigkeit ist, sondern etwas Einzigartiges, Gefährliches, 'Heiliges'.

Von Seiten der Religionswissenschaft wurde Meuli kritisiert, insofern er sich in den *Opferbräuchen* letztlich atheistisch zu äussern scheint: *[183]* Indem er gegen die alte, 'totemistische' These vom Opfer des Gottes, von der Göttlichkeit des Tieres angeht, formuliert er nun: "Diese Jagdriten sind weder deistisch noch prädeistisch und sagen über Götterglauben überhaupt nichts aus. Sie haben ihren Sinn in sich selbst; in der Beziehung von Mensch und Tier gehen sie vollständig auf" (976; modifiziert 977; 981); im fortgeschrittenen Bereich der Hirtenkulturen allerdings zweifelt Meuli nicht an der Wichtigkeit der Götter (980f.). Walter F. Otto hat, Meulis Ansatz aufgreifend, darüber hinauszukommen versucht zu einem "echt religiösen Sinn" zumindest des Buphonien-Rituals, Begegnung mit dem Ungeheuren, die er im Mythos gestaltet sieht.[43]

Mit der Beziehung zum Göttlichen steht auch der Begriff des 'Opfers' auf dem Spiel, ein Problem, das sich schon in der sprachlichen Ambivalenz stellt: Muss das sakrale *operari*, die sakralisierte 'Tat' des Tötens, ein *offerre*, muss das Opfer 'offering' sein? Dies führt auf Begriff und Systematik des 'Opfers', was hier nicht zu diskutieren ist. Meuli hat in seiner Arbeit auf das Problem des 'Gebens' nicht geachtet, das doch schon im Jägerbrauch enthalten ist, in der Fleischverteilung und den damit definierten Rollen und

---

[42] So schon Durkheim und Lévi-Strauss, vgl. Burkert (1972) 37.

[43] W.F Otto, "Ein griechischer Kultmythos vom Ursprung der Pflugkultur", *Paideuma* 4 (1950) 111-126 = *Das Wort der Antike*, Stuttgart 1962, 140-161; vgl. auch Burkert (1972) 21 Anm. 1 zu Müller-Karpe. – Meuli hat "Herkunft und Wesen der Fabel" (*GS* 731–756) 1954 W.F. Otto gewidmet.

Hierarchien.[44] Dass andererseits Meulis Ansatz vom bedenklichen Töten mit Sigmund Freuds Mythos vom urzeitlichen Vatermord als Beginn der menschlichen Kultur sich durchaus vereinen lässt und eben damit zum Gottesbegriff führen könnte,[45] darüber hat Meuli, der *Totem und Tabu* gut kannte,[46] sich nicht geäussert. Der allgemeine Vorwurf, wir stünden samt Freud mit dem Begriff des 'Opfers' unrettbar in unserer jüdisch-christlichen Tradition und würden dadurch nur zu Missverständnissen geführt,[47] trifft Meuli jedenfalls nicht: Zentral ist nicht der Opferbegriff, sondern ein viel schlichteres, eindeutiges Phänomen, das sakrale Töten.

So bleibt nach der Theorie die Empirie mit der Frage, wie verbreitet und wie allgemein die von Meuli zusammengestellten und charakterisierten *[184]* Bräuche und Äusserungen auf der Welt *de facto* sind, die 'Unschulds-komödie' zumal als Ausdruck versteckter Schuldgefühle. Diese Frage frei-lich führt ins Unbegrenzte: Man kann weitere, bestätigende Beispiele eben-so wie Gegenbeispiele fast beliebig häufen. Bestätigungen aus Mesopo-tamien und Israel sind bereits zur Sprache gekommen. Auf der anderen Seite hat, beispielshalber, in neuerer Zeit ein zyklisches Schweine-Opferfest auf Neuguinea grosses Interesse gefunden, weil sich für den Zyklus des Rituals eine raffinierte ökologische Erklärung geben liess. Dörfer überbie-ten sich abwechselnd in Festen, die im Schlachten von sehr vielen Schwei-nen zum üppigen Mahle gipfeln.[48] Es ist nach den Berichten klar – es gab auch eine Filmaufzeichnung im Fernsehen –, dass das Schlachten hier rein 'technisch' und ohne jede Emotion vollzogen wird. Es geht um die Ver-pflichtung gegenüber den Ahnen, um die Ehre der Gastgeber, und ums Essen. Wiederum im Film, in *Padre Padrone*, habe ich gesehen, wie selbst-verständlich in Sardinien ein Hirt ein Schaf abstechen kann. Ähnliches wur-de vom Altägyptischen behauptet;[49] aber dort gibt es auch ein Relikt der 'Unschuldskomödie', als wäre das Opfer selber schuld.[50] Soll man versu-

[44]   Vgl. Burkert (1972) und (1984) [= *Nr. 1 in diesem Band*]; G.J. Baudy, "Hierarchie oder die Verteilung des Fleisches", in: B. Gladigow – H.G. Kippenberg (Hgg.), *Neue Ansätze in der Religionswissenschaft*, München 1983, 131–174.

[45]   Burkert (1972) 86–88.

[46]   Vgl. K. Meuli, *Der griechische Agon. Kampf und Kampfspiel im Totenbrauch, Totentanz, Totenklage und Totenlob*, Köln 1968.

[47]   M. Detienne, in: Detienne-Vernant (1979) 34f.; vgl. auch A. Henrichs, in: H. Flashar (Hrsg.), *Auseinandersetzungen mit der Antike*, Bamberg 1990, 160 Anm. 101.

[48]   R.A. Rappaport, *Pigs for the Ancestors. Ritual in the Ecology of a New Guinea People*, New Haven 21984 (1968). Vgl. auch P.G. Rubel und A. Rosman, *Your Own Pigs You May Not Eat*, Chicago 1978.

[49]   G. Foucart, *La méthode comparative dans l'histoire des religions*, Paris 1909, 109: "L'offrande animale … une pièce de boucherie et rien de plus"; vgl. aber Burkert (1981) l00f.

[50]   Otto (1950) 168f.: "Your two lips have done that against you" mit Ottos Kommentar.

chen, eine gewisse Klassifikation von Kulturen und Kulturtypen vorzu-
nehmen, wie es Meuli andeutet, wenn er die von ihm behandelten Jäger-
und Hirtenbräuche in scharfen Kontrast setzt zu den andernorts ethnolo-
gisch belegten 'Grausamkeiten' (979)? Das System würde wohl sehr kom-
pliziert; dabei wäre auch davor zu warnen, positive oder negative Wer-
tungen von vornherein je nach dem Mass des zur Schau getragenen 'Mit-
leids' zu verteilen. Die menschlichen Verhaltensweisen sind offensichtlich
ambivalent. Der Respekt vor dem Tier ist – hier behält Meuli Recht – in be-
sonderm Mass in Jägerkulturen zu finden,[51] übrigens gerade auch in Afrika;[52] doch gilt auch dies nicht ausnahmslos: Die Buschmänner z.B. werden
ganz anders geschildert, sie freuen sich an den Zuckungen des sterbenden
Tiers; vielleicht freilich sind die Buschmänner gar kein altes Jägervolk,
sondern *[185]* sekundär in die Kalahari-Wüste abgedrängt worden. Aber
solches Verschieben der Argumente führt nirgends hin. Umgekehrt findet
man selbst im profanen neuzeitlichen Metzgergewerbe durchaus noch etwas
von dem Respekt vor dem Tier, der Karl Meuli auffiel, ja im Volksbrauch
etwas wie die 'Unschuldskomödie'.[53] Die islamische Kultur hat kein sen-
timentales Verhältnis zum Tier; doch jede Schlachtung geschieht "im Namen Allahs", und anlässlich der Hadsch werden heutzutage mehr als eine
Million Tiere geopfert.[54] Als kürzlich der ehemalige iranische Minister
Bahtiar in Frankreich ermordet wurde, las ich in einer Zeitung die Bemer-
kung eines Persers: Mit einem Messer hat man ihn erstochen, um ihn noch
im Tod zu beleidigen: So tötet man ein Schaf, nicht einen Menschen. Man
sieht selbstverständlich die Parallele Mensch-Tier, steigert sie aber in diesem Fall zum Kontrast.

Wie steht es mit der Welt der Griechen, um die es Meuli ja in erster
Linie ging? Auch bei Griechen ist an sich wenig Sentimentalität im Umgang
mit Tieren vorauszusetzen. Trotzdem kann man viele Texte zusätzlich her-
anziehen, die Meuli nicht *expressis verbis* anführt, um die Bedenklichkeit
des Tiere-Tötens ausführlich zu belegen, nicht nur die Diskussionen um den
Vegetarismus von Empedokles über Theophrast[55] und Plutarch bis Por-

---

[51] Wilamowitz allerdings meinte, dass der Jäger unmöglich das Blutvergiessen als anstössig empfinden konnte – dies die Einstellung des preussischen Junkers zum Waidwerk? – vgl. Schwenn
(1927) 102.

[52] Beispiele bei Baumann (1950); Lorenz (1974) 227–232.

[53] *GS* 1002–1004, vgl. Rudolph (1972); Y. Verdier, *Drei Frauen. Das Leben auf dem Dorf*,
Stuttgart 1982 (urspr. *Façons de dire – façons de faire*, Paris 1979), 22–40 über das
Schweineschlachten: Man sagt, das Tier sei 'unartig', sei 'bösartig geworden'; Verdier
konstatiert im übrigen "fehlende Emotionen" und doch einen untergründigen Schrecken, man
könnte Lebendiges quälen (27).

[54] Jameson (1988) 87 nach *The Economist* 3.9.1983.

[55] Vgl. Obbink (1988).

phyrios. Besonders eindrucksvoll ist die Metaphorik der Tragödie, die zum Ausdruck des zentralen Entsetzens immer wieder auf die Opfermetaphorik zurückgreift.[56] Dies besagt nicht, dass man jedes Opfer als 'tragisch' erlebte, aber doch, dass hier eine Chance des Erlebens, des Mit-Erlebens bestand, der 'Ergriffenheit' durch tiefe und starke Gefühle.

Lässt sich hiermit allgemein 'Menschliches' fassen, oder nur eine im Grund beliebige Variante der menschlichen Kulturentwicklung? Der Begriff des allgemein Menschlichen ist in der modernen Kulturanthropologie in Verruf gekommen. Man kann besonders bedenklich finden, dass doch fast jede Deklaration des 'Humanen' in die Ausschliessung gewisser *[186]* anderer Menschen mündet, eines Mitmenschen, der, in Zarastros Brustton "… verdienet nicht ein Mensch zu sein". Man kann Meulis Stellung hierzu widersprüchlich finden. Explizit spricht er davon, dass jene Tötungsscheu den Jägerkulturen eigen sei und im Gegensatz stehe zu den "wüsten und gefühllosen Grausamkeiten bei Tötungsbräuchen anderer Völker" (979), wofür er Beispiele aus Afrika und Südostasien nennt. Dennoch zielt seine Interpretation auf allgemein 'Humanes'; auch die Verwurzelung im Altpaläolithicum, die ihm wichtig erscheint, sollte auf gemeinsames menschliches Erbe deuten.

Freilich, ein Wechselbad von Verstehen und Befremdung, Aneignung und Abwendung bleibt kaum einem Kulturforscher erspart. Es ist fast allzu bequem und doch unumgänglich, im menschlichen Erleben und Verhalten mannigfache Ambivalenzen und Vielschichtigkeiten immer mit in Rechnung zu stellen. Jedem Kind kann man ebenso leicht die Freude am Töten wie den Schrecken vor dem Tod beibringen. Es gibt auch so etwas wie Umkehrfunktionen im menschlichen Geist: Identifikation und Antithese sind gleichermassen möglich, gerade in der Jagd wie im Kampf.[57] Es kann im Tötungsritual die Angst ebenso wie der Triumph akzentuiert sein, zumal beides immer wieder zusammengehört: Held ist, wer das Schreckliche überwindet; es gibt den gleichen Rang des Gegners im Kampf, und doch die Erhebung des Siegers über den Verworfenen. Dabei wäre auch noch zu bedenken, dass das Töten auch eine kognitive Dimension hat, indem es *e contrario* den Begriff des Lebens mitbestimmt: Es gibt eine Welt der Person-Wesen, aber auch eine Welt der Sachen. Töten schafft ein Vakuum, das

---

[56] Burkert (1966). Möglich auch bei Shakespeare: *Julius Caesar* II 1 (Brutus): "Let us be sacrificers, but not butchers, Caius … Let's carve him as a dish fit for the gods."

[57] Das Opfertier kann auch als Feind erscheinen, Burkert (1972) 91.

neues Leben anzieht,[58] es schafft aber auch an Stelle eines Gegenübers, vor dessen unvorhersehbaren Reaktionen man auf der Hut sein muss, den toten, den 'objektiven' Gegenstand. Werkzeugmaterialien sind so oft vom Lebenden genommen, vom Baum, vom Tier, ob Haut, ob Knochen: Das ist verfügbar, eben weil es nicht mehr wächst und sich bewegt. Indem Tiamat, das Ungeheuer, getötet ist, kann – nach dem bekannten babylonischen Mythos – daraus die Welt hergestellt werden. Das Töten bringt auch die Unumkehrbarkeit der Zeit zum Bewusstsein, was dann freilich in Wort und Phantasie gerade wieder aufgehoben wird ... *[187]*

Genug der assoziativen Formulierungen. Wir haben 1991 einen Krieg erlebt, bei dem die Leichen zur 'Pornographie' erklärt wurden, so dass niemand weiss, ob nun 100.000 oder 200.000 oder noch mehr Menschen umgebracht worden sind von den klugen Maschinen, deren perfekte Zielerfassung im Fernsehen zu bewundern war. Maschinen töten ohne Opferbräuche. Auch der Triumph des Helden wirkt dann freilich anachronistisch. Wir wissen nicht, wie die 'Postmoderne' weitergehen wird; ob die rückschauende Anthropologie weiterhilft, steht erst recht dahin. Einstweilen freuen wir uns doch, dass Karl Meulis Stimme noch nicht verklungen ist; er hat noch immer Bedenkenswertes zu sagen.

Bibliographie

Baumann (1950) H. Baumann, "Nyama, die Rachemacht", *Paideuma* 4,191–230.

Burkert (1966)   W. Burkert, "Greek Tragedy and Sacrificial Ritual", *Greek, Roman and Byzantine Studies* 7, 87–121 (deutsche Fassung in: *Wilder Ursprung. Opferritual und Mythos bei den Griechen*, Berlin 1990, 13–39) *[= Kleine Schriften VI 1 1–36]*.

Burkert (1972) W. Burkert, *Homo Necans. Interpretationen altgriechischer Opferriten und Mythen*, Berlin, (engl. *Homo Necans. The Anthropology of Ancient Greek Sacrificial Ritual and Myth*, Berkeley 1983).

Burkert (1975) W. Burkert, "Rešep-Figuren, Apollon von Amyklai und die 'Erfindung' des Opfers auf Cypern. Zur Religionsgeschichte der 'Dunklen Jahrhunderte'", *Grazer Beiträge* 4, 51–79 *[= Kleine Schriften VI Nr. 2]*.

Burkert (1976) W. Burkert, "Opfertypen und antike Gesellschaftsstruktur", in: *Der Religionswandel unserer Zeit im Spiegel der Religionswissenschaft*, Darmstadt, 168–187 [*= Nr. 5 in diesem Band*].

---

[58] Vgl. S.D. Shulman, *Tamil Temple Myths: Sacrifice and Divine Marriage in the South Indian Suiva Tradition*, Princeton 1980, 90: "Killing creates a vacuum that must attract more life." – Siehe auch A. Marshack, *The Roots of Civilization. The Cognitive Beginnings of Man's First Art, Symbol and Notation*, London 1972.

Burkert (1981) W. Burkert, "Glaube und Verhalten: Zeichengehalt und Wirkungsmacht von Opferritualen", in: *Le sacrifice dans l'antiquité* (Entretiens sur l'Antiquité classique 27), Vandœuvres/Genève, 91–125.

Burkert (1984) W. Burkert, *Anthropologie des religiösen Opfers. Die Sakralisierung der Gewalt* (Carl Friedrich von Siemens Stiftung: Themen 40), München [= *Nr. 1 in diesem Band*].

Burkert (1987) W. Burkert, "The Problem of Ritual Killing", in: R.G. Hamerton-Kelly (Hrsg.), *Violent Origins*, Stanford, 149–176 [*Nr. 2 in diesem Band*].

Burkert (1990) W. Burkert, "Der Mensch, der tötet. Walter Burkert über 'Homo Necans' (1972)", in: H. Ritter (Hrsg.), *Werkbesichtigung Geisteswissenschaften. Fünfundzwanzig Bücher von ihren Autoren gelesen*, Frankfurt, 185–193.

Detienne – Vernant (1979) M. Detienne und J.-P. Vernant, *La cuisine du sacrifice en pays grec*, Paris.

Hubert – Mauss (1964) H. Hubert und M. Mauss, "Essai sur la nature et la fonction du sacrifice", *Année sociologique* 21 (1898) 29–138 (zit. nach der engl. Ausg. *Sacrifice, its Nature and Function*, Chicago).

Jameson (1988) M.H. Jameson, "Sacrifice and Animal Husbandry in Classical Greece", in: C.R. Whittaker, *Pastoral Economies in Classical Antiquity* (Papers of the Cambridge Philological Society, Suppl. 14) Cambridge, 87–119.

Jensen (1950) A.E. Jensen, "Über das Töten als kulturgeschichtliche Erscheinung", *Paideuma* 4, 23–38 (= *Mythus und Kult bei Naturvölkern*, Wiesbaden 1951, 197–229).

Lorenz (1974) G. Lorenz, "Ehrfurcht vor dem Leben der Tiere bei frühen Griechen und Römern und bei den Naturvölkern?", in: F. Hampl – I. Weiler (Hgg.), *Kritische und vergleichende Studien zur Alten Geschichte und Universalgeschichte* (Innsbrucker Beiträge zur Kulturwissenschaft 18), Innsbruck, 211–241.

Obbink (1988) D. Obbink, "The Origin of Greek Sacrifice. Theophrastus on Religion and Cultural History", in: W.W. Fortenbaugh und R.W. Sharples, *Theophrastean Studies*, New Brunswick, N.J./ Oxford, 272–295.

Otto (1950) E. Otto, "An Ancient Egyptian Hunting Ritual", *Journal of Near Eastern Studies* 9, 164–177.

Rudolph (1972) E. Rudolph, *Schulderlebnis und Entschuldung im Bereich säkularer Tiertötung*, Bern.

Sabourin (1985) L. Sabourin, "Sacrifice", *Supplément au Dictionnaire de la Bible* 10, 1483–1545.

Schwenn (1927) F. Schwenn, *Gebet und Opfer. Studien zum griechischen Kultus*, Heidelberg.

Thomsen (1909) A. Thomsen, "Der Trug des Prometheus", *Arch. f. Religionswiss.* 12, 460–490.

Thureau-Dangin (1921) F. Thureau-Dangin, *Rituels Accadiens*, Paris.

Erschienen in: Boreas 15 (1987) 43–50

4. Offerings in Perspective:
Surrender, Distribution, Exchange

'Gifts to the gods' may appear to be a simple and natural phenomenon: a token of respect for superior powers, an expression of thanks for life and all the good things we receive every day. This is in fact a very old way of communicating and acting with regard to gods: keeping contact with the divine through giving. The characterization of the gods as 'givers of good things', *dotêres eáon*, is an Indo-European formula, probably dating back to Indo-European sacral poetry;[1] there is a proper name *Theodora* in Mycenaean,[2] 'given by gods', corresponding no doubt to gifts by humans to the gods. "It is good to give the proper gifts to the immortals", Priam states (*Iliad* 24, 425f.), and Odysseus can claim divine help because "he has given sacred things to the gods more than other men" (*Odyssey* 1,66f.); if a cult of Persephone is installed, this means that mortals shall henceforth "pay proper gifts" to her (*Hymn to Demeter* 369). Such expressions and concepts, by the way, are not at all confined to Indo-Europeans let alone Greeks, they are found in the Semitic Near East as well as in Anatolia and probably in most other places in the world.

A problem arises if we abandon the hermeneutical position of hypothetically accepting the insider's view that the gods are there as the permanent partners of men, and reconsider the statement that was formulated already by Protagoras (*DK* 80 B 4) that the existence of the gods is 'unclear'. Then we have to face the question of how it was, and is, possible that repeated acts of 'giving', for which there is no obvious return, could become customary, nay, a sacred institution that has persisted for thousands of years. The same problem, of course, exists with regard to gifts to the dead: in one form or another, these also seem to be a universal practice, and there is the same lack of palpable reward. Honouring the gods and honouring the dead are

---

[1] R. Schmitt, *Dichtung und Dichtersprache in indogermanischer Zeit*, Wiesbaden 1967, 142–149.

[2] MY V 659,4; A. Morpurgo, *Mycenaeae Graecitatis Lexicon*, Roma 1963, 324.

two main forms of religion; both are 'giving'. This needs an explanation, as man is, and probably always has been, rather a clever and wily species and not at all prone to reverence or altruism by 'nature'.

The simplistic answer that religion is an invention of those who profit by it, i.e. imposture and deception wrought by priests, will not do. It is true that systems of 'giving' have economic and social consequences and may provide a living for a class of professionals. But it is just in Greek religion, and in other ancient religions of a similar type, that we find a minimum of professional priests and priestly authority and yet all kinds of *dôra* to the gods, the heroes, and the dead. There must be more fundamental motives for these institutions.

There are various modern theories that have dealt with the problem. One may distinguish psychological, sociological, and economic approaches; combinations are also possible. Psychological theories mostly use a Freudian model, which makes repression of desire the prerequisite of civilization: gifts to the gods or the dead are acts of renunciation by which the civilized, and possibly neurotic, personality is made to evolve. Horkheimer and Adorno have drawn attention to the element of trickery often involved in sacrifice: the overt renunciation is tacitly taken back.[3] Durkheim, in his sociological model, saw the essence of sacrifice in renunciation too, but found its function to be rather in reviving and thus perpetuating that one supra-individual power on which we all depend: society.[4] Perhaps most modern looking and elegant is an economic model which generalizes the concept of 'goods' and 'capital' in such a way as to include symbolic, imaginary capital: 'giving away' becomes a kind of investment which makes symbolic capital accrue and establishes *[44]* very real ties of power and dependence.[5] This, though, may be a sophisticated form of describing what is happening in precapitalistic societies rather than an explanation. Nowadays, there are doubts too whether Freudian theories do offer objective explanations or rather hermeneutical elaborations from a *fin du siècle* perspective; and if Durkheimian functionalism once seemed to go well together with 'social Darwinism', evolution of the fittest even at the level of societies, the concept of 'group selection' has since been exploded by socio-biology.[6]

---

[3]   M. Horkheimer, T.W. Adorno, *Dialektik der Aufklärung*, Frankfurt 1981, 67–76.

[4]   E. Durkheim, *Les formes élémentaires de la vie religieuse*, Paris 1912, 490ff., 497.

[5]   P. Bourdieu, *Esquisse d'une théorie de la pratique*, Genève 1972, 227–243: Le capital symbolique; A. Bammer, *Das Heiligtum der Artemis von Ephesos*, Graz 1984, 146f.

[6]   R. Dawkins, *The Selfish Gene*, Oxford 1976, esp. 7–11.

I, for one, must confess a certain predilection for a very general historical perspective which is at the same time anthropological.[7] If biology comes in, this does not mean that mankind should be reduced to the level of animals but that the specific distinctions of human society are made to stand out. Without question: Giving is an eminently human phenomenon. Its importance in society has been duly recognized since the *Essai sur le don* by Marcel Mauss.[8] It is a universal means of communication and the true basis of all economic development; and it is not at all 'natural', but is taught to children at an early age. It is absolutely underdeveloped in primates, to say nothing about the inferior species: in biology, taking is clearly prior to giving. The development of a specific human society goes together with institutions of giving – the same may be said for the institution of religion; and this is hardly coincidence.

Plato, in his *Laws* (909e), perceptively describes two occasions when offerings to the gods are made spontaneously: "Women in particular, all of them, and the sick everywhere, and those who are in danger, or in difficulty and need of whatever kind – and on the contrary when they get hold of affluence – then people have the custom to devote whatever is present to the gods, they make vows about sacrifices, they promise setting up (sc. of statues, altars, temples) to gods and daimones and children of gods (i.e. heroes)". Two situations which are diametrically opposite give rise to the same religious actions, *euchaí* and *hidrýseis*, namely *aporía* and *euporía*, disaster and affluence. This can easily be substantiated from the evidence of votive religion, with vows proper (*euchaí*) and thanksgiving (*charistéria*), but also from sacrifice in general. If we take Aeschylus' *Agamemnon* as an example, there were the sacrifices at the outset of war, destined to create optimism, *thrásos ek thysiôn* (803), and there are the lavish offerings prepared by Clytemnestra after the victory.

In a biological-anthropological perspective I find two avatars of the human forms of "giving to the gods":

First, going back quite far in the evolution of life, surrender and flight, i.e. abandoning a desired object, preferably food, in a situation of threat and

---

[7] Cf. W. Burkert, *Homo Necans, The anthropology of ancient Greek sacrificial ritual and myth*, Berkeley 1983 (German ed. Berlin 1972); idem, *Structure and history in Greek mythology and ritual*, Berkeley 1979; idem, "Glaube und Verhalten: Zeichengehalt und Wirkungsmacht von Opferritualen", in *Le sacrifice dans l'antiquité*. Entretiens sur l'antiquité classique 27, Vandœuvres-Genève 1981, 91–125; idem, *Anthropologie des religiösen Opfers*. Carl Friedrich von Siemens Stiftung: Themen XL, 1984 [= *Nr. 1 in diesem Band*].

[8] M. Mauss, "Essai sur le don", *Année sociologique* 2me série 1, 1923/4 = *Sociologie et anthropologie*, Paris 1950, 1966³, 143–279.

anxiety, of pursuit by a stronger being, and even abandoning part of one's own body in this context, partial self-sacrifice, so to say.

Second, distribution of food within a group of individuals living together and knowing each other; adults feeding each other. This is found in a rather embryonic form with chimpanzees; it is fundamental in early hunting societies.

As a new and special development, a third stage, there is seen to develop exchange with the notion of reciprocity, which is fundamental for coope-ration; it involves some ability to manage time. It is probably a distinctively human universal.

The thesis presented in this paper is that these basic configurations are still discernible in Greek offerings to the gods and to the dead, that they help us to understand certain peculiarities of these rituals. This is not meant to imply a thesis of biological, genetic fixation of human behaviour. Reli-gion may rather turn out to be a continuous exercise in learned behaviour as prescribed by tradition.

As to surrender, abandoning in a situation of danger and anxiety, it is clear that the quest for food is the main problem for all living beings, but self-preservation is the first prerequisite for life. Whoever can will flee in a situation of alarm, and will abandon desired food in those circumstances. Every bird incessantly demonstrates this to us. More striking is the fact that at various zoological levels there are biological devices for partial self-sac-rifice to ward off attacks of predators: spiders' legs break off and continue to move to attract attention, lizards' tails also break off and can be rege-nerated by the reptile; a fox will bite off its own foot when caught in a trap. Orestes thus bit off his own thumb in order to get rid of the Erinyes who threatened to feed on his blood.[9] This is not gratuitous phantasy, since fin-ger sacrifice in cases of special danger or anxiety is a well known practice throughout [45] the world.[10] In folktales, in narratives which conform to the 'quest'-type studied by Vladimir Propp, there is a sequence known as 'ma-gical flight':[11] the hero or heroine, having secured the desired object for which he or she was sent, is pursued by the powerful original owner, and he – or she – has to throw things behind them that will halt the pursuer at least for a while: a comb that grows into a mountain range, a brush that becomes

---

[9]   Paus. 8,34,2.

[10]   E.M. Loeb, *The Blood Sacrifice Complex* (Memoirs of the American Anthropological Associa-tion 30), Menasah, Wis., 1923.

[11]   A. Aarne, *Die magische Flucht*, Helsinki 1930; V. Propp, *Morphology of the folktale*, Bloomington 1958, London 1968[2] (Russian ed. Leningrad 1928); cf. Burkert 1979 (supra n. 7), 5f.; 15f.

a forest. In the Argonaut myth, father Aeetes is the powerful pursuer threatening Jason and Medea, and he is stopped by the killing of Apsyrtus, Medea throwing limb after limb into the sea.[12] This is clearly the motif of the 'magical flight', it is at the same time a sacrifice of aversion, and this brings us back from mythical phantasy to ritual institutions, as did the finger sacrifice. Aelius Aristides the hypochondriac, while taking his cures with Asclepius at Pergamon, was ordered by the god in a dream to cut away some part of his body if he wanted to stay alive; then the god allowed him to offer his finger-ring to Telesphorus instead, as an *anathema*.[13] Starting from the spider's leg we end up with a votive gift in a Greek sanctuary of the imperial period. In this case though a notion of substitution has come in which leads away from the biological background towards equivalence and exchange.

Close to this we find what is known as the scapegoat pattern, choosing a representative and chasing it off or killing it in order to avert impending danger.[14] Just a few remarks: There are situations when partial 'sacrifice' seems absolutely rational and functional, e.g. throwing part of the cargo into the sea to keep the ship afloat or even pushing one person from the sleigh to hold back a pack of pursuing wolves. But phantasy will concentrate on the more mysterious, such as throwing one man, Jonas, into the sea to placate the enraged deity or even the sea itself which is seen as a hungry predator. Polycrates was made to 'sacrifice' the most precious item in his possession to avert the 'envy of the gods', and he threw his finger-ring into the sea in a conspicuous ceremony (Hdt. 3,41). Here we have once more substitution and reciprocity invading the scene: the sea refused the gift, and Polycrates met with his doom.

Enough of examples. They serve to illustrate the more general issues: One motive, one moving force in the manifold institutions of 'giving' to gods or demons is the aboriginal device of surrender, of partial sacrifice in order to ward off major danger. There is a biological programme which is still at work in psychological mechanisms of anxiety and panic and which finds expression also in tale patterns such as the 'magical flight'. It has been channelled and formalized in traditional rituals and thus become part of religion. Characteristic of offerings in this vein is the connection with situations of danger and anxiety, especially disease, famine, war, and seafaring, and the stress put on the element of riddance: the scapegoat must never come back. Elements of encounter and communication with the divine recede to the background; there is rather the injunction 'do not look back'.

---

[12] Apollod. 1 (133) 9,24; Eur. *Med.* 167 with schol.

[13] Aristides, *Or.* 48,27; Burkert 1981 (supra n. 7), 123f.

[14] Burkert 1979 (supra n. 7), 59–77.

One privileged form of riddance is immersion, to make truly irretrievable what is abandoned; if, at the 'water of Ino', the offerings come up again, this was a bad sign.[15] Consumption by fire may play the same role.

Basic Greek verbs to designate acts of abandoning and riddance are *ríptein* and *hiénai*. No wonder they are currently used in connection with immersion sacrifices: "they let down horses" at the *díne* near Argos (Paus. 8,7,2), Polycrates "throws" his ring into the sea (Hdt. 3,41). A famous and enigmatic Mycenaean text should be mentioned in this context, the tablet Tn 316 from Pylos,[16] which lists gifts to various gods and sanctuaries, consisting of vessels, men, and women. Four times the entry starts with *i-je-to-qe*, "and it was sent". Is this verb a Mycenaean term for sacrifice, including human sacrifice? The vessels are designated as *dôra* to be carried, the humans as *porena* – an unexplained word – to be 'led' (*ágei*). It has been suggested that this tablet, written in haste, as it seems, with some strange corrections, contains an extraordinary tribute paid to the gods in a situation of danger, perhaps right at the time of the impending attack of the devastating Sea Peoples. But we shall probably never know for certain. *Hiénai*, at any rate, is rather 'to let go' than 'to send as an envoy', which would be *stéllein* in later Greek.

To conclude this section with two general remarks: Ubiquitous, as far as I see, is the association of religion with anxiety; even if the aspect of dread seems to recede somewhat to the background in certain forms of Greek religion, it is always present. On the other hand, there is a moment of trickery involved in all these strategies of ransom, beginning with the spider's leg; it is often delightfully developed in tales of the 'magical flight' pattern. *[46]* The loss involved is worth so much less than that which is preserved. The 'offering' turns into a bait to manipulate and to fool the powerful pursuer. In fact it must have been an early discovery in the history of mankind that practically all animals, however strong and dangerous, can be manipulated by small 'offerings' of food, and can be trapped with bait. 'Stronger ones', *kreíttones* are turned away by *apotrópaia*, or lose their menacing attitude and show a broad smile instead – this is *hiláskesthai*.

The second important and now fully developed form of giving, *didónai* as against *hiénai*, is the distribution of food within a closed community. The basic situation is evidently the distribution of meat after a hunt. Much attention has been paid to this in recent times; there was a congress on the

---

[15] Paus. 3,23,8.

[16] Cf. A. Heubeck, *Aus der Welt der frühgriechischen Lineartafeln*, Göttingen 1966, 100–103; S. Hiller, O. Panagl, D*ie frühgriechischen Texte aus mykenischer Zeit*, Darmstadt 1976, 309.

subject "la Partizione delle Carni" at Siena in 1983.[17] The common meal is the basic situation which defines and constitutes a closed group in human society with a clear structure of rank and honour, expressed through the sequence and quality of the portions of meat assigned to each participant. A model case is every sacrificial community in a Greek Polis. The Latin concept of *princeps*, "he who takes first", is hardly less telling. Important Greek concepts such as *géras*, "piece of honour", or *moîra* and *aîsa*, 'portion', 'destiny' got their meaning from this context. This is creating a social cosmos by dividing and allotting the fitting portions; not infrequently this is projected into the creation of the physical cosmos, seen in the picture of a primordial sacrifice.[18] It is easy to see the functional importance of such practices in human society from its beginning; they presuppose and reinforce forms of cooperation, for the male groups in hunting and between female and male groups in preparing the meal.

Religion proper is involved in so far as imaginary partners, gods, heroes, or the dead are made to take their share in the feast. They are the senior partners, and they receive their share first. Feeding the gods has become a conspicuous ceremony in the temples of Mesopotamia and Egypt; since the gods do not consume the food offered to them, it remains available for their minors, and "migrating offerings" finally reach a hierarchy of beneficiaries; the offerings thus form the basis for economic accumulation and redistribution. In Greece too tables are laid out for the gods with offerings that are finally consumed by the priests – Aristophanes makes fun of this institution in the cult of Asclepius;[19] in Roman, as in Indian ritual, certain parts are ceremoniously offered to the gods before the rest is available to the humans. In Greek standard sacrifice this is pushed into the background by the 'Promethean' division, the restoration of the bones to the gods; this is a different complex.[20]

There are other situations of conspicuous distribution in Greek and other societies when the gods are made senior partners, recalling the aboriginal

---

[17] Partly published in *Studi Storici* 25, 1984, 4, 829–956; see also Burkert, *Homo Necans* (supra n. 7); G.J. Baudy, "Hierarchie oder: Die Verteilung des Fleisches", in B. Gladigow, H.G. Kippenberg (ed.), *Neue Ansätze in der Religionswissenschaft*, München 1983, 131–174; B. Gladigow, "Die Teilung des Opfers", *Frühmittelalterliche Studien* 18, 1984, 19–43.

[18] H. Güntert, *Der arische Weltkönig und Heiland*, Halle 1923, 315–394; A. Olerud, *L'idée de macrocosmos et de microcosmos dans le 'Timée' de Platon*, Uppsala 1951; B. Lincoln, "The Indo-European myth of Creation", *History of Religions* 15, 1975, 121–145 and in *Studi Storici* 25, 1984, 863–871.

[19] *Plutos* 676–681.

[20] K. Meuli, "Griechische Opferbräuche", in *Gesammelte Schriften*, Basel 1975, vol. 2, 907–1021 (originally 1947); Burkert, *Homo Necans* (supra n. 7).

situation of the successful hunt. Most splendid is the division of booty after a successful war. Herodotus describes the proceedings after the victory of Plataea: Pausanias ordered that no one should touch the booty, and they "took out" the tithe, one tenth of the whole's worth, for the god in Delphi, the god in Olympia, and the god at the Isthmos (9,80f.); only then did they divide the rest, and each got what he deserved. The gods have the first choice, just as an Homeric *aristeús* had received his piece of honour, *géras*, "taken out" from the rest (*Iliad* 16,56 = 18,444). "Not we have done this, but the gods and heroes", Themistocles proclaimed after the victory of Salamis (Hdt. 8,109,3). The notion of 'tithe', *dekáte*, may go back to Mesopotamian bureaucracy; it makes its appearance in Israel as well, as a tribute to the monarch, the temple, the priests.[21] In Greece the *dekáte* is common as a self-imposed tribute to the gods not only after victory in war, it is also delivered by individuals from their gain in craft or commerce. Less sophisticated, not involving the calculation of fractions are the 'premices', *aparchaí, primitiae* in Latin, an institution that seems to be nearly universal.[22] It has been observed in simple hunting and gathering societies, it belongs to the sphere of farmers and shepherds in Greece. Here too it is characteristic that the "stronger ones" get their share first. What is common to all the cases surveyed is a situation of affluence of goods; the remarkable fact is that these are not just appropriated by individuals without qualms, but acceptance is at least partly disclaimed by passing on what has been received, by giving. *[47]*

As said in the beginning, this is easy to understand if we have as a starting point the existence of gods and piety; it demands explanation if we acknowledge that piety itself is not 'natural', but is in fact generated and reinforced exactly through these customs. Why introduce such important senior partners who are, according to Protagoras, 'unclear'? I would suggest there is a strong social constraint working on the actual *princeps*, the one who disposes of the goods and may give or withhold a share to others. Situated in the midst of greedy eyes and expressions of envy, of begging and potential aggression, it is a relief to have a super-princeps to whom the first *géras* is due, to hand the gain over to some higher authority, to make it sacred, *kathieroûn* in Plato's terminology (*Leg.* 909e).[23] By the mimicry of submission, aggression is avoided. In this sense renunciation, the negation

---

[21]   Akk. *ešru, eðrētu*, Hebrew *'asar*.

[22]   A. Vorbichler, *Das Opfer auf den uns heute noch erreichbaren ältesten Stufen der Menschheitsgeschichte*, Wien 1956; W. Burkert, *Greek Religion, Archaic and Classical*, Oxford 1985, 66–68.

[23]   Cf. Burkert 1979 (supra n. 7), 52–54; 1981, 112 f.

of unlimited wish-fulfilment seems not to be neurotic but functional. It is true that this may go to extremes, e.g. if warrior groups devote the whole of their booty to their god, and destroy it in consequence[24] – which makes war more cruel and inhumane than ever, since the gain is reduced to sheer, naked power. At any rate there is a special form of anxiety which may be called anxiety of success, or the Polycrates complex; this finally links the gifts to the gods in a situation of affluence to actions of surrender in a situation of danger. Aegisthus, having slain Agamemnon and married Clytemnestra, "burnt many thighs on the sacred altars of the gods, and hung up many votive gifts, clothes and gold, because he had accomplished a great deed which he never would have hoped for" (*Odyssey* 3,273f.): This is, incidentally, the first explicit mention of *agálmata* as votive gifts in Greek literature; it is a model example of "anxiety of success". Aegisthus had reasons for anxiety, as we know, Orestes was to come. But his behaviour may be assumed to be typical to some extent.

Note that an element of trickery is involved even in this kind of offering: what shall be saved is so much more valuable than what is given away or destroyed. At the same time giving, in this paradigm of distribution, of handing on to partners, implies forms of mutual acquaintance. Thus, the supernatural powers too are transformed into individually known members of the larger *kosmos*. Their authority radiates to those who profess to be their minors but are still superior to others and wield the actual power. This is true far beyond the example of Aegisthus. It is the stabilizing force of religion, so evident in ancient societies, that is constantly reinforced through the gifts to the gods.

Gifts to the dead may be seen in the same perspective, at least to some extent. The situation of affluence in this case is the heritage that becomes available at the death of a group member. Even in primitive economies this is by no means negligible, especially if a potent and dominating relative has passed away. The tensions of greed and rivalry are dissimulated by demonstrative rituals of mourning, they are channelled by ritual contests, but first of all they are avoided or redirected by formally acknowledging property rights of the deceased and presenting goods to them the value of which sometimes seems to be incommensurate. Experiences of anxiety, of pursuit by unplacated ghosts may well play a role. But at the same time the honour of lavish giving will crystallize on the successor. The funeral of Patroclus is as much of an honour to Achilles as it is to Patroclus. Thus gifts to the dead, too, are a major stabilizing factor in family and tribal tradition.

---

[24] Celts according to Caes. *B.G.* 6,17,3–5; Hebrew ·*rm*, rendered *anáthĕma* (with short e) in the Septuagint.

If we can thus trace surrender, partial self-sacrifice, and the distribution of food or goods in general to basic situations of human or even pre-human society, there still appears to be missing what constitutes a 'gift' in the full sense: the accompanying notion of reciprocity – brought out in Marcel Mauss' *Essai sur le don* and rephrased in the concept of 'symbolic capital' and 'investment'.[25] The expectation of a return for a gift presented, the obligation incurred by receiving a gift, these are most firmly enrooted in pre-capitalistic, archaic societies; corresponding expressions accompany the gifts to the gods or the dead whenever language is used to reinforce the ritual: the gods are termed 'givers', *dotêres eáon*, and the dead are to send up "the good things" (Aristoph. Fr. 504). The notion of reciprocity has intellectual and moral implications: one has to recognize a standard of value which makes giving and receiving match each other, and one has to decide for 'just' behaviour, for practicing equality, some form of *díkaion*, to put it in Greek, i.e. to give up cheating. A third and momentous presupposition for such a deal is to grasp the dimension of time: if each gift demands retribution, it is still the intervening time, the absence of immediate effect that makes it a gift in the true sense. It is hardly necessary to stress that these notions are absolutely missing even in chimpanzees, though chimpanzees are prone to trick, to cheat, and to lie. In this respect, a major change has taken place with hominization, and it affects or even constitutes both economy and religion.

In order to throw some light on this remarkable development, I wish to draw attention to a theoretical approach in game theory which may be of some help, and to an empirical *[48]* phenomenon which seems to constitute a most primitive and basic form of exchange, 'silent trade'. First, the theory: The question of how morality could have ever evolved in a world that is biologically dominated by 'selfish genes', by self-preservation and survival of the fittest has recently been taken up in the methods of game theory and computer simulation. An elementary problem has been called 'the prisoner's dilemma': if you do not know what your partner is going to do and cheating pays more in a single case, is it better to cooperate or to cheat? The result of computer games has been that in the long run 'nice' strategies turn out to be more successful than aggressive strategies that try to cheat as often as possible: it is better to start with cooperation, but to react to cheating by returning like for like; this program got the title TIT FOR TAT.[26] Of course,

---

[25] Supra n. 5; 8.

[26] A. Rapoport, A.M. Chammah, *Prisoner's Dilemma*, Ann Arbor 1965; R. Axelrod, W.D. Hamilton, "The Evolution of Cooperation", *Science* 211,4489, 1981, 1390–1396; D.R. Hofstadter, *Scientific American*, May 1983, 14–20; idem, *Spektrum der Wissenschaft* 1983,8, 8–14. See also Dawkins (supra n. 6) 199f. on 'grudger' strategy.

games of this kind are still highly simplified models of what may have happened in thousands of years of early human development. Yet, it becomes plausible that some training in cooperation, in reciprocity and retribution is a most useful institution, at least in the long run. This would mean that successful strategies have been encoded in the form of traditional customs, in rituals, in religion.

On the empirical side, there is the phenomenon of 'silent trade' that has been called the earliest form of all foreign trade. It is described already in Herodotus (4,196), but has been found again and again in some form or other all over the world.[27] This is a form of exchange of goods between groups who keep only a minimal form of contact, in fact avoid all direct contact, in an atmosphere of fear and distrust. To quote Herodotus: In Africa south of Gibraltar, Phoenician merchants upon arrival "take out their goods and deposit them in order at the beach. Then they retreat to their ships and make a smoke signal. Then the natives, seeing the smoke, come to the beach and deposit gold, and they retreat again from the merchandise; then the Karchedonians come back and examine the amount of gold, and if the gold is seen to match the value of the goods, they take it and depart; otherwise they retreat to their ships and remain there, and then the natives come and bring more gold, until they accumulate a convincing quantity. There is no cheating." Procedures of this kind have been studied in the most varying places and periods, and they are even seen to arise spontaneously in modern societies under the conditions of an illegal black market – a recreated situation of distrust and anxiety. Characteristic is the tacit agreement on a standard, and the renunciation of cheating: This is the more productive way of making a deal.

One may find some striking analogies in this form of trade to ritual offerings to gods, heroes, or the dead. There is the fixed place outside the normal habitat, in a marginal region, "at the seashore" in Herodotus' example; the marginal situation of many sanctuaries is a well-known fact. The main action is to deposit and to retreat; to deposit and to leave untouched, this is the most general characteristic of offerings, 'Niederlegungen' that can still be identified by archaeological research. There is the further characteristic of strangeness, of avoiding direct contact which belongs to many forms of ritual offerings: "do not look back". In the *Odyssey*, Eumaeus the pious

---

[27] P.J. Hamilton Grierson, "The Silent Trade" (orig. Edinburgh 1903), in G. Dalton (ed.), *Research in Economic Anthropology* 3, Greenwich Conn. 1980, 1–74; J.A. Price, "On Silent Trade", ibid. 75–96. R. Hennig, "Der stumme Handel als Urform des Aussenhandels", *Weltwirtschaftliches Archiv* 11, 1917, 265–278; D. Veerkamp, *Stummer Handel. Seine Verbreitung und sein Wesen*, Diss. Göttingen 1956. My thanks go to my colleague Conrad Peyer who drew my attention to this phenomenon and indicated the bibliography.

swineherd takes out one portion of food first of all "for Hermes and the Nymphs" (14,435f.), and he deposits it – where exactly, the text does not say; no doubt it is outside the hut; he speaks a loud prayer, i.e. he makes it known to the addressees and then retreats, leaving it there: *thêken epeux-ámenos*. Only then does he distribute the remaining portions of the communal meal. *Tithénai*, to put down, turns out to be another basic verb in the context of offerings. We may imagine simple piety in a rural atmosphere similar in form to that which Eumaeus has done: depositing whatever the seasons bring, *horaîa*, in well circumscribed, marginal places sanctified by tradition, and expecting only good things in return.

Here the prisoner's dilemma comes back with the question of the sceptic: How can such a practice become, and remain, an institution if the requital is not at all clear? In the insider's view though there is requital, in so far as all the 'good things' with which man meets, food and health and success in life, are interpreted as 'gifts' arriving from supernatural *dotêres eáon*. The cycle of the agricultural year thus becomes a cycle of gift exchange; communication with the surrounding world that is vast and strange, and some management of time is achieved in this way. Even at the stage of hunting, game could be seen as a gift presented and sent forth to men by some supernatural owner, who demanded some return, too, some form of restoration at least.[28] Here though we may guess at an *[49]* even more fundamental principle of ecological stability which is largely valid in the animal world and which seems to say: Do not take everything, leave something, or give it back. Thou shalt not exploit.

The answer to the question: How does the expectation of reciprocity come about as against 'unclear' partners, should thus be: It is a function of religious tradition to teach, and to practice, giving as a 'nice' strategy which in the long run is better than petty cheating and ruthless exploitation; this implies an optimistic and personal interpretation of coincidence which may be of immediate survival value on a psychological level. Even temporary crises can be overcome in this way. This may not prevent catastrophe in single cases. If the surrounding powers definitely fail to respond to 'nice' acts of offerings, even religion will break down – witness Turnbull's "mountain people",[29] or Thucydides' description of the plague in Athens (2,52,3; 53,4). This plague, though, resulted in the establishment of an Asclepius cult in Athens, and in the construction of the temple at Bassae. The world belongs to those who survive, and religion has survived with them.

---

[28] Cf. supra n. 20.
[29] C. Turnbull, *The Mountain People*, New York 1972.

If these reflections have touched upon some roots of the phenomenon in question, "giving to the gods", it must still be clear that there are many variations and different evolutions in single epochs and societies. It is generally assumed that a system of prestigious giving was highly developed in the Mycenaean as well as in the early Iron Age; evidence from the 'world of Odysseus' has been successfully combined with archaeological findings.[30] It is to be noted that in the Bronze Age even what we call normal trade still had the form of gift exchange, without fixed prices to be agreed upon, but with the exhortation: "send me much of it, and not little".[31] Mantiklos, consecrating a bronze statuette to Apollo, asks for an "agreeable return", *charíessan amoibán*[32] – the undeniable profit of "nice strategies" goes together with the friendly, cheerful face of those who have come to know each other: This is *cháris*. If there still is greed, distrust and anxiety in the background, it is dissimulated.

The development of Greek sanctuaries after the 9th/8th centuries B.C. means that conspicuous gifts to the gods are not destroyed by immersion or by fire, but "set up high" for display: This is *anatithénai*, or *anáptein*, as it is called in the case of Aegisthus. This corresponds, incidentally, exactly to expressions in Akkadian and in Hebrew.[33] There is an element of demonstration and exaggeration in all forms of ritual. With *anathémata*, giving to the gods is not so much giving away as setting up a monument of one's own action, thus perpetuating a claim to special relations with higher powers. If, in premonetarian societies, a man could prove his superiority by a prestigious gift, the sanctuary was a means to give permanence to such status. It is interesting to see that bronze figurines and great tripods were fabricated exclusively for sanctuaries.[34] The rise of 'international' sanctuaries in the 9th/8th centuries B.C. is probably to be seen in this perspective, Olympia, Delos, Delphi. These were places of competitions, *agônes*, anyhow, and the competitive display of gifts meant playing the game at another level. With

---

[30] M.I. Finley, *The World of Odysseus*, New York 1954, 1979², 65ff.; J. Bazant, *Studies on the Use and Decoration of Athenian Vases*, Praha 1981, 9f.; J.N. Coldstream, "Gift exchange in the eighth century B.C.", in: R. Hägg (ed.), *The Greek Renaissance of the Eighth Century*, Stockholm 1983, 201–206.

[31] "Letter of a princess to the prefect of Ugarit", *RS* 17.148, C.F.A. Schaeffer, *Le palais royal d'Ugarit* VI, Paris 1970, 9–11, A 12–14.

[32] L.H. Jeffery, *The Local Scripts of Archaic Greece*, Oxford 1961, 94 nr. 1; *Lexicon Iconographicum Mythologiae Classicae* II, Zürich 1984, 'Apollon' nr. 40.

[33] Akk. *šulû*, Hebrew *he'alah*.

[34] See S. Langdon, "Gift Exchange in the Geometric Sanctuaries", in: T. Linders, G. Nordquist (eds.), *Gifts to the Gods. Proceedings of the Uppsala Symposium 1985*, Uppsala 1987, 107–113.

the advent of writing, the donors had a means of making known their personal contribution, and they immediately made use of it. The competitive element was dissimulated, though, the language remained 'pious': These all were gifts for the gods in a cycle of "gracious returns".

"Sacrifice means to make gifts to the gods, and prayer means to ask gifts from the gods", Plato wrote in his *Euthyphron* (14c), and he added: "Piety is a skill of trading with the gods" (14e). With this term, *emporikè téchne*, description of the system becomes criticism, nay mockery. In the meantime, *dorodokía*, "accepting gifts", had assumed a new and pejorative meaning: bribery. Gods who demand and take gifts are subject to profit and bribery. The problem was older than Plato. The famous line from Aeschylus "Alone among gods, Death does not desire gifts" (Fr. 161 Radt) presupposes the image of gods who are constantly desirous of gifts, which leaves the poor at a loss. Aristophanes ridicules the gesture of divine images, holding out their hand towards the pious prayer – in order to receive before they, themselves, give (*Eccl.* 780–783). Here we meet with a crisis in the system of giving; in the background there is a dissociation of giving and morality, as shown in the development of the meaning of *dorodokía*, and probably in general the advance of commerce, the invention of money which made trade anonymous, oriented towards profit in its naked form. At the earlier stage communication established by giving was as important as the exact counting of returns. Thus gift exchange could dominate economy as well as religion.
[50]

That was in the past, and there is no way back. Modern economy is definitely different, with strategies that aim at immediate profit and ruthless exploitation, ending of course in diminishing returns. The long term remains unclear as ever.

Erschienen in: G. Stephenson (Hrsg.): Der Religionswandel unserer Zeit im Spiegel der Religionswissenschaft. Darmstadt 1976, 168–87.

5. Opfertypen und antike Gesellschaftsstruktur

Die Religionen des Altertums sind alles andere als 'gegenwärtig', sie scheinen zum "Religionswandel der Gegenwart" allenfalls in einem Kontrastverhältnis zu stehen: unwandelbar, aber vergangen. Obendrein sind sie vom gegenwärtigen Verständnis von 'Religion' aus vorzugsweise negativ zu charakterisieren: keine Theologie, kein Spiritualismus, kaum Ekstasephänomene, keine Ethik der Liebe und Barmherzigkeit. In geschichtlicher Perspektive allerdings nehmen die altertümlichen Religionsformen, die allen heute herrschenden Welt- und Buchreligionen voraus- und auch zugrunde liegen, gewaltige Dimensionen an. Sie beherrschen mehr als 3000 Jahre der historischen Epoche und erstrecken sich jenseits dieser unabsehbar weit in den Bereich der Prähistorie: paläolithische Verwurzelung der religiösen Rituale ist in verschiedenen Einzelheiten aufweisbar.[1] Die bisherige Lebensdauer der Weltreligionen wird dadurch weit übertroffen.

Solcher Kontinuität entspricht, daß die alten Religionen auf Dauer ausgerichtet waren; oft ist dies in Mythen von einer Urzeit ausgedrückt, in der mit der Welt zugleich die rechte Ordnung von Göttern und Menschen eingerichtet wurde. Legitimiert war dabei die Religion in erster Linie aus *[169]* der Tradition schlechthin, dem Brauch der Väter; ihre konkrete Form war das Ritual. Lose mit diesem zusammenhängende Mythen, Göttererzählungen, haben zwar die religiösen Vorstellungen bestimmt, auf die religiöse Praxis aber nur geringen Einfluß genommen. Ein Wandel, ja eine Krise im Bereich der Mythologie bedeutet dabei noch keineswegs Wandel oder gar Krise der Religion. Im hethitischen Mythos von der Schlange Iluyankas, der zum Puruli-Fest gehört, stehen eine 'alte' und eine davon recht verschiedene 'neue' Fassung friedlich nebeneinander;[2] wenn Hesiod die Musen sagen läßt, sie wüßten "viele Lügen" zu erzählen (*Theog.* 27), meint er damit

---

[1] Ausführlicher: W. Burkert, *Homo Necans. Interpretationen altgriechischer Opferriten und Mythen.* 1972, bes. 20–31; 60–67; 85–98. Vgl. auch J. Mellaart, *Çatal Hüyük, Stadt aus der Steinzeit.* 1967, 211– 240.

[2] J.B. Pritchard, *Ancient Near Eastern Texts Relating to the Old Testament.* 1955², 125f.

den Mythos homerischen Stils – Krise des Mythos also zu einer Zeit, als noch kein einziger griechischer Tempel der Form, die wir den griechischen Tempel schlechthin nennen, gebaut war und Opfer und Wettkampf des Zeus in Olympia noch einer 1000jährigen Zukunft entgegensahen.

Doch geht es auch nicht an, ein Scheinbild unveränderlicher Stabilität zu entwerfen. An kriegerischen, sozialen und wirtschaftlichen Katastrophen fehlte es nicht, und Brüche auch der religiösen Tradition zeichnen sich ab. In Griechenland stellt sich besonders das Problem der Beziehungen der seit Homer bekannten griechischen Religion zur Bronzezeit des 2. Jahrtausends, der mykenischen Epoche. Diese ist seit etwa 100 Jahren durch Ausgrabungen erschlossen und durch die Entzifferung von Linear B seit 1953 zumindest teilweise aus der Prähistorie ins Licht der Geschichte getreten. Die Sprache von Linear B ist griechisch; der Kürze halber sei im folgenden 'griechisch' jedoch nur für die Epoche nach 1000 v.Chr. verwendet, dagegen 'mykenisch' für alles Bronzezeitliche. Die mykenischen Schrifttafeln also haben die Kontinuität zum Späteren, Griechischen im religiösen Bereich überraschend deutlich dokumentiert: eine ganze Reihe von Göttern ist unter gleichem *[170]* Namen schon im 2. Jahrtausend verehrt worden, Zeus, Hera, Poseidon, Dionysos.[3] Doch nicht minder auffallend sind Unterschiede gerade im kultischen Bereich. Das griechische Heiligtum ist charakterisiert durch den Brandopfer-Altar, durch Tempel und Kultbild; eben diese Dreiheit gibt es nicht oder jedenfalls nicht in dieser Zusammenordnung und Funktion in der mykenischen Bronzezeit. Inmitten ethnischer und sprachlicher Kontinuität ist hier also durch die Katastrophe des Seevölkersturms, die auf den Glanz der mykenischen Paläste die "dunklen Jahrhunderte" folgen ließ – ein religiöser Wandel eingetreten; ihn in größerem Zusammenhang zu verstehen, sei im folgenden versucht.

Mehr auf die Rituale als auf Mythen zu achten, hat die Religionswissenschaft seit langem zum methodischen Prinzip erhoben; freilich tat man dies meist in der Erwartung, 'ursprüngliche' Ideen oder Vorstellungen eruieren zu können, was im Grund zur Konstruktion neuer, primitiverer Mythologien führt, Konstruktionen, die einander widerstreiten und in sich nicht selten konfus sind. Man sollte versuchen, Ritual zunächst ohne Rekurs auf 'Vorstellungen' als menschliches Verhalten zu beschreiben. Ritual ist dann zu definieren als ein Verhaltensprogramm, eine feste Sequenz von Handlungen; die Starre einer solchen Abfolge bedeutet, daß die funktionelle Verflechtung mit der Umwelt gelöst ist. Man kann der Biologie die Einsicht

---

[3]   M. Ventris, J. Chadwick, *Documents in Mycenaean Greek.* 1956, 1973[2]; A. Heubeck, *Aus der Welt der frühgriechischen Lineartafeln.* 1966, 96–106; M. Gérard-Rousseau, *Les mentions religieuses dans les tablettes mycéniennes.* 1968.

entnehmen, daß solche absolut gesetzten Verhaltensmuster eine neue Funktion annehmen, die der Mitteilung. Religiöses Ritual ist demnach eine Handlungsfolge, die 'das Heilige' signalisiert.[4] Als Mitteilung ist Ritual stets gesellschaftsbezogen, bedeutet Demonstration und oft *[171]* auch direkte soziale Interaktion. Die Frage, inwieweit solche Aktionen Ausdruck inneren Erlebens und Vorstellens sind oder aber Erleben und Vorstellen der Beteiligten ihrerseits erst prägen, ist angesichts des Alters der Ritualtradition dem aristotelischen Zetema von der Henne und dem Ei bedenklich ähnlich. Seit 100.000 Jahren ist kein Mensch von sich aus darauf gekommen, daß es Religion geben sollte, er hat religiöses Verhalten gelernt, ist dadurch geprägt worden. Wie 'das Heilige' stets mit Angst, dem 'mysterium tremendum' einhergeht, gehören zum religiösen Ritual Angstsituationen mit ihrer psychologischen Prägekraft: es zehrt von ihnen und schafft sie neu, um sie zu überwinden.

Die Heilige Handlung schlechthin in den traditionellen Religionen ist das Opfer – das darum auch in den verschiedenen Sprachen einfach als 'Handlung' bezeichnet wird: 'Opfer' von *operari*; *sacri-ficare*. Trotzdem gibt es, soweit ich sehe, keineswegs eine allgemein anerkannte Theorie des Opfers. Theologen,[5] Psychoanalytiker,[6] Soziologen,[7] Archäologen[8] scheinen gerade hier verschiedene Sprachen zu sprechen. Ich gehe von der These aus, daß Herleitungen und Definitionen des Opfers aus 'Vorstellungen' von Göttern, Dämonen oder Mächten im Kreise laufen und oft zu Absurditäten führen: die Gabe für den Gott kommt Menschen zugute, der Wein, für die Himmlischen gespendet, wird auf die Erde gegossen, man ehrt die Götter, indem man ihnen den Abfall verbrennt – so gerade beim griechischen Opfer, das Hesiod *[172]* nur als einen Betrug, den "Opferbetrug des Prometheus" erklären konnte (Theog. 535–616). Und doch sind all dies echte und nicht etwa entartete, zentrale und nicht marginale Opfer.

Trotzdem sind eben diese Rituale, für sich betrachtet, durchaus erklärbar nach Herkunft und Funktion und für uns psychologisch verständlich. Grundtypen der Opferrituale – dies die These – kommen von Grundsituationen des frühen Menschen her; sie haben sich dank ihrer sozialen und

---

4   *Homo necans*, 31–38.

5   Z.B. F. Heuer, *Erscheinungsformen und Wesen der Religion.* 1961, 204–225 ("Hingabe, Verzicht um des Heiligen willen").

6   R. Money-Kyrle, *The Meaning of Sacrifice.* 1930 (Vatermord).

7   H. Hubert, M. Mauss, "Essai sur la nature et la fonction du sacrifice", *Année sociologique* 2 (1898), 29–138 = M. Mauss, *Œuvres* I. 1968, 193–307 (Statuserhöhung).

8   H. Jankuhn, *Vorgeschichtliche Heiligtümer und Opferplätze in Mittel- und Nordeuropa.* 1970 (Niederlegungen).

psychologischen Funktionen als stabilisierende Faktoren kultureller Tradition jahrtausendelang fortgepflanzt. Zu unterscheiden ist zunächst die Opfermahlzeit einerseits, das Reinigungsopfer andererseits, sodann das Primitial- und das Votivopfer; schließlich sind als Sonderformen Feueropfer und Libation ins Auge zu fassen. Daß bei einem solchen Versuch einer Typologie viele differenzierende Einzelheiten zunächst außer acht gelassen werden müssen, braucht kaum betont zu werden.

Das Tieropfer mit Fleischmahlzeit ist in den meisten altertümlichen Religionen so allgegenwärtig, daß man es eben darum zuweilen fast übersieht. Es stammt aus der Situation des paläolithischen Jägers: Töten um zu essen. Aggressives Jagdverhalten mit Waffengebrauch und Blutvergießen mußte den Männern andressiert und zugleich unter Kontrolle gebracht werden. Dies leisten vorbereitende Riten einerseits, Riten nachträglicher 'Wiedergutmachung' mit Ehrung des Opfertieres andererseits; bezeichnende Details sind das Einsammeln und Deponieren der Knochen, die Erhöhung des Schädels, das Ausspannen des Fells; integrierender Bestandteil sind Regeln für Teilung und Austausch der Fleischportionen – der Jäger hat Frauen und Kinder, die nicht mitjagen, zu ernähren.[9]

Andersartig ist das Reinigungs- oder Sühnopfer: ein Tier oder nicht selten auch ein Mensch, der Gemeinschaft zugehörig *[173]* oder jedenfalls mit ihr in Kontakt gebracht, wird 'hingegeben', ausgestoßen, vernichtet. Sprichwörtlich ist der 'Sündenbock' des Alten Testaments (Lev. 16,21), viel diskutiert sind die 'Pharmakos'-Rituale in Kleinasien und Griechenland.[10] Solche Rituale können regelmäßig institutionalisiert sein, sie kommen aber auch in außerordentlichen Notsituationen vor, Krieg, Hunger, Pest. Hier dürfte ein vormenschlicher Seelenmechanismus im Spiel sein, der in der Angstsituation atavistisch aufbricht: die Situation des von Raubtieren umkreisten Rudels – der von Wölfen verfolgte Schlitten beschäftigt Literatur und Phantasie bis in neueste Zeit. Es gibt nur ein Mittel, der Gefahr zu entkommen: sobald ein Mitglied der Gruppe – in der Regel ein junges oder aber ein altes, krankes – von den Raubtieren gepackt ist, sind die anderen für diesmal gerettet. Die moralische Fragwürdigkeit des Vorgangs läßt eine doppelte Kompensation zu: man stilisiert das Opfer als abominablen 'Auswurf', oder aber man fühlt sich ihm zu tiefstem Dank und höchster Ehrerbietung verpflichtet.

---

[9]   K. Meuli, "Griechische Opferbräuche". In: *Phyllobolia, Festschrift P. Von der Mühll.* 1946, 185–288. *Homo necans* pass.

[10]   Verwiesen sei auf M.P. Nilsson, *Geschichte der Griechischen Religion* I³. 1967, 107–110. J.G. Frazer, *The Golden Bough IX: The Scapegoat.* 1913³. Vgl. auch die Geschichte vom Propheten Jona im Seesturm.

Scheinbar in ganz anderer Lage, im Augenblick der Erfüllung, tritt das Primitialopfer auf, die Hingabe der 'Erstlinge' von Jagd, Fischfang, Ernte oder Beute. Es ist ganz besonders weit verbreitet und spielt daher als Argument für den 'Urmonotheismus' seine Rolle.[11] Im Vollzug des Aktes freilich kommt es darauf, wem da gegeben wird und wie, kaum an: die Gaben können irgendwo deponiert, sie können vernichtet werden. Wesentlich ist, daß sie dem unmittelbaren Verbrauch entzogen sind, und dies hat eine evidente soziale Funktion: *[174]* In der Tat schafft der Erfolg des einzelnen eine Angstsituation besonderer Art, wenn alle Augen sich auf ihn richten; wer hat, dem kann genommen werden. Das Primitialopfer schafft einen schützenden Leerraum; die gierige Frage gegenseitiger Eifersucht: „Wer kriegt als erster?" wird negativ beantwortet und eliminiert: kein Mensch ist hier 'der erste'. Derjenige freilich, der diese Regel durchsetzt und die 'Erstlinge' hingibt, bestätigt eben dadurch seine führende Rolle: Herrschaft durch Verzicht. Paradigmatisch ist die Situation Alexanders in der Gedrosischen Wüste: er gießt den einzigen Helm voll Wasser in den Sand; keiner hat zu trinken: eben dies stärkt seine Führung und die Solidarität des verzweifelnden Heeres. Fast alle menschlichen Gesellschaften waren und sind von Not und Mangel bedrängt; das Primitialopfer schafft, trotzdem, Solidarität in der Erhebung über wirtschaftlich-materielle Zwänge. „Die Fähigkeit zur Negation, zur Verneinung des hier und jetzt Gegebenen und Angetroffenen" ist „die allerelementarste Voraussetzung zur Wahrnehmung von Vorbildlichkeit überhaupt."[12]

Der Angstsituation allgemein entstammt das Votivopfer, ob sein Anlaß nun Krieg, Pestilenz, teure Zeit, Reise, Seefahrt oder sonst eine Krise ist. Die Angst wird überwunden, indem die unbestimmte Bedrohung durch einen selbst bestimmten, vielleicht fühlbar schmerzlichen, aber begrenzten Verzicht ersetzt wird. Die Zeitdimension kommt hier in entscheidender Weise ins Spiel; durch Setzung eines Wenn-Dann wird die ungewisse Zukunft psychologisch bewältigt. Das Votivopfer, wennschon vielleicht nicht ganz unabhängig vom Mechanismus des Sühnopfers, ist insofern der rationalste und persönlichste der Opfertypen;[13] es verbindet sich besonders leicht *[175]* mit der Vorstellung eines personalen Gegenübers, mit dem der Weihende in einer *do-ut-des*-Beziehung verbunden ist.

---

[11] W. Schmidt, *Der Ursprung der Gottesidee* VI. 1935, 277–278, 445–454. A. Vorbichler, *Das Opfer auf den uns heute noch erreichbaren ältesten Stufen der Menschheitsgeschichte*, 1956.

[12] P. Weidkuhn, "Prestigewirtschaft und Religion. Überlegungen eines Ethnologen", 26 *[in: G. Stephenson (ed.), Der Religionswandel unserer Zeit im Spiegel der Religionswissenschaft, Darmstadt 1976, 1–29]*.

[13] Standardwerk für den antiken Bereich: W.H. Rouse, *Greek Votive Offerings*. 1902. Vgl. L. Kriss-Rettenbeck, *Ex voto. Zeichen, Bild und Abbild im christlichen Votivbrauch*. 1972.

Unter dem Begriff der 'Hingabe' lassen sich Reinigungsopfer, Primitialopfer und Votivopfer subsumieren, 'Gabe' freilich unter negativem Aspekt: nicht daß die Gabe irgendwo ankommt, ist bedeutsam, sondern daß sie dem Menschen entzogen wird. Man kann sie deponieren an heiliger Stätte, besonders auch in Höhlen, oder an Bäumen aufhängen; effektvoller ist das Versenken in Quelle, Fluß, See, Moor oder Meer; am eindrucksvollsten ist das Verbrennen im Feuer. Die Beherrschung des Feuers ist wiederum eine menschliche Grundsituation – deren Faszination auch der moderne Mensch ohne weiteres verspürt –. Das Feuer gibt Wärme, Licht und vor allem Sicherheit vor Raubtieren, es ist Grundlage für Kochkunst und Handwerk, und es behält doch immer seine Gefährlichkeit, die jedes Kind mindestens einmal schmerzhaft erlebt. Feuer ist mächtig wie das Leben und bietet doch zugleich das Paradigma von Vernichtung schlechthin: was greifbar, groß und fest war, schrumpft erglühend in der Flamme, wandelt sich zu Rauch und zu Asche, die der Wind verweht. Hier ist Vernichtung nicht dem Zufall überlassen, sondern machbar. Die unheimlichsten Vernichtungsopfer sind Feueropfer.[14]

Schlichteste, gelassenste Form der Hingabe ist die Libation, das Ausgießen von Flüssigkeiten; zunächst offenbar eine Sonderform des unwiderruflichen Verzichts: was vergossen ist, kann niemand zurückholen. Das Ausgießen von Wein, bevor man trinkt, die gewöhnliche spondé, gehört in den Bereich des Primitialopfers. Doch muß auffallen, wie oft es bei Libationsritualen darauf ankommt, wohin etwas gegossen wird: lange *[176]* Schnaupen haben die Libationskannen, den Strahl zu lenken, Auffanggefäße werden hergestellt, Tafeln mit vielerlei Vertiefungen; primitiver sind 'Napflöcher' im Boden. Man streicht Fett in solche Vertiefungen;[15] oder man libiert über bestimmten, aufgestellten Steinen, man salbt sie mit Öl wie den Stein von Beth-El (AT Gen. 28,18); nach Theophrast (*Char.* 16,5) standen solche ölglänzende Steine vor allem an Dreiwegen. Hier handelt es sich offensichtlich um Markierungen, und man wird zumindest dieses Ausgießen von Öl und Fett über Steinen mit dem Markieren von Revieren im Tierbereich zusammensehen müssen.[16] Der an bestimmter Stelle Libierende bestätigt sich und anderen die Ordnung des Raumes, die Grenzen, die Zentren des Heiligen.

In den Opferritualen der alten Hochkulturen sind nun freilich die verschiedenen Opfertypen längst mannigfach ineinander verschlungen. Ein

---

[14] Zu den karthagischen Kinderopfern Diodor 20,14. G. Charles-Picard, *Les religions de l'Afrique antique.* 1954, 491. – Zu den griechischen Laphria Paus. 7,18, 8–13; Nilsson (o. Anm. 10), 28; 484. Vgl. auch Herakles' Verbrennung auf dem Öta-Berg.

[15] M.P. Nilsson, *The Minoan-Mycenaean Religion.* 1950², 130.

[16] Vgl. die Hundeperspektive in Babrios, *Fab.* 48.

wiederholtes, erwartbares Primitialopfer wird fast von selbst zum Votivopfer, und wenn seit dem Neolithicum Haustiere zur Opfermahlzeit dienen,
ist 'Hingabe' von Besitz auch hier vorausgesetzt; bei sozialer Differenzierung kann auch das Sühneopfer zur Speise dienen, sei es für Priester, sei es
für Parias. Die Formen der 'Hingabe', Verbrennen, Deponieren, Ausgießen,
können sich zu Ritualketten verbinden. So entstehen mannigfache Formen
von Opferritual; ins Auge gefaßt seien die des sumerisch-babylonischen,
des hethitischen, des mykenischen, des westsemitischen und des griechischen Bereichs. Ägypten bleibe seiner Besonderheit wegen außer Betracht.
Alle diese altertümlichen Religionen freilich sind Konglomerate, Heteroge-
nes besteht nebeneinander; könnte man in alle Winkel und Unterschichten
leuchten, wären wohl alle Formen überall zu finden. Doch die maßgeben-
den, repräsentativen Formen sind charakteristisch verschieden. *[177]*

Im sumerisch-babylonischen Bereich ist die maßgebende, ja ins Über-
dimensionale gesteigerte Form des Opfers die Speise-Gabe. Primitialopfer
und Votivopfer haben sich zusammengeschlossen zu einer lückenlosen
Kette von Darbietungen an den Gott und seinen Tempel. Die Tieropfer
werden einfach als Bestandteil dieser Speisegaben gerechnet – obwohl ihre
Sonderstellung in einzelnen Ritualen noch voll zum Ausdruck kommt –;
Reinigungsopfer mit Verbrennen oder Versenken eines Tieres sind bekannt,
aber sie stehen am Rande. In mythischer Ausformung heißt es, daß die
Menschen geschaffen sind, die Götter zu ernähren; zweimal täglich wird
ihnen in den Tempeln der Tisch gedeckt. In Wirklichkeit verzehrt der Gott
natürlich nichts, die Speisen gehen an den König weiter oder an die
Priesterschaft; übrigens sind die Einnahmen des Tempels so umfangreich,
daß nur ein Bruchteil zum Decken des Göttertisches benötigt wird. So er-
nährt der Tempel ein großes Personal von Priestern und Priesterinnen, König und Königshaus, Abhängige aller Art einschließlich der Tempelsklaven;
die jedem zustehenden Anteile können nach babylonischem Recht auch
weiterverliehen und verpachtet werden, so daß der Kreis der Begünstigten
noch ausgeweitet wird.[17] Dieses Opfersystem ist seiner Funktion nach ein
wirtschaftliches System zur Akkumulation und Umverteilung von Reichtum, Reichtum an Nahrung; seine Voraussetzung ist ein soziales System des
Gebens, Empfangens und Wiedergebens, wie es Marcel Mauss in seinem
Essai sur le don beschrieben hat.[18] Auch das Verhältnis zu den Göttern wird
so ausgedrückt: der Fromme gibt den Göttern, sie geben dafür Leben, Ge-
sundheit, lange Jahre, auf daß der Fromme wieder geben kann. *[178]*

---

[17] Vgl. B. Meissner, *Babylonien und Assyrien II.* 1925, 81–90. A.L. Oppenheim, *Ancient
Mesopotamia.* 1964, 106: "redistribution system"; 183–193.

[18] *Année sociologique* 2me sér. 1, 1923/4 = *Sociologie et anthropologie.* 1950 (1966³), 143–279.

Die Entwicklung freilich führt zum Zurücktreten der Tempelmacht, zum Hervortreten der militärischen und politischen Macht des Königs. Im Einflußbereich des orientalischen Königtums steht in der 2. Hälfte des 2. Jahrtausends das Großkönigtum der Hethiter in Kleinasien und auch das Königtum im mykenischen Griechenland. Auch bei den Hethitern gibt es die großen Tempel mit ihrer Belegschaft, die von den Speise-Gaben leben, die den Göttern dargebracht sind; man darf sie nur nicht mit Laien teilen.[19] Die Schriftzeugnisse aus Mykene selbst sind spärlich, reicher sind die Archive von Pylos. Auch hier gibt es priesterliche Organisation – bezeichnend ist schon die griechische Neubildung des Wortes *hiereús* 'Priester', mit einem Suffix, das einen Berufsstand kennzeichnet. Es scheint ein zentrales Heiligtum zu geben, Pa-ki-ja-ne – nicht sicher zu identifizieren –, daneben ein Poseidon-Heiligtum, ein Zeus-Heiligtum und andere mehr; sie haben Landbesitz, Sklaven; Abgaben werden vom Palast aus 'gesandt', einmal, wohl in der Notsituation des bevorstehenden Seevölkerangriffs, der dann die Katastrophe brachte, besonders reiche Gaben, Männer, Frauen und goldene Gefäße zuhauf.[20] Also insoweit ein System von Gaben und Abgaben, das den altorientalischen Verhältnissen vergleichbar ist. Doch gab es offenbar keine monumentalen Tempelbauten – was man als 'Tempel' ansprechen kann, sind recht bescheidene Gebäude, nicht von fern den Palästen vergleichbar. – Dafür spielt das Tieropfer eine gewisse Sonderrolle. Es gab anscheinend nicht den großen Brandopferaltar,[21] wie er später als Opferstätte das griechische Heiligtum charakterisiert. *[179]*

Dafür treten Formen der Libation auffallend in den Vordergrund, bei Hethitern, Kretern und Mykenern. Komplizierte Libationstafeln sind vor allem aus Kreta bekannt, Libationskannen sind oft auf mykenischen Siegeln und Ringen dargestellt; im Thronsaal des Palastes von Pylos ist neben dem Königssitz die Stelle am Fußboden markiert, wo der König zu libieren pflegte.[22] Das hethitische Wort für 'Opfern' schlechthin ist *šipandi*, das vorzugsweise die Libation bezeichnet, und es ist nicht zu trennen von dem griechischen Wort für die Libation, *spéndein*, lateinisch *spondere*. Die hethitischen Ritualtexte enthalten ausführlichste Anweisungen für ganze Libationsserien: „dem Herd einmal, den Schilden einmal, dem Fenster einmal, dem Riegelholz einmal, neben dem Fenster einmal"[23] – kein Wort von Göt-

---

[19]   O.R. Gurney, *The Hittites*. 1952, 150.

[20]   Vgl. die in Anm. 3 genannte Literatur.

[21]   Allerdings ist der Befund in dem in den letzten Jahren ausgegrabenen Heiligtum von Mykene noch unklar; es gab dort jedenfalls mehrere Altäre; s. *Ergon* 1972, 59–66.

[22]   Nilsson, a.a.O. [oben Anm. 15], 124–130; 147–153. *A Guide to the Palace of Nestor*. 1967, 11.

[23]   *Ancient Near Eastern Texts*, a.a.O. [oben Anm. 2], 359. E. Neu, *Ein althethitisches Gewitterritual*. 1970, 17; 19; 21; 25; 35.

tern oder Dämonen: Der Palastbereich und seine kritischen Grenzen werden 'markiert'; es gibt übrigens auch ein eigenes Wort für das 'Markieren' etwa des Herdes durch Libation.[24] Eine auffallende Besonderheit des hethitischen wie des mykenischen Bereichs sind die sogenannten Tierkopf-Rhyta,[25] Gefäße in Form von Tierköpfen, aus denen man libiert, um sie dann vor der Gottheit niederzulegen: das Tieropfer mit Erhöhung des Tierschädels ist in die Libationszeremonie symbolisch transformiert.

Ganz anders ist das Bild in Syrien-Palästina, im Bereich der Westsemiten, wo indes auch starke hurritische Einflüsse festzustellen sind; was bei Babyloniern und Ägyptern allenfalls *[180]* als seltene Ausnahme belegt ist, tritt hier ins Zentrum: das Brandopfer, Verbrennung von Tieren oder von Teilen von Tieren. Die reichste Dokumentation liefern die Opfergesetze des Alten Testaments, doch zeigen die ugaritischen, phönikischen und aramäischen Dokumente eine wenn nicht identische, so doch nah verwandte Terminologie,[26] und die monumentale Überlieferung führt weit zurück ins zweite Jahrtausend. Der älteste monumentale Brandopfer-Altar aus einem meterhohen Basaltblock steht im Tempel von Beth Shan in Palästina, in einer Anlage des 13. Jahrhunderts,[27] aber amorphe Brandopferplätze vor dem Tempel sind schon Jahrhunderte früher faßbar.[28] Keinen Aufschluß gibt die Archäologie über den wichtigen Unterschied, den die Texte bei Brandopfern machen: 'Ganzopfer', Holokaust auf der einen, 'Schlacht-' oder 'Friedensopfer' auf der andern Seite, wobei nur Teile des Tiers verbrannt werden und der Hauptteil des Fleisches zum Opfermahl dient. Verzichtopfer und Mahlopfer haben dennoch vieles gemeinsam: den Altar, das Feuer, die Manipulation mit dem Blut, das nur am Altar ausgegossen werden darf, Begleitung durch Speisegabe und Libation. Die orientalische Tempelorganisation mit dem von Abgaben lebenden Priesterstand konnte übernommen werden – in Jerusalem durch Salomo; doch von Haus aus war jedes Schlachten ein Opfer, wie noch Leviticus vorschreibt: sonst wäre man „des Blutes schuldig, als der Blut vergossen hat" (*Lev.* 17,4).

Der griechische Opferkult stimmt – dies ist bekannt, aber doch immer wieder überraschend – enger mit dem Westsemitischen *[181]* als mit dem

---

[24] gul˘s-, O. Carruba, *Das Ritual für die Göttin Wi˘surijanza*. 1966, 34–37.

[25] K. Tuchelt, *Tiergefäße*. 1962. O. Carruba, "Rhyta in den hethitischen Texten", *Kadmos* 6 (1967), 88–97.

[26] H. Ringgren, *Israelitische Religion*. 1963, 151–162. H. Gese, (M. Höfner, K. Rudolph), *Die Religionen Altsyriens, Altarabiens und der Mandäer*. 1970, 174

[27] A. Rowe, *The Four Canaanite Temples of Beth-Shan I*. 1940. H.O. Thompson, *Mekal, the God of Beth-Shan*. 1970, 35f.

[28] D. Conrad, *Studien zum Altargesetz*. Diss. Marburg 1966, 85ff.

Mykenischen überein.[29] Das Darbringen von Essensgaben für die Götter, Götterbewirtung bleibt marginal; Tempelwirtschaft gibt es allenfalls in Ausnahmen. Kennzeichen des Heiligtums ist der große Feueraltar – in der Regel monumental aus Stein errichtet, unverrückbar.[30] Auf ihm brennt das große Feuer, in dem Teile des geschlachteten Tieres verbrannt werden, und zwar vor allem die Knochen mit Fett und der ungenießbaren Galle. Voran geht das zeremonielle Schlachten mit allerhand Hantierungen des 'Anfangens', mit Gebet und schrillem Opferschrei, es folgt die Fleischmahlzeit in zwei Stufen: erst werden die *splánchna*, Leber/Herz/Lunge, im Altarfeuer geröstet und verspeist, dann wird die Hauptmahlzeit bereitet, die meist schon außerhalb des Sakralen steht.[31] Holokauste kommen vor, keineswegs nur im Totenkult oder chthonischen Kult; oft sind sie vorgeschaltet als kleineres, vorbereitendes Opfer vor der Mahlgemeinschaft – wie auch im semitischen Bereich.[32] Unblutige Darbringungen – Körner, Kuchen, Brei verschiedener Art –, gruppieren sich um das blutige Opfer; Weinlibation über dem Altar gehört zum Abschluß.

Der Wandel des griechischen Opferrituals gegenüber der mykenischen Epoche und die Übereinstimmung mit dem Westsemitischen stellt ein vertracktes historisches Problem. Die Priorität für den Brandopfer-Altar liegt in Syrien-Palästina; doch haben griechische Aschenaltäre wie der von Olympia in der Bronzezeit des Alpen- und Oberdonauraums Analoga,[33] *[182]* das Verbrennen der Knochen kommt auch in einem hethitischen oder hurritischen Ritual vor.[34] Einer der ältesten griechischen Tempel, um 800 v.Chr. in Gortyn auf Kreta erbaut, ist offenbar von nordsyrisch-späthethitischen Vorbildern beeinflußt,[35] und auf Cypern sind östliche und griechisch-mykenische Tradition bereits im 12. Jahrhundert – nach der Katastrophe – in Kontakt getreten: erst 1973 veröffentlicht wurde der Befund im Heiligtum des Schmiedegottes von Kition, wo ein Hörneraltar mykenischen Typs – seiner Funktion nach "table of offerings" – neben einem Brandopfer-Altar

---

[29] R.K. Yerkes, *Sacrifice in Greek and Roman Religions and Early Judaism*. 1952.

[30] C.G. Yavis, *Greek Altars*. 1949.

[31] *Homo Necans* 10–14. *Greek, Roman and Byzantine Studies* 7 (1966), 102–109.

[32] Z.B. F. Sokolowski, *Lois sacrées des cités grecques*. 1969, Nr. 151 A, Z. 29–36. AT 1. Sam. 10,8; 13,9 etc. Ugaritisch šrp w šlmm; aramäisch ʿlwh w dbhn: A. Cowley, *Aramaic Papyri of the Fifth Century B.C.*, 1923, 30, 28.

[33] W. Krämer, "Prähistorische Brandopferplätze", in: *Helvetia antiqua. Festschrift Emil Vogt*. 1966, 111–122.

[34] O. Carruba, a. a. O. [oben Anm. 14], 7, Rs. 18f.

[35] G. Rizza, V. Santa Maria Scrinari, *Il Santuario sull'Acropoli di Gortina*. 1968, 24–26; 54–56.

mit Resten von Holzkohle und verbrannten Tierknochen steht;[36] monumentale Tempel, Götterstatuen und Altäre tauchen gerade in dieser Epoche in Cypern auf. Doch hat es in den folgenden Jahrhunderten so viel Auf und Ab, Zerstörungen und Neuansätze gegeben, daß wir die 'Einflüsse' nicht oder noch nicht säuberlich sortieren können.

Es bleibt die phänomenologische Feststellung, daß die verschiedenen Formen des Opferkultes samt der zugehörigen Gottesvorstellung mit den jeweiligen gesellschaftlichen und wirtschaftlichen Organisationen unvertauschbar verbunden sind; die Rituale sind hier nicht 'survivals', sondern tragende Elemente der kulturellen Tradition.

Was Mesopotamien – und auch Ägypten – betrifft, läßt sich von vornherein behaupten: wäre es 'Väterbrauch' gewesen, Primitialopfer und Votivopfer menschlichem Gebrauch dauerhaft zu entziehen, zu vernichten – was in anderen Kulturen durchaus vorkommt –, so hätten die alten Hochkulturen nicht entstehen können. Der enorme politische und *[183]* wirtschaftliche Fortschritt war nur möglich dank zentraler Organisation mit schriftlicher Verwaltung, und dazu bedurfte es einer Zentralisierung und Anhäufung von Wohlstand: dies leisteten die Tempel als Zentren der aufstrebenden Städte im Verein mit dem mehr oder weniger sakralen Königtum. Nach Pflicht der Frömmigkeit hatten gerade die Mächtigen und Reichen große Gaben zu spenden, auf daß der Gott ihnen Leben und Macht erhalte, der König opferte von seinen Schätzen, seiner Kriegsbeute – und viele, viele partizipierten daran; da der König selbst Priester war und obendrein die Priesterstellen besetzte – natürlich auch mit Gliedern seines Hauses –, war die Tempelwirtschaft wiederum ein bedeutender Bestandteil seiner eigenen personalpolitischen und wirtschaftlichen Macht. Gabe und Gegengabe, von einer Hand zur andern, eine Verfilzung der Interessen, die uns 'typisch orientalisch' anmuten mag.

Im hethitischen und auch im mykenischen Bereich finden wir ein importiertes Großkönigtum, aufruhend auf weit primitiveren Strukturen – weshalb dieses Königtum dann auch sehr plötzlich in der Katastrophe verschwunden ist –. Wirtschaftliches Zentrum der Königsmacht ist der Palast mit seinen Schreibern und Archiven; Tempelabgaben sind in die königliche Verwaltung integriert; Religion scheint eher an den Rand gedrängt: kleine Kapellchen, Frauentänze. Doch auf ihre wertvollen goldenen Siegelringe lassen die Mykenäer gern religiöse Szenen eingravieren: Religion als Schmuckstück? Öl und Wein sind wichtigste Güter in der Palastwirtschaft, was die besondere Rolle der Libationen zum Teil erklärt; doch nicht weni-

---

[36] V. Karageorghis, *CRAI* 1973, p. 520–530. *Kition: Mycenaean and Phoenician*, Proc. Brit. Acad. 59 (1973), 259–282.

ger wichtig ist der besondere Sinn für vollendete Form, für schmückendes Zeremoniell: feierliches Tragen kostbarer Gefäße, gelassenes Verrinnen – um wieviel königlicher ist dieser Gestus, als nach dem ersten Stück vom Opferbraten zu greifen. Rollen und Bereiche zu markieren, dies leistet die Libation dem spätbronzezeitlichen Königtum. *[184]*

Die Westsemiten haben kein Großkönigtum gekannt; kleine Stämme, einzelne Städte suchen je selbständig Politik zu machen, in erbitterter Konkurrenz, von Großmächten dauernd bedroht, obendrein in einem von Natur eher armen Gebiet. Wie immer es dabei mit dem Einfluß einwandernder Wüstennomaden stehen mag, offenbar ging es weniger um Verteilung von Reichtum als um Solidarisierung auch in der Armut, Solidarisierung auch in der Aggression: der gleiche Gott, der sich vorzugsweise mit Holokausten ehren läßt, gebietet auch die Feinde ohne Rest zu 'bannen'.[37] Solidarisierung schafft auch das Opfermahl, wobei Rangunterschiede je durch Portionen ausdrückbar sind; doch das 'Ganzopfer' scheint wichtiger zu sein. In der Angstsituation kriegerischer Bedrängnis sind die Karthager historischer Zeit sogar zum Menschenopfer zurückgekehrt.[38] Fordernd, souverän, erhaben sind hier die Götter; auf sie weist das 'aufsteigende' Feuer – vom Wort für 'aufsteigen' ist einer der geläufigen Opfertermini gebildet, 'olah –. Mit der Hingabe scheint radikaler Ernst gemacht; doch von Götterspeisung kann beim 'süßen Geruch' des Opferdampfes im Ernst nicht mehr die Rede sein. In der Sonderentwicklung Israels ist das Schlachtopfer ganz zurückgetreten zugunsten der täglichen Holokauste im Tempel zu Jerusalem; auf Göttermythologie hat man konsequent verzichtet, es blieb der Wille des fordernden Gottes, das Gesetz; im Angesicht dieses Gottes konnte das Volk dann sogar ohne Opfer in der Verbannung seine Solidarität wahren.

Die griechische Hochkultur kennt, von Relikten abgesehen, weder Königtum noch Priesterstand; die Griechen haben in archaischer und klassischer Zeit auch keine Paläste zugelassen. Die Macht geht von einer Gruppe von 'Gleichen' aus, *homoîoi*, wie die Spartaner sagten; der politisch-soziale Streit *[185]* ging immer nur um die Frage, wie ausgedehnt oder wie exklusiv diese Gruppe der bevorrechtigten 'Gleichen' sein sollte. Hierfür bietet das griechische Opfer das Modell: ein gemeinsames Mahl, im Zentrum der kleine Kreis derer, die von den Eingeweiden kosten, dann der weitere Kreis derer, die zum Essen geladen sind und je nach Würde bedient werden, jenseits eine amorphe Masse von anderen, die nicht "Teil am Heiligen haben". Man 'ehrt' mit alledem die Götter, deren Altar man umsteht, während in der Regel eine Tempelfassade den Hintergrund abgibt, man ruft die Göt-

---

[37] Ringgren, a. a. O. [oben Anm. 26], 49.
[38] Anm. 14.

ter und weiß, daß sie sich freuen über die "verbrannten Schenkelknochen";
aber die Götter essen nicht mit – das tun sie allenfalls bei den Äthiopen am
Rande der Welt –, sie haben Nektar und Ambrosia; sonst käme man ja auf
aristophanische und lukianische Absurditäten. „Als die Götter und die sterb-
lichen Menschen sich trennten", sagt Hesiod (*Theog.* 535), wurde das Opfer
eingeführt. Dort sind die Unsterblichen, hier wird Sterben zelebriert, indem
das Schlachten und Blutvergießen nicht etwa außerhalb, sondern im Zentrum dieses Kreises stattfindet; doch das Feuer 'reinigt' und vernichtet dann
die blutigen Reste, es bleibt das lebensbejahende Mahl.

Uns scheint dies nicht sehr fromm zu sein. Und doch ist die griechische
Kultur in besonderem Maße eine 'Tempelkultur'. Dieser griechische Tempel freilich ist nicht Wirtschaftszentrum und Priesterwohnung, er ist nur
Objekt staatlichen Wirtschaftens; selbst übers Gold der Götterstatuen kann
der Staat verfügen. Die Opfer werden von der jeweiligen Gemeinschaft –
Polis, Phratrie oder Familie, Handwerkerzunft, Kaufmannsgilde oder sonsti-
ge Vereine – von Fall zu Fall veranstaltet. Der Tempel ist als Fassade gebaut, nicht als Innenraum; der Säulenumgang lädt ein, den Tempel zu um-
wandeln, mit wechselndem Ausblick auf Stadt, Land und Meer: nicht aus
der Welt führt diese Religion, aber sie setzt ein Zentrum und eine Ordnung
– 'Themis' – in dieser Welt, bietet *[186]* einen Standpunkt, Orientierung.
Die Götter freuen sich über die ihnen aufgestellten 'Prunkstücke', *agalma-
ta*, aber sie fordern wenig, denn sie brauchen im Grunde nichts; sie *sind*,
und es ist gut, daß sie sind.

Unter den griechischen Schriftstellern hat eigentlich nur einer einiger-
maßen ausführlich über sein religiöses Erleben im Zusammenhang mit
tatsächlich praktiziertem Kult gesprochen, Plutarch, der delphische Priester;
soviel der gelehrte Mann an philosophischer Allegorese und Dämonen-
glauben einfließen läßt, den Eindruck einer Krise seiner Religion erweckt
er, um 100 n.Chr., keineswegs. Er stammte allerdings aus einer griechischen
Kleinstadt, Chaironeia. In den anonymen Massen einer Großstadt mußte die
Opfergemeinschaft zur Farce werden: Riesenaltäre, Massenabfütterung als
zweifelhaftes Geschenk splendider Tyrannen. In den Großstädten hat das
Christentum sich dann zuerst verbreitet. Allerdings hat gerade das Christentum das Opfer nicht abgeschafft, vielmehr eine symbolische, wirtschaftlich
bedeutungslose Mahlgemeinschaft zum wichtigsten Sakrament erhoben, begleitet von einer spiritualisierten Theologie, in der Opfermahl und Sühnopfer merkwürdig verschlungen sind. Heute versuchen die Theologen verschiedener Konfessionen, sich davon zu emanzipieren. Überhaupt ist festzustellen, daß die archaischen Formen der Religion eben in unserer Generation ihr Ende gefunden haben oder finden. Der Religionshistoriker kann dies
mit einer gewissen Gelassenheit aussprechen; denn daß die gegenwärtige

Gesellschaft ohne Religion keine Zukunft hat, daß sie in dieser Form höchstens noch eine oder zwei Generationen fortbestehen kann, ist heutzutage keine religiös-eschatologische, sondern eine durch und durch rationale Aussage. *[187]*

Summary

Sacrificial ritual may be as old as mankind, but there are distinct types, which can be traced to different human or even pre-human situations of anxiety: the slaughter-sacrifice followed by a meal perpetuates the needs of paleolithic hunting; the expulsion of a scapegoat fits the situation of a group surrounded by predators; the offering of first-fruits neutralizes greed and jealousy within the group at the moment of success. More rational is the offering of votive gifts. Libation seems to be partly an offering, partly a relic of marking a territory. In Sumerian-Babylonian civilization, food-offerings to the temple form the basis of a large-scale redistribution system. With Hittites and Mycenaeans, rôles and ranges of a monarchic superstructure are demonstrated by libation ceremonies. Later Greek religion centers on a sacrificial feast accompanied by burning bones on an altar; this is close to Western Semitic practice, and historical interrelations are traceable via Cyprus and 'Late Hittites' in the dark ages. This ritual of killing and eating, constituting group solidarity among participating equals, forms a model of the society of a Greek *polis*; with the evolution of large cities, it lost its function and its meaning.

Erschienen in: The Encyclopedia of Religion XI (1987), 70–73.

6. Omophagia

OMOPHAGIA is an ancient Greek term (*ōmophagia*, "eating raw [flesh]") for a ritual in the ecstatic worship of Dionysos.

The Raw and the Cooked. All human groups, including the so-called primitives, are aware of their cultural identity by contrast to other, "uncivilized" forms of life. That the opposition of civilization to nature, of human to animal, is most drastically experienced in the dietary code, in the use of cooked food as against "raw-eating" animals, has become popular knowledge in the wake of *The Raw and the Cooked* (1969), the seminal first volume of Claude Lévi-Strauss's *Mythologiques*. This presupposes the conquest of fire, which has been decisive in the evolution of mankind and which still looms large in mythology; knowledge of fire goes together with the special importance of the hunt in early and primitive societies. A constant point of reference in human and even prehuman experience are the big carnivores, especially the leopard and the wolf, that are abhorred, as well as imitated. Model hunters, at the same time dreadfully dangerous and admirably powerful, the carnivores are the paradigmatic "raw-eaters." They are man-eaters, too: when the problems of civilization and dietary codes are articulated in ritual or myth, the motif of cannibalism usually makes its appearance.

The category of "raw-eating" most generally finds two applications. In mythology, it designates various demons who naturally take the traits of predators – enemies of the gods or even certain uncanny and dangerous gods. On a more realistic level, ethnocentrism and xenophobia combine to mark certain foreign tribes as "raw-eaters," be they neighbors or faraway people known from hearsay. In Western tradition, this cliché has remained attached to Huns and Tatars. As a variant or for reinforcement, the motif of cannibalism easily comes in. It is notable that the concept of "raw-eaters" goes back to Indo-European strata, that is, to the early third millennium BCE, as shown by the correspondence of the Sanskrit *āmād* with the Greek *ōmēs-tēs*; in the same vein, a Scythian tribe was known as Amadokoi. Tribalism also admits of mythical transformations: for the Greeks, the centaurs, hybrids of man and horse, living in the woods, but sometimes visiting humans to wreak havoc, were not only hunters but "raw-eaters."

In a more complex way the opposition of "raw-eating" to civilized may appear within one ethnic unity: one special group is set apart by this very characterization. The imitation of carnivores is most evident in secret societies of leopard men as attested in Africa, or the folklore of werewolves in Europe, including ancient Greece. They are expected to kill and eat in a beastlike fashion and especially to practice cannibalism. The oldest evidence for leopard men comes from wall paintings of Çatal Hüyük in Neolithic Anatolia about 6000 BCE; we cannot know details about their function or practice, except for their imitating predators through masquerade in the context of hunting.

In more modern times two groups, "raw-eaters" versus eaters of cooked meat, are attested among the Mansi, an Ugric tribe of Siberia, and Andreas Alföldi (1974) has used this attestation to illustrate a similar opposition between two groups of Luperci who performed the ancient festival of Lupercalia at Rome; in both cases it is the group of "raw-eaters" who enjoy the higher reputation as being the swifter, the more vigilant, the more powerful. It seems that in ancient civilizations the opposition of raw versus cooked has sometimes been replaced by that of roasted versus boiled meat, where roasting is more primitive, more hunter-like, more heroic. Thus in a non-Yahvistic ritual mentioned in the *First Book of Samuel* (2:11–17) the priests require raw flesh for roasting while the sacrificial community feasts on boiled meat.

A similar opposition may be enacted not through the institution of permanent groups but in the dimension of time: "raw-eating" as a transitional stage leading back to normal food, that is, to civilization reconfirmed through its opposite in the dietary code. Thus in initiations that involve a marginal status and make the initiands outcasts for a while, disuse of fire and raw-eating has a place. In Greek myth this is reflected in the figure of Achilles, who as a boy is taken from his parents to the "raw-eating" centaurs and gets his unique heroic strength by feeding on the entrails of the most savage beasts.[1]

There are communal festivals too that bring about a temporary reversal, an atavistic return to ancient ways of life that sometimes includes the interdiction of fire and thus enforces a diet of uncooked food. In ancient Greece this is attested for a festival on the island of Lemnos and also for some forms of the Thesmophoria, the festival of Demeter. Accompanying myths

---

[1] Apollodorus, *Bibliothēkē* 3.13.6

tell stories about an insurrection of women against men that, however, had to give way to normality again. Of course, initiations, secret societies, and public festivals may be functionally interrelated in various ways; by themselves or in combination they keep alive the consciousness of alternatives *[71]* to what is considered normal and thus in fact help to ensure continuity.

Dionysian Omophagia. Dionysos, the ancient Greek god of wine and ecstasy, is experienced by his followers most deeply and directly in a state known simply as "madness" (*mania*). Hence his female adherents are called Maenads (*mainades*); Bacchants (*bakchoi*) and Bacchantes (*bakchai*), masculine and feminine, respectively, are about equivalent. High points of bacchantic activity are tearing apart a victim and eating it raw. From a pragmatic perspective, the two activities of tearing apart (*sparagmos*) and eating raw (*ōmophagia*) need not entail each other, but in the Dionysian tradition both combine to form an image of what is both subhuman and superhuman, both beastlike and godlike, at the same time.

The most influential literary text to describe Dionysian phenomena is Euripides' tragedy *The Bacchae* (405 BCE). When the Maenads, who are celebrating their dances in the wilderness, are disturbed by herdsmen, they jump at the herds and tear calves and even bulls asunder "swifter than you could shut your eyes" (ll. 735–747); later on they murder Pentheus in a similar way. Eating is not dwelt upon in this context, except as a horrible prospect (l. 1184); but in the introductory song of the play the god himself, leader of the dances, is presented as "hunting for blood by killing a he-goat, the lust of raw-eating" (ll. 137–139), and the Bacchantes are ready to identify with their leader.

In the Dionysian circle, the imagery of carnivores is ready at hand. Preference is given to the leopard, partly through an overlap with the symbolism of the Anatolian mother goddess, whose distant avatar seems to be the goddess of Çatal Hüyük. *Bassarai* (Foxes) was the title of a lost play by Aeschylus; it was a name for the Maenads who destroyed Lykurgos, another enemy of the god. Classical vase paintings (fifth to fourth century BCE) show dancing Maenads holding parts of a torn animal – a fawn, a goat – in their hands; eating, though, is hardly depicted.

Such restraint is absent from the picture drawn by Christian writers of pagan cult. "You leave behind your breast's sanity, you crown yourselves with vipers, and in order to prove that you are filled with the power of god, with bloody mouths you tear asunder the entrails of goats crying out in protest" – thus said Arnobius in *Against the Pagans* (5.19), following in part Clement of Alexandria's *Protrepticus* (chap. 12). In this view omophagia is the extreme of the pagans' folly.

A most serious problem is to decide how much of the picture evoked by Hellenic poetry on the one side and Christian polemics on the other is to be regarded as cultic reality in the context of Greek civilization of the historical period. There are many convergent testimonies, but few to convince a skeptic. A very ancient epithet of the god is Dionysos *Ōmēstēs* ("eating raw"), attested by the poet Alcaeus about 600 BCE. Dionysos *Ōmadios*, mentioned a few times in connection with human sacrifice, is often considered equivalent; linguistically, though, this epithet should rather belong to *ōmadon* ("by the shoulder"), which still refers to "tearing apart" in *sparagmos*. Firmicus Maternus, writing Christian polemics but drawing on some Hellenistic source, asserts that in a Dionysian festival "the Cretans tear apart a living bull with their teeth"[2] – which doubtless includes elements of fantasy. In a poem entitled *Bassarika*, a certain Dionysios has a human victim, clad in a deer's skin, torn to pieces and devoured by Indians on the command of Dionysos; the remains are to be assembled in baskets before sunrise. The mystic baskets are well known from ritual, but the story with its barbarian setting is a ghastly exaggeration. A more reliable witness is Plutarch, who combines the epithet *ōmēstēs* with another, *agriōnios*, and thus refers to a well-attested festival, Agriōnia. This in turn is connected with a group of myths that tell about the women of a city growing mad, leaving the town, kidnapping their own children in order to kill and even eat them; the Pentheus myth of Euripides' *Bacchae* is in fact one exemplar of the pattern. But to bring imagination back to facts of ritual, we have nothing but the too short statement of Plutarch that there are indeed in Greek cults "unlucky and dreary days in which omophagia and tearing-apart have their place".[3]

Modern scholarship has often connected Dionysian omophagia with the apocryphal Orphic myth that tells how Dionysos himself when still a child was slain, cut to pieces, and tasted by the Titans – in consequence of which, the Titans were burned by the lightning of Zeus, and from their smoke mankind arose. This seemed to place the ritual in the context of a marginal Orphic sect. But it has long been seen that this myth explicitly contradicts a strict understanding of the meaning of *ōmophagia*: the Titans use a knife, and they both cook and roast the remains of their victim. This seems to mirror more complex divisions of marginal groups, Dionysian or Orphic, with differing dietary codes and ideology, as shown especially by Marcel Detienne (1977).

---

[2] *On the Error of Pagan Religions*, chap. 6; about AD 350

[3] *On the Decline of Oracles*, 417c.

A most interesting text comes from a lost tragedy of Euripides, *The Cretans*,[4] preserved by Porphyry[5]: the chorus of Cretans introduce themselves as "initiates of Idaean Zeus"; they have achieved this status "by performing the thunder of *[72]* night-swarming Zagreus and the raw-eating dinners, and by holding up the torches for the Mother of the mountains." This is a literary elaboration; one might surmise that the poet was not too well informed about the details of Idaean mysteries and liberally added colors from the Dionysian sphere. But he succeeds in giving a meaningful setting to the rite of raw-eating, as a transient phase in initiation to be followed by strict vegetarianism, as the initiates emerge in white clothes from a temple smeared with bull's blood; this is a grim and revolting antidote through which a status of purity is achieved. *Zagreus* is an epithet of Dionysos, especially in the context of *sparagmos*.

There remains one nonliterary, realistic testimony for cult practice, a sacred law from Miletus, dated 276/275 BCE, regulating the privileges of a priestess with regard to the city as well as to private Dionysian mysteries: "It shall not be allowed to anyone to throw in an *ōmophagion* before the priestess throws in one on behalf of the city, nor to bring together the group of revelers (*thiasoi*) before the public one." This clearly is to ensure some prerogative of the city as against private organizations. Unfortunately *ōmophagion*, "something related to raw-eating," is a term that occurs only here, and no agreement has been reached among interpreters as to what exactly it should mean in this context. Is a victim (e.g., a goat) being thrown down at a crowd of ecstatic Bacchants assembled in expectation?[6] Or is a victim being thrown down into a chasm, as attested in the Demeter festival Thesmophoria? Or is some kind of symbolic substitute (perhaps only a mere contribution in money) being "thrown into" some box? In the absence of further evidence there will be no final decision. One may still claim that in such a context ideology is more important than reality. One finds, in a major Greek city close to the classical age, the designation of "raw-eating" in a ritual that is meant to ensure the favor of Dionysos on behalf of the city and that takes precedence in the procession. There were points of reference in cult even to the more exuberant Dionysian mythology.

---

[4]   Frag. 472 in August Nauck, *Tragicorum Graecorum Fragmenta*, Leipzig, 1889 *[= Tragicorum Graecorum Fragmenta I, ed. Bruno Snell, Göttingen 1971, 43 F 19]*.

[5]   *On Abstinence* 4.19.

[6]   This is the most vivid picture, drawn by, among others, E.R. Dodds, 1951.

Comparative Evidence. A vivid description of pre-Islamic bedouin is contained in a Christian novel from the fifth century CE, *The Story of Nilus*.[7] These barbarians, the text says, delight in sacrificing boys to the morning star; sometimes "they take a camel of white color and otherwise faultless, they bend it down upon its knees, and go circling round it three times"; the leader,

after the third circuit, before the crowd has finished the song, while the last words of the refrain are still on their lips, draws his sword and forcefully smites the neck of the camel, and he is the first to taste eagerly of its blood. And thus the rest of them run up and with their knives some cut off a small bit of the hide with its hair upon it, others hack at any chance bit of flesh and snatch it away, others go on to the entrails and inwards, and they leave no scrap of the victim unwrought that might be seen by the sun at its rising.

The importance of the text as a description of a very primitive form of sacrifice was seen by W. Robertson Smith (1889), and explicit comparison with Dionysian phenomena was made by Jane E. Harrison (1903); there is no mention of divine possession, but the narrator seems to consider the bedouin madmen anyhow. It is not to be forgotten, however, that we are dealing with a novel, and that horror stories belong to the genre; this fact seriously impairs the authenticity of the report.

A more striking parallel has been adduced from eyewitness reports of modern Morocco, collected especially by Raoul Brunel (1926). The Aissā-oūa form a kind of secret society consisting of several clans, each of which is named after an animal, and the members, in their initiation rites, are made to imitate their emblem. Clans of jackals, cats, dogs, leopards, and lions specialize in tearing apart animals and devouring them raw on the spot; in the words of an informant quoted by E.R. Dodds (1951), "after the usual beating of tom-toms, screaming of the pipes and monotonous dancing, a sheep is thrown into the middle of the square, upon which all the devotees come to life and tear the animal limb from limb and eat it raw." It is said that the flocks of those who voluntarily offer an animal to the sect will not suffer damage from real predators. Thus a marginal existence is provided with a charismatic status. This seems to be the closest analogy to Dionysian omophagia, though the social setting evidently is fundamentally different.

Interpretations. The most common interpretation of ritual "raw-eating" has been based on what James G. Frazer called "the homeopathic effects of a flesh diet": taking in life and strength from a living being in the most direct

---

[7]   Now finally available in a critical edition: Nilus of Ancyra, *Narratio*, edited by Fabricius Conca (Leipzig, 1983); [the cited passage is 3.3, pp. 12f.].

way. In Hebrew, raw flesh is called "living" flesh. The hypothesis has been added that originally the victim was identical with the god, who is thus appropriated by the worshipers in sacramental communion. A central support of this construct is seen to collapse if omophagia is not directly related to the myth of Dionysos slain. Nor does the hypothesis explain the characteristics of the abnormal usually attached to omophagia, be it a state of madness or a realm of strangers and *[73]* monsters. Thus it seems preferable to see the rituals in the more general context of precarious civilization struggling with the antinomies of nature, while accepting those antinomies and trying to interpret them within the pertinent cultural systems as a breakthrough to otherness that remains bound to its opposite.

Bibliography

Alföldi, Andreas. *Die Struktur des voretruskischen Römerstaates.* Heidelberg, 1974. An attempt to trace Eurasian pastoral traditions behind Roman institutions. See pages 141–150 for a discussion of "the raw and the cooked."

Brunel, Raoul. *Essai sur la confrérie religieuse des Aissâoûa au Maroc.* Paris, 1926. An account that has played some role in interpreting Dionysian omophagia.

Burkert, Walter. *Homo Necans: The Anthropology of Ancient Greek Sacrificial Ritual and Myth.* Berkeley, 1983. An essay on patterns of myth and ritual, including the Dionysian, as formed by prehistoric hunters' traditions.

Detienne, Marcel. *Dionysus Slain.* Baltimore, 1979. A structural study on dietary codes of protest groups.

Dodds, E.R. *The Greeks and the Irrational.* Berkeley, 1951. A readable and well-documented classic. For a discussion of the Maenads, see pages 270–282.

Frazer, James G. *The Golden Bough* (1890). 12 vols. 3^d ed. London, 1911–1915. An indispensable collection of materials, though criticized today for lack of theory and method.

Harrison, Jane E. *Prolegomena to the Study of Greek Religion* (1903). Atlantic Highlands, N.J., 1981. A seminal study on the primitive foundations of Greek religion. Pages 478–500 offer a discussion of omophagia.

Henrichs, Albert. "Greek Maenadism from Olympias to Messalina." *Harvard Studies in Classical Philology* 82 (1978): 121–160.

Lévi-Strauss, Claude. *The Raw and the Cooked.* New York, 1969. A basic book of French structuralism, treating Amerindian myths as a system of nature-culture antithesis.

Nilsson, Martin P. *The Dionysiac Mysteries of the Hellenistic and Roman Age* (1957). New York, 1975. A reliable account of the evidence.

Smith, W. Robertson. *Lectures on the Religion of the Semites* (1889). New York, 1969. A fundamental study on animal sacrifice from a functional perspective.

Erschienen in: Technikgeschichte 34 (1967) 281–299.

7. Urgeschichte der Technik im Spiegel antiker Religion

Technik ist immer eine Technik des Menschen, angewandt von Menschen im Rahmen sozialer Ordnung, in ihrer je besonderen Situation zwischen Vergangenheit und Zukunft. Schon darum kann das Phänomen Technik nicht zulänglich beschrieben und begriffen werden ohne die historische Perspektive. Sie zeigt, wie sehr gerade durch die Technik die Situation des Menschen sich gewandelt hat und wandelt, wie alles ganz anders sein könnte, weil es einmal ganz anders war, wie ungeheuer langsam jedoch, im Grund wie wenig der Mensch selbst sich ändert in seinen Wünschen und Bedürfnissen, in seinen extremen Möglichkeiten von Gewissenlosigkeit und Rechtlichkeit, getrieben von Machtrausch, Angst und Liebe, von Aggressivität, Hunger und Ennui. So ist menschliche Kultur darauf angewiesen, daß Altes und Neues sich zu einem, wenn auch vergänglichen, labilen Gleichgewicht zusammenfinden, daß widerstreitende Kräfte durch ordnungstiftende Tradition zusammengehalten werden. Die Labilität dieses Zustands eröffnet die Möglichkeit des Fortschritts, doch nur in neuem Ausgleich kann das Leben fortbestehen, das durch einseitige, ungehemmte Entwicklung zugrunde geht.

Auch die Historie ihrerseits tut gut daran, auf die Rolle der Technik im historischen Leben der Menschheit besonders zu achten; sind es doch keineswegs nur auf sich selbst gestellte geistige Strömungen, neue Ideen, die mit ihrer Durchschlagskraft die geschichtlichen Perioden bestimmen, auch nicht nur große Taten oder blinde Katastrophen. Seit je war der Mensch technischer Mensch, der sich Waffen und Werkzeuge hergestellt und so, die Welt verändernd, seine Umwelt selbst geschaffen hat. Es ist der technische Fortschritt, der die grundlegenden Veränderungen in der menschlichen Situation bewirkt hat. Man gewöhnt sich allmählich daran, die Menschheitsgeschichte über die Einteilung in Altertum, Mittelalter, Neuzeit hinaus durch zwei 'technische' Revolutionen gegliedert zu sehen, die "neolithische

Revolution"[1] – die Erfindung des Ackerbaus – vor fast 10.000 Jahren und die "industrielle Revolution", in der wir noch mitten drin stehen.

Die Antike ist in dieser Perspektive der historische Ort einer entscheidenden Wende: zum ersten Mal bricht das neue, rational-naturwissenschaftliche Denken auf, *[282]* doch bleibt es umschlossen und getragen vom lebendig bewahrten Uralten. Sucht man diese der Antike vorgegebenen Grundlagen, die wieder indirekt Grundlagen unserer eigenen geistigen Welt geworden sind, genauer zu fassen, werden Einzelheiten der Technik wichtig als Indizien bestimmter zeitlicher Horizonte. Denn die Technik ist nicht nur geschichtsbildend, sie ist ihrerseits geschichtlich, zeitbedingt sogar in weit höherem Maße als Ideen oder Stile, die geistesgeschichtliche Perioden kennzeichnen. Die Architektur des Parthenon, eine Tragödie des Sophokles ist zeitlos aktuell; ein Lastenkran oder eine Theatermaschine der gleichen Zeit sind seit Jahrtausenden überholt. In der Technik, und vielleicht nur in ihr gibt es eindeutigen Fortschritt; was einmal neu und wichtig war, ist später nicht mehr zu gebrauchen. Eben darum können zuweilen technische Einzelheiten im verworrenen Gemenge der Tradition eine Stratigraphie, eine historische Abfolge erkennen lassen, eindeutiger als andere Kriterien. Älteste Tradition, ältester Besitz der Menschheit sind Riten und Mythen im Umkreis der Religion; in der Literatur der Griechen sind sie in besonders reichem Maße 'aufgehoben', bewahrt und ausgestaltet worden. Ist man zuweilen geneigt, hier einen in sich selbst schwebenden, ahistorischen Bereich archetypischer Bilder zu sehen, so weisen demgegenüber Einzelheiten urzeitlichen Handwerks, die darin gespiegelt sind, auf bestimmte historische Perioden; sie zeigen an, wie weit die geistesgeschichtliche Perspektive auszudehnen ist, und lassen zugleich erkennen, wie sich der Mensch von Anfang an auseinanderzusetzen hatte mit seiner Welt, mit der von ihm selbst geschaffenen Technik.

Eines der bekanntesten Stücke der homerischen *Odyssee* ist das Abenteuer des Odysseus und seiner Gefährten in der Höhle des einäugigen Kyklopen, des Menschenfressers Polyphem. Von der Beliebtheit gerade dieser Episode zeugen die besonders früh einsetzenden antiken Bilddarstellungen; die Verzweigungen des Motivs in volkstümlichen Erzählungen der

---

[1] Z.B. S. Cole, *The Neolithic Revolution*, London 1959 (1963³). Kritische Einwände gegen den Begriff bei R. Pittioni, *Propyläen-Weltgeschichte* I, 1961, 229ff.

verschiedensten Länder und Völker sind kaum übersehbar.[2] Die homerische Fassung hebt sich heraus als ein unüberbotenes Meisterstück epischer Darstellungskunst, das bis ins Detail effektvoll ausgestaltet und geglückt erscheint, mit seinen Kontrasten und Peripetien, der raffiniert ausgekosteten Spannung und der überlegenen Freude an menschlicher Findigkeit. Im Mittelpunkt steht die Blendung des Ungeheuers mit dem sorglich vorbereiteten Pfahl aus Olivenholz: „Da stieß ich", erzählt Odysseus, „den Pfahl unter die Asche, bis er sich erhitzte … Als sich nun der Ölbaumpfahl schon bald im Feuer entzünden wollte, so grün er war, *[283]* und fürchterlich durch und durch zu glühen anfing, da trug ich ihn aus dem Feuer heran, und um ihn stellten sich die Gefährten, und große Kühnheit hauchte uns ein Daimon ein. Sie ergriffen den Ölbaumpfahl, den an der Spitze geschärften, und stemmten ihn in das Auge, aber ich stemmte mich von oben her auf ihn und drehte … Und alle Wimpern rings und Brauen versengte ihm die Glut, der Augapfel brannte, und es prasselten im Feuer seine Wurzeln. Und wie ein Schmied eine große Axt oder ein Schlichtbeil in kaltes Wasser eintaucht, um es, das gewaltig zischende, zu härten – das ist dann wieder die Kraft des Eisens – so zischte sein Auge rings um den Olivenpfahl" (*Od.* 9,378ff).[3] Realistik und Phantasie durchdringen sich zu einem packenden Bild, alle Männer vereinen ihre Kräfte in dem gemeinsamen, entscheidenden Stoß – und kaum jemand fragt, was ein unbeeindruckter Betrachter mit Recht fragen könnte: wozu die Umstände? Gibt es nicht einfachere Methoden, einem schlafenden Riesen, und sei er noch so groß, das Auge auszustechen? Hekabe und ihre Frauen, in Euripides' Drama *Hekabe* (1170), blenden den Thrakerkönig Polymestor mit ihren Gewandspangen. Wozu muß der Pfahl glühend gemacht sein?[4] Natürlich, dies taucht den Vorgang in ein schauriges

---

[2] Drei Vasenbilder mit der Blendung Polyphems werden in die erste Hälfte des 7. Jh. datiert: Amphora Eleusis (*BCH* 79, 1955, 220; F. Brommer, *Vasenlisten zur griechischen Heldensage*, 1960², 314 A 1; K. Schefold, *Frühgriechische Sagenbilder*, 1964, T. I; ca. 670 v.Chr.); Kraterfragment Argos (Brommer a.O. C 7; Schefold a.O. 45 fig. 15; 2. Viertel 7. Jh.); Aristonothos-Krater in Rom, Konservatorenpalast (Brommer a.O. C 3; P.E. Arias – M. Hirmer, *Tausend Jahre griechische Vasenkunst*, 1960, T. 15; ca. 650 v.Chr.). – Zum Polyphem-Motiv O. Hackmann, *Die Polyphemsage in der Volksüberlieferung*, Akad. Abh. Helsingfors 1904; L. Radermacher, "Die Erzählungen der Odyssee", *SBWien* 1915, 13ff.; A.B. Cook, *Zeus* II, Cambridge 1925, 988ff.; G. Germain, *Genèse de l'Odyssée*, Paris 1954, 55ff.; L. Röhrich, *Fabula* 5, 1962, 48–71.

[3] Übersetzung nach W. Schadewaldt, *Die Odyssee*, 1958 (Rowohlts Klassiker).

[4] Antike Kommentatoren haben sich darüber Gedanken gemacht, Eust. 1636,4ff.: Feuer stillt Blut, der Kyklop darf nicht verbluten, darum der glühende Pfahl. Nach anderer Auffassung wird das Auge mehr ausgebrannt als ausgestochen, der angekohlte, glühende Pfahl wirkt nur als ‚Feuerbrand' (δαλός): Eur. *Kykl.* 455ff., 593; *Schol. Od.* 9,328. Das sorgfältige Glätten und Zuspitzen (*Od.* 9,327) wäre dann überflüssig.

Licht; aber ein spitzer Stock allein ist einem Auge doch gefährlich genug. Doch, wenn man weiter überlegt: der ganze Ölbaumpfahl, dessen Herstellung mit so viel Sorgfalt beschrieben ist, wäre nicht vonnöten; Odysseus ist nicht waffenlos, er hat sein gutes Schwert dabei; am ersten Abend schien es ihm durchaus aussichtsreich, damit nicht etwa nur das Auge, sondern den gewaltigen Leib des Kyklopen zu durchbohren, er gedachte "an ihn heranzutreten und, das scharfe Schwert gezogen von der Hüfte, es ihm unter die Brust zu stoßen, da, wo das Zwerchfell die Leber umschlossen hält" (*Od.* 9,299ff.) – und nur die Überlegung, daß der Kyklop am Leben bleiben mußte, um den Stein von der Tür der Höhle zu wälzen, hielt ihn zurück. Warum hat er nicht, statt in die Leber, den Polyphem sofort ins Auge gestochen? In der entscheidenden Szene des Kyklopenabenteuers ist das Bronzeschwert vergessen, nicht existent. Nicht der Iliaskämpfer ist es, der das Ungeheuer überwindet.

Nun ist der seltsame Pfahl in jenem entscheidenden Augenblick nicht zum ersten Mal ins Feuer gelegt worden. Schon bei der Herstellung wird das Holz nicht nur geschält, geglättet, zugespitzt, sondern zum Feuer gebracht: "Ich nahm es und brannte es alsbald hart am flammenden Feuer" (328), πυράκτεον. Πυρακτεῖν (später πυρακτοῦν) ist ein in der höheren Literatur nicht eben häufig vorkommender Fachausdruck einer primitiven Technik, der Feuerhärtung von Holz: indem man eine Holzspitze im Feuer bräunt, ohne daß sie verkohlt oder verbrennt, wird das Material wesentlich dichter und härter: die 'Feuerhärtung' ist die einfachste, primitivste Art, aus einem *[284]* Stock eine Waffe herzustellen. Man kannte dies in der Antike noch von Bauern, die bei Schlägereien *praeustae sudes* benutzten, man wußte, daß barbarische Randvölker wie Libyer und Äthiopen im Süden einerseits, manche Germanenstämme im Norden andererseits solche Primitivwaffen verwendeten, in der Not konnten auch reguläre Soldaten auf solche Instrumente zurückgreifen.[5] Eine solche Primitivwaffe also hat sich Odysseus hergestellt, als ob er nie ein ehernes Schwert besessen hätte. Die

---

[5] Zur Technik der 'Feuerhärtung' am ausführlichsten *Schol. AB Il.* 13,564: "Die Bauern schälen Holzstecken und härten die Spitze im Feuer (πυρακτοῦσι), damit sie dichter und dadurch härter wird (ὅπως πιληθὲν εἴη στερεώτερον). Sie verwendeten sie als Speer"; vgl. Aristarch im *Schol. B* z.d.St., *Schol. T* z.d.St., Eust. 946,49ff., der auf *Od.* 9,328 verweist; Eust. 1631,34: "damit durch Verdampfen der Feuchtigkeit das Holz hart wird"; Plut. *Amat.* 762b. Als Waffe der Bauern noch Verg. *Aen.* 7,524; Barbarenvölker: Hdt. 7,71 (Libyer, ἀκόντια ἐπίκαυτα), 7,74 (Myser); Skylax 112; Strabon 17,2,3 p. 822 (Äthiopen, τόξοις ... πεπυρακτωμένοις), Diod. 3, 25,2 (ξύλα πεπυρακτωμένα). Tac. *Ann.* 2,14,3 (Germanen); 4,51,1 (Thraker); Caes. B.G. 5,40; 7,22 (Hilfsmittel der Belagerten); Curt. 3,2,16. Fast bis in die Gegenwart hielt sich die Praxis, in den Boden zu rammende Pfähle anzusengen, wohl zugleich als Mittel gegen Fäulnis: σκῶλος πυρίκαυστος *Il.* 13,564. – Zur Wortbildung von πυρακτόω vgl. H. Frisk, *Griech. etymol. Wörterbuch* s.v.

feuergehärtete Stoßlanze aber ist nicht nur primitiv, sondern, wie wir heute wissen, in der Tat uralt; sie war nicht irgendeine, sondern geradezu die Urwaffe des Menschen während einiger 100.000 Jahre seiner Anfänge. Der Mensch, als Jäger von Anfang an auf Waffentechnik angewiesen, hat es doch erst im Jungpaläolithicum gelernt, Speere und dann Pfeile zu schäften, mit künstlichen Spitzen aus Stein- oder Knochensplittern zu versehen; vorher hatte er, neben dem Faustkeil, allein die feuergehärtete Lanze. Reste einer 2½ m langen feuergehärteten Eibenlanze fand man 1948 in einem Moor bei Lehringen in Niedersachsen; sie steckte in einem Elefantengeripppe: das verwundete Tier war offenbar in den Sumpf geflüchtet und dort verendet – vor etwa 100.000 Jahren. Solch riesige Tiere hat der Urmensch angegriffen mit einer großen, feuergehärteten Stoßlanze;[6] die des Odysseus ist eher etwas kleiner, "etwa ein Klafter lang" (325).[7] Man hat die Hypothese aufgestellt, die Erfindung des Holzspeeres sei es gewesen, was in der Stammesgeschichte endgültig den Menschen von seinen Vettern, den Schimpansen getrennt hat; sie flüchteten auf *[285]* die Bäume, der Jäger behauptete das freie Feld.[8] Wie dem sei, es bleibt die merkwürdige Feststellung: Odysseus, in die Enge getrieben, in auswegloser Lage, bedroht vom menschenfressenden Ungeheuer, gewinnt die Überlegenheit, öffnet sich den Weg ins Freie durch eben die 'technische' Erfindung, die einst dem Urmenschen, dem scheinbar benachteiligten, unterlegenen Wesen die Vorherrschaft gesichert, das Tor zur Kulturentwicklung aufgestoßen hat. Freilich bleibt der Erfolg nicht ohne düsteren Schatten; am Anfang steht die Waffe, die Gewalttat.

---

[6]   Der Holzspeer „die wichtigste alt- und mittelpaläolithische Jagdwaffe": H. Müller-Karpe, *Handbuch der Vorgeschichte* I, München 1966, 148; vgl. A. Rust, *Über Waffen- und Werkzeugtechnik des Altmenschen*, 1965, 24f.; zum Fund von Lehringen Müller-Karpe 147; K.P. Oakley bei C. Singer – E.J. Holmyard – A.R. Hall, *A History of Technology* I, Oxford 1954, 30; ib. zu einem Speerfund in Clacton-on-Sea, England; in Torralba, Spanien: Müller-Karpe 147. Ein am Karmel gefundenes mesolithisches Skelett wies Schenkelverwundung durch einen Holzspeer auf: Oakley a.O. 31.

[7]   Die Herstellung des Pfahls *Od.* 9,319ff. ist, der vielgerühmten Anschaulichkeit Homers zum Trotz, schwer vorstellbar: die "Keule" des Kyklopen, Stamm eines "Ölbaums", gleicht dem "Mastbaum eines zwanzigrudrigen Schiffs": ein Ölbaum taugt zur Keule, aber weder zum Mastbaum noch zur Lanze; ein Stück, von einer "Keule" abgehauen, wäre ein unhandlicher Klotz; gerade die ältesten Vasenbilder stellen aber eine überlange Stoßlanze dar (Anm. 3). Eine Handschriftengruppe (*g* nach Allen) bietet V. 320 ἐλατίνεον statt ἐλαΐνεον, doch V. 378; 382; 394 ist die Überlieferung einheitlich ἐλαΐνεος, ἐλαΐνέωι (ἐλαΐας Eur. *Kykl.* 455), die unmetrische Variante ist wohl erst byzantinische Konjektur. Die ἐλάτη – Fichte – würde allerdings zum Mastbaum und auch in die Hand des Wilden Mannes bestens passen. Es ist damit zu rechnen, daß in der 'vorhomerischen' mündlichen Tradition ἐλάϊνος und ἐλάτινος und durcheinandergeraten konnten, zumal ἐλάτινος sowieso künstlich dem Metrum durch "epische Dehnung" angepaßt werden mußte.

[8]   A. Kortlandt und M. Kooij, *Symp. Zool. Soc. London* 10, 1963, 68. 73.

Der Fluch des Kyklopen folgt Odysseus nach, nie wird er die kreatürliche Ruhe wiederfinden.

Nun mag es als willkürliche Spielerei erscheinen, wenn in dieser Weise ein Mythos, der in dieser Form vielleicht um 700 v.Chr. fixiert wurde, zusammengestellt wird mit Ereignissen, die sich vor einigen 100.000 Jahren abgespielt haben müßten. Freilich handelt es sich nicht um ein zufälliges Einzelereignis, sondern um eine Erfindung von lebensbestimmender Tragweite; eben diese Erfindung, Herstellung und Gebrauch des Holzspeeres, mußte von Generation zu Generation als wichtigstes Kulturgut weitergegeben werden. Konnte nicht zu dieser Tradierung in der Praxis leicht die Überlieferung im Wort treten, ein rudimentärer Mythos, der von der befreienden Gewalttat mit der Urlanze, der Überwindung des Ungeheuers, der Befreiung aus der Höhle sprach? Sollte die Grundform der Kyklopengeschichte 100.000 Jahre alt sein?

Im Rahmen der Odysseus-Mythen steht die Stoßlanze der Kyklopenepisode nicht ganz isoliert. Es gibt eine merkwürdige Erzählung vom Tod des Odysseus. Sie war ausgeführt in einem Epos, das uns verloren, aber aus Inhaltsangaben bekannt ist, der *Telegonie*. Telegonos, der "fern Geborene", ist Sohn des Odysseus und der Kirke, der Zauberin von der Sonneninsel, bei der Odysseus ein ganzes Jahr verbracht hat, bis seine Gefährten ihn mahnten, sich pflichtgemäß nach der Heimat zu sehnen. Telegonos, herangewachsen, macht sich auf, seinen Vater zu suchen, den er nicht kennt. Die Mutter Kirke rüstet ihn zu seiner Ausfahrt mit Waffen – wie die andere zauberische Mutter des Epos, Thetis, ihrem Achilleus die Waffen verschafft hatte. Der kunstreiche Gott Hephaistos wird auch diesmal bemüht: er liefert einen wundersamen Speer. Stählern ist die Fassung, golden das Schaftende, die Spitze aber ist – der Stachel eines Fisches, des Stachelrochens, trugen.[9] Dieser Fisch ist im Mittelmeer und auch sonst verbreitet, der Stachel in seinem Schwanz, bis zu 15 cm lang, kann *[286]* gefährliche Wunden reißen. So bewaffnet zieht Telegonos durch die Welt, kommt durch Zufall auch nach Ithaka, wo er sich als Held bewährt, indem er Rinder raubt. Odysseus, als König, tritt dem Räuberhelden entgegen, im nächtlichen Gefecht ersticht Telegonos den Vater mit eben jener unheimlichen Fischlanze, die Kirke ihm gegeben hat. So starb Odysseus, Telegonos aber vollendet seine Ödipus-Tat, indem er Penelope heiratet. Den Vater zu erschlagen und die Mutter zu heiraten, dies ist eine feste Form des Sukzessionsmythos, wie besonders orien-

---

[9] Das ganze Material bei A. Hartmann, *Untersuchungen über die Sagen vom Tod des Odysseus*, München 1917; die ausführliche Schilderung der Rüstung (*Schol. HQ Od.* 11,134, vgl. Eust. 1676,45ff.) muß auf eine Paraphrase des altepischen Gedichts zurückgehen. Ob *Od.* 11,134 auf die Telegonos-Sage anspielt, war schon im Altertum umstritten (Hartmann 38f.).

talische Parallelen zeigen;[10] ihn psychologisch auszudeuten, ist hier nicht die Aufgabe. Es geht um die Waffe des Telegonos. Sie ist, als Werk des Hephaistos, mit Stahlfassung und Goldende in die Welt des Epos eingepaßt, doch nur unvollkommen: das Wesentliche an ihr ist der Rochenstachel. Daß dieser Stachel tödliches Gift enthalte, darüber wurde in der Antike viel gefabelt.[11] Seine eigentliche Gefährlichkeit liegt einfach darin, daß er so spitz und hart ist, daß er in der Tat als Speerspitze geeignet ist; in der Südsee fand man solche Speere im Gebrauch.[12] So hat man längst erkannt, daß der Speer des Telegonos in eine Zeit zurückweist, "der die Metalle noch unbekannt" waren (Hartmann 50), also in die Steinzeit. Innerhalb der Steinzeit freilich ist eine solche Speerspitze bereits einer fortgeschrittenen Technik, einer jüngeren Stufe zuzuordnen, dem Jungpaläolithicum mit seinen zusammengesetzten Waffen im Gegensatz zum Altpaläolithicum mit Holzspeer und Faustkeil. Populär ausgedrückt: der Cromagnon-Mensch hat den Neandertaler verdrängt. Zum Sukzessionsmythos, der von der gewaltsamen Ablösung der alten Generation durch die junge berichtet, paßt die Sukzession der Waffen: Odysseus, der einst mit der feuergehärteten Lanze sich freigekämpft hat, fällt durch die geschäftete Lanze des Telegonos. Der Kyklop, noch primitiver, hatte keine Waffen als die Steinbrocken, mit denen er um sich warf.

Noch mag man zweifeln, ob hier nicht durch optische Tricks Dinge zusammengerückt werden, die *de facto* nichts miteinander zu tun haben können, weil sie zu weit auseinanderliegen. Jedoch: die feuergehärtete Lanze, die *hasta praeusta*, taucht zumindest in einem Fall in der Antike nicht nur in der Hand von Bauern und Barbaren auf, sondern an ehrwürdiger Stelle, in der Hand der römischen *Fetiales* inmitten eines hochheiligen Rituals. Die Fetialen waren zuständig für die Grundlagen der Rechtsordnung nach innen und außen, für Verträge, Eide und für die Kriegserklärung. Der Krieg ist nach römischer Auffassung ja nur durch einen Vertragsbruch seitens der Gegner gerechtfertigt: Damit dies dokumentiert und das bellum iustum *[287]* vom willkürlichen Morden unverwechselbar abgehoben wird,

---

[10] In der (*Kadmos* 4, 1965, 64ff.) von W.G. Lambert und P. Walcot veröffentlichten Theogonie tritt das 'Ödipus'-Motiv geradezu routinemäßig auf.

[11] Z.B. *Schol. Lyk.* 796 ("unheilbare Wunde"); Ael. *Nat. an.* 2,36; 8,26; vgl. D'Arcy W. Thompson, *A. Glossary of Greek Fishes*, London 1947, 270f. (die dort mitgeteilte Geschichte beweist gerade, daß die Verwundung mit dem Rochenstachel nicht tödlich ist); S.F. Harner – A.E. Shipley, *The Cambridge Natural History* VII, 1904 (repr. 1958), 464f. – Über die Altertümlichkeit von Giftwaffen vgl. auch F. Dirlmeier, *Die Giftpfeile des Odysseus*, SBHeidelberg 1966, 2.

[12] Hartmann 50. Über "composite tools" als Charakteristikum der Cromagnonstufe vgl. Oakley a.O. 33ff., Müller-Karpe 49ff.

erfolgt die Kriegserklärung in uraltfeierlicher Form, wie sie Livius schildert: der Fetialis trägt, begleitet von mindestens drei Gliedern der waffenfähigen Jungmannschaft, eine Lanze zur Grenze der Gegner, bekräftigt in feierlicher Formel die Schuld der Gegner, den Kriegsbeschluß des Senats, und wirft dann die Lanze ins nunmehr feindliche Gebiet. Die Lanze ist blutfarben, im Feuer gehärtet; freilich konnte dann auch eine Eisenlanze an ihre Stelle treten.[13]

Ein Skeptiker könnte einwenden, man habe eben für das Ritual, den nur symbolischen Wurf, die primitivste, weil billigste, Waffe verwendet. Doch nicht minder altertümlich ist die Form, in der die Fetialen Verträge schließen, *per Iovem lapidem*, kraft Juppiters, des Steins.[14] Ein Opfertier muß bei der Eidesleistung getötet werden, ein Ferkel. Dazu bringen die Fetialen aus dem Tempel des Juppiter Feretrius das Inbild seiner Ordnungsmacht, ein 'Szepter' oder, nach Bilddarstellungen, eine Lanze ursprünglich vielleicht eben eine *hasta praeusta* (Alföldi 22) – und einen Feuerstein, *silex.* "Mögest du, Juppiter, im Falle eines Vertragsbruchs das römische Volk so schlagen, wie ich hier dieses Schwein jetzt schlage" (Liv. 1,24,7), mit diesen Worten erschlägt der Fetiale das Schwein – mit dem *silex*. Die Prozedur war, im Gegensatz zum sonstigen eleganten Schlachten der Opfertiere, so abstoßend, daß um ihretwillen römische Antiquare die törichte Etymologie *foedus* 'Bündnis' von *foedus* 'häßlich' aufstellten (Serv. *Aen.* 1,62; 8,

---

[13] *Hastam ferratam aut sanguineam praeustam* Liv. 1,32,12. Die Bedeutung des *sanguinea* ist umstritten: von einer 'blutigen' Lanze spricht Ammianus Marcellinus (*hastam infectam sanguine* 19,2,6) und allem Anschein nach auch Dio Cassius (71,33,3); die Wortstellung wurde dementsprechend von Madvig geändert zu: *hastam ferratam aut praeustam sanguineam.* Dagegen verficht J. Bayet (*Mél. d'Arch. et d'Hist.* 52, 1935, 29–76) mit großer Gelehrsamkeit die These, *sanguinea* heiße hier 'aus Hartriegel-Holz' – Tarquitius Priscus nennt *sanguinem* unter den *arbores infelices* (Macr. *Sat.* 3,20,3) – und machte Madvigs Konjektur damit rückgängig; ihm folgt R.M. Ogilvie, *A Commentary on Livy*, Oxford 1965, 135. Bayet hebt, ohne auf *praeusta* einzugehen, die 'magische' Funktion der roten Lanze heraus; doch wurzelt diese, zusammen mit der 'Magie' des Blutes, doch in der ganz realen Gefährlichkeit der Urwaffe und der Verwundung. Vgl. A. Alföldi, "Hasta – Summa Imperii", *Am. Jour. of Arch.* 63, 1959, 1–27. Jedenfalls hat Bayet die keltischen und germanischen Parallelen (J. Grimm, *Deutsche Rechtsaltertümer* I[4], 1899, 226ff.: Fehdeankündigung mit "gesengtem Stecken") zu rasch beiseite gedrängt. Eine in Blut getauchte Lanze im römischen Hochzeitsritual: Festus p. 62f. M. Zu den Fetialen im übrigen G. Wissowa, *Religion und Kultus der Römer*, 1912[2], 553f.; K. Latte, *Römische Religionsgeschichte*, 1960, 122; Samter, *RE* VI 2259ff.

[14] Latte a.O. 122f.; Wissowa 552f. mit Belegstellen; silex im Tempel des Iuppiter Feretrius: Festus p. 92 M.; Fluchformel *si sciens fallo, tum me Dispiter salva urbe arceque bonis eiciat, ut ego hunc lapidem* Festus p. 115 M., Polyb. 3,25,6. Zwischen privatrechtlichem Schwur *per Iovem lapidem* und Bündnisopfer der Fetialen mit *silex* sucht J. van Ooteghem, *Étud. Class.* 23, 1955, 315, 23, zu scheiden, danach Ogilvie 110, nur daß schon Polybios beides verwechselt haben müßte. Zum männlichen Geschlecht des Opfertieres Serv. auct. *Aen.* 12,170 (vgl. das κάπρος-Eidopfer Paus. 4,15,8; 5,24,9).

641).[15] Warum diese 'häßliche', *[288]* unnötig primitive Form des Schlachtens? Man sagte, der Feuerstein verkörpere Juppiter selbst und seinen Blitz.[16] Doch eben dies erklärt sich nicht zulänglich daraus, daß man aus einem Feuerstein Funken schlagen und mühselig ein Feuer entzünden kann; die zerschmetternde Kraft des 'Donnerkeils', der Triumph der todbringenden Gewalt, ist viel unmittelbarer präsent im Gestus des Fetialen, im tödlichen Schlag mit dem *silex*: es ist die Verwendung des Feuersteins als Waffe, von der der Schrecken der Heiligkeit ausgeht – die Verwendung als Faustkeil. Faustkeil und feuergehärtete Lanze, *silex* und *hasta praeusta*, beides in der Hand der Fetialen in den einander zugeordneten Ritualen, gehören zusammen: beides sind Relikte altpaläolithischer Technik, Relikte der Neandertalerzeit.

Daß gerade die Opferriten der Antike sich his ins Brauchtum paläolithischer Jäger zurückverfolgen lassen, hat K. Meuli 1946 aufgezeigt. Wie Neandertaler die Schädel und Schenkelknochen von Höhlenbären in einer Art von Heiligtümern niederlegten, so gehören bei den Griechen gerade Schädel und Schenkelknochen den Göttern; das eine wird verbrannt, das andere im Heiligtum aufbewahrt.[17] Insofern ist es nicht ganz so überraschend, in einem wichtigen Opferritus die Urzeit an ihrer 'Technik' wiederzuerkennen. Opfer sind nicht eine abergläubische Randerscheinung, sondern als Zentrum der Religion zugleich Kernbestand der Lebensordnung. Kein Vertrag ohne Opfer, kein Fest, kein Eid, keine Weihung; der Altar ist errichtet, um mit Blut benetzt zu werden, unter jedem Grenzstein liegt ein Opfertier. Der irreversible Akt der Lebensvernichtung, intensiv erlebt im Schauder des fließenden Blutes, begründet eine jeweils neue Situation, schafft unverbrüchliche Ordnung; Akte der Heiligung durch Terror, möchte man sagen. Keine Ordnung ohne Aggressivität, die die gesetzten Schranken garantiert, indem sie diese selbst anerkennt. Die aggressiven Impulse des Menschen haben durch die Technik bereits der Urzeit, durch die ersten Waffen, ganz unvorhergesehene Betätigungsmöglichkeiten erhalten; der gegenseitigen

---

[15] Dies impliziert, daß man das Tier mit dem Stein nicht nur 'betäubte', um dann zum Messer zu greifen (so Latte 123, ähnlich Aust in Roschers *Myth. Lex.* II 674ff.); Ogilvie a.O. 112 spricht von "an old neolithic cult", doch von einem Stiel, einer Ähnlichkeit mit einer Axt ist nie die Rede. Also handelt es sich anscheinend um etwas wie einen Faustkeil ('hand-axe'), an Stelle von 'neolithic' darf 'paleolithic' treten.

[16] Serv. auct. *Aen.* 8,641. Die Vorstellung vom 'Blitzstein' ist weitverbreitet; steinzeitliche Äxte wurden als *cerauniae* in Kult und Magie weiterverwendet, vgl. Porph. *Vit. Pyth.* 17, Plin. *Nat.* 37,135; 176, Cook a.O. 505ff.; 703f.

[17] Karl Meuli, "Griechische Opferbräuche", in: *Phyllobolia. Festschrift für P. von der Mühll*, 1946, 185–288; vgl. W. Burkert, "Greek Tragedy and Sacrificial Ritual", *Greek, Roman and Byzantine Studies* 7, 1966, 102ff. *[= Kleine Schriften VII 1-36]*.

Selbstvernichtung waren die Menschen seither immer nahe; doch zugleich haben sich aus dem Schrecken Formen von Ordnung und Unterordnung herausgebildet, durch die soziales Zusammenwirken in größerem Maßstab überhaupt erst möglich wurde. Dieses Ineinanderspiel von Aggression und Hemmung als Grundlage einer Rechtsordnung jenseits menschlicher Beliebigkeit muß sich in ältester Zeit zusammen mit den ältesten Waffen ausgebildet haben; darum sind es gerade die alten Waffen, die als Garanten der Ordnung von Vertrag und Krieg beibehalten wurden. *[289]*

Noch öfter trifft man Steingerät gerade im Umkreis von Opferriten an. Araber, erzählt Herodot, ritzen sich die Hand mit einem Steinmesser, bestreichen sieben heilige Steine mit dem Blut, wenn sie einen Vertrag schließen – „es ehren aber die Araber Verträge wie kaum ein anderes Volk", bemerkt Herodot dazu (3,8). Mit einem Steinmesser vollziehen die Israeliten die Beschneidung; so ist es im Alten Testament geschildert, so war es in vereinzelten jüdischen Gemeinden bis in die Neuzeit Brauch.[18] Mit einem Steinmesser entmannen sich die Diener der Magna Mater in der Nachfolge des Attis.[19] Auch die Doppelaxt, das bekannte Königs- und Göttersymbol in Kleinasien und vor allem im Kreta der Bronzezeit, Inbegriff des Stieropfers, taucht im Neolithicum als Steinform auf.[20]

Immerhin sind es nicht nur die Werkzeuge des Tötens, die solche urzeitlichen Zusammenhänge erkennen lassen und damit von der Zähigkeit zeugen, mit der Traditionen durch Vermittlung der Religion festgehalten werden. Auch im Bereich der religiösen Kunst scheint es vergleichbare Kontinuität zu geben. Die Plastik der Griechen hat Götterbilder geschaffen, die in ihrer Harmonie von Hoheit und Menschlichkeit, in sich geschlossener Form und ungezwungener Natürlichkeit einzigartig und überwältigend sind und bleiben. Und doch waren diese Götterbilder eines Pheidias, Polykleitos oder Praxiteles nicht Mittelpunkt antiker Religion. Der Parthenon steht auf künstlichem Fundament, an dem Goldelfenbeinbild in der Cella hat sich der Panathenäenzug allenfalls vorbeibewegt; sein Ziel war ein altes, primitives Schnitzbild, ein ἀρχαῖον ξόανον aus unvordenklicher Zeit, das im Erechtheion untergebracht war: dies war Athena Polias,[21] die Stadtbeschützerin, ihr brachte man den Peplos dar. Auch im Heraion von Argos stand ein

---

[18] Ex. 4,24; Jos. 5,3; als 'survival' bis ins 18. Jh.: R. Andree, *Ethnographische Parallelen* N. F., 1889, 167f.

[19] Plut. *Nikias* 13; Catull 63,5; Ov. *Fast.* 4,237. Auch beim ägyptischen Ritus der Mumifizierung werden Steinmesser verwendet: Hdt. 2,86; Diod. 1,91,4.

[20] In Arpachiyah, 4. Jt.: H.G. Buchholz, *Zur Herkunft der kretischen Doppelaxt*, München 1959.

[21] Paus. 1,26,6f.; παλαιὸν βρέτας Aisch. *Eum.* 80. F. Willemsen, *Frühe griechische Kultbilder*, Diss., München 1939, 2ff.; 36 (seine Annahme, der Peplos sei seit Pheidias der Athena Parthenos dargebracht worden, 40, ist durch kein Zeugnis gestützt).

Goldelfenbeinbild, ein vielbewundertes Werk des Polyklet – heilig aber war das Herabild aus Birnbaumholz aus der Zeit der Urkönige, obwohl, wie man erzählte, schon König Proitos' Töchter sich darüber lustig machten.[22] Vielerorts findet man solche ἀρχαῖα ξόανα erwähnt, als wichtigsten, unverrückbaren Besitz der Heiligtümer. Sie haben bei allen Verschiedenheiten im einzelnen wesentliche Charakteristika gemeinsam: sie sind nie aus Metall, sondern meist aus Holz 'geschabt' – ξόανα –, doch gelegentlich auch aus Ton, Stein, Elfenbein oder gar aus Knochen geschnitzt; sie sind verhältnismäßig klein, so daß ein einzelner Mensch sie tragen kann; es handelt sich ganz überwiegend um Statuetten von Göttinnen – Athena, Artemis, Hera, Demeter – nur Apollon *[290]* und Dionysos werden gelegentlich noch erwähnt,[23] nie Zeus oder Poseidon. Auch die ältesten Tempel waren ja fast alle Göttinnen geweiht, einige auch dem Apollon. Aus Knochen, behauptete eine Tradition, war das berühmte Palladion aus Troia,[24] das Odysseus und Diomedes in nächtlich-tollkühnem Unternehmen raubten; sonst wäre Troia nie gefallen. Viele Heiligtümer stritten sich darum, das wundertätige Bild zu besitzen. Aus Kalkstein oder Gips stellte Theseus, aus Kreta zurückgekehrt, ein Bild der Athena her und trug es in der Prozession – ein Mythos, der offenbar einen Ritus widerspiegelt.[25] Aus Elfenbein war das Wunderbild, mit dem Pygmalion zu Paphos auf Zypern sich in Liebe vereinte, – das Bild kann also nicht mehr als ellengroß gewesen sein –.[26] Auch hier dürfte ein Ritus hinter dem bekannten Mythos von der mirakulösen Belebung des Bildes zur Zeit des Aphrodite-Festes stehen; die Statuette stellte ja Aphrodite

---

[22]   Zu diesem Bild Akusilaos *FGrHist* 2 F 28, Demetrios *FGrHist* 304 F 1 mit Jacobys Kommentar, Kallimachos Fr. 100 mit Pfeiffers Anmerkungen. Paus. 2,17,5; 8,46,3.

[23]   Apollon auf Delos, von Erysichthon gestiftet, Plutarch bei Euseb. *Praep. Ev.* 3,8,1. Dionysos in Theben, "vom Himmel gefallen", Paus. 9,12,4.

[24]   Dionysios der Kyklograph *FGrHist* 15 F 3; Firm. *Err.* 15; sekundäre hagiographische Kombination nach F. Pfister, *Der Reliquienkult im Altertum* I, 1909, 344, 1110; doch wenn Firmicus behauptet, der "Skythe Abaris" habe es hergestellt, dürfte eher eine Lokalüberlieferung dahinterstehen, d.h., es gab irgendwo ein solches, aus Knochen geschnitztes Bild des Abaris. Abaris wurde mit verschiedenen Kulten in Verbindung gebracht (Lykurg Fr. 85 Blass, Paus. 3,13,2).

[25]   Et. M. 718,6 s.v. σκιροφοριών, *Schol. Paus.* 1,1,4 p. 218 Spiro, Phot. , Suda σκίρων 624; die Notizen verwenden das Wort σκίρων = γύψος zur Erklärung des Festes σκιροφόρια, das mit Athena zusammengebracht wird, eine zweifelhafte Kombination (vgl. L. Deubner, *Attische Feste*, 1932, 45ff.); doch die Anschauung solcher Prozessionen muß zugrunde liegen. Ein Dionysosbild aus Gips in dem von Firm. *Err.* 6,4 beschriebenen kretischen Ritus.

[26]   Hauptquelle Philostephanos bei Clem. *Protr.* 4,57,3 (vgl. Arnob. 6,22), nach ihm vermutlich die variierende Ausgestaltung Ov. *Met.* 10,243ff. Schon Hellanikos (*FGrHist* 4 F 57) erwähnte Pygmalion; seine Nachkommenschaft wird bei den Genealogen verschieden angegeben, Ovid macht ihn zum Vater von 'Paphos'; die Rolle eines Stammvaters scheint er immer zu spielen, vgl. auch Nonnos 32,212f. Zum Hieros Gamos des Königs mit der orientalischen "Großen Göttin" W. Fauth, *Aphrodite Parakyptusa*, Abh. Mainz 1966, 6, zu Pygmalion bes. 20f.

selbst dar, die Göttin, die Mutter wurde, Mutter des Königsgeschlechts oder der Gemeinde von Paphos. Die Statuette der Großen Göttin: älteste Zeugnisse menschlicher 'Schabe'-Kunst, älteste ξόανα sind die sogenannten Venus-Statuetten, Figuren unbekleideter Frauen aus Stein, Knochen, Ton – Holz hat sich kaum erhalten – aus dem Jungpaläolithicum; man kennt heute über 100 Exemplare bis an die Schwelle der Hochkulturen. Kultisch-religiöse Beziehungen sind nicht zu bezweifeln; eindrucksvoll ist etwa ein sibirischer Fund, der eine 'Venus-Statuette' in einem Kreis von Mammutschädeln zutage brachte: die Göttin und ihre Opfer.[27] Man hat auch den biblischen Bericht von *[291]* der Erschaffung der Eva in diesem Zusammenhang gestellt: aus Knochen, aus Adams Rippe geschnitzt ist die Urmutter der Menschheit.[28] Für den Kult der Großen Göttin, der Magna Mater, hat man jetzt eindrucksvolle Zeugnisse aus Anatolien bis ins 6. Jahrtausend v.Chr. zurück; wesentliche Züge der späteren Kybele-Religion müssen da bereits bestanden haben;[29] das Steinmesser in ihrem Kult wurde schon erwähnt. Auch im Neolithicum Griechenlands fehlen die 'Venus-Statuetten' nicht; und mehr als ein griechisches Heiligtum steht an der Stelle einer neolithischen Siedlung.[30] So ist es nicht zu kühn, wenn man die Göttinnen des griechischen Olymps, Athena, Hera, Artemis, Demeter, als je verschiedene Ausprägungen der uralten Großen Göttin auffaßt, die seit alters in jenen Statuetten repräsentiert ist – auch wenn diese zunächst beileibe nicht wie die knidische Aphrodite aus-

---

[27] Zu den Venus-Statuetten Müller-Karpe 249–252; 216–219; F. Hančar, *Praehist. Zeitschr.* 30/1, 1939/40, 85–156; zur religiösen Bedeutung bes. 143ff.; H, Kühn, *Abh. Mainz* 1950, 22, S. 22ff.; K.J. Narr, *Antaios* 2, 1961, 132–157. Der Fund von Jelisejevici: Hančar 106, Kühn 31, Müller-Karpe 333f. Sakrale Bedeutung und Kontinuität ins Neolithicum scheinen immer deutlicher zu werden und sich gegenseitig zu bestätigen, vgl. W.F. Albright, *Von der Steinzeit zum Christentum*, 1949, (am. Ausgabe 1940), 127f.; R. Levy, *Religious Conceptions of the Stone Age,* New York 1963 (= *The Gate of Horn*, London 1948), 54ff.; 78ff.; E.O. James, *The Cult of the Mother Goddess*, London 1959, 13ff., 22ff.; C. Zervos, *Naissance de la civilisation en Grèce*, Paris 1962/3, 565ff; 575ff. Freilich wirkt noch immer mit suggestiver Kraft die Vorstellung von der 'weiblichen', 'mütterlichen' Welt der Pflanzer und Ackerbauer, wonach die 'Magna Mater' als Mutter Erde eine originale Schöpfung der neolithischen Kulturstufe sein müßte – obwohl sie doch immer und vor allem auch 'Herrin der Tiere' ist, was in die jägerische Vorzeit zurückweist. Frühneolithische Statuetten in Griechenland: Zervos pass.; *Illustrated London News* 244, 1964, 604f. – *Multa ... lignea ... veterum simulacra deorum* in der Grotte der Göttermutter: Ov. *Met.* 10,693f.

[28] Kühn a.O. p. 4 (Gen. 2,21ff.).

[29] J. Mellaarts Ausgrabungen in Čatal Hüyük und Hacilar, *Anat. Studies* 8ff., 1958ff.; ders., *Earliest Civilizations of the Near East*, London 1965, 89ff.; J. Thimme, *Antike Kunst* 8, 1965, 72ff.

[30] Z.B. das argivische Heraion (C.W. Blegen, *Prosymna. The Helladic Settlement preceding the Argive Heraeum*, Cambridge 1937); Lerna war im Neolithicum eine bedeutende Siedlung, in historischer Zeit eine Mysterienstätte (vgl. Zervos a.O. 23f.). Die Pan-Grotte bei Marathon ist ein steinzeitliches Heiligtum (Zervos 19f.).

sehen. Tatsächlich hat ja jede Gemeinde in der Regel ein Hauptheiligtum, eine Göttin als Herrin – Athen die Athena, Argos die Hera, Sparta die Orthia, Paros die Demeter. Gewiß, die Unterschiede sind beträchtlich und bedeutsam, und mit Berufung auf sie wird vielleicht die Berechtigung der 'paläolithischen' Perspektive überhaupt bestritten werden; zeigt diese doch, wie kurzschlüssig die Versuche waren, griechische Religion aus sich selbst zu erklären oder auch eine indogermanische Religion von allem Orientalischen und Semitischen reinlich abzuheben, wo doch die Wurzeln weit vor der Differenzierung aller uns bekannten Völker und Sprachen liegen.[31] In Unterwisternitz fand man eine Feuerstätte mit einer 'Venus-Statuette':[32] ist sie eine Vorläuferin der römischen Vesta? *[292]* Vielleicht sind die 1000 Generationen, die dazwischen liegen, nicht so gar viel in der inneren Entwicklung des Menschen.

Daß die Götter über die Maßen konservativ sind, wurde oft schon festgestellt; es zeigt sich besonders in ihrem Verhalten zu technischen Neuerungen. Man kann nahezu als Faustregel aufstellen: je älter, desto heiliger – was nicht so zu verstehen ist, als ob das Alter von sich aus die Heiligkeit hervorbrächte, eher umgekehrt: was einmal heilig geworden ist als Ausdruck ordnungstiftender Tradition, das hat Aussicht, die Zeiten zu überdauern. Einige Beispiele: wer immer es sich leisten konnte in der klassischen Antike, benutzte Metallgefäße, Prachtgefäße aus Bronze oder Silber; die Götter hätten sich gleichfalls jeden Luxus leisten können, waren ihre Tempel doch zugleich die Staatsbanken; und doch, im Ritual begnügen sich die Götter zumeist mit Tongefäßen – deren besondere Form und Verwendung dann streng geregelt war –. Beim Vestatempel in Rom fand man Kultgefäße, die offenbar sogar noch ohne Töpferscheibe hergestellt waren.[33] Die

---

[31]   Griechen selbst hatten die Theorie aufgestellt, der älteste Gottesdienst sei bildlos gewesen, und dementsprechend hat moderne Forschung gern eine 'Entwicklung' konstruiert, in der die Menschengestalt der Götter am Ende steht; das Material bei M.W. de Visser, *Die nicht menschengestaltigen Götter der Griechen*, Leiden 1903. Die paläolithischen und neolithischen Funde haben gezeigt, daß es keine gleichmäßige, einsträngige 'Entwicklung' dieser Art gibt.

[32]   Müller-Karpe 227. 250. T. 221,1.

[33]   Wissowa a.O. 160; vgl. Festus 158 M.; Tongefäße in der Prozession für die Σεμναί in Athen: *Schol. Aischines* 1,188; beim Heroenopfer in Phigalia trinkt man aus tönernen Näpfen, Harmodios *FGrHist* 319 F 1. In ein Heiligtum in Eresos durfte weder Bronze noch Eisen gebracht werden, *IG* XII Suppl. 126 *[= LSCG 124]*,15f. Die Sage, daß die Weihung tönerner, nicht eherner Dreifüße an den Zeus von Ithome den Spartanern den Sieg über die Messenier brachte (Paus. 4,12,7ff.), könnte auch von hier aus verständlich werden. Häufig findet sich speziell Verbot des Eisens, d.h. Beibehaltung bronzezeitlicher Technik: der römische flamen Dialis muß sich mit einem Bronzemesser rasieren (*Serv. Aen.* 1,488. Lyd. *Mens.* 1,35; Macr. *Sat.* 5,19,13), die Etrusker verwenden im Ritus der Stadtgründung einen Bronzepflug (Macr. *Sat.* 5,19,13), die Israeliten errichteten ihre Altäre ohne Eisen (Ex. 20,25; Dt. 27,5; Ios. 8,31; 1. Kön. 6,7). Vgl. auch Th. Wächter, *Reinheitsvorschriften im griechischen Kult*, 1910, 115–118.

Griechen deuteten diese Vorliebe der Götter für irdenes Geschirr gern als Hinweis darauf, daß die Gottheit das schlichte, reine Herz und nicht den Prunk des Reichtums schätze (Porph. *Abst.* 2,18). Dahinter steht aber doch die Tatsache, daß die Töpferei um einige Jahrtausende älter ist als die Metallbearbeitung: der Kult hat die neue, immerhin aus dem 3. Jahrtausend stammende Technik im 1. Jahrtausend noch nicht ganz assimiliert, wie auch die erwähnten Steinmesser andeuteten. Doch selbst die Technik der Keramik ist eine vergleichweise rezente Erfindung, der zweiten Stufe des Neolithicums zugehörig;[34] und in der Tat, nicht einmal Tongefäße sind das Äußerste an Heiligkeit. Zu den Mysterien, zu denen nur Eingeweihte zugelassen waren, gehörte als Inbegriff des Geheimnisvollen ein Deckelkorb, die *cista mystica*; sie enthielt ‚das Heilige', τὰ ἱερά;[35] da der Mysterieneid kaum je gebrochen wurde, sind wir über den Inhalt nicht sicher unterrichtet; Sexualsymbolik spielte gewiß eine Rolle, doch sie gab es ja unverhüllt an jeder Straßenecke. Wesentlich an den Mysterien ist gerade, daß ein Geheimnis daraus geworden ist: die Verhinderung des unberufenen Blicks, das Abkapseln, *[293]* Verbergen und heimliche Vorzeigen; dieser Ritus kristallisiert sich um das verschlossene, sich öffnende Behältnis, die κίστη. Diese κίστη ist nicht aus Brettern zusammengenagelt, auch nicht aus Ton geformt, sondern geflochten, aus Weiden oder Binsen, ebenso ihr Deckel; und solches Flechtwerk ist das einzige Behältnis des Menschen, das er vor der Erfindung der Keramik oder gar der Metallbearbeitung herstellen konnte.[36] Solch ein Ur-Behältnis ist die *cista mystica*, mit der sich der Ur-Gestus des Verbergens und geheimnisvollen Zeigens vollzieht.

Ähnliche Stufen der Kultur kann man in der Verwendung heiliger Speisen verfolgen. Der ertragreiche, leicht zu dreschende Weizen ist eine Züchtung, die bis ins 4. Jahrtausend zurückreicht, aber erst im 1. Jahrtausend v.Chr. zur Hauptgetreidefrucht wurde. Er verdrängte den Spelzweizen,

---

[34] Zur Entwicklung der Keramik L. Scott bei Singer 376ff.; S.S. Weinberg, *The Stone Age in the Aegaean* (Cambridge Ancient History 36), 1965.

[35] Die ist im κίστη Zusammenhang mit Demeter- und Dionysoskulten sehr oft dargestellt, auch auf Münzen; vgl. allgemein Mau *RE* 3,2591–2593.

[36] „Une des plus anciennes industries de l'homme" Zervos a.O. 99. Paläolithische Belege für Flechtwerk, das aus vergänglichem Material besteht, sind kaum zu erwarten; immerhin existieren mesolithische Belege, und die einfachsten Formen des Flechtens sind von der Webetechnik unabhängig; vgl. G.M. Crowfoot bei Singer 413ff.; 451f. mit Abb. 282; 167 Abb. 101.

der den Nachteil hat, daß er vor dem Dreschen erst geröstet werden muß.[37] Im Kult aber spielt der Weizen – griechisch πυρός, lateinisch *triticum* – kaum eine Rolle. Er tritt nach wie vor weit zurück gegenüber dem Spelzweizen – griechisch ζειά, lateinisch *far* – und der Gerste. Denn beides, Spelzweizen – genauer: Emmer, *triticum dicoccum* – und Gerste waren in der Tat die Ur-Getreidesorten der ersten neolithischen Ackerbauern. ζείδωρος, nicht – metrisch meist gleichwertig – πολύπυρος heißt die Erde im stehenden Beiwort bei Homer, *confarreatio* ist die feierlichste Form der römischen Eheschließung, benannt nach der Speise, die die Brautleute in einer Opferhandlung kosteten, dem *farreus panis*. Brotbacken freilich ist seinerseits eine rezente 'Technik' – wenn auch den alten Ägyptern längst bekannt[38] –: die ungesäuerten Brote sind in Passahfest und Abendmahl bewahrt; im griechischen Kult wird meist Grütze oder Brei verwendet (πελανός), vor allem im Totenkult; der Mischtrank, κυκεών, den die Mysten in Eleusis tranken, war im Grunde Gerstensuppe, mit gewissen Würzkräutern versetzt.[39] Beim *[294]* Opferfest werden die Gerstenkörner ungekocht, ungemahlen, 'ganz' verwendet, οὐλάς; sie sind dabei freilich nur ein Vorwand, werden 'weggeworfen', wenn es an die eigentliche Mahlzeit geht: das Fleisch des Opfertiers.[40] Denn nicht die Früchte des neolithischen Ackerbaus, sondern die Beute des paläolithischen Jägers ist der Inbegriff des Festschmauses – bis in unsere Zeit; und noch der moderne Zivilisationsmensch empfindet es als besonderen Reiz, Fleisch im Freien am Spieß zu braten, wie beim griechischen Opferfest das Fleisch nach altem Brauch zubereitet wurde. Von den paläolithischen Relikten in den Opferbräuchen, deutlich in der Behandlung der Knochen und Schädel, war schon die Rede.

Schließlich die einfachsten Transportmittel, wie sie ins Zeremoniell eingegangen sind. Eine Grundform des Feierns ist die Ankunft eines Königs,

---

[37] Zu den antiken Getreidesorten vgl. Orth *RE* 3 A (1929) s.v. Spelt; F.E. Zeuner bei Singer 362ff.; R.J. Forbes, *Studies in Ancient Technology* 3, Leiden 1965², 86ff. Die Botanik unterscheidet Einkorn (*triticum monococcum*) mit diploidem, Emmer (*tr. sativum dicoccum*) mit tetraploidem, Spelt (*tr. sativum spelta*) und Weizen (*tr. sativum tenax*) mit hexaploidem Chromosomensatz; die landwirtschaftliche Praxis stellt Einkorn, Emmer, Spelt als 'Spelzweizen' dem leicht zu dreschenden Weizen gegenüber. Die Archäologie hat erwiesen, daß Emmer und Gerste die ältesten Getreidefrüchte waren. Daß ζειά, *far*, vorzugsweise 'Emmer' bezeichnen, hat sich gleichfalls herausgestellt; die traditionelle Übersetzung mit 'Spelt' ist davon bestimmt, daß in Germanien-Deutschland besonders Spelt angebaut wurde. In Griechenland ist in historischer Zeit ζειά von Weizen verdrängt, in Italien ist der gleiche Prozeß im Gange, wenn sich auch in Mittelitalien *far* bis in die frühe Kaiserzeit behauptete, *RE* 3 A 1607ff.; Forbes 90, 102. Über Gerste als Urgetreide Theophrast bei Porph. *Abst.* 2,6, vgl. Eust. 132,28ff.

[38] Zum Brotbacken vgl. R.J. Forbes bei Singer, 275.

[39] *Hymn. Dem.* 208ff.; A. Delatte, "Le Cycéon", *Bull. de l'Ac. R. du Belgique* 40, 1954, 690–752.

[40] Vgl. *Greek, Roman and Byzantine Studies* 7,107f. *[= Kleine Schriften VI 1–36].*

eines Gottes, καταγωγή, *adventus* – ein Ereignis, das die Langeweile und Bedrückung des Alltags in die freudige Hochstimmung des Festes verwandelt. Wenn Könige oder Götter einziehen, so kommen sie natürlich nicht zu Fuß; aber, und dies ist nicht ohne Bedeutung, sie erscheinen auch nicht hoch zu Roß – mit Ausnahme der jugendlichen Dioskuren –. Gewiß, Reiten ist kaum das Rechte für patriarchalische Potentaten; aber auch Apollon reitet nie, er fährt im Wagen. Denn das Pferd zu reiten ist eine Kunst, die noch der Heroenzeit, wie sie Homer schildert, fremd war;[41] erst nach dem Einbruch um 1200 v.Chr., der die Bronzezeit beendet, kam die Reiterei auf, die dem Stand des 'Ritters' die militärische und soziale Vorrangstellung gab. Der Ritus spiegelt die alte Stufe. Der einziehende König kann allenfalls auf dem Esel reiten – auf jenem weniger temperamentvollen Tier, das mehr als ein Jahrtausend früher als das Pferd domestiziert war. Allerdings ist diese Art des Einzugs ambivalent: Friedenskönig oder Narrenkönig, zwei Möglichkeiten, die einander bis zur Verwechslung nahegerückt sind.[42] Der mächtige Held erscheint auf dem Streitwagen, möglichst mit vier Pferden bespannt; so der römische Triumphator, so die Götter des Olymp, in der Schilderung Homers wie auf griechischen Vasenbildern. Der einachsige, von Pferden gezogene Streitwagen hatte im 2. Jahrtausend die Kriegführung revolutioniert;[43] die *Ilias* kündet noch vom Streitwagenkampf der Helden, und wie auf den Grabstelen der Könige von Mykene der Streitwagen eingemeißelt ist, so hat man den Fürsten noch weit in die Eisenzeit hinein den Streitwagen samt Pferden mit ins Grab gegeben. Dabei waren diese Wagen durch die Entwicklung der Reiterei für die Praxis der Kriegführung bedeutungslos geworden, nur noch für Pferderennen brauchbar; aber sie waren nun einmal das unverzichtbare Status-Symbol der Götter *[294]* und göttergleichen Fürsten. Göttinnen freilich waren noch konservativer: sie verschmähten selbst das Pferdegespann, die Erfindung des 2. Jahrtausends, und fuhren im vierrädrigen, von Ochsen gezogenen Wagen, dem Ur-Wagen, wie er etwa in der Mitte des 4. Jahrtausends aufgekommen war. Auf einem solchen Ochsenwagen, einem *plaustrum*, fuhr Kybele durch Rom, von ihrem rasenden Gefolge mit wilder Musik gefeiert.[44] Von den ur-

---

[41] Vgl. J. Wiesner, *Fahren und Reiten in Alteuropa und im Alten Orient*, 1939; H.L. Lorimer, *Homer and the Monuments*, 1950, 307ff.; 504; F. Hančar, *Das Pferd in prähistorischer und früher historischer Zeit*, Wien 1956, bes. 542f.

[42] Einerseits Sach. 9,9 und Matth. 21,1-7; andererseits die Rückführung des Hephaistos und die hinter diesem Mythos stehenden burlesken Prozessionen, A. Seeberg, *Symb. Oslo.* 41, 1966, 48ff.

[43] Für die Geschichte des Wagens sei auf V. Gordon Childe bei Singer 187ff., 716ff. und W. Treue, *Achse, Rad und Wagen,* München 1965, verwiesen.

[44] Ov. *Fast.* 4,345f.

alten Wurzeln gerade dieses Kultes war bereits zu sprechen. Doch auch die Hera von Argos hält es nicht anders: im Ochsenwagen fährt sie, vertreten durch ihre Priesterin, von der Stadt zum drei Stunden entfernten Heiligtum. Man kennt die Legende, wie Kleobis und Biton ihre Mutter, die Herapriesterin, den weiten Weg gezogen haben, als die Rinder nicht zur Stelle waren.[45] Auch die germanische Göttin Nerthus fährt mit dem Ochsengespann durch die Lande (Tac. *Germ.* 40,3). Und doch ist selbst der Ochsenwagen nicht das Älteste. Das Rad ist etwa um 3500 im Zweistromland erfunden worden, weit älter aber sind Schlitten und Schiff. Und so halten denn die Götter zumal in Ägypten und Mesopotamien, wo es bald Kanalsysteme gab, ihren Adventus zu Schiff; kretisch-minoische Darstellungen schließen sich an,[46] obwohl es auf Kreta und Kypros keine schiffbaren Flüsse oder Kanäle gab; und im klassischen Griechenland hat man das Schiff des Gottes dann, in Ermanglung der Wasserstraßen, eben getragen oder auf Räder gesetzt – wie zuweilen auch in Ägypten –.[47] Denn jener Gott der Griechen, der entschwindet und wiederkehrt, der aus der Ferne kommt mit überwältigender Macht, der als einer der jüngsten Götter galt und doch sicher in ältesten Schichten verwurzelt ist, kommt im *[296]* Schiff: Dionysos. So grotesk dieser Schiffskarren erscheinen mag: daß der Gott im Schiff ankommt, dies war als uraltes Bild in die Seele gebannt. "Es kommt ein Schiff, geladen bis an den höchsten Bord, trägt Gottes Sohn voll Gnaden"– noch aus dem Adventslied klingt uns dies wie selbstverständlich entgegen.

---

[45] Hdt. 1,31. – Das älteste Rad war aus drei Planken gezimmert, Childe a.O. 306ff. Daraus entwickelte sich eine Vorform des Speichenrades, H-förmig unterteilt durch zwei parallele Streben ("cross-bar-wheel"), vgl. H.L. Lorimer, *Journ. of Hell. Stud.* 23, 1903, 145ff., Childe 214 fig. 135. Diese Radform taucht oft in zeremoniellen Anlässen auf: Thronwagen (Halsamphora Compiègne 975, J.D. Beazley, *Attic Blackfigure Vase-Painters,* Oxford 1956, 331,13) und Schiffswagen des Dionysos (Acr. 1281, vgl. Anm. 48), Opferzug (böotische Schale bei M.P. Nilsson, *Geschichte der griechischen Religion* I[2], 1955, T. 32,1), Hochzeitszug und Jenseitsfahrt (P. Zancani Montuoro, *Archivio Storico per la Calabria e la Lucania* 24, 1955, 285ff.).

[46] Zum Götterschiff vgl. z.B. den Mythos der Innana von Uruk bei N.S. Kramer, *Sumerian Mythology,* New York 1961[2], 64ff.; sumerische Siegel bei Levy a.O. T. 11 a/b; 23 d; Vasenbilder aus dem vordynastischen Ägypten, *Egyptian Art in the Brooklyn Museum Collection,* New York 1952, fig. 5; minoische Siegel bei Nilsson a.O. T. 12,6; T. 19,3 (Echtheit umstritten); die kyprische Vase bei A.J.B. Wace – F.H. Stubbings, *A Companion to Homer,* London 1963, 342 Abb. 65.

[47] Der Schiffswagen des Dionysos ist auf drei attischen Vasen um 500/480 v.Chr. dargestellt: Athen Acr. 1281, Brit. Mus. B 79, Bologna 130 (A.W. Pickard-Cambridge, *The Dramatic Festivals of Athens,* Oxford 1953, Abb. 7a; 7b; 6). Ein von Männern getragenes Schiff: Fragmente einer klazomenischen Vase, Oxford Ashm. Mus. 1924. 264, *Journ. Hell. Stud.* 78, 1958, 4ff.; ein ägyptisches Gegenstück ebd. p. 8. Ein ägyptischer Schiffswagen z.B. bei H. Gressmann, *Altorientalische Bilder zum Alten Testament,* 1927, Abb. 199. Für die Ankunft des Dionysos im Schiff sei im übrigen auf die bekannte Schale des Exekias (München 2044) verwiesen.

Wichtigste Erfindung des Urmenschen, Grundlage aller weiteren Technik war die Beherrschung des Feuers; war doch selbst der primitive Holzspeer ohne Feuer nicht herzustellen. Der Gebrauch des Feuers geht in die ersten Anfänge des Menschen zurück; die Technik des Feuerentzündens – mit Feuerstein oder Feuerbohrer – ist vielleicht erst viel später gefunden worden. Umso wichtiger war es, das Feuer zu unterhalten, zu hegen und zu bewahren. Die Kontinuität eines quasi Lebendigen im stetigen Wechsel, in der unablässigen Vernichtung – diese Faszination im Feuerschüren kann der moderne Mensch noch durchaus empfinden; Heraklit hat sie zum Ausgangspunkt seines Philosophierens gemacht. Im Kult ist das brennende Feuer mit der Gegenwart des Göttlichen unmittelbar verbunden. Noch unser Gottesdienst verlangt die brennenden Kerzen auf dem Altar, und wir haben das Gefühl, daß dieses lebendige Feuer durch Elektrizität nicht zu ersetzen ist. Erst recht gehörte zu den antiken Gottesdiensten das Feuer, wurde doch das 'Heilige', den Göttern Bestimmte auf Altären inmitten der Gemeinde verbrannt. Kein Wunder, daß die heiligsten Feiern zur Nachtzeit stattfanden: da kann der Mensch das Licht aus dem Dunkel hervorbrechen lassen, mit Fackelzügen und Scheiterhaufen die Mächte der Finsternis bannen; über die kreatürliche Angst vor der Flamme triumphiert das Gefühl unendlich gesteigerter Macht, als sei da nicht mehr des Menschen eigene Technik, sondern etwas Übermenschliches gegenwärtig. Bewahrt wurde das Feuer in der Regel auf heiligem Herd im Tempel, als ewige Flamme, von Tempeldienern unterhalten. "Wir pflegen in den Heiligtümern das Feuer unsterblich für die Götter zu bewahren, weil wir glauben, daß es ihnen am ähnlichsten ist", schrieb Theophrast (Porph. *Abst.* 2,5). Die katholischen Kirchen haben noch heute ihr "ewiges Licht", in Gestalt eines antiken Öllämpchens; ein entsprechendes ewiges Licht brannte nicht nur im Tempel zu Jerusalem, sondern z. B. auch im Tempel der Athena auf der Akropolis – natürlich nicht im Parthenon, sondern im Erechtheion –. Die Lampe ihrerseits ist indessen eine fortschrittliche, wenn auch sehr alte Erfindung.[48] Schlichter, mühseliger zu unterhalten ist der einfache Herd; eine ἑστία mit ewigem Feuer brannte [297] im Apollon-Tempel in Delphi,[49] berühmter noch wurde das Feuer im Vesta-Tempel in Rom, das die *virgines Vestales* bewachten; an seiner Kontinuität, glaubte man, hing die Dauer der Stadt, die *salus populi Romani*.[50]

Solches Bewachen des Feuers ist vielleicht das älteste Beispiel dafür, wie die vom Menschen gemeisterte Technik nun ihrerseits den Menschen in

---

48 Ein paläolithisches Beispiel bei Singer 235, Abb. 150 (La Mouthe, Dordogne).

49 Aisch. *Cho.* 1037. Plut. *Numa* 9,12. R. Flacelière, *Rev. Et. Gr.* 61, 1948, 417ff., M. Delcourt, *Pyrrhos et Pyrrha*, Paris 1965, 105ff.

50 Wissowa 159f., Latte 108ff., C. Koch, *RE* 8 A 1729ff., 1753f.

ihren Dienst zwingt: mit der Technik zugleich ist die Arbeit erfunden, Arbeit als gleichmäßig fortlaufende Verpflichtung, ohne Rücksicht auf Lust und Laune, ohne Höhen und ohne Tiefen. Und es scheint, daß der Mensch darüber von Anfang an nicht ganz glücklich war – weshalb dieser Dienst zunächst einmal den Frauen zugespielt wurde. Wichtig, ja heilig ist die Arbeit, aber heiliger ist die Unterbrechung; die Bewahrung der Kontinuität wird durchkreuzt durch das leidenschaftliche Verlangen nach einem neuen Anfang. Zum Fest wird nicht die Pflege des heiligen Feuers, sondern das Erlöschen und Neu-Entzünden der Flamme. Selbst das Vestafeuer wurde am 1. März, dem alten Neujahrstag, neu entzündet (Ov. *Fast.* 3,143f.); die Lampe im Tempel der Athena Polias leuchtete vermutlich am Panathenäenfest, mit neuem Öl gefüllt, neu auf. Feste des neuen Feuers findet man vom Alten Orient bis zum kirchlichen Osterbrauch, von afrikanischen Primitiven bis zu deutschem Bauernaberglauben. Da gab es vor allem in Notzeiten bei Seuche und Pestilenz den Brauch des 'Notfeuers', als Versuch, durch Opfer und neues Feuer einen reinen, absolut neuen Anfang zu setzen, alles Alte auszulöschen.[51] Aus der Antike kennen wir ein Fest des neuen Feuers auf Lemnos, der Insel des Hephaistos: alle Feuer wurden dort für neun Tage ausgelöscht, was völligen Zusammenbruch des normalen Lebens bedeuten mußte. Selbst die Familien waren in diesen Tagen aufgelöst, die Frauen durften ihre Männer und Söhne nicht zu Gesicht bekommen; geheimnisvoll-unheimliche Opferhandlungen fanden statt. Dann endlich kam ein Schiff, das aus Delos, vom Feuer im hochberühmten Apollonheiligtum, neues Feuer geholt hatte; die Feuer auf den Altären flammten auf in einem großen Fest zu Ehren der Aphrodite und des Hephaistos zugleich; "sie sagen, jetzt begänne für sie ein neues Leben", schließt unser Bericht.[52] Ähnliche feuerlose Zwischenzeiten gab es offenbar auch anderwärts, etwa bei den hochaltertümlichen Thesmophorienfesten; da feierten die Frauen für sich, ohne Männer, sie wohnten in Laubhütten, saßen auf dem Erdboden, ja verwendeten zumindest in einem Fall kein Feuer.[53] So handelten sie "in Nachahmung der alten Lebensweise", μιμούμεναι τόν ἀρχαῖον βίον (Diod. 5,4,7), sagte man.

Μίμησις τοῦ ἀρχαίου βίου: Hier erscheinen diese 'survivals' prähistorischer Zivilisation, angezeigt durch urzeitliche Technik, in einer neuen Funktion: schien es *[298]* zunächst um unmittelbaren Fortbestand alter Ord-

---

[51] Viel Material bei W. Mannhardt, *Wald- und Feldkulte* I, 1875, 503ff., G. Frazer, *The Golden Bough*, VII, 1, London 1913, 121ff., 269ff.

[52] Philostr. *Her.* I 207, 26ff. ed. Kayser (1871); M. Delcourt, *Héphaistos ou la légende du Magicien*, Paris 1957, 172ff.

[53] Eretria: Plut. *Q. Gr.* 31. Vgl. im übrigen zu den Thesmophorien Nilsson I² 461ff. m. Lit.

nungen zu gehen, die, im sozialen Bereich bewährt, dem Seelenleben unverlierbar eingeprägt waren – so die Ordnung von Recht und Gewalt, symbolisiert im Gebrauch von Faustkeil und Holzspeer –, so wird hier bewußt auf 'Altes' zurückgegriffen, um den erreichten Stand der Zivilisation zu verlassen: nicht Tradierung der Ordnung, sondern Ausbruch aus der Ordnung, Rückkehr zu primitiveren Schichten, Kulturrevolution. Diesen Charakter des Ausbruchs, der Auflösung, des Zurücktauchens in längst überwundene Zustände erkennt man an vielerlei Festriten: man wohnt statt in Häusern in Laubhütten[54] oder trifft sich zu geheimen Orgien in Höhlen[55] – Laubhütte und Höhle, beides Ur-Behausungen des Menschen –; man sitzt nicht auf Stühlen oder sonstigen Möbelstücken, sondern auf der Erde, allenfalls auf einer Laubstreu – die στιβάς gehört vor allem zu Demeter- und Dionysosfesten.[56] Der dionysische Schwarm verläßt die Bezirke der Kultur und streift durch die Wildnis, die Berge – ὀρειβασία –; man fühlt sich nicht als Städter und nicht als Bauer, sondern allenfalls als Hirte, βουκόλος, oder aber als Jäger: "unser Herr ist Jäger", ὁ γὰρ ἄναξ ἀγρεύς jubelt der Chor der *Bacchen* (Eur. *Bacch.* 1192). Die Frauen lassen die ihnen zukommende Arbeit an Spindel und Webstuhl im Stich (Eur. *Bacch.* 118f.), die Produktion kommt zum Erliegen, wenn Dionysos einkehrt. Ja, der Atavismus ging bekanntlich so weit, daß Fleisch ohne Feuer, ungebraten, ungekocht, roh gegessen wurde: ὠμοφαγία (Eur. *Bacch.* 139).

Der Mensch steht schon in der Antike und vermutlich längst zuvor in einem bezeichnenden Spannungsverhältnis zu der von ihm selbst geschaffenen Zivilisation; statt sich völlig einzupassen, schwankt er zwischen verschiedenen Kulturniveaus, wobei die Akzente umkippen können: Taucht man zurück in die Unkultur, um *e contrario* die Kultur als das keineswegs Selbstverständliche, Rettende würdigen zu können? – Solche gleichsam pädagogische Weisheit scheint in vielen Initiationsriten enthalten zu sein: Demeter hat das Getreide gebracht und damit den Menschen von blutiger Wildheit zum 'gezähmten' Leben bekehrt. – Oder aber erhält gerade die Zeit der Auflösung, die 'period of license' den positiven Wertakzent, als ein 'Goldenes Zeitalter', zu dem, *notabene*, der Ackerbau nicht gehört –?

Noch einmal sei ein Mythos nacherzählt: König in Ätolien war Oineus, der 'Weinmann';[57] er hat in dem fruchtbaren Land um den Fluß Acheloos

---

[54] H. Schaefer, *Die Laubhütte*, Leipzig 1939.

[55] P. Boyancé, *Rendiconti d. Pontif. Acc. Rom. di Archeol.* 33, 1961, 107–127. P. Faure, *Fonctions des cavernes crétoises*, Paris 1964.

[56] J.-M. Verpoorten, *Rev. Hist. Rel.* 162, 1962, 147–160.

[57] Der Oineus-Mythos ist schon in der *Ilias* erzählt, 9,529ff.; dann u.a. Stesichoros 221f. Page; Bacch. 5,97ff.; Sophokles *Meleagros*, Fr. 401ff. Pearson *[= Frgg. 401–406 TrGF ed. Radt]*; Nikandros bei Ant. Lib. 2. Apollod. 1,8,2,2. Diod. 4,34.

den Weinbau eingeführt, und auch der Getreidebau ging gut vonstatten. Glücklich feierte der fromme Oineus mit seinem Volk das Erntefest, θαλύσια (*Il.* 9,534): er opferte der Demeter für das gespendete Getreide, dem Dionysos für den reichlichen Wein, auch der Athena, der ja der Ölbaum zugehört (Ov. *Met.* 8,273ff.). Eine Göttin aber hat er dabei vergessen: *[299]* Artemis. Und die Folgen waren verheerend: Artemis schickte den 'Kalydonischen Eber', der Weinberge und Getreidefelder verwüstete, ja die Menschen zu Tode brachte. Da sammeln sich die Helden aus ganz Griechenland, um das Untier zu erlegen; manche von ihnen lassen ihr Leben bei der 'Kalydonischen Jagd', doch endlich bringen sie das Tier zur Strecke, voran Oineus' Sohn Meleagros. Doch der Sieg ist nur der Anfang neuen Unheils, um die Jagdtrophäen entbrennt ein Streit, der in rascher Eskalation zum Krieg führt, Krieg zwischen Pleuron und Kalydon, und im Gefolge des Krieges stirbt dann auch Meleagros, der Königssohn und Sieger, durch den Fluch oder die Feuermagie der eigenen Mutter Althaia. Was ist hier geschehen? War es Zufall, daß Oineus die Artemis vergaß? Artemis, im Gegensatz zu Demeter, Athene, Dionysos, ist die Göttin, die mit Stadtleben und Ackerbau nichts zu tun hat, die Göttin der Jagd, der unberührten, unkultivierten Natur, jungfräulich unnahbar und grausam zugleich – die 'Schlächterin', wurde ihr Name etymologisiert[58] –. Als Herrin der Tiere, πότνια θηρῶν, ist sie vielleicht die direkteste Nachkommin der Großen Göttin paläolithischer Jäger. Was Oineus vergessen hat, ist nicht ein Name unter anderen, sondern der alte, vor-zivilisatorische Ursprung des Menschen: daß diese nicht damit zufrieden sind, friedlich bienenhaft zu produzieren, Getreide, Öl und Wein. Haben die Helden nicht nur auf das Stichwort gewartet, um zum Kampf auszuziehen? Was gäbe es zu singen und zu sagen, wenn der Eber nicht erschienen wäre? Endlich kann man, statt Hacke, Pflug und Winzermesser, die alten Speere in die Hand nehmen, und ob man dann auf Tiere oder Menschen schießt, ist ein fast schon gleitender Übergang. Die alte Technik triumphiert über die junge, der Speer über den Pflug, der Mensch taucht zurück ins Paläolithicum, in dem er seelisch zuhause ist.[59]

Der Mensch lebt von Anfang an in einer künstlichen Welt, die er mit seiner Technik schafft und unablässig verändert; wie er selbst diesen Wandel verkraftet, dies ist eine Frage, die keineswegs von heute ist. In dem erstaunlichen Konservativismus, mit der im religiösen Bereich Allerältestes festgehalten wurde, liegt vielleicht mehr biologische Weisheit, als uns bewußt ist, die wir all dies längst abgeschafft haben. Der Mensch als ge-

---

[58] *Schol. Lyk.* 797. C. Robert bei Preller – Robert, Griech. Myth. I[4,] 1894, 296,2; U. v. Wilamowitz-Moellendorff, *Griech. Tragödien* II[11], 1929, 225. Zweifelnd Nilsson, 481.

[59] Vgl. auch J. Ortega y Gasset, *Über die Jagd*, Hamburg 1957, 72ff.

schichtliches und auch als biologisches Wesen ist von der Vergangenheit geprägt; und immer besteht die Gefahr, daß der Fortschritt zunichte wird am Zorn der vergessenen Artemis. Der Geisteswissenschaftler mag mit dem Ausdruck der Hoffnung schließen, daß auch die Techniker sich darüber zuweilen Gedanken machen.

Erschienen in: Bruno Gentili und Franca Perusino (Hrsgg.), Le Orse di Brauron. Un Rituale di Iniziazione Femminile nel Santuario di Artemide (Pisa: Edizioni ETS, 2002) 13–27

8. 'Iniziazione':
Un Concetto Moderno e una Terminologia Antica

Un fascino speciale emana da Brauron, questo luogo solitario sulla baia in vista del mare: le colonne classiche gracili, la grotta crollata, gli alberi e l'acqua corrente. Il Wilamowitz aveva definito Artemide come la dea "del fuori", "des Draussen",[1] e Brauron sembra rappresentare l'essenza di questo fenomeno divino. Viene in mente anche lo schema di van Gennep dei riti di transizione:[2] separazione – stato del 'fuori'– reintegrazione: le fanciulle che vengono allontanate dalle famiglie e poste al servizio di Artemide nel santuario, che vivono per un certo periodo in questo luogo presso il "cenotafio di Ifigenia",[3] minacciate da pirati, da rapitori 'Pelasgi' e salvate da Hymenaios, il matrimonio.[4]

Si tratta della più bella e più complessa documentazione di una "iniziazione di fanciulle" ad Atene nell'epoca classica. A questo riguardo diversi livelli di testimonianze si accordano armonicamente: il rito ufficiale sancito per decreto pubblico di Atene,[5] un verso famoso della Lisistrata di Aristofane sull'orsa di Brauron (645), il mito di Ifigenia messo in rapporto con Brauron da Euripide (*I.T.* 1462–1467), gli scavi a Brauron stesso, ma anche nel santuario di Artemide Brauronia sull' Acropoli di Atene, con iscrizioni purtroppo ancora in gran parte inedite,[6] con la ceramica caratteristica del

---

[1] U. v. Wilamowitz-Moellendorff, *Der Glaube der Hellenen* I (Berlin 1931), 177-182.

[2] A. van Gennep, *Les rites de passage* (Paris 1909).

[3] Euphor. fr. 91 Powell.

[4] Eust. 1157,21 ss., cfr. Procl. *Chrestom.* 321a 21 s.; Schol. AB *Il.* 18,493; Philoch. *FGrHist* 328 F 100-101.

[5] Crater. *FGrHist* 342 F 9, vd. n. 59.

[6] Una iscrizione molto importante è accessibile nella fotografia in I. Papadimitriou, *Scient. Am.* 208/6 (1963), 118, ripetuta in *Archäol. Anz.* 1996, 11, vd. *SEG* 37 (1987), 30–31; 89; 46 (1996), 133. [L'iscrizione è ora pubblicata da G. Themelis in questo volume, 112 s.: n.d. curatori]*[= SEG 52 no. 104]*. Sulle iscrizioni dal Brauronion dell' Acropoli: T. Linders, *Studies in the Treasure Records of Artemis Brauronia Found in Athens* (Stockholm 1972).

santuario raffigurante queste fanciulle enigmatiche in una corsa *[14]* rituale[7]. Una tale concentrazione di rito, mito, scavi e iconografia in uno speciale culto locale è rarissima, pressoché unica.

La discussione scientifica è però pronta ad allontanare il fascino; bisogna avvicinarsi con occhio critico. Certi moderni o post-moderni amano criticare i concetti, dissolvendo anche i fatti. Dato che mi è toccato l'onore di aprire questo colloquio su Brauron, vorrei presentare una riflessione generale meno pittoresca, piuttosto filologica sul concetto di 'iniziazione' e sulla sua applicabilità nella cultura greca arcaica e classica, incluso il culto di Brauron.[8]

È rassicurante che il termine 'iniziazione' abbia una rispettabile e diretta genealogia antica, dunque un fondamento classico. La parola deriva dal latino initia, initiare, initiati etc., vocaboli che, a loro volta, sono una traduzione canonica del greco μυστήρια, μυεῖν, μύσται.[9] Col concetto di 'misteri' ci accostiamo tuttavia ad una sfera speciale della religione greca assente dal nostro mondo: i misteri sono culti segreti, l'ammissione e la partecipazione ad essi dipendono da riti individuali; la segretezza e un' ambientazione notturna sono conseguenze di questa esclusività.[10] I misteri sono dunque cerimonie di iniziazione, certamente, ma cerimonie speciali del mondo greco; nel mondo moderno, il concetto di 'iniziazione' ha acquisito un ruolo molto più generale nel funzionamento, nella descrizione, nella teoria della società. Nel concetto moderno sono comprese varie categorie di 'iniziazioni': l'iniziazione tribale degli adolescenti maschi *[15]* o femmine, di classi di età, l'iniziazione di società segrete, di mestieri, di sacerdoti, di maghi. I riti di Brauron erano una sorta di 'iniziazione' in questo senso moderno; ma erano μυστήρια nell'intendimento greco?

---

[7] L. Kahil, "Quelques vases du sanctuaire d'Artémis à Brauron", *Ant. Kunst Beih.* 1 (1963), 5–29; "L'Artémis de Brauron. Rites et mystère", ibid. 20 (1977), 86–98. Krateriskoi provengono da Brauron e dal Brauronion di Atene. La provenienza degli altri frammenti pubblicati da Kahil (collezione Cahn) è oscura: scavi clandestini a Brauron? Fra gli studi recenti su Brauron occorre menzionare C. Sourvinou-Inwood, *Studies in Girls' Transitions. Aspects of the Arkteia and Age Representation in Attic Iconography* (Athens 1988); P. Perlman, "Acting the She-Bear for Artemis", *Arethusa* 22 (1989), 111–133; M. Giuman, *La dea, la vergine, il sangue. Archeologia di un culto femminile* (Milano 1999).

[8] Vd. E. Grohs, in H. Cancik et al. (edd.), *Handbuch religionswissenschaftlicher Grundbegriffe* III (Stuttgart 1993), s.v. 'Initiation', 238–249; F. Graf, *DNP* V (1998), s.v. 'Initiation', coll. 1001–1004; R. Turcan, *RAC* XVIII (1998), s.v. 'Initiation', 87–159; C. Calame, "Indigenous and Modern Perspectives on Tribal Initiation Rites: Education According to Plato", in M.W. Padilla (ed.), *Rites of Passage in Ancient Greece: Literature, Religion, Society* (Lewisburg 1999), 278–312.

[9] Mysteria/*initia* di Eleusi: Cic. *Leg.* 2, 36; initiatio a Eleusi: Suet. *Nero* 34, 8.

[10] W. Burkert, *Ancient Mystery Cults* (Cambridge Ma., 1987; trad. it. *Antichi Culti Misterici*, Bari 1989).

Lo sviluppo del termine 'iniziazione' ha avuto una svolta stravagante e improvvisa nel diciottesimo secolo. Un impulso decisivo venne dal padre Joseph-François Lafitau che fu missionario in Canada e che, nel 1724, pubblicò uno studio etnografico sugli lrochesi amerindi; un altro dal romanzo fantastico sull'Egitto antico di Jean Terasson, nello spirito dei framassoni, del 1731.[11] Il Lafitau, che aveva una buona formazione classica, trovò paralleli fra i riti Irochesi e gli antichi misteri; il Terasson riprese la tradizione su Pitagora iniziato in Egitto e fece il suo eroe iniziato ai misteri di Iside nella grande Piramide. La derivazione antica del termine iniziazione è così confermata, ma il concetto ha assunto una nuova denotazione, una nuova dimensione. Dopo Lafitau e Terasson il termine "riti di iniziazione" designò un fenomeno generale fra etnologia e nostalgia piuttosto che un fenomeno storico-classico.

La vicenda moderna del concetto prese un nuovo spunto nel novecento. È dominata dal saggio di Arnold van Gennep (n. 2) che rese "rito di passaggio" termine corrente, unitamente ad 'iniziazione'. Pressoché in contemporanea con van Gennep Jane Harrison pubblicò il suo libro *Themis*, che si apriva coll'Inno di Palecastro per il "più grande fanciullo", il kouros cretese, e rappresentava i kouroi cretesi che inscenavano l'inno rituale come giovani in quella fase di transizione.[12] Poi c'è un indirizzo di studi tedeschi concentrato sui *Männerbünde*,[13] un indirizzo francese, dove spicca Henri Jeanmaire, *Couroi et Courètes* del 1939, un indirizzo americano influenzato *[16]* dalla psicanalisi, con Bruno Bettelheim in particolare,[14] ma anche un indirizzo italiano, da Raffaele Pettazzoni[15] a Angelo Brelich che aveva fatto

---

[11]   J.-F. Lafitau, *Moeurs des sauvages amériquains comparées aux moeurs des premiers temps* (Paris 1724); cfr. M. Detienne, *L'invention de la mythologie* (Paris 1981), 19s.; K. Waldner, *Geburt und Hochzeit des Kriegers. Geschlechterdifferenz und Initiation in Mythos und Ritual der griechischen Polis* (Berlin 2000), 39 s.; J.Terasson, *Vie de Séthos. Ouvrage dans lequel on trouve la description des initiations aux mystères égyptiens* (Paris 1731), un testo determinante per *Il Flauto Magico* di Mozart; cfr. M. Lefkowitz, *Not out of Africa* (New York 1997²), 110–115.

[12]   Harrison, *Themis. A Study of the Social Origins of Greek Religion* (Cambridge 1912, 1927²). Il testo dell'inno si trova in *Inscriptiones Creticae* III ii 2; M.L. West, *Journ. Hell. Stud.* 85 (1965), 149–159.

[13]   H. Schurtz, *Altersklassen und Männerbünde* (Berlin 1902); cfr. H.S. Versnel, *Inconsistencies in Greek and Roman Religion* II (Leiden 1993, 1994²), 49 n. 90; Calame, *art. cit.* (n. 8), 288–295; Waldner, *op. cit.* (n. 11), 41–44.

[14]   H. Jeanmaire, *Couroi et Courètes. Essai sur l'éducation spartiate et sur les rites d'adolescence dans l'antiquité hellénique* (Paris 1939); B. Bettelheim, *Symbolic Wounds. Puberty Rites and the Envious Male* (Glencoe 1954).

[15]   R. Pettazzoni, *I misteri* (Bologna 1924); "Les mystères grecs et les religions à mystères de l'antiquité. Recherches récentes et problèmes nouveaux", *Cahiers hist. mond.* 2 (1954–55), 303–312; 661–667.

delle 'iniziazioni' il motivo centrale dei suoi studi di storia delle religioni; non poterono giungere a compimento a causa della sua morte prematura nel 1977.[16]

Negli ultimi decenni, moltissimi studi hanno affrontato il tema delle iniziazioni. Occorre anche menzionare nuove scoperte, quelle di Kato Syme a Creta, con la interpretazione di Angeliki Lebessi,[17] e le scoperte di Thera, con la interpretazione di Nanno Marinatos.[18] Il fascino persiste, grazie forse alla sintesi peculiare di un racconto di avventure, di una teoria sociale e dell' esperienza tanto individuale quanto universale della maturazione personale. Ciascuno ha la sua storia di transizione e la ritrova nei miti e nei riti iniziatici persino nella distanza ideale dell' antichità: il caso-modello di "mito e rito". La favola di "Amore e Psiche", inserita da Apuleio nel suo romanzo come paradigma dello sviluppo dell'anima,[19] si rinnova da sempre. L'interesse moderno per l'omosessualità ha ulteriormente rafforzato l'attenzione per il tema, anche se c'è un unico testo non tanto preciso che ne costituisce la base, Eforo sui costumi cretesi (*FGrHist* 70 F 149). Ma anche le femministe sono attratte dal tema della "passione della fanciulla",[20] per la quale Brauron sembra essere il *locus classicus*. *[17]*

Ma ritorniamo alla terminologia antica, prendendo le distanze dai concetti moderni. Cominciamo con μυστήρια, derivazione da μύειν, "chiudere gli occhi", non è più che una etimologia popolare. C'è l'attestazione di una forma *muomeno(s)* nella Lineare B di cui non si comprende né il contesto né il significato.[21] Μύ-στας potrebbe essere una formazione molto antica, colla radice στα–, "colui che sta"; ma chi sta, e dove? il suffisso -τήριον per una

---

[16]A. Brelich, *Le iniziazioni* (Roma 1961); "The Historical Development of the Institution of Initiation in the Classical Ages", *Acta Ant.* 9 (1961), 267–283; *Paides e Parthenoi* I (Roma 1969). Brelich ebbe un influsso determinante sul mio primo studio in questa sfera, "Kekropidensage und Arrhephoria. Vom Initiationsritus zum Panathenäenfest", *Hermes* 94 (1966), 175–200 (trad. it. "La saga delle Cecropidi e le Arreforie: dal rito di iniziazione alla festa delle Panatenee", in M. Detienne [ed.], *Il mito. Guida storica e critica*, Roma-Bari 1975, 23–49) *[= in diesem Band Nr. 10]*.

[17] A. Lebessi, *Τὸ ἱερὸ τοῦ Ἑρμοῦ καὶ τῆς Ἀφροδίτης στὴ Σύμη Βιάννο* I (Athens 1985); "Flagellation ou autoflagellation. Données iconographiques pour une tentative d'interprétation", *Bull. corr. hell.* 115 (1991), 99–123.

[18] N. Marinatos, *Art and Religion in Thera* (Athens 1984); *Minoan Religion* (Columbia S.C. 1993), 203–211.

[19] Sul ruolo di "Amore e Psiche" nella prospettiva dei misteri si veda R. Merkelbach, *Roman und Mysterium* (München 1962), 1–70.

[20] W. Burkert, *Structure and History in Greek Mythology and Ritual* (Berkeley 1979), 6s.; *Creation of the Sacred* (Cambridge Ma. 1996), 69–79; cfr. P. Brulé, *La fille d'Athènes* (Paris 1987); K. Dowden, *Death and the Maiden. Girls' Initiation Rites in Greek Mythology* (London 1989).

[21] PY Un 2, 1; M. Gérard-Rousseau, *Les mentions religieuses dans les tablettes mycéniennes* (Roma 1968), 146s.

festa è miceneo.[22] Per il resto, dobbiamo attenerci alle manifestazioni di età posteriore. Nel mondo greco, sono tre le varianti principali di μυστήρια, risalenti almeno all' epoca arcaica: Eleusi, Samotracia, e i misteri bacchici; più tardi vi si aggiungono Meter, Iside e Mitra.[23] In tutte e tre i termini *mysteria, mystai, myein* sono attestati almeno dal V secolo, e per tutte e tre la traduzione latina *initia–mysteria, initiati–mystai* è canonica. Per i μυστήρια di Eleusi abbiamo le iscrizioni ufficiali dal V secolo, le testimonianze di Erodoto, di Aristofane e tutta una letteratura che copre 1000 anni[24]; per Samotracia abbiamo ancora Erodoto, più tardi dozzine di iscrizioni di μύσται εὐσεβεῖς e persino sul luogo, nel santuario, sulla porta del cosidetto hieron, l'iscrizione ἀμύητον μὴ εἰσιέναι;[25] per quanto riguarda i misteri bacchici già Eraclito (B 14) parla di μύσται che μυεῦνται, una laminetta aurea di Hipponion–Vibo Valentia che risale al 400 a.C. circa menziona μύσται καὶ βάκχαι, così come una serie di altre laminette, in parte trovate soltanto recentemente, attesta μύσται di Dioniso.[26]

In tutti questi casi è attestata anche la traduzione latina. A Samotracia troviamo liste bilingui di μύσται/*initiatei,*[27] abbiamo una allu-*[18]*sione in Terenzio e poi spiegazioni in Varrone.[28] L'azione di *initiare* a Eleusi appare in un frammento di tragedia latina; poi Cicerone parla dei *mysteria/initia,* e Livio dei "giorni di *initia*" e degli *initiati* di Eleusi.[29] Per i Bacchanalia Livio usa *initia, initiare, initiati.*[30] Più tardi, Apuleio, nel libro isiaco delle *Metamorfosi,* parla di *initiati* e *initiatae,* riportando anche l'espressione greca *teletae.*[31] Forse Samotracia fu il primo luogo di trasmissione e traduzione nell'Occidente, specialmente per i Romani, perché già nel II secolo a.C. Samotracia insisteva sulla continuità genealogica Samotracia–Troia–Roma.

---

[22] Gérard-Rousseau, *op. cit.* (n. 21), 201s.; 224s.

[23] Burkert, *op. cit.* (n. 10).

[24] *IG* I³ 6 = *LSS* 3; Hdt. 8, 65; Aristoph. *Ran.* 314 ss.

[25] Hdt. 2, 51; S. G. Cole, *Theoi Megaloi: The Cult of the Great Gods at Samothrace* (Leiden 1984); *LSS* 75.

[26] Hipponion: G. Pugliese Carratelli, *Le lamine d'oro 'Orfiche'* (Milano 1993), 20–31 *[= OF 474 Bernabé = no. 1 Graf–Johnston]*; lamina da Pherai: A. Chaniotis, *Kernos* 12 (1999), 232 nr. 40 *[= OF 493 Bernabé = no. 27 Graf–Johnston]*; Aigion: *SEG* 41 (1991) 401 *[= OF 496c,d,e Bernabé = nos. 20–22 Graf–Johnston]*; Pella: *SEG* 42 (1992) 619 *[= OF 496b Bernabé = no. 31 Graf–Johnston]*; cfr. W. Burkert, *Da Omero ai Magi* (Venezia 1999), 61–70.

[27] *Initiatei* (ortografica arcaica) nella bilingue *SEG* 29 (1979), 799.

[28] Ter. *Phorm.* 49 *initiabunt,* seguendo il modello greco di Apollodoro, fr. 16 Kassel – Austin, vd. n. 35; Varro, *Ling. Lat.* 5,58 *Samothracum initia.*

[29] Trag. inc. fr. 26 (*initiantur*) = Cic. *Nat. deor.* 1, 119; *Leg.* 2, 36 (vd. n. 9); Liv. 31,14,7.

[30] Liv. 39, 9, 4; 11,7; 15, 13 etc.

[31] *Initiare, initiatus, initiatae* Apul. *Met.* 11, 10; 19; 21; 26; 29; *teletae* 11,22; 24; 26; 27; 29; Apuleio non usa *mysta, mysteria, mysticus* in questo libro.

La traduzione latina è sorprendente.[32] Per μυεῖν/μυεῖσθαι, ci aspetteremmo qualcosa come *consecrare* o, nel senso passivo, *sacra accipere*. L'iscrizione menzionata dello hieron di Samotracia (*LSS* 75a) traduce ἀμύητοι con *deorum sacra qui non acceperunt*. Esistono d'altra parte espressioni greche che sono molto più vicine al latino *initia*, εἰσιτήρια per esempio o piuttosto εἰσιτητήρια, "cerimonie di ingresso". Questa parola viene impiegata in relazione all'inaugurazione della boule ateniese in Demostene (*Or.* 19,190) e in pieno contesto iniziatico nella iscrizione del santuario di Aglauro in relazione agli efebi di Atene.[33] Qui εἰσαγωγεῖα sembra essere parallelo a εἰσιτητήρια e ambedue i termini sarebbero ideali per 'iniziazione'. Gli Ateniesi erano pienamente consapevoli della portata sociale di tali riti e costumi di 'ingresso' per la continuità della società; una iscrizione degli efebi recita: "Il popolo vuole che coloro i quali subiscono il passaggio da fanciulli a uomini adulti divengano buoni successori (nella gestione) della patria" , ὁ δῆμος ... βουλόμενος τοὺς ἐκ τῶν παίδων μεταβαίνοντας εἰς τοὺς ἄνδρας ἀγαθοὺς γίνεσθαι τῆς πατρίδος διαδόχους.[34] Troviamo il concetto di 'passaggio' e di 'ingresso', εἰσιτητήρια, εἰσαγωγεῖα, διάδοχοι, ma gli *[19]* Ateniesi non parlano di μυστήρια in questo contesto.

Ci si potrebbe perciò chiedere se esistesse una tradizione speciale romano-latina per *initia*, riti sociali diversi dai misteri greci. Abbiamo infatti una indicazione di questo tipo, un frammento di Varrone citato per spiegare *initiare* in Terenzio; l'originale greco si riferisce a Samotracia, ma un commentatore latino nota che, secondo Varrone, "i bambini sono iniziati a Edulia, Potica e Cuba",[35] quando sono slattati, cominciano a mangiare, bere e giacere in un letto. L'informazione è isolata; sembra essere un caso degli *Augenblicksgötter* nella terminologia di Usener. Nondimeno si tratta di una fase importante, una prima 'transizione' nella vita dei piccoli, un inizio, celebrato con una festa, con regali apposti; e qui si dice: *initiantur Eduliae, Poticae, Cubae*.

D'altra parte, sempre in latino, initia può assumere un significato molto più serio, eppure diverso dal greco, che si approssima al nostro concetto di 'iniziazione'. In un capitolo di Livio che si riferisce alla guerra contro i Sanniti dell'anno 293 a.C. si dice che in questa occasione il nerbo dell'esercito sannita fu "quasi iniziato" alla guerra con "un certo rito arcaico di giura-

---

[32] Turcan, *art. cit.* (n. 8), 89s. cita Eur. *Bacch.* 466 Διόνυσος αὐτός μ' εἰσέβησ(ε).

[33] *Hesperia* 52 (1983), 48–63; *SEG* 33 (1983), 115; 46 (1996), 137 (discussione e bibliografia); cfr. *SEG* 46 (1996), 134 (Zeus Soter, 272/1 a.C.); cfr. *Bacas adiese* (= *adire*) nel *Senatus Consultum de Bacchanalibus*, *CIL* I² 581, 7.

[34] *IG* II/III² 1006,52–54.

[35] Donatus, *In Ter. Phorm.* 15,3, II 363 Wessner, vd. n. 28.

mento", *ritu quodam sacramenti vetusto quasi initiatis militibus*; la cerimonia, plasticamente descritta da Livio, si svolge in un luogo delimitato da panni di lino e comprende sacrifici, spargimento di molto sangue, orride maledizioni. Gli 'iniziati' in questo luogo furono chiamati *legio linteata*.[36] Questa sarebbe dunque l'iniziazione in una società militare, secondo una vecchia tradizione religiosa, dice Livio, con altare, sacrifici, giuramento. Livio tuttavia aggiunge un *quasi* alla parola *initiati*; a parte il problema insolubile delle fonti di Livio per un fatto del 293 a.C., non è escluso un rimaneggiamento puramente letterario. Scene di iniziazione orrida, con omicidi e cannibalismo, appaiono in vari contesti della letteratura antica, anche in alcuni romanzi, unitamente a cospirazioni, culti di briganti, così come nella propaganda anticristiana.[37]

Una iniziazione orrida ma accettata appare anche in un testo di Plutarco, nella *Vita di Cicerone*, riguardo al supplizio dei Catilinari. Per autorità del *senatus consultum ultimum* fu decretata la pena capitale per un gruppo di senatori delle prime famiglie, che avevano organizzato una cospirazione – ma non avevano ancora commesso *[20]* atti scellerati. I consoli stessi sorvegliano l'esecuzione; Cicerone proclama: *vixerunt*. Plutarco descrive l'atto pubblico, dimostrativo: "Il popolo era pieno d'orrore per il procedimento e lasciò passare le autorità in silenzio, specialmente i giovani che avevano l'impressione di essere iniziati, con terrore e stupore, a cerimonie sacre tradizionali del potere aristocratico", τοῦ δὲ δήμου φρίττοντος τὰ δρώμενα καὶ παριέντος σιωπῇ, μάλιστα δὲ τῶν νέων, ὥσπερ ἱεροῖς τισι πατρίοις ἀριστοκρατικῆς τινος ἐξουσίας τελεῖσθαι μετὰ φόβου καὶ θάμβους δοκούντων. E piuttosto romana che greca questa iniziazione politico-militare alla violenza con la violenza? Forse Plutarco si dà premura di diventare 'romano'; ma le sue espressioni intenzionalmente rassomigliano alla sua descrizione di Eleusi[38].

Un altro passaggio su cui vorrei attirare l'attenzione è nella *Germania* di Tacito. Tacito descrive un santuario centrale delle tribù dei Semnoni che ha come prerogativa un rituale orribile: "Tutti i popoli del medesimo sangue convengono, per delegazioni, in un bosco sacro per le divinazioni dei padri e per l'antico terrore che ispira. In pubblico ammazzano un uomo e così celebrano l'inizio orribile del rito barbaro", *in silvam auguriis patrum et prisca formidine sacram omnes eiusdem sanguinis populi legationibus co-*

---

[36] Liv. 10,38.

[37] Vd. A. Henrichs, "Pagan Ritual and the Alledged Crimes of the Early Christians", in *Kyriakon. Festschrift J. Quasten* (Münster 1970), 28–35.

[38] Plut. *Cic.* 22, 2–6; cfr. fr. 178 Sandbach. Cfr. anche Plut. *Titus Flam.* 2 ἀτέλεστον ἔτι τῶν πρώτων ἱερῶν καὶ μυστηρίων τῆς πολιτείας; *initia regis*: Varro, *Ling. Lat.* 5,8.

eunt caesoque publice homine celebrant barbari ritus horrenda primordia. Cosa significa *celebrant primordia*, nella lingua idiosincratica di Tacito? Appena soltanto "celebrano l'inizio della festa"; si è proposto "celebrano una festa del grande inizio", della cosmogonia, adducendo il mito cosmogonico dell'Edda; mi chiedo se primordia sia adoperato in luogo di *initia*, "celebrano la festa di iniziazione" della confederazione, a cui i delegati di tutte le tribù devono essere presenti.[39]

Col passo di Plutarco siamo arrivati all' altra radice greca che sempre compare in un contesto iniziatico, τελεῖσθαι. Ma prima ancora alcune osservazioni sullo sviluppo semantico di μυστήρια: μυστήρια compare come metafora in tre ambiti strettamente connessi, l'iniziazione erotica, l'iniziazione filosofica e l'iniziazione scolastica. Per i misteri erotici e filosofici è assolutamente dominante l'influsso del *Simposio* e del *Fedro* platonico. Non è questo il luogo per dilungarsi su questi testi famosissimi, basti solo constatare che erano testi arditi, persino scandalosi al loro tempo. Essi tuttavia ci precludono *[21]* la comprensione di ciò che esisteva prima di Platone: era presente un elemento erotico-sessuale nei misteri, se non a Eleusi, magari nei misteri bacchici? Sarebbe possibile rintracciare le vestigia di una 'iniziazione di pubertà' molto arcaica da cui i μυστήρια provengono? Dopo Platone, espressioni dell' "iniziazione erotica",Ἔρ ωτος μυστήρια, divengono correnti, fino ai romanzi della tarda antichità;[40] è anche possibile fare allusioni oscene sulla "comunione mistica", μυστικὴ συνδια-γωγή.[41] Inoltre è da notare che l'espressione "iniziato a Eros" si trova già in Senofonte;[42] è controverso se Senofonte sia dipendente da Platone in questo uso linguistico, come accade nel suo *Simposio* in generale.

Uno sviluppo più sublime ha avuto l'idea dell'iniziazione filosofica, della filosofia come una sorta di μυστήρια, che da Platone si estende attraverso tutto il Platonismo fino al 'misticismo' dei Neoplatonici, di Dionisio Areopagita e dei Cristiani. Anche questo non è un tema da affrontare qui.[43] Si aggiunge l'uso o l'abuso della metafora misterica nelle scuole di retorica: "Dopo che siete stati iniziati alle orazioni e ai processi divini di Demostene,

---

[39] Tac. *Germ.* 39, 2.

[40] Cfr. p. es. Ach. Tat. 8, 12,4; vd. anche τέλος ὁ γάμος Poll. 3, 38.

[41] Diog. Laert. 10,6; μύστης: Euphor. *Anth. Pal.* 7,406; misteri di Priapo: Petron. 16–26.

[42] Xen. *Symp.* 1, 10 τοῖς τετελεσμένοις τούτωι τῶι θεῶι.

[43] Ch. Riedweg, *Mysterienterminologie bei Platon, Philon und Klemens von Alexandrien* (Berlin 1987); G. Wojaczek, "Ὅρ για ἐπιστήμης. Zur philosophischen Initiation in Ciceros *Somnium Scipionis*", *Würzb. Jahrb.* 9 (1983), 123–145; 11 (1985), 93–128.

... adesso occorre recarsi all'interno dei misteri di Tucidide", così l'esordio di un professore nella lettura di un nuovo autore.[44]

Un ultimo uso o abuso si trova nella tarda antichità, specialmente dal punto di vista cristiano: μυστήριον diviene la designazione di ogni culto pagano, con una sorta di ironia distante. È da temere che questo sia avvenuto persino negli scolii ad Aristofane – questi scolii sono di composizione tarda, bizantina, provengono dal materiale dei lessici. Così il testimonio basilare su Brauron, lo scolio a Lisistrata 645, dice: ἄρκτον μιμούμεναι τὸ μυστήριον ἐξετέλουν, e poi μυστήριον ἄγουσιν αὐτῆι (sc. τῆι Ἀρτέμιδι).[45] Credo che il singolare, μυστήριον, sia fuorviante in questo testo. Un apografo (*Neap.*) ha alterato: τὰ μυστήρια in luogo di μυστήριον. *[22]*

Più importante, e più generale, è l'uso della radice *tel-* che regolarmente appare nel contesto dei misteri,[46] L'etimologia di *telein* non è chiara, grazie al Miceneo: abbiamo la concorrenza di due radici, *qel-* e *tel-*, che non è più possibile separare nel greco post-miceneo e che producono una confusione semantica. La radice *tel-*, in ogni caso, è molto più generale di *myein/ mystes/mysteria*. Τελετή può designare ogni celebrazione, ogni festa; ma un uso specifico si trova quando τελεῖν appare con un oggetto di persona, τελεῖν τινα, e principalmente al passivo, τελεῖσθαι (τῶι θεῶι).[47] È in questo senso che τελεῖσθαι si approssima di più a 'iniziazione'. Ci sono alcuni tentativi nella lingua greca per costruire una forma più specifica per questo senso transitivo, 'iniziare': troviamo τελέζειν (*LSCG* 166, 60 Cos: τελεζόμεναι), τελίσκειν (*LSS* 115, 43 Cirene), e προτελίζειν.[48]

Τελεῖν significa chiaramente l'assunzione di uno stato personale nuovo acquisito mediante un rituale, dunque l'"iniziazione nel senso pieno. Τελεῖν si trova dunque nei contesti di tutti i misteri. Per Eleusi questo è implicito già nell'inno arcaico a Demetra: colui che non è iniziato non partecipa alla felicità postmortale, ὃς δ'ἀτέλης ἱερῶν ... (481). Τελεῖν è adoperato per lo più per i misteri bacchici, già in Erodoto: Διονύσωι Βακχείωι τελεσθῆναι (4,79,1). Le laminette auree di Pelinna segnalano τέλεα, feste sotteranee "degli altri felici".[49] Pindaro (fr. 131a) esalta la felicità degli iniziati nell'Ade: "essi sono tutti beati prendendo parte alle iniziazioni che liberano dagli affanni", ὄλβιοι δ' ἄπαντες αἴσαι λυσιπόνων τελετῶν.

---

[44] Marcellin. *Vit. Thuc.* 1 Τῶν Δημοσθένους μύστας γεγενημένους θείων λόγων τε καὶ ἀγώνων ... ὥρα λοιπὸν καὶ τῶν Θουκυδίδου τελετῶν ἐντὸς καταστῆναι.

[45] Ed. J. Hangard (Leiden 1996); cfr. G. Zuntz, *Die Aristophanes-Scholien der Papyri* (Berlin 1975). Vd. anche τὰ μυστήρια *Schol.* Theocr. 2, 66–68b; *Schol.* Eur. *Phoen.* 235.

[46] F.M.J. Waanders, *The History of τέλος and τελέω in Ancient Greek* (Amsterdam 1983).

[47] Hdt. 4, 79, 1; Xen. *Symp.* 1, 10 (vd. n. 42).

[48] Cratin. fr. 191 Kassel – Austin; Eur. *I.A.* 433.

[49] Ed. Pugliese Carratelli, *op. cit.* (n. 26), 62–64 *[= OF 485 Bernabé = no. 26a Graf-Johnston]*.

Con questa terminologia sono designati certi gruppi di 'iniziati' in iscrizioni di Lemno. A Lemno esiste, dal periodo arcaico, un Kabirion. Sono misteri locali, distinti da Tebe e da Samotracia. Le iscrizioni parlano di una "assemblea degli iniziati", persino di un "popolo degli iniziati", ἐκκλησία τῶν τετελεσμένων ... ἔδοξεν τῶι δήνωι τῶν τετελεσμένων.[50] Quale che sia l'organizzazione sociale a *[23]* Lemno riguardo a questo culto, è chiaro che esiste un rituale 'iniziatico' che produce τετελεμένοι e implica una certa esclusività: non tutti i cittadini sono τετελεσμένοι, e solo questi ultimi costituiscono una società separata, se non segreta.

La situazione è diversa nell'isola di Mykonos, dove una 'legge sacra', un calendario di culti stabilisce una festa di Demetra, Core, e Zeus Bouleus, alla quale può partecipare "fra le cittadine di Mykonos ogni donna che lo voglia", e fra le residenti non cittadine "quelle che sono iniziate a Demetra", εἰς τὴν ἑορτὴν βαδιζέτω Μυκονιάδων ἡ βουλομένη καὶ τῶν οἰκουσῶν ἐμ Μυκίνωι ὅσαι ἐπὶ Δήμητρι τετέληνται.[51] Le straniere hanno bisogno di un rito addizionale, un τελεῖσθαι per accedere al livello delle cittadine in questo culto. L'iniziazione fa la differenza.

Un fenomeno importante, anche se non molto vistoso, è l'iniziazione per i sacerdoti; risulta piuttosto dalle iscrizioni che dai testi letterari. Non c'era una organizzazione rigida dei sacerdoti nell'antichità greca, non si trattava di un ordo; contrariamente a quanto avveniva nelle carriere politiche e militari, "ognuno può divenire sacerdote", si diceva.[52] Ma erano cerimonie vincolanti, diverse per i diversi culti, e il termine per queste era τελεῖσθαι.

Darò rapidamente qualche esempio: a Cos, in un culto di Adrasteia e Nemesis, l'iniziazione del sacerdote è prescritta "secondo l'uso corrente", τὰν τελετὰν τοῦ ἱερέω[ς· ... τελέσ]αι τὸν ἱερῆ κατὰ τὰ νομιζόμεν[α (*LSCG* 160,13,10, III sec. a.C). Un'altra iscrizione di Cos regola il costo della cerimonia; paga la città: τὸν δὲ ἱερῆ τελεσάτω ἁ πόλ[ις κατὰ τὰ ν]ομιζόμενα (*LSCG* 167). Ancora a Cos viene menzionata l'iniziazione di sacerdoti nel culto di Dionysos Thyllophoros: τὰν δὲ ἱέρειαν [τελέσ]ει ἁ πόλ[ις ... ὅπως δὲ τελεσθῆι ἁ ἱέρεια κατὰ τὰ νομιζόμενα, τοὶ πωληταὶ ἀπομισθωσάντω

---

50 *Ann. Scuola Archeol. Atene* 3–5, 1941–43, 76–82; 87; 89; *SEG* 44, 1994, 253; 45, 1995, 1181, ca. 300 a.C. Vd. R. Parker, "Athenian Religion Abroad", in R. Osborne – S. Hornblower (edd.), *Ritual, Finance, Politics. Athenian Democratic Accounts presented to D. Lewis* (Oxford 1994), 339–346; J. Cargill, *Athenian Settlements of the Fourth Century B.C.* (Leiden 1995), 181s.

51 *LSCG* 96, ca. 200 a.C. Cfr. Callim. *Hymn.* 6, 128 s.: "alla dea soltanto le donne iniziate (τελεσφορέας?) devono andare", le altre rimangano fuori.

52 Isocr. *Ad Nic.* 6. Cfr. W. Burkert, *Griechische Religion der archaischen und klassischen Epoche* (Stuttgart 1977), 163 (trad. it. *La Religione Greca di Epoca Arcaica E classica*, 2ª ed. it. con aggiunte dell'autore, a cura di G. Arrigoni, Milano 2002).

(*LSCG* 166, II/I sec. a.C). E ancora a Cos, con qualche dettaglio: τοῖσδε τελ[έζεται ὁ ἰαρεὺς ... καθαίρεται χοίρωι] ἔρσενι ἐπὶ θαλ[άσσαι ... κ]αὶ ἐπιθύει ἀλ[φίτων ἡμίεκτον (*LSCG* 157 A, 1). Il sacrificio del porcellino rimanda alla iniziazione eleusina. Un altro rituale compare a Pergamo, nel culto di Dioniso: il sacerdote "fu consacrato con libagione", κατεσπείσθη ἐπὶ τὰ ἱερά (*OGI* 331,20). *[24]*

Altri dettagli appaiono a Erythrai, concernenti il sacerdozio dei Kyrbantes: "Colui o colei che compra il sacerdozio dei Kyrbantes sarà iniziato coll'orgion di Herse e ... (lacuna) e di Phanis, con tutti e tre, se vuole, se non vuole, con quello che vuole ...", ὁ πριάμενος καὶ ἡ πρι[αμένη τὴν ἱερ]ητείην τῶγ Κυρβάντων [τελεσθήσετ]αι τῶι ὀργίωι τῶι῾Εσ ης [καὶ ——]όρης καὶ Φανίδος, ἢμ μὲν [δυνατὸν ἦι] πᾶσι, εἰ δὲ μή, οἷς θέληι κα[ὶ καλῶς ἔχ]ηι, κατὰ τὸ ψήφισμα· οἱ δὲ π[ριάμενοι] τὰς ἱερητείας τελεῦσι κ[αὶ κρητηρ]ιεῦσι καὶ λούσουσι τοὺς [τελευμέν]ους...[53] Qui il verbo decisivo è in lacuna; una integrazione alternativa invece di τελεσθήσεται sarebbe ἱερήσεται καὶ (*sic* in *Inschriften von Erythrai*); il parallelo decisivo viene da un testo letterario, dal *Nomos* della collezione ippocratica: "Le cose sacre sono mostrate a persone sacre; non è lecito (mostrarle) ai profani, prima che siano iniziati con gli orgia della scienza", τὰ δὲ ἱερὰ ἐόντα πρήγματα ἱεροῖσιν ἀνθρώποισι δείκνυται· βεβήλοισι δέ, οὐ θέμις, πρὶν ἢ τελεσθῶσιν ὀργίοισιν ἐπιστήμης. Questo ci riconduce dal culto misterico alla metaforica scolastica; è tanto piaciuto agli studiosi, Wilamowitz incluso.[54]

L'iniziazione del sacerdote è affine a quella di un re. Quest'ultima è estranea ai greci, ma stimola la fantasia. Platone, nel *Politico*, afferma che in Egitto la regalità è in stretto rapporto con lo stato di sacerdote, e se qualcuno che non appartiene a una famiglia sacerdotale diventa re, deve essere 'iniziato' in questa famiglia, εἰς τοῦτο εἰστελεῖσθαι αὐτὸν τὸ γένος.[55] Un uso parallelo ricorre in Plutarco, riferito al re persiano Artaserse, "affinché fosse iniziato attraverso l'iniziazione regale dai sacerdoti fra i Persiani", ὅπως τελεσθείη τὴν βασιλικὴν τελετὴν ὑπὸ τῶν ἐν Πέρσαις ἱερέων...[56]

Sacerdote, mago, sofista e scienziato insieme è il Socrate di Aristofane, nelle *Nuvole*: qui l'insegnamento offerto a Strepsiade diventa iniziazione ad una società segreta; Socrate è lo ierofante di dèi nuovi; sembra vi siano

---

[53] IV sec. a.C., *LSAM* 23 = *Inschriften von Erythrai*, nr. 206; un nuovo frammento in N. Himmelmann, *Epigr. Anatol.* 29 (1997), 117–121 = *Tieropfer in der griechischen Kunst* (Opladen 1997), 75–82. Cfr. F. Graf, *Nordionische Kulte* (Roma 1985), 319–325; E. Voutiras, *Kernos* 9 (1996), 243–256.

[54] Hippocr. *Lex* 5, 642 L.; preso come motto (coll'indicazione falsa 'Demokritos') da U. v. Wilamowitz-Moellendorff, *Euripides Herakles* I (Berlin 1889).

[55] Plat. *Polit.* 290e.

[56] Plut. *Artax.* 3, 1.

allusioni soprattutto ad Eleusi. Strepsiade deve mettersi a sedere su uno sgabello speciale, 'sacro', prendere una *[25]* corona, si copre la testa, mentre Socrate evoca le Nuvole divine; il candidato deve entrare nudo (498) nel phrontisterion; anche l'immagine del sacrificio cruento è presente (257). "Noi facciamo tutto questo per i candidati all'iniziazione", dice l'assistente, ἀλλὰ ταῦτα πάντα τοὺς τελουμένους ἡμεῖς ποιοῦμεν.[57] Ecco l'esecuzione collettiva del rituale iniziatico – purtroppo soltanto in parodia.

Ritorniamo finalmente alla sfera di Brauron col termine προτέλεια. Usciamo ancora una volta dalle metafore e dalle immagini dei letterati per arrivare alla realtà rituale, un rituale preliminare nel contesto delle nozze.

Dice il lessico di Fozio, che segue lessici atticisti anteriori:[58] "*Proteleia* chiamano un giorno in cui i genitori conducono alla dea sull'acropoli la vergine che va a sposarsi e fanno un sacrificio", προτέλειαν ἡμέραν ὀνομάζουσιν, ἐν ἧι εἰς τὴν ἀκρόπολιν τὴν γαμουμένην παρθένον ἄγουσιν οἱ γονεῖς ὡς τὴν θεόν, καὶ θυσίαν ἐπιτελοῦσιν. È da rilevare che sono i genitori insieme alla fanciulla a compiere il rito: è una cerimonia familiare pubblica "sull'acropoli"; la fanciulla esce dalla casa, esce dalla vita di bambina per presentarsi "alla dea". Non c'è dubbio che si tratti di un rito di passaggio, molto ridotto, che inizia con la separazione e continua con la dimostrazione di una 'alterità' prima di cominciare una nuova fase della vita.

"La dea" sull'acropoli con ogni probabilità è Artemide Brauronia. Lo suggerisce una fonte anteriore, ufficiale, dalla collezione di psephismata di Atene fatta da Cratero nel 300 a.C. circa: "Fare l'orsa: la consacrazione delle vergini prima delle nozze ad Artemide di Munichia oppure di Brauron", τὸ καθιερωθῆναι πρὸ γάμων τὰς παρθένους τῆι Ἀρτέμιδι τῆι Μουνυχίαι ἢ τῆι Βραυρωνίαι.[59] Qui si tratta di un decreto della polis, non del costume di un santuario o di una famiglia. Evidentemente si cerca un compromesso politico fra i culti di Munichia e di Brauron che risultano due *[26]* possibilità equivalenti. Sappiamo che Pisistrato si occupò del culto di Brauron,[60] e inaugurò un santuario di Artemide Brauronia sull' acropoli, trasferendo il culto del suo paese al centro della città. Qui dunque si poteva eseguire il rito

---

[57] Aristoph. *Nub*. 257s.; W Burkert, *Homo Necans* (Berlin-New York 1972), 296s. (trad. it. Torino 1981 [1982]).

[58] Phot. s.v. *[p.464,19 Porson]*; cfr. Phot. s.v. προτέλεια *[p. 464,9 Porson]*: προτέλειος, ἡ πρὸ τῶν γάμων τελουμένη θυσία; Harpocr. s.v. προτέλεια; Pausania Atticista e Elio Dionisio in Eust. 881, 30 = H. Erbse, *Untersuchungen zu den attizistischen Lexika* (Berlin 1950), 138; 205; Poll. 3, 38; *An. Bekk.* 293, 5; Hesych. s.v. γάμων ἔθη; Cratin. fr. 191 Kassel – Austin; cfr. Aesch. *Ag.* 65; 227; Plat. *Leg.* 774e; IG I³ 5 = *LSCG* 4,2 (la festa sportiva prima degli Eleusinia); Burkert, *op. cit.* (n. 57), 75 n. 20.

[59] *FGrHist* 342 F 9 = Harpocr. s.v. ἀρκτεῦσαι.

[60] Phot. s.v. Βραυρωνία *[B 264 Theodoridis]*.

normale, ridotto ai minimi termini: καθιερωθῆναι, un aoristo passivo nell'
aspetto 'perfettivo', designa un atto di transizione che ha la sua conclusione.
Sarebbe equivalente dire: προτελεσθῆναι.

Un quadro più vivido è presentato da Euripide che nell'*Ifigenia in Aulide*
introduce il rito dei *proteleia*: l'arrivo di Ifigenia ad Aulide suscita vari
discorsi nell' esercito, corre voce che si tratti di uno sposalizio, si suppone
che "facciano la consacrazione preliminare della vergine ad Artemide, la
signora di Aulide", Ἀρτέμιδι προτελίζουσι τὴν νεάνιδα, Αὐλίδος ἀνάσσηι
(433 s.). Qui è dato per scontato che si possa eseguire un tale rito in modo
stravagante, recandosi a un santuario famoso, persino distante, come il
μικροφιλότιμος di Teofrasto fa il viaggio a Delfi per tagliare i capelli del
figlio.[61] Gli spettatori della tragedia sanno che ad Aulide la situazione è
molto più seria. Euripide pone in rilievo l'aspetto cruento dei προτέλεια,
con tutto l'apparato del sacrificio, χερνίβες per la purificazione, προχύται
che sono gettate nel "fuoco purificatore", e "vitelli che devono cadere per la
dea" (1110 s.). Ricordiamo l'ambiguità fra iniziazione e sacrificio cruento
anche in un capitolo di Livio sulla *legio linteata*, o nella parodia delle *Nuvo-*
le di Aristofane. Clitemestra, nella sua discussione con Agamemnone,
sembra accettare che il padre possa fare il sacrificio preliminare anche senza
la presenza della madre e della fanciulla: "Hai già macellato προτέλεια per
la dea?". "Sono sul punto di farlo", Agamemnone risponde (718 s.). Il rito
normale, che nella commedia menandrea attira appena l'attenzione, può
essere saltato e appare soltanto in retrospettiva,[62] diviene perversione nella
tragedia. Nondimeno un sacrificio appartiene anche al rituale di Brauron,
una capra è sacrificata. Il mito eziologico di Brauron parla di morte e di col-
pa: un' orsa di Artemide, aggressiva ma sacra, fu uccisa, la dea si vendicò
del sacrilegio, infine le fanciulle sostituirono l'orsa ...[63]

L'importanza ufficiale che la polis di Atene attribuiva a questo *[27]*
culto e che trova espressione nello splendido progetto architettonico di cui
vediamo ancora le tracce, risalta anche da una iscrizione di Brauron: ci si
prende cura "affinché sia salvo e in buono stato tutto ciò che la città ha co-
struito e consacrato alla dea, per la salvezza del popolo ateniese", ὅπως ...
πάντα σᾶ εἶ καὶ ὑγιῆ ... ἃ ἡ πόλις οἰκοδομήσασα ἀνέθηκεν τῆι θεῶι ὑπὲρ
σωτηρίας τοῦ δήμου τοῦ Ἀθηναίων.[64] La "salvezza" del popolo dipende
dagli onori offerti alla divinità, inclusa l'esecuzione del culto brauronio. Gli

---

[61] Theophr. *Char.* 21, 3.

[62] Men. *Sam.* 713 = fr. 903.

[63] Καὶ θύεται αἴξ: Hesych. s.v. Βραυρώνιος. Vd. W. Sale, "The Temple-Legends of the Arkteia",
     Rh. Mus. 118 (1975), 265–284.

[64] Per questa iscrizione vd. n. 6.

Ateniesi probabilmente non avrebbero proposto una teoria sociologica sulla continuità della società mantenuta attraverso l'iniziazione, nonostante il principio di ἀγαθοὺς γίνεσθαι τῆς πατρίδος διαδόχους; avrebbero piuttosto parlato del grande pericolo della collera di Artemide, la "leonessa delle donne"[65] che minaccia le giovani spose nel puerperio. Ma sono veri riti 'di passaggio', riti che assicurano un passaggio senza danni attraverso una via pericolosa. Così la "salvezza del popolo" è garantita.

Voglio ancora presentare un'altra formulazione significativa, anche se tarda, che proviene da una spiegazione grammaticale dei προτέλεια: προτέλεια chiamavano gli Ateniesi le preghiere con i sacrifici prima delle nozze; infatti chiamavano le nozze τέλος in quanto perfezionerebbero l'uomo per la vita", προτέλεια μὲν ἐκάλουν Ἀθηναῖοι τὰς πρὸ τῶν γάμων μετὰ τῶν θυσιῶν εὐχάς· τὸν γὰρ γάμον τέλος ἐκάλουν ὡς τελειοῦντα πρὸς τὸν βίον τὸν ἄνθρωπον.[66] "Perfezionare l'uomo – o anche la fanciulla – per la vita", è questa una giustificazione convincente dello scopo dell''iniziazione'.

Siamo dunque incoraggiati a cercare contesti e riti iniziatici presso gli antichi, nonostante la scarsa corrispondenza fra concetto moderno e terminologia antica, e ad assegnare un posto d'onore in questo contesto ai riti delle fanciulle di Brauron.

---

[65] Hom. *Il.* 21, 483; cfr. N. Demand, *Birth, Death and Motherhood in Classical Greece* (Baltimore 1994), 88–91; 107–114.

[66] Max. Conf. *In Dionys. Areop. epist.* 8, 6 (IV 553 *Migne*) = Cratin. fr. 191 Kassel – Austin.

Erschienen in: Sarah Iles Johnston und Peter Struck (Hrsgg.), Mantikê. Studies in Ancient Divination, Leiden: Brill, 2005, 29–50

9. Signs, Commands, and Knowledge: Ancient Divination Between Enigma and Epiphany

Cicero thought that the use of divination was universal amongst humans (*De div.* I.1,1). One might agree, insofar as the management of the future is a distinctly human problem. Or rather a double problem, for in fact one must first project what to expect or what to avoid, and second, considering that humans are social animals, one must also find some method of ending dissent and confusion and of deciding what is to be done. Both goals can be achieved by divination.

And yet we know Cicero was wrong. Haruspices have disappeared, and birdwatchers no longer search the skies for supernatural signs. Both Christianity and Islam have abolished divination in theory, and have reduced it to a niche existence in practice. Nonetheless it would be wrong to say that divination is dead, even in modern western cultures. Some years ago it was said to have entered the White House, and a congress of astrologers would draw much bigger crowds than a scholarly congress on divination can muster. During the time of the second world war, when questions about lives and deaths of sons or husbands far away in battle were persistent and unanswerable, there was an outburst of all sorts of divination, from reading coffee-grounds to clairvoyance. Yet divination has largely disappeared from at least the surface of daily life, even if some stock traders secretly use forms of irrational prediction.

In the ancient world, no doubt, divination was ubiquitous; there clearly was a Near Eastern-Mediterranean *koinê* of forms and traditions – with local variants, intercultural infiltrations, and some continuous change of trends or fashions, of course. Cicero noticed with interest the special prestige and forms of divination that existed in Cilicia, where he had held office as proconsul (*De div.* I.1, 2). Among the Romans, Etruria was famous as a center of divination for centuries – unfortunately, none of the Etruscan books of divination now survive. Sizeable collections of cuneiform texts are extant from Mesopotamia, with much the same emphasis on birds and on liver inspection as in Etruria and *[30]* Rome, as well as on some additional forms.[1] A collection of Sibylline Oracles has survived, thanks to Christian interest in them, and we still have quite an extensive collection of texts in Greek, Latin and other languages concerning astrology. Bouché-Leclercq's old handbook, *Histoire de la divination dans l'antiquité* (1879–1882) has four volumes; nobody has attempted such a comprehensive account since then, in spite of the fact that we now have oriental texts that were unavailable to Bouché-Leclercq.

As the modern world emerged, divination came to be considered "superstition" and described as "primitive," in opposition to the Enlightenment that was to bring progress towards the understanding and domination of reality. Now, however, most scholars agree that divination cannot really be understood as an irruption of "the primitive" into an orderly world, but rather offers established forms of modeling reality and social interaction, of dealing with crisis and conflict – and as doing so with a high degree of rationality. Divination is not irrational but rather an attempt, perhaps a desperate attempt, to extend the realm of *ratio*, the realm of knowledge and control, beyond the barrier of the future, and the barrier of death, into the misty zones from which normal knowledge and experience is absent. This ambivalence between the irrational and the rational is one of the topics that I will address below.

We should not ignore, of course, the enormous potential of divination as a topic in rhetoric and poetry, as a subject of literary fresco painting. Already in Homer we meet with portentous birds who fly from the left or from the right and do strange things. Remember as well that most wonderful example of poetic divination, the first choral song of Aeschylus' *Agamemnon*, where two eagles tearing apart a pregnant hare strike the keynote of the tragic plot of violence that is about to unfold, hinting at human aggression and angry gods, and unavoidable guilt. It is divination that turns uncertainties into foreseeable fate and thus gives direction and color to barren events. What would Macbeth be without the witches? Cicero, with a mixture of self-complacency and irony, cannot resist the temptation to quote his own poems about himself and the Catilinarian affair in his *De divinatione*; these begin with *[31]* a grandiose scene of heavenly signs that announce the great events (*De div.*I.9,17 ff). Tacitus was not immune to the allure of divination when he cast the opening of his *Historiae*, nor was Thucydides, given his references to earthquakes and eclipses at the beginning of his work (1.23.3). It is interesting that even Silenus of Caleacte, who wrote for Hannibal, used

---

[1] On birds: F. Nötscher, "Die Omen-Serie summa âli ina mêlê sakin". On extispicy, A. Boissier, *Choix de textes relatifs à la divination assyro-babylonienne* (Genève 1905) and I. Starr, *The Rituals of the Diviner* (Malibu 1983)

such "scenic complements" in narrating the Hannibalic War; he introduces an assembly of the gods who order Hannibal to begin his war and give him a daemonic guide (Silenus *FGrHist* 175 F 2 = Cic. *De div.* I.24,49 cf. Liv. 21.22; Dio Cass.13.56.9); we are left to speculate about how far this literary practice is Greek, Punic, or just Mediterranean *koinê*.

But this essay must not pursue the tempting paths of literary interpretation; nor can it try to update Bouché-Leclercq. Rather, to return to my earlier remark, it will present some reflections concerning three paradoxes inherent to what I perceive as either the antagonism or the coincidence of rationality and irrationality in divinatory phenomena: 1. The interference of "natural signs" and "supernatural pronouncements" in divination; 2. The antagonism of pious belief and attempts at control; 3. The ambivalent position of divination between the political and social establishment and potential revolution in ancient society.

I. Natural Signs and Supernatural Pronouncements

Ancient theory – see Cicero's *De divinatione* – used to distinguish between two main forms of divination, "natural" and "technical," and assigned dreams and ecstasy to the "natural" branch, whereas liver-omens, bird-omens and their like were included in the "technical" section, because these required techniques that had to be "learned" from experts. We are tempted to see things the other way round: to observe signs and to react to them is an absolutely natural behavior, in fact a strategy of life in general; all sorts of animals do it. There is learning by observation of signs, be it by unconscious or conscious recall. Of course learning from signs can also be erroneous or perverse, as Pavlov's poor dog was compelled to demonstrate at the beginning of the twentieth century. But normally, the ability to observe and learn from signs is a token of intelligence. For humans, with their wide and unspecific capacities of perception, the question is, and always has been, how to judge the relevance and meaning of particular signs, how *[32]* to distinguish regular sequences from pure coincidence, how to sort out what is meaningful within the vague and poorly delimited sphere of concomitant perceptions. We automatically do this all the time through our sensory apparatuses, as does any living being within the faculties of its own cognitive system. Looked at in this way, divination is nothing "divine" but rather an accumulation of experiences about the relevance and meanings of signs; the results of such experience will, of course, be recorded and taught within the cultural memory of a civilization, and as soon as writing is available, it can be further preserved in written form.

If the fundamentals of how we obtain knowledge through experience are clear in theory, the contents and the limits, the rules for confirmation or refutation are much less clear in practice. *Probatum est* is the old slogan of charlatans; what is to prove the proof? Knowing how to orient oneself by the stars at night is useful practical knowledge – migrating birds who fly at night do the same to find south or north. And since, by some biological automatism, we see groups of stars as figures instead of random assemblages of dots, thus aiding ourselves in orientation, we invent and learn about the constellations – Odysseus is told by Calypso to keep the Bear on his left in order to travel east (*Od.* 5.576–7). Marking the seasons of the year by observing the risings and settings of stars in the morning and/or the evening is just a slightly more advanced form of knowledge, depending on longer experience. Neolithic farmers possessed this knowledge, and possibly even Palaeolithic hunters.

But, as long as we are gazing at the sky, what about weather signs and weather predictions? Red sky in the morning, red sky in the evening: these are comparatively reliable signs of either bad or good weather in central Europe. They are mentioned already in the New Testament and they can be scientifically explained – although far fewer people know about the explanation than know about the signs themselves. Yet in contrast to this widely known and almost universally accepted belief, opinions still differ widely as to the question of whether the moon influences the weather. Ancient calendars had entries for rains, winds, and freezes following on the appearances of certain stars; this was part of the "scientific" information they provided, even if more scholarly editions noted conflicting opinions of the specialists on these ἐπισημασίαι. Even today, some specialist craftsmen think that certain phases of the moon are more appropriate for cutting trees; violin makers in Mittenwald observe the phases of the moon when they *[33]* apply varnish to their violins. Are these remnants of old and venerable experiences or are they "superstitions?" To find this out by scientific methods in the modem sense would be uncommonly laborious and time-consuming, and would risk spoiling a lot of violins.

A science that depended heavily on the use of "signs" for prognosis was ancient medicine. It seems that the main thing expected of a doctor was that he could tell in advance whether a sick person was to recover or not, and how soon. Records of single cases in the *epidêmiai*-books of the Hippocratic corpus served as a database of accumulated knowledge, but success would still depend largely on the individual doctor's empathy and situational feeling as well – difficult things to spell out in general terms.

It is important to note that observation of signs, and belief in signs, is not at all dependent on causal explanations; such explanations may eventually be added later through science, or may remain obscure. Poseidonius observed the coincidence of the Atlantic Ocean tides with the appearance of the moon; this knowledge was perpetuated and later confirmed for the Indian Ocean (Cic. *De div.* II.14,34; Indian Ocean: *Peripl. Mar. Erythr.* 45). For Poseidonius, this was confirmation of his ideas about the *sympatheia* of the cosmos, confirmation that the world interacted with itself like a living being. The practical use of such knowledge for mariners was totally independent from such speculation, however, and what we would call the "scientific" explanation of the phenomenon had to wait for Isaac Newton, some 1700 years later.

It is striking how widespread the practice of bird-watching is in divination: observation of the flight of birds, especially birds of prey, is evident in the dominant practice of ancient *ornithomanteia*, as well as ancient poetry. To explain how this came about, one might speculate about aboriginal humans or proto-hominids being scavengers: if so, it was helpful – indeed necessary – for them to observe birds of prey, especially vultures, in order to find food. In foundation legends, the hero is often instructed to follow an animal; this seems to recall a hunter's practice. If so, we would be able to see a shift from practical to purely symbolic and hence much more generally applicable behavior in divination, to "superstition" in the full meaning of the word.

But signs can make their meanings explicit only if humans lend them language. Explication and interpretation are the inseparable correlates of observation. For humans, signs become a form of language, not just hints to be followed, but allusions to be understood, commands to be executed. Given that humans are surrounded by *[34]* speech from their earliest experiences – by speakers of all kinds with their demands and commands, by voices that indicate, encourage or withhold, even if the speaker is not always clearly identifiable – voices become "signs" in themselves, calling for interpretation and reaction. Amidst uncertainties and confusion even for adults, some voice may suddenly stand out, clearly understood (old Greek words for this are ὄσσα or ὀμφή). Auditory illusions then can come in. The Romans divinized Aius Locutius, the voice heard at night that predicted the invasion of the Gauls.

This brings us to the insight that experience based on signs is overtaken by another dimension, a "higher" dimension no longer of pre-notation, but of prediction. Certain women and men seem to "know more" than others. They see, hear and perceive what has escaped others. There are people who command attention by abnormal behavior, who testify to additional dimensions of reality, who carry uncommon messages. They may exhibit forms of altered consciousness – "possession," "ecstasy," "trance," or whatever terms of reference a given language uses. The phenomenon probably is universal, but the attention and treatment it receives varies amongst different civilizations, from acceptance, to repression, to control. In some cases, those who "know more" may be less strikingly marked out or excluded than in others. But at any rate, many cultures include specialists in divination, and even special places in which they can pursue it.

Greeks of the archaic period were averse to describing the phenomena of ecstasy; still more averse have been modern classicists – there have been strange debates about what happened at Delphi, for example. Feelings of "otherness' seem to adhere to the very concept of *theos*; *thesphaton* means the utterance of some seer or oracle. There is one ecstatic scene in the *Odyssey*, in which Theoclymenus (a "speaking" name, meaning "god-renowned") sees impending doom approaching the suitors who are gathered in Odysseus' hall like a cloud of night suddenly breaking in (*Od.* 20. 350 ff.); the suitors call him "crazy." Scholars have claimed that the scene is alien to Homeric style and therefore have attributed it to some problematic *Bearbeiter*. But these phenomena were common in cultures adjacent to Greece. Akkadian has a term for "getting crazy" that is applied to males and females in certain sanctuaries who deliver their messages in such a state (*mahû - mahhû AHW* 586/582); Bronze age texts from Mari on the Euphrates and later texts from the court of Assurbanipal preserve their pronouncements. The Egyptian Wenamon meets with the phenomenon *[35]* at Byblos (*ANET* 26). The Hebrew Bible speaks about the "spirit" possessing prophets and calls the prophets "those who speak out" (*nabî*, see *HAL*). Among the Greeks, it was Aeschylus who discovered the theatrical potential of ecstasy: witness that most enthralling scene in the *Agamemnon*, in which Cassandra becomes ecstatic. Later Plato, in his *Phaedrus*, made *mania*, "craziness," not only respectable, but a basic faculty of the human psyche. Crazy or not, the specialist called a *mantis* is taken for granted in Homer, linked to the generals or a migrant who might be invited into a city; even the Cyclopes once kept a "famous" seer amongst them (*Od.* 9.508–10).

Thus the "rational" use of signs met with proclamations of altered consciousness at an early date in the geographic region we are considering. Interpretation of signs means to search for clarification by speech;[2] this can be done in rational discussion, but such discussion hardly overcomes uncertainty; to hit the point, to make some solution evident seems to be a special gift of one enlightened mind at a special moment; this is "dealing with

---

2   In fact interpretation can be a second "randomizing device," S.I. Johnston, "Charming Children: The Use of the Child in Ancient Divination," *Arethusa* 34 (2001), 109f.

divine," θειασμός. This is the point at which experience comes into contact with the proclamations of altered consciousness. Questions of understanding and requirements of belief intertwine; rational inquiry becomes acceptance of revelation and of the commands that emanate from revelation.

We need not speculate about the origins of religion here; the presence of religion is taken for granted in all of the high cultures of antiquity. There are gods, there are priests, there are rituals, especially rituals in which offerings are made; there are myths, there are aboriginal traditions and teachings, amidst both open and hidden interests, of course, amidst power and cunning. The observation of signs and abnormal proclamations were drawn into the sphere of religion long before our sources begin; humans generally assume the existence of superior partners who are willing to communicate. The center of cult, sacrifice, becomes the center of divination. Observance of signs thus becomes "divination:" Latin *divinatio* evidently means "doing the divine," and no less does the ancient Greek word θεός imply such dealings. Thucydides (7.50.4) chides Nicias, who kept his private "seers," for his propensity for θειασμός .

If signs are ambivalent, if signs need interpretation, if signs are *[36]* bound to risk understanding or misunderstanding, then religion, by force of a special chain of tradition, usually comes with a claim of certainty within a world of language. The answer precedes the question. Divination may be described as a quest for epiphany beneath a misty surface, but there are spontaneous epiphanies too. A world that includes gods is fuller than a world without them. Yet proclamations of piety do not eliminate the risks and uncertainties of existence. The drive to "know more" remains.

II. Belief, Skepticism, and Control

As divination became an established part of religion, controversies about divination formed part of the dispute over piety versus skepticism or even atheism from at least the fifth century BCE. Modern scholars, too, have been prone to see, for example, the decline of oracles as paralleling a decline in piety, although others warned that the decline of "true" piety gives rise to a surge in "superstition."

Stoics, in particular, developed a thesis through which divination and religion could be mutually corroborated: if religion exists, then there is divination – and vice versa: if divination exists, then this proves that gods exist and care for humans; this is set out fully in Cicero's *De divinatione*. Even before the Stoics, however, Sophocles had made the problem of divination a *Leitmotiv* of his *Oedipus Rex*: if the prediction made by Apollo at Delphi concerning the fate of Oedipus were to be falsified, if human manipulation were to prevail against the god's oracle, the gods themselves would have failed, their power would have been abolished. This is the concern of the great choral ode: "No longer shall I go to worship the untouchable navel of the Earth, Delphi ... nowhere is Apollo manifest in his honors: The divine is disappearing (ἔρρει δὲ τὰ θεῖα)" (*OT* 898–910). The outcome of the tragedy is proof to the contrary: "This was Apollo" (1329). It is through oracles that the divine proves its existence and its superiority.

Yet to the unprejudiced observer, the relation of divination to religion is much more complicated: it seems to be rather loose in many respects, and at best experimental in each case. To use divination does not presuppose any strong religious belief; rather, the effectiveness of the divination may surprise one, and thereby either confirm beliefs that had already been held before or even generate new beliefs.

In Mesopotamia, we find elaborate contexts of prayer and ritual in *[37]* which extispicy takes place,[3] but also omen books that do not mention any gods; they work with a simple structure of "if – then:" "if an eagle flies from right to left ... ,"[4] Even if such lists claim to be based on experience, cultural memory, of course, is selective; it will yield to authority and evade scientific criteria.

Certain oracles worked by drawing lots or casting dice, as Fritz Graf and William Klingshirn discuss in their contributions to this volume.[5] There has been a debate about whether, and to what extent, Delphi used such a method. But at any rate, methods that use such random generators are very effective tools for bringing "objectivity" into human dealings and human conflicts. Humans cannot escape the necessity of making projections into the future, and, within a field of multiple interests, pros and cons, bribes and threats, they need some device to rule out the pressures of interest and power, to end a quarrel, to obviate fighting. This is wise, but it is not intrinsically religious. To accept the results produced by lots or dice presupposes absolutely rational preparations, a pledge to accept the result, the ruling out of manipulation, and, normally, some arrangement that guarantees equality of chance. This involves prudence and intelligence; it does not involve gods.

---

[3] See Starr.

[4] Summa izbu 4.1.

[5] Teiresias in Eur. *Phoen.* 838 has *kleroi* after hearing the voices of birds – variously explained in the *scholia*. [F. Graf, *"Rolling the Dice for an Answer,"* in: S. I. Johnston and P. Struck, eds., Mantikê, 2005, 51–98; W. E. Klingshirn, *"Christian Divination in Late Roman Gaul:* The Sortes Sangallenses," *ibid.* 99–128]

Indeed we find the gods themselves resorting to this method, even for their most important decision, namely how to divide the universe among themselves. This idea is shared by the Babylonian *Atrahasis* epic and Homer's *Iliad* (15.188–93): the gods drew lots, and thereby Heaven, Sea, and the Netherworld were assigned to the three most important among them, to Anu, Ea and Enlil in the Mesopotamian myth, and to Zeus, Poseidon, and Hades, according to Homer. There is no idea in either *Atrahasis* or the *Iliad* that this presupposes some super-god predetermining the outcome. The random device, as used by humans, is accepted without question by the gods: automatism works without providence. To repeat: drawing lots is absolutely rational and effective – indeed, it has recently been suggested as a method of distributing places at universities amongst potential students.

[38] Still, certain ancient sanctuaries flourished on the use of lots or dice through which the god was believed to speak out. Most famous was the thriving cult of Fortuna at Praeneste, which by the Hellenistic age had a sumptuous sanctuary. The ritual used there was to throw dice – ancient, sacred dice, that had been miraculously revealed in the distant past, as the legend said. To insure that no one manipulated the process, the dice were thrown by innocent children.[6] "At no other place than Praeneste has Fortuna been more fortunate," said Carneades, referring to the splendid setting of the cult (Cic. *De div.* 2.41, 87). The religious *façon de parler* had prevailed and taken over the random device.

Drawing lots also became an established Christian practice, more sectarian perhaps than orthodox, but combined with prayer in every case, and endowed with New Testament authority (*Acts* 1:26); there was theological discussion about this (see *Legenda Aurea* 238 with reference to Hieronymus, Dionysius Areopagita, and Bede). A variant was to open the Bible and to read the first sentence that struck the eye – a more literate randomizing device. This was done by King Chilperich at the Tomb of Saint Martin at Tours, in about 500 CE.[7]

Carneades was not the first to criticize divination; criticism surrounded it from the start. Already Herodotus saw that there was a need to defend *mantikê*, and to defend Bacis in particular, whose predictions, he claimed, had come true so evidently, ἐναργέως (8.77 bis); that "as to refuting oracles, neither do I myself dare to do it nor do I accept it from others." Here the word used for "refute," καταβάλλειν (9.77.1), may well refer to Protagoras' καταβάλλοντες [λόγοι]. This does not exclude the fact that Herodotus

---

[6]   See also S.I. Johnston.

[7]   Gregorius of Tours 5,14 p.302 ff. tells about books of the Bible deposited for three nights at the tomb of St. Martin, to be opened then.

knows about the possibility of interpolating verses into oracle books, as Onomacritus had done (7.6), and even of bribing the Pythia.[8] Aristophanes constantly makes fun of the oracle mongers. But such charges never destabilized religion.

Divination never eclipses the intelligence even of believers; it is not a "primitive" phenomenon of credulity; there is no question of a *sacrificium intellectus*. Of course, divination works without obstacles, *[39]* when it deals with cults, i.e., decides about the divine, which god to honor, at which occasion, by which means (cf. Pl. *Rep.* 421bc); this pertains to sacrifices, festivals, priests and priestesses (cf. *SEG* 30,1286: Didyma), and so on. The Athenians asked Delphi to which heroes they were to assign their ten new *phylai* in 510 BCE, having prepared a list of 100 names from which Apollo could choose (Arist. *Ath.Pol.* 21.6). Oracles, then, seem to need some guidance, or at least careful preparation. Xenophon's well-known trick, when marching with Cyrus against Persia, of asking the god not what to do but to which gods to sacrifice in order to succeed was in fact common practice (*Anab.*3.1.6).

Believing in oracles did not mean that communication with the divine became simple; rather, complexity increased. Notwithstanding piety, we see a contest of intelligence evolving: oracles become intentionally enigmatic through their ambiguity (Parker 80, n. 14), so that debates about the sense of an oracle provoked all kinds of linguistic sagacity. The best known case was the Pythian oracle about the "Wooden Walls," delivered to the Athenians when the Persians were marching towards their city. To quote Robert Parker:

Apollo referred the problem back to [the Athenians]; discussion resumed, though in appearance at a different level: no longer a problem of tactics or politics, but of philology. The Greeks still agreed afterwards that the god of Delphi had presented decisive guidance for the great war, and dedicated their victory monument, the snake column with tripod, at Delphi. Piety finally crowned the contest of intelligence.

But belief excludes neither intelligence nor manipulation. There may be attempts to get beyond the test and to influence the outcome directly, by tricks, by bribes, or by more sophisticated methods – remember Xenophon's careful phrasing. Xenophon also reports that the Spartan general Agesipolis used an elaborate strategy of questioning the gods, which left no other possibility to the divine partner than to agree, finally, to what the general

---

[8] R. Parker, "Greek States and Greek Oracles," in R. Buxton, ed., *Oxford Readings in Greek Religion* (Oxford 2000); cf. Aeschines 3.130: φιλιππίζει. (Further on Bacis, Onomacritus and other independent diviners, see J. Dillery's contribution to this volume *["Chresmologues and Manteis: Independent Diviners and the Problem of Authority," Mantikê, 2005, 167–231]*).

had planned (*Hell.*4.7.2; cf. Athens on *orgas*, Rosenberger 56 f.). During the siege of Tyros, when Alexander's *mantis* Aristandros predicted that he would take the city "this month," Alexander just changed the calendar and lengthened the month by a few days (Plut. *Alex.* 25) and thus fulfilled the prediction instead of allowing his *mantis*' prediction to fail. "He always supported prophecy zealously," Plutarch writes, συμφιλοτιμούμενος ἀεὶ τοῖς μαντεύμασι. Is this strong belief or reckless manipulation? *[40]*

Least of all does belief exclude methods of control. Sennacherib, King of Assyria (704–681 BCE), proudly tells how he would assemble the diviners in "three or four" separate groups, so that they could not communicate, and ask his question. The seers' response was unanimous; we find without surprise that it was what Sennacherib himself had surmised it would be already. So Sennacherib leaves this counsel to his son: Never make any decision without the diviners – but make three or four groups of them. This is to reinforce religion by the principle of "belief is good, control is better." Sennacherib does not tell what he would have done if the seers disagreed. Herodotus (4.68) tells of how Scythians proceeded in such a case: if the king got sick, they called forth three diviners, who inevitably declared that somebody had committed perjury "by the hearth of the king" and thus had caused the king's disease. If the accused man claimed his innocence, six more diviners were summoned, and this multiplication might go on until a clear majority vote came about to identify the culprit. Quite a democratic procedure, except for the so-called culprit, and for the minority diviners who were burned to death – the sort of professional risk that a singular position brings with it, or even retaliation of the commoners against those who had arrogantly assumed "superior knowledge."

Note that the institution of Delphi, and similar oracle sanctuaries, carried with them forms of control from the outset. To turn to longstanding sanctuaries meant to disqualify charismatics, whether they were permanently *in situ* or wandering. They still had their chances, too, as the story about Epimenides at Athens shows. But oracle sanctuaries do not become active by themselves; in contrast to a prophet of the Old Testament type, they waited for consultants to come. Such a sanctuary was outside of any major city and thus assumedly would not be directly involved in political struggles (although this did not prevent "sacred wars" over Delphi itself). Consultation was expensive, because of the travel costs and of the sacrifices required; moreover, it was time consuming, especially as it was left to the god whom he would admit, and when. No sudden revelations were to be expected.

Different, and much more elaborate, was the control of divination at Rome, with quite a system of checks and balances. Cicero thought such matters properly required serious legislation, and he included pertinent articles in his own drafts of *leges* (*Leg.* 2.20). One had to have, among others, the *augures*, high-class Romans, members of the Senate – who did not, in fact, make any predictions but who [41] gave authority to certain ritual acts. There were also the *haruspices*, exclusively Etruscans, whose special *ars* was transmitted within their families – foreigners at Rome who could be treated accordingly. And there were written texts, purportedly from the period of the kings: the Sibyllline Books written in Greek verses, accessible only in cases of emergency by decree of the senate, through a special committee of *Quindecimviri*. When the Sibylline Books were burnt in 83 BCE, they were reconstructed from parallel Greek traditions; Virgil started his most famous poem with reference to a *Cumaeum Carmen*, and then Augustus transferred the books to his temple of Apollo Palatinus and thus made imperial control of them definitive.

Disbelief made King Tarquin of Rome provoke the augur Attus Navius: "Divine by your augural art whether it is possible to do what I am thinking of at this moment." Navius, after performing his ritual, said "yes," and what Tarquin had thought was impossible Attus Navius performed: he cut a whetstone with a razor (Liv. 1.36.2–6; Cic. *De div.* l.l7,32). In consequence, Livy comments, "such great honor was brought to the auguries and the priestly office of the augurs that no action was taken, in war or in the city, without the auspices: assemblies of the people, levies of the troops, all the greatest affairs would be broken up if the birds did not approve" (*auguriis certe sacerdotioque augurum tantus honos accessit ut nihil belli domique postea nisi auspicato gereretur, concilia publica, exercitus vocati, summa rerum, ubi aves non admisissent, dirimerentur*). Superhuman authority is based on a miracle, special gods need not be mentioned. Divination needs support by experimentation, and gets it. The stone was preserved as a witness for the veracity of augural art. This example, as adduced in Cicero's *De divinatione*, has nothing to do with prediction, it just stresses the authority of *auguratio*, within the social order of Rome.

Herodotus (1.147 f.) tells about how king Croesus, who would not believe in them without proof, tested the veracity of oracles. His trick was similar to Tarquin's: "Guess what I am doing," he asked all of the most famous oracles. Croesus found out that Delphi was by far the "most truth-speaking oracle," and thereby brought his gold to Delphi – although even this did not prevent his downfall, at last, after he had misinterpreted a Delphic Oracle. This outcome seems to have been a problem for Delphi, but the oracle explained it all away (Hdt. 1.90–91).

Take, finally, one case of a "believer" whom we know well: Xenophon. By authority of the Delphic oracle, he had obtained Zeus Basi-*[42]*leus as his personal *mantikos* (6.1.22). In his *Anabasis*, he tells how the "Ten

Thousand," those ex-mercenaries transformed into a marauding pack of desperados, fought their way back to the Greek world through plundering and robbery. Each enterprise of the kind is preceded by hepatoscopy, which means, in Xenophon's words, "to communicate with the gods," τοῖς θεοῖς ἀνακοινῶσαι (6.1.22). In a certain situation the presages were negative for days. Hunger took over, and all the sheep had been eaten – not one was left for hepatoscopy. They had to use cattle, which should have drawn their wagons, and still they did not receive the positive sign they longed for. Understandably, some set out for an expedition, contrary to the "sign" they had received, and they promptly failed. Then, finally, inspection of yet another new liver provided a positive omen, Xenophon himself set out to lead the raid, and they were successful (6.4.12 ff.; 6.5.1–2 ff.).

This is an account of experience, without any theological explanation, let alone moral justification, without emotional evocation of any personal god. But it confirms what piety should have known before. As Sennacherib had advised, never make any decision without the diviners. Xenophon himself lays stress on his "trust" in the "sacred proceedings," τοῖς ἱεροῖς πιστεύσας;[9] this is εὐσέβεια. In his defence of Socrates, Xenophon turns his teacher's uncanny *daimonion* into a form of "normal" *mantikê* (*Apol.* 11–13 = *Mem.* 1.1.2–5): How absurd to suspect Socrates of being an atheist if he used divination! Xenophon also says he learned much about the relevant liver signs himself just by standing so often at the side of the *mantis* as he cut up the victim – and others, too, would stand by to look on, he added (6.4.15). Observation, experience, and belief strengthen each other. We find no conflict of ideas or struggle of beliefs in Xenophon.

An Athenian epigram of the fifth century offers a strange public proclamation about oracles; it refers to some disastrous defeat, probably the defeat at Coroneia in 446 BCE, and endeavors to find sense in the catastrophe: this was not the fault of the Athenian soldiers who died, but some superior power, the text says; some demi-god (τις ... ἡμιθέων) has caused this, he "cut the crop for the enemies," and "for all mortals, in future, he has made it an article of faith not to disregard the object of oracles," βροτοῖσι δὲ πᾶσι τὸ λοιπὸν φράζεσθαι λογίον πιστὸν ἔθηκε τέλος (*CEG* 5 *[IG I³ 1163]*). There had been a tendency to disregard certain oracles before; conflicts between strategy and the seer's pronouncement were unavoidable in practice; but the result, burned into memory by the catastrophe and broadcast by the inscription, was a cautionary tale of piety, and an opportunity for poetry.

---

[9]   Anab. 5.2.9; cf. Bellerophon's slaughter of the chimaera *Il.* 6.183: θεῶν τεράτεσσι πιθήσας.

III. Establishment and Revolt

Attempts at controlling divination bring us to the third paradox or antagonism to be dealt with here: divination between establishment and crisis or
even revolt, between the integration of divination's proceedings and representatives into the social-political system and divination as a disruptive,
revolutionary, sometimes uncontrollable power.

As to professional divination, we meet with two types in the Orient, as
well as in Greece, Etruria and Rome: there are migrating charismatics, self-
appointed, with more or less long-term success, who may compose certain
"families" and successions; and there are local sanctuaries with their special
ritual institutions, which may persist and prove successful for centuries – in
the Greek world, Delphi, Didyma, and Claros were the most prominent.
Neither type is immune to economic interests; hence the conflicts in which
they eventually find themselves are not purely spiritual nor theoretical. It
was from Delphi, not from Islamic lands, that the notion of "sacred war"
arose.

Local oracles were usually eager to forge connections to the powers that
be. Two considerable sets of oracles survive from cuneiform civilizations,
from Mari at the Euphrates, about 1800 BCE, and from Ishtar of Arbela, in
the time of Assurbanipal, the seventh century. These usually were delivered
by women who "got crazy," and through whom the goddess spoke;
afterwards their message was reported to the king. What is striking about
these texts is that they normally are quite uninformative, even dull: They
usually say not much more than "Hail to the king, do not be afraid, the God
is with you, the god is at your side, the god has given your enemies into
your hands." It is exceptional for them to say "no" to anything, for example,
to a building project. We perceive that a king, however powerful, is desperately in need of reassurance, of strengthening his ego. He will be grateful
for such an oracular message, and send appropriate gifts to the goddess or
god. The prosperous interaction of divine and secular interests is not at all
hidden: the sanctuary expects riches from the king in return for these edify-
ing reports. *[44]*

This helps us to understand better what must have happened between the
monarchs of Lydia and Delphi. Gyges, king of Lydia, the usurper, sought
support from east and from west; he sent his embassy to Nineveh, as we
read in Assurbanipal's annals, and he consulted the oracle at Delphi, leaving
conspicuous amounts of gold there. Apollo's response to Gyges must have
sounded to his ears very much like the eastern messages: "Hail to the king,
the God is with you." The game was repeated, with more gold for Delphi,
by Croesus (Hdt. 1.55); Amasis, king of Egypt, followed suit as well (Hdt.

2.180). No wonder Croesus' catastrophe meant trouble for Delphi. But even in later days, Delphi was not squeamish in asking for gifts (Parke – Wormell nr. 284).

During the classical epoch, the situation in Greece was different, due to the paucity of kings. Still, this became the period of glory for individual seers, *manteis*, who constantly accompanied the armies involved in ever increasing military conflicts (see further John Dillery's contribution to this volume). Our picture is not solely dependent on Herodotus. Through Isocrates we hear about the success and the fortune left by a certain Polemainetos, "Praised in War," – a speaking name indeed. In contrast to Rome, it was not the Greek general who functioned as the lord of *auspicia*. His measures depended decisively on the seer's assessment of sheep livers – as it was still practiced by the mercenaries with Xenophon. There must have been fierce competition among seers for the leading roles, with the ancestral claims of certain families – Deiphonos son of Euenios (Hdt. 9.92), Teisamenos the descendant of Melampus. But what proved irrefutable was the testimony of success. A seer could be "victorious" in battle as well as a *strategos*. The story of Teisamenos, the "victor" at Plataiai, as Herodotus tells it (9.33–35), shows how *poleis* even had to make a deal to "hire" a promising mantis (ἐμισθοῦντο); Teisamenos could press the Spartans to grant full citizenship to him and to his brother. Prophet becomes citizen – what an impressive career – although we must not forget that the *mantis* might also die on the battlefield.

Things were different and yet comparable at Rome. Cicero, among others, shows us how divination was integrated into the political system of Republican Rome. In his *De divinatione* he has to defend his own office as augur. Augures were chosen among the upper class, without further qualification, to give authority to certain formal acts. "We are not the sort of augurs who predict the future by observing birds and other things," he insists (2.33,70), *non enim sumus ii nos augures qui avium [45] reliquorumve observatione futuro dicamus.* Maybe Romulus was primitive enough to believe such things, "but we preserve, in view of the belief of the people and of great advantages for the state, the custom, the scrupulosity, the discipline, the law of augurs, [and hence] the authority of the committee," (2.33,70), *retinetur autem et ad opinionem vulgi et ad magnas utilitates rei publicae mos religio disciplina ius augurium collegi auctoritas.*[10] Cicero quotes the dry formalism of the ritual dialogue between an augur and his assistant (*De div.* 2.33–35,70–73), a play of questions and answers in archaic vocabulary,

---

[10] Cf. *Leg.* 1.31: *rei p. causa conservatum ac retentum*; *De div.* 1.47,105: *salutis augurium*.

without observing or just looking at anything (cf. *Leg.* 3.43). The notorious "smile of augurs" (or *haruspices*: Cic. *De div.*2.24,51–52) has less to do with a failure of belief – as if conscious deception were going on – than with the situation of being bound to such a traditional role, which is felt to be awkward. (I could not suppress smiling the one time I had to wear a dinner jacket.)

In the Roman system we notice an elaborate system of checks and balances, with *augures, auspicia*, Etruscan *haruspices, libri Sibyllini* and their appropriate committees, and the appeal to Delphi too. Military command meant to "have" the *auspicia*. Although these were no longer observed regularly after the first century BCE (Cic. *De div.*2.36,76 f.), the cautionary tales of catastrophic failure caused by their neglect still were told. Was this done just to provide an excuse, and a scapegoat, in case of defeat? At the same time the Romans did much to suppress uncontrolled divination: oracular books were sequestrated and burnt during the Hannibalic war, in 212 BCE (Liv. 25.12.2 *conquisitio talium librorum*), and we hear about unrest stirred by the *carmina Marciana* during these difficult years (Marcius, it was said, had been an inspired *vates*, but it is not very clear what his verses promised).[11] The senate repeatedly took measures against necromancers and magi and, with the rise of astrology, against "Chaldaeans."

At any rate, it was known, and feared, that uncontrolled, charismatic divination might result in forms of revolt – we might remember that there are fully documented cases of such events in modern history, of charismatics leading revolts by force of their visions, mostly with disastrous results. One shocking example was the Tai Ping revolution *[46]* in China (1851–1864), which left an estimated 30 million dead.[12] It was motivated by one visionary, who had had one vision of some strange god. Not too far from Philadelphia occurred the last great revolt of Native Americans, headed by Tecumseh and his brother Lalawethika, a shaman, called Tenskwatawa, "Open Door." He had had his decisive revelation in 1805 and died at 1811 in "Prophetstown;" the revolt itself came to an end, finally, in 1813.[13] Such events seem to be rare in antiquity, notwithstanding the opposition of prophets against kings in Israel, or some Greek myths about kings toppled by oracles. We hear about an oracle of Dodona that told the troops to "be on their guard against their leaders" (ἡγεμόνας φυλάττεσθαι, Dem. 19.297; Deinarch. 1.78.98) at the time of the battle at Chaironeia – surely disastrous

---

[11] Cic. *De div.* 1.40,89 with Pease *ad loc.*; 1.50,115; Liv. 25.12.

[12] R.C. Wagner, *Reenacting the Heavenly Vision: The Role of Religion in the Taiping Rebellion* (Berkeley 1982).

[13] Encyclopedia of Religion XIV 361.

advice when it comes to military discipline. At Sparta, the sign of a meteor
– a sign that is not too infrequent once one starts to look at the sky at night –
could lead to the unseating of a king (Plut. *Cleom*.11; Parker 100).

But take note of the Bacchanalian affair in 186 BCE, in Italy and par-
ticularly Rome; these mystery celebrations were termed a *coniuratio* and re-
lentlessly suppressed by the Roman Senate, with thousands of executions.
This movement had at its center a special form of secret ritual, mysteries
(*initia*), first organized in Campania by a priestess "under order of the
gods," *deum monitu*, i.e. by some form of epiphany, just as in Euripides'
Bacchae it is claimed that Dionysus himself gave his *orgia* to his priest;[14]
Livy adds a *quasi* (*quasi deum monitu*) (39.13.9), to express his own disbelief. In the meetings of those initiates, Livy says, it was common for men to
begin prophesying, with frantic movements of their bodies: viros *velut mente capta cum iactatione fanatica corporis vaticinari*. This is similar not only
to the exhibitions in the cult of the Syrian goddess (Apul. *Met.* 8.27 *divino
spiritu repletus*), but also to phenomena that Paul could bring about in his
early Christian communities, called the epiphany of the Holy Spirit; Paul
took care to control it – see his letter to the Corinthians (I Cor.12–14). In the
case of the Bacchanalia we can only speculate what this meant for the adherents, probably marginalized people who had failed to participate in the
grand *[47]* progress of Roman power after the Hannibalic war. At any rate
this was a religious movement based on special experience of the divine, on
epiphany presented in prophecy, notwithstanding the accusations of sexual
debauchery used to legitimize the cruel suppression of this movement towards a "new society."

More dangerous for ancient society was the movement of Eunus, leader
of the great slave revolt in Sicily about 130 BCE; we have the account of
Poseidonius in Diodorus (34/35,2.1ff.; *FGrHist* 87 F 108; not in Edelstein –
Kidd). Eunus came from Apamea in Syria, he was a miracle worker and
prophet of the Great Mother Goddess. The Syrian Goddess, he said, had
appeared to him and predicted that he should become king (2.7; compare
Macbeth and his witches). Eunus then claimed that he constantly received
the commands of the gods in his dream (θεῶν ἐπιτάγμασι καθ' ὕπνον, 2.5);
and later that he saw gods even when awake, even that he heard from them
what was going to happen (*ib.*). Those slaves who started the revolt asked
him whether the gods were on their side; he not only gave confirmation, but
led their attack on Enna himself (2.10f.). It took years to crush this revolt,
and Sicily never really recovered from that. Today one finds a fine bronze

---

[14]   Eur. *Ba.* 470 ὁρῶν ὁρῶντα, καὶ δίδωσι ὄργια.

monument of Eunus at Enna tearing away the chains of slavery. But more was at work than just class battle in a Marxist key: divination was there as well.

Roman control could barely prevent the spread of seers and prophets of all sorts, and especially not the diffusion of written oracles, which became increasingly anti-Roman by the second century BCE with the establishment of the imperium. Harald Fuchs, in his essay *Der geistige Widerstand gegen Rom in der antiken Welt*, has treated some strange tales connected with these events: propagandistic legends about soldiers turning mad or dead men rising to prophesy against the ruling power.[15] Hopes for an anti-Roman king from the East began to take form, centering for a while on Mithradates, "presented by the Sun god," as his name was correctly understood; some of the oracles survive, with Jewish and Christian redaction, in the *Sibylline Oracles*. Neither these nor the parallel development of apocalypticism, that most universal form of the seer's achievement, can be treated in detail here, but we should remember the *magi* who came to Jerusalem from the East, claiming that they had observed the sign of the star and knew that the *[48]* new king had been born, which meant terror to the ruling king and his capital. To "know more" means to shake the establishment.

We end up with a final paradox: to know the future seems to imply that everything is fixed in advance – remember the fate of King Oedipus. But to wait for the birds and to observe them flying, to wait for lightning to flash, a meteor to fall, or even to listen to the rustling leaves of the tree at Dodona or to look for reflections in Didyma's water meant to get out of a closed, egocentric system, to get into touch with "otherness," with the whole environment, to experience the all-embracing net of existence, nay universal *sympatheia*, expecting the unexpected. This ought to challenge even the noisy self-resonance of contemporary society.

Bibliography

Oriental Divination:

Boissier, A. *Choix de textes relatifs à la divination assyro-babylonienne* (Genève 1905).
Bottéro, J. "Symptômes, signes, écritures en Mésopotamie ancienne," in: J.-P. Vernant, ed., *Divination et rationalité* (Paris 1974), 70–197.
Dillon, H. *Assyro-Babylonian Liver Divination* (Rome 1932).
Caquot, A. and M. Leibovici, eds. *La divination en Mésopotamie Ancienne* (Paris 1966).

---

[15] Harald Fuchs, *Der geistige Widerstand gegen Rom in der antiken Welt* (Berlin 1938).

Dietrich, M., et. al., eds. *Deutungen der Zukunft in Briefen, Orakeln und Omina* (Gütersloh 1968).

Ellermeier, F. *Prophetie in Mari und Israel* (Nörten-Hardenberg 1968).

Gadd, C.J., ed. *Cuneiform Texts from Babylonian Tablets in the British Museum.* Part XL. Plates 40 and 48 (London 1927).

Goetze, A. *Old Babylonian Omen Texts* (New Haven 1947).

Finkel, I. L. "Necromancy in Ancient Mesopotamia," *Archiv für Orientforschung* 29 (1983/4), 1–17.

Leichty, E. *The Omen Series Summa Izbu* (Locust Valley, NY, 1970).

Nötscher, F. "Die Omen-Serie summa âli ina mêlê sakin." Published serially in *Orientalia* 31 (1928); *Orientalia* 39–42 (1929), *Orientalia* 51–54 (1930).

Parpola, S. *Letters from Assyrian and Babylonian Scholars.* SSA 10 (Helsinki 1993).

—, *Assyrian Prophecies.* SAA 9. Helsinki 1997.

Pettinato, G. *Die Oelwahrsagung bei den Babyloniern,* 2 vols. Studi Semitici 21 and 22 (Rome 1966).

Starr, I. *Queries to the Sungod: Divination and Politics in Sargonid Assyria.* SAA 4 (Helsinki 1990).

—, *The Rituals of the Diviner* (Malibu 1983).

Weippert, M. "Assyrische Prophetien der Zeit Asarhaddons und Assurbanipals," in: F. M. Fales, ed., *Assyrian Royal Inscriptions: New Horizons in Ritual, Ideological, and Historical Analysis* (Rome 1982), 71–115. *[49]*

Greek and Roman Divination:

Beard, M. "Cicero and Divination: The Formation of a Latin Discourse," *JRS* 76 (1986), 33–46.

Denyer, N. "The Case against Divination: An Examination of Cicero's *De divinatione*," *PCPS* 31 (1985), 1–10.

Dietrich, B.C. "Oracles and divine inspiration," *Kernos* 3 (1990), 157–174.

Dillon, M. "The Importance of Ornithomanteia in Greek Divination," in: M. Dillon, ed., *Religion in the Ancient World* (Amsterdam 1996), 99–121.

Fögen, M-.Th. *Die Enteignung der Wahrsager: Studien zum kaiserlichen Wissensmonopol in der Spätantike* (Frankfurt 1993).

Giebel, M. *Das Orakel von Delphi: Geschichte und Texte* (Stuttgart 2001).

Graf, F. "Magic and Divination, " in: D. R.Jordan, H. Montgomery and E. Thomassen, eds., *The World of Ancient Magic.* Papers from the Norwegian Institute at Athens 4 (Bergen 1999), 283–98.

Halliday, W. R. *Greek Divination: A Study of its Methods and Principles* (London 1913).

Johnston, S. I. "Charming Children: The Use of the Child in Ancient Divination," *Arethusa* 34 (2001), 97–117.

Linderski, J. "Cicero and Roman Divination," *PP* 37 (1982), 12–38.

—, "The Augural Law," *ANRW* II 16.3 (1986), 2146–2312.

Nock, A. D. *Essays on Religion and the Ancient World* (Oxford 1972).

Parker, R. "Greek States and Greek Oracles," in: R. Buxton, ed., *Oxford Readings in Greek Religion* (Oxford 2000), 76–108 (originally published in P.A. Cartledge and F.D. Harvey, eds., *Crux: Essays Presented to G.E.M. de Ste. Croix on his 75th Birthday. History of Political Thought* 6 [1985], 298–326.)

Pfeffer, F. *Studien zur Mantik in der Philosophie der Antike*, (Meiseneim 1976).

Rosenberger, V. *Gezähmte Götter: Das Prodigienwesen der römischen Republik* (Stuttgart 1998).

—, *Griechische Orakel: Eine Kulturgeschichte* (Darmstadt 2001).

Roth, P. A. *Mantis: The Nature, Function, and Status of a Greek Prophetic Type* (Ann Arbor 1982).

Schofield, M. "Cicero for and against Divination," *JRS* 76 (1986), 47–65.

Erschienen in: Hermes 94 (1966) 1–25

10. Kekropidensage und Arrephoria:
Vom Initiationsritus zum Panathenäenfest

Wer in Athen die Kehren des Weges zur Akropolis emporsteigt, während jene lichten Marmorkonturen, Säulenstellungen und Gebälk, in wechselndem Spiel sich ineinanderschieben und auseinander entfalten, wird immer wieder ergriffen vom Geheimnis der griechischen Klassik – ein einzigartiges und einmaliges Gelingen, das nur hinzunehmen und aufzunehmen bleibt. Wenn man dann freilich sich bemüht, ins einzelne einzudringen und möglichst alles noch Faßbare zu erfassen und ins Bewußtsein zu heben, kann die Beglückung unversehens umschlagen in Ratlosigkeit. Was dringt da alles an Uraltem, Dunklem, schwer oder gar nicht Verständlichem auf den Nachgeborenen ein: heilige Pelasger-Mauer und Erechtheion-Kultmal, die Jungfrau in Waffen und die Schlange, Kentauren und dreileibige Ungeheuer, Geburt aus der Erde und Geburt aus dem Haupt des Zeus – Rätsel über Rätsel. Und doch muß ja wohl beides, das Fremdartig-Urtümliche und das Klassische, in einem notwendigen Zusammenhang stehen derart, daß nicht das eine auf das andere fast durch Zufall gefolgt ist, sondern daß noch das Jüngere, großartig Entfaltete von der Lebenskraft des Älteren getragen ist, wie die Blüte von der Wurzel lebt. Will man diesen Zusammenhängen nachspüren, wird jedes Stückchen alter Überlieferung über die Kulte, die Riten und Mythen im Bereich der Akropolis bedeutsam; vielleicht, daß gelegentlich ein Sinnbezug aufleuchtet.

Pausanias (1,27,3) berichtet in seiner Akropolis-Periegese, unmittelbar nach der Beschreibung des Erechtheion mit dem Altar des Poseidon-Erechtheus, mit dem alten ξόανον und der goldenen Lampe der Athena, mit Pandrosos-Bezirk und heiligem Ölbaum: "Was mir aber am meisten Anlaß zur Verwunderung gab, ist zwar nicht in allem verständlich, doch will ich beschreiben, wie etwa es vor sich geht: zwei Jungfrauen wohnen nicht weit

---

[Auch in: Wilder Ursprung. Opferritual und Mythos bei den Griechen, Berlin 1990, 40–59. – Anders als im Original werden die Fußnoten fortlaufend numeriert. Verweise innerhalb des Aufsatzes wurden entsprechend angepaßt.]

weg vom Tempel der Athena Polias, die Athener nennen sie Arrhephoren. Diese haben eine Zeit lang ihre bestimmte Lebensweise bei der Göttin; wenn aber das Fest herankommt, *[2]* führen sie zur Nachtzeit folgende Riten aus: sie laden sich auf den Kopf, was die Athenapriesterin ihnen zu tragen gibt, wobei weder diese weiß, was das ist, was sie ihnen gibt, noch die Trägerinnen es wissen – es gibt aber in der Stadt einen heiligen Bezirk der 'Aphrodite in den Gärten', nicht weit entfernt, und durch ihn hindurch einen von der Natur geschaffenen Weg unter die Erde – hier also steigen die Jungfrauen hinab. Unten lassen sie zurück, was sie mitgebracht haben, etwas anderes nehmen sie auf und bringen es, eingehüllt wie es ist. Und diese Jungfrauen entläßt man daraufhin, andere Jungfrauen aber führen sie an ihrer Statt auf die Akropolis."[1]

Der Text ist sprachlich klar, bis auf die Frage, ob der Genitiv τῆς καλου-μένης ἐν κήπωι Ἀφροδίτης zu περίβολος oder zu οὐ πόρρω zu ziehen ist; damit verschlingt sich das topographische Problem, daß das bekannte Heiligtum der 'Aphrodite in den Gärten' nicht ἐν τῆι πόλει liegt, sondern vor der Stadt am Ufer des Ilissos. Entscheidend waren da die amerikanischen Ausgrabungen, die in den dreißiger Jahren am Nordabhang der Akropolis durchgeführt wurden. Oscar Broneer fand dort, unterhalb des Erechtheion ein Stück nach Osten, ein Heiligtum des Eros und der Aphrodite, durch Votivgaben und Inschriften sicher identifiziert; er hat sofort die Kombination vollzogen mit dem von Pausanias genannten περίβολος ἐν τῆι πόλει. Der Bezirk läuft aus in einen Felsenspalt. Seither wagen es die Archäologen auch zuversichtlich, die Reste eines ansehnlichen Gebäudes westlich des Erechtheion an der Nordmauer der Burg als das Haus der Arrhephoren zu identifizieren. Im Hof dieses Gebäudes führt ein Schacht mit Treppenstufen steil nach unten; technisch sehr schwierige Ausgrabungen dieses

---

[1] Ἃ δέ μοι θαυμάσαι μάλιστα παρέσχεν, ἔστι μὲν οὐκ ἐς ἅπαντα γνώριμα, γράψω δὲ οἷα συμβαίνει. παρθένοι δύο τοῦ ναοῦ τῆς Πολιάδος οἰκοῦσιν οὐ πόρρω, καλοῦσι δὲ Ἀθηναῖοι σφᾶς ἀρρηφόρους· αὗται χρόνον μέν τινα δίαιταν ἔχουσι παρὰ τῇ θεῷ, παραγενομένης δὲ τῆς ἑορτῆς δρῶσιν ἐν νυκτὶ τοιάδε. ἀναθεῖσαί σφισιν ἐπὶ τὰς κεφαλὰς ἃ ἡ τῆς Ἀθηνᾶς ἱέρεια δίδωσι φέρειν, οὔτε ἡ διδοῦσα ὁποῖόν τι δίδωσιν εἰδυῖα οὔτε ταῖς φερούσαις ἐπισταμέναις—ἔστι δὲ περίβολος ἐν τῇ πόλει τῆς καλουμένης ἐν Κήποις Ἀφροδίτης οὐ πόρρω καὶ δι' αὐτοῦκάθοδος ὑπόγαιος αὐτομάτη—, ταύτῃ κατίασιν αἱ παρθένοι. κάτω μὲν δὴ τὰ φερόμενα λείπουσιν, λαβοῦσαι δὲ ἄλλο τι κομίζουσιν ἐγκεκαλυμμένον· καὶ τὰς μὲν ἀφιᾶσιν ἤδη τὸ ἐντεῦθεν, ἑτέρας δὲ ἐς τὴν ἀκρόπολιν παρθένους ἄγουσιν ἀντ' αὐτῶν. Die Codices recentiores (s. XVI) haben ἐς ἅπαντα zu ἐς ἅπαντας geändert, was alle modernen Ausgaben übernehmen. Dagegen spricht, daß γνώριμος regelmäßig mit dem Dativ der Person verbunden wird (z.B. Pl. *Soph.* 218e ἆρ' οὐ πᾶσι γνώριμον...), während ἐς ἅπαντα adverbiell gerade in Verbindung mit Adjektiven belegt ist (Soph. *Trach.* 489 ἔρωτος εἰς ἅπανθ' ἥσσων, vgl. Aesch. *Prom.* 736); zudem ist γράψω die folgerichtige Antithese zu οὐκ ἐς ἅπαντα γνώριμα. Zur Bedeutung 'klar, verständlich' von γνώριμος vgl. Philo, *De sobr.* 35, *De decal.* 82, *De Cher.* 16 u.a., zu γνώριμος ἐς vgl. Paus. 7,17,12.

Schachtes im Jahr 1938 ergaben, daß hier im 13. Jh. v.Chr. ein Brunnen angelegt worden war – vermutlich hing an diesem Brunnen das Schicksal der πόλις Athen in der Krisenperiode von Seevölkersturm und dorischer Wanderung –; der Brunnen ist im 12. Jh. wieder zugeschüttet worden, die Treppe aber wurde bereits damals wiederhergestellt, aller Wahrscheinlichkeit *[3]* nach eben für die von Pausanias beschriebenen kultischen Begehungen. Die Treppe endet in einer Grotte unterhalb des Arrhephorenhauses, die man gewöhnlich die Grotte der Aglauros nennt; von dort kann man bequem zum Bezirk der Aphrodite gelangen. Wir können also gleichsam Schritt für Schritt den Weg der Arrhephoren verfolgen, ja wir können mit einiger Wahrscheinlichkeit die Einführung des Ritus ins 12. Jh.v.Chr. datieren. Wenn man früher von der "absichtlich dunkel gehaltenen und stellenweise stark verworrenen Beschreibung" des Pausanias sprach,[2] so läßt sich dieses Urteil nicht halten. Dunkel ist der Bericht nur insofern, als Pausanias keine Deutung der von ihm beschriebenen Vorgänge gibt; die Quellen, aus denen er sonst schöpft, scheinen in diesem Punkt versagt zu haben, darum das οὐκ ἐς ἅπαντα γνώριμα. Für uns ist dies ein Glücksfall: wir haben die reine Beschreibung des δρώμενον ohne die sonst üblichen mythischen oder natursymbolischen Erklärungen; ob Pausanias selbst oder ein älterer Autor den Ritus beobachtet hat, ist weniger von Belang.

Wir sind in der Lage, die Beschreibung des Pausanias in einigen Punkten zu ergänzen, wenn auch das Quellenmaterial über die ἀρρηφόροι und ihr Fest nicht eben reichlich fließt.[3] Bei Aristophanes in der *Lysistrate* rühmen die Frauen ihre Leistungen für die Polis; voran steht (641): "als ich sieben Jahre alt war, war ich gleich ἀρρηφόρος". Dies ist also ein wichtiger Dienst, den ein Mädchen dem Staat leistet. Ein Mandant des Lysias (21,5) erwähnt unter seinen Leiturgien ἀρχιθεωρία καὶ ἀρρηφορία καὶ ἄλλα τοιαῦτα. Ἀρ-

---

[2]   J. Toepffer, *Attische Genealogie*, Berlin 1889, 121; die Ausgabe von O. Jahn/A. Michaelis (*Arx Athenarum a Pausania descripta*, Bonn 1901³) setzt † vor δι' αὐτοῦ. – Die Ausgrabungsberichte von O. Broneer: *Hesperia*. 1, 1932, 31–55; 2, 1933, 329–417; 4, 1935, 109–188; zum Arrhephoren-Haus G. P. Stevens, Hesperia 5, 1936, 489ff.; zum Brunnenschacht O. Broneer, *Hesperia* 7, 1938, 168ff.; 8, 1939, 317–433; vgl. zusammenfassend I.T. Hill, *The Ancient City of Athens*, London 1953, 12f.; 101f.; S.E. Iakovinos, Ἡ Μυκηναϊκὴ ἀκρόπολις τῶν Ἀθηνῶν, Athen 1962, 128ff. – Zu "Aphrodite in den Gärten" am Ilissos Paus. 1,19,2; Plin. *N.h.* 36,16; E. Langlotz, *SB Heidelberg* 1953/4, 2.

[3]   Vgl. J.E. Harrison/M. de G. Verall, *Mythology and Monuments of Ancient Athens*, London 1890, XXVIff.; Harrison, *Prolegomena to the Study of Greek Religion*, Cambridge 1903 (repr. 1957), 131ff.; J.G. Frazer, *Pausanias* II (1898) 344f.; L.R. Farnell, *Cults of the Greek States* III (1907) 89ff.; A.B. Cook, *Zeus* III (1940) 165f.; L. Deubner, *Attische Feste* (1932) 9ff.; F. Hiller v. Gaertringen, *RE* VI 549–551 (1907); M.P. Nilsson, *Geschichte der griech. Religion* I² (1955) 441f.; F.R. Adrados, "Sobre los Arreforias o Erreforias", *Emerita* 19, 1951, 117–133. K. Kerényi, *Die Jungfrau und Mutter der griech. Religion,* Zürich 1952, bes. 37ff.; 52ff.

ρηφόρος ἢ αὐλητρίς ist der Titel einer Menanderkomödie. Auch Deinarchos hatte in einer verlorenen Rede das ἀρρηφορεῖν erwähnt (Fr. VI, 4 B.-S. = Harpocr. s.v.). Ausführlich handelten darüber die Atthidographen und auch Kallimachos in der *Hekale*; die Literatur der Scholien und Lexika hat uns wenigstens einige wichtige Einzelheiten erhalten: vier Mädchen aus vornehmer Familie wurden jeweils gewählt, wohl vom Volk – ἐχειρο-τονοῦντο –, zwei von ihnen wurden dann *[4]* ausgewählt, und sie begannen die Webarbeit am Peplos, der an den Panathenäen der Athena überreicht wurde.[4] Suda hat den Fachausdruck erhalten: ὁ βασιλεὺς ἐπιώψατο ἀρρη-φόρους. Dieses Wort ἐπιόψασθαι, bei Homer (Ι 167, β 294) noch profan verwendet, ist in klassischer Zeit nur noch in der attischen Sakralsprache gebräuchlich;[5] es bedeutet die Inanspruchnahme für sakrale Pflichten, ein Recht des βασιλεύς, des Hierophanten, ausgeübt kraft göttlicher Autorität. Dem ἐπιόψασθαι kann bei Harpokration nur ἐκρίνοντο entsprechen, nicht ἐχειροτονοῦντο , und die autoritative Kraft des ἐπιόψασθαι besagt, daß das Amt durch diesen Akt erst geschaffen wird: ἐπιώψατο ἀρρηφόρους wie ἐπιώψατο ἀρρηφορεῖν. Man denkt an die *captio* der *virgo vestalis*. Das Ne-beneinander von χειροτονεῖν und ἐπιόψασθαι ist verständlich, ja notwendig als Ausgleich von Demokratie und sakralem Königsrecht. Zwei ἀρρηφόροι also wurden bestellt, nicht vier, wie Deubner meint[6] – zwei für die nächt-lichen Geheimriten, zwei für die Peplosarbeit –; ἐπιόψασθαι ist mehr als die Einteilung bereits angestellter Kräfte zur Arbeit, und Pausanias sagt aus-

---

[4] Harpocr. *[A 59]* ἀρρηφορεῖν: ... τέσσαρες μὲν ἐχειροτονοῦντο δι᾽ εὐγένειαν ἀρρηφόροι, δύο δὲ ἐκρίνοντο, αἳ τῆς ὑφῆς τοῦ πέπλου ἦρχον καὶ τῶν ἄλλων τῶν περὶ αὐτόν. λευκὴν δ᾽ ἐσθῆτα ἐφόρουν. εἰ δὲ χρυσία περιέθεντο, ἱερὰ ταῦτα ἐγίνετο (verkürzt Suda α 3848, An. Bekk. I 446,18); vgl. Et. M. 149,18: ἀρρηφορεῖν, τὸ χρυσῆν ἐσθῆτα φορεῖν, καὶ χρυσία· τέσσαρες δὲ παῖδες ἐχειροτονοῦντο κατ᾽ εὐγένειαν ἀρρηφόροι ἀπὸ ἐτῶν ἑπτὰ μέχρις ἕνδεκα. τούτων δὲ δύο διεκρίνοντο, οἳ διὰ τῆς ὑφῆς τοῦ ἱεροῦ πέπλου ἤρχοντο καὶ τῶν ἄλλων τῶν περὶ αὐτόν. λευκὴν δὲ ἐσθῆτα ἐφόρουν καὶ χρυσία. An. Bekk. I 202,3: ἀρρηφορεῖν, τὸ χρυσῆν ἐσθῆτα φορεῖν, καὶ χρυσία. ἦσαν δὲ τέσσαρες παῖδες χειροτονηταὶ κατ᾽ εὐγένειαν, ἀρρηφόροι, ἀπὸ τῶν ἑπτὰ μέχρι ἕνδεκα.

[5] Pl. *Leg.* 947c; *IG* II/III² 1933 (330/20 v.Chr.): τούσδε ἐπιώψατο ὁ ἱεροφάντης τὴν κλίνην στρῶσαι τῶι Πλούτωνι καὶ τὴν τράπεζαν κοσμῆσαι κατὰ τὴν μαντείαν τοῦ θεοῦ; *IG* II/III² 1934; Hes. ἐπιοψάμενος, ἐπιψονται. Aristophanes v. Byzanz (Schol. *Od.* β 294) nennt das Wort ᾽Αττικὸν λίαν.

[6] Richtig schon C. Robert *GGA* 1899, 533; Adrados a.O. 120; dagegen ist nach G.F. Schömann/J.H. Lipsius, *Griech. Alterthümer* II⁴ (1902) 493, 4, der Wortlaut der Harpok-rationstelle »dieser Auffassung nicht günstig«, nach Deubner 12 gar "vollkommen eindeutig", als ob dastände: δύο μέν – δύο δέ ...; dabei sind deutlich zwei Stufen der Wahl gegeneinander gestellt (μέν – δέ), die Aufgaben der ἀρρηφόροι sind unvollständig (καὶ τῶν ἄλλων ...) auf-gezählt. Während Deubner sich nicht darüber äußert, wo die peploswirkenden Arrhephoren wohnen, erklärte Frazer a.O. 574, 6 kühn, Pausanias habe sich geirrt; entsprechend wird in der modernen Literatur das Arrhephorenhaus in der Regel mit vier Mädchen bevölkert: G.P. Stevens, *Hesperia* 5, 1936, 489ff. – E. Kirsten/W. Kraiker, *Griechenlandkunde* (1962⁴) 71.

drücklich, daß zwei Mädchen auf der Burg wohnen, "und sie heißen ἀρρηφόροι bei den Athenern"; es ist schwer vorstellbar, daß irgendwo sonst in
Athen nochmals zwei Mädchen Peplos-wirkend wohnten, die zufällig auch
ἀρρηφόροι hießen. Daß Peplosarbeit und Geheimriten nicht beziehungslos
nebeneinanderstehen, sondern untrennbar zusammengehören, wird sich im
folgenden bestätigen.

Weiter: die Mädchen standen im Alter von 7 bis 11 Jahren – die Lexika
ergänzen die Angabe des Aristophanes –. Ihre erste Aufgabe war es, mit
dem *[5]* Weben des Peplos zu beginnen. Dieser feierliche Beginn der
Webarbeit fiel aufs Fest Chalkeia am 30. Pyanopsion, etwa 9 Monate vor
den Panathenäen.[7] An der Ausarbeitung des kunstvollen Gewandes waren
möglichst viele Athenerinnen beteiligt, doch der feierliche Anfang, das διάζειν, war Sache der Athenapriesterin und der zwei ἀρρηφόροι. Sie wurden
demnach spätestens im Herbst bestellt und lebten fast 8 Monate auf der
Akropolis; denn das Fest ἀρρηφόρια fiel nach dem Zeugnis der Etymologica in den Monat Skirophorion, den letzten Monat des attischen Jahres.[8]
Danach, oder vielleicht im Zusammenhang der von Pausanias geschilderten

---

[7]   Suda χ 35 Χαλκεῖα: ἑορτὴ ἀρχαία ... ἐν ᾗ καὶ ἱέρειαι μετὰ τῶν ἀρρηφόρων τὸν πέπλον
    διάζονται, vgl. Et. Gen./ Et. M. 805,43; Callimachus Fr. 520 Pf.; Deubner 31.

[8]   Et. Gen. [α 1230 Lasserre/Livadaras] (R. Reitzenstein, *Ind. Rostock* 1890/1,15; Et. M. 149,13;
    Callimachus Fr. 741 Pf.; vgl. Hes. ἀρρηφόρια): ἑορτὴ ἐπιτελουμένη τῇ Ἀθηνᾷ ἐν τῷ
    Σκιροφοριῶνι μηνί· λέγεται δὲ <καὶ> διὰ τοῦ ε ἐρρηφορία. παρὰ τὸ τὰ ἄρρητα καὶ μυστήρια
    φέρειν· ἢ ἐὰν διὰ τοῦ ε παρὰ τὴν Ἔρσην τὴν Κέκροπος θυγατέρα, ἐρσηφορία· ταύτῃ γὰρ ἦγον
    τὴν ἑορτήν. οὕτως Σαλούστιος. – Schol. *Aristoph. Lys.* 642: ἠρρηφόρουν· οἱ μὲν διὰ τὸ τοῦ ᾱ,
    ἀρρηφόρια, ἐπειδὴ τὰ ἄρρητα ἐν κίσταις ἔφερον τῇ θεῷ αἱ παρθένοι. οἱ δὲ διὰ τοῦ ε ἐρσεφόρια·
    τῇ γὰρ Ἔρσῃ πομπεύουσι τῇ Κέκροπος θυγατρί, ὡς ἱστορεῖ Ἴστρος (*FGrHist* 334 F 27; vgl.
    Moeris *[ε 13 Hansen]*: ἐρρηφόροι Ἀττικοί, αἱ τὴν δρόσον φέρουσαι τῇ Ἔρσῃ, ἥτις ἦν μί τῶν
    Κεκροπίδων); verkürzt Suda α 3863; A. Lentz, *Gramm. Gr.* III 2,479,3–5 hat eine aus Et. M.
    und Hes. rekonstruierte Fassung auf Herodian zurückgeführt, was zweifelhaft bleibt, vgl. H.
    Schultz, *RE* VIII 968f. – Die Betonung des Festnamens ist zweifellos ἀρρηφόρια, nach der
    Analogie von θεσμοφόρια, σκιοφόρια, ὀσχοφόρια, φαλλοφόρια, doch gibt es auch das Abstrak-
    tum ἡ ἀρρφορία (Lys. 21,5). – Der von G. Daux kürzlich publizierte Festkalender aus dem
    attischen Demos Erchiai (*BCH* 87, 1963, 603ff.) belegt für den 3. Skirophorion EM ΠΟΛΕΙ
    ΕΡΧΙΑΣΙ Opfer für Kurotrophos, Athena Polias, Aglauros, Zeus Polieus und Poseidon (d.i.
    Erechtheus?), was mit Riten und Mythen der Arrhephoria zweifellos zusammenhängt; die
    Vermutung, daß die Arrhephoria demnach auf den 3. Skirophorion fielen oder eher in die
    Nacht vom 2. zum 3. – der 3. Tag ist Athenas Geburtstag –, ist trotzdem ganz unsicher, Kulte
    eines Demos und ἐν ἄστωι müssen sich nicht genau entsprechen. Ob die Angabe, daß die
    βουφόνια (Suda s.v.: 14. Skirophorion) μετὰ τὰ μυστήρια fallen, mit μυστήρια die ἀρρηφόρια
    (vgl. Anm. 28) oder die Skira meinen, ist kaum zu entscheiden. Daß die Arrhephoria vor die
    Skira fielen, ist plausibel (vgl. Anm. 47). – Willkürlich ist die Annahme, die Arrhephoria fielen
    mit den Panathenäen zusammen (Adrados a.O. 121) bzw. in die Nacht vor den Panathenäen
    (Kerényi 53f.; παραγενομένης – nicht παραγιγνομένης – τῆς ἑορτῆς δρῶσι ἐν νυκτί ... bei
    Paus. zeigt, daß die δρώμενα der Inhalt des nächtlichen Festes waren, nicht etwa in die Nacht
    vor einem Fest fielen).

Riten, hatten die ἀρρηφόροι ihre weißen Gewänder abzulegen, ihren Goldschmuck der Göttin zu überlassen: ihre Aufgabe war erfüllt.

Als weitere Quellen, Primärquellen sogar, bietet sich eine umfangreiche Gruppe von Weihinschriften von der Akropolis an,[9] die vom 3. Jh. v. Chr. bis *[6]* ins 2. Jh. n.Chr. reichen: Basen kleiner Statuen, deren Inschriften aussagen, daß die Eltern das Bild ihrer Tochter der Athena Polias geweiht haben, nachdem sie ἐρρηφόρος war, θυγατέρα ἐρρηφορήσασαν ἀνέθεσαν. Die Schreibung ist dabei regelmäßig ἐρρηφορήσασαν– es handelt sich um 17 Inschriften gleichen Typs, bei 10 davon ist der Anfangsbuchstabe erhalten –. Daneben stehen zwei kaiserzeitliche Inschriften, die ἀρρεφορήσαν bzw. ἀρρηφόρον schreiben. Ferner ist inschriftlich eine ἀρρηφόρος beim Fest der Epidauria bezeugt, während die kaiserzeitlichen Sesselinschriften vom Dionysostheater ἐρσηφόροι β' Χλόης Θέμιδος und ἐρσηφόροι β' Εἰλειθυίας ἐν Ἄγ ραις nennen. Sind nun ἐρρηφόροι = ἀρρηφόροι? Man würde die Frage mit Selbstverständlichkeit bejahen, hätte nicht ein Forscher vom Rang Ludwig Deubners sich alle Mühe gegeben, beides zu trennen. Doch seine Argumente halten nicht Stich, sind vielmehr erstaunlich schwacher Natur. Voran steht eine Fehlinterpretation, es folgen argumenta ex silentio. Deubner behauptet: "Zunächst scheiden die alten Grammatiker von den Arrhephoria eine zweite Begehung, die Hersephoria" (13). Betrachtet man jedoch die Zeugen, Etymologica und Aristophanesscholien, so ist da klar gesagt, daß die gleiche Sache, das gleiche Fest, "auch ἐρρηφόρια genannt wird", daß "die einen" das Wort mit α, "die anderen" mit ε schreiben (s.o. Anm. 8). Entsprechend den zwei Wortformen der gleichen Sache gibt es zwei 'Etymologien': ἀρρηφόρια von ἄρρητα φέρειν und ἐρρηφόρια "zu Ehren der Kekropstochter Herse" – für diese Deutung wird Istros zitiert –. Beide Aitiologien schließen sich keineswegs aus; vielleicht bestand Anlaß, "zu Ehren der Herse" geheime Gegenstände zu tragen. Noch weniger schlagen Deubners weitere Argumente durch, die alle darauf gegründet sind, daß für ἀρρηφόροι etwas bezeugt sei, was für ἐρρηφόροι nicht gesichert ist, und umgekehrt; unsere Quellen sind ja spärlich genug. So hat Deubner auch Nilsson[10] nicht überzeugen können; wir wollen getrost

---

[9] *IG* II/III² 3461; 3465/6; 3470–73; 3482; 3486?; 3488; 3496/7; 3515/6; 3554–56. Dreimal Ἀθηνᾶι (Πολιάδι) καὶ Πανδρόσῳ: 3472; 3488 (ergänzt); 3515; andere Formulierungen 3634 (Epigramm; ἐρρηφόρον); 3528 ἀρρηφόρον; 3960 ἀρρηφορήσασα. Vergleichbar sind die eleusinischen Weihinschriften der παῖδες ἐφ' ἑστίας μυηθέντες. – Aus anderem Zusammenhang *IG* II/III² 3729 ἐρρηφορήσασαν Δήματρι καὶ Κόρῃ; 974, 18f. εἰς τὰ] Ἐπιδαύρια ἀρρηφορήσασαν. Theatersessel-Inschriften *IG* II/III² 5098/9. *IG* XII 2, 255 aus Mytilene (Kaiserzeit): ἐρσεφόρον τῶν ἁγιοτάτων μυσταρίων. Allgemeinere Verwendung von ἀρρηφόρος auch Dion. Hal. *Ant.* 2,22; Philo, *De ebr.* 129; Hes. [A 7443] ἀρρηφόρος· μυσταγωγός.

[10] Nilsson I² 441. Gegen Deubner auch Adrados a.O. 131f.

die Statuenbasen von der Akropolis als unmittelbare Zeugen vom Leben jener Mädchen betrachten, die, wie Pausanias schildert, eine Weile auf der Burg lebten, bis ihr Dienst ein so geheimnisvolles Ende fand. Vorsichtiger wird man sein gegenüber dem Vorschlag, in den archaischen Koren von der Akropolis wenigstens teilweise Arrhephorenstatuen zu erkennen; auch die alte Vermutung, daß die κίσται tragenden Koren von der Korenhalle des Erechtheion Arrhephoren sind, ist zwar sehr ansprechend, aber nicht direkt zu sichern.[11] [7]

Der Versuch, den Brauch zu verstehen, wird notwendigerweise zu einer Auseinandersetzung mit Ludwig Deubners Standardwerk über die *Attischen Feste* (1932). Wenn es dabei nicht ohne Polemik abgeht, so sei doch betont, daß unsere ganze Arbeit ja nur dadurch möglich ist, daß Generationen von Forschern höchsten Rangs einschließlich Ludwig Deubners das Material so vollständig gesammelt und so sorgfältig dargeboten haben. Am Anfang stehe daher die Dankbarkeit. Es kann auch nicht darum gehen, ältere Deutungen als überholt zu betrachten, nur weil sie alt sind. Wenn es gewagt werden kann, Deubners Deutungen zu widerlegen und durch andere zu ersetzen, so nur darum, weil sich zeigt, daß Deubners Theorie das von ihm selbst gesammelte Material nicht vollständig erklärt, ja gelegentlich gerade-zu vergewaltigt, während eine andere Deutung das Quellenmaterial voll-ständig sowohl in seinem inneren Zusammenhang als auch bis in die Verästelungen der scheinbar nebensächlichen Einzelheiten erhellen kann. Nicht weniger Arbeit, schon gar nicht Phantasie statt Detailarbeit, sondern genauere Arbeit soll geboten werden.

Ludwig Deubner übernimmt eine Deutung, die Rutgers van der Loeff 1916 vorgetragen hatte.[12] Zugrunde liegt ihr ein Lukianscholion, das die

---

[11] Die archaischen Koren als Arrhephoren: G.W. Elderkin, *Hesperia* 10, 1941, 120. – Die Koren vom Erechtheion als Arrhephoren: C.E. Beulé, *L'Acropole d'Athènes* II (1854) 254; Elderkin, *Problems in Periclean Buildings* (1912) 13ff., *Hesperia* 10, 121; vgl. G.P. Stevens/J.M. Paton, *Erechtheion* (1927) 235 Anm.

[12] *Mnemos.* 44, 1916, 331ff. – Schol. *Luc.* p. 275, 23ff. Rabe, eng zusammenhängend damit Clemens, *Protr.* 2,17 m. Schol.; vgl. E. Rohde, *RhM* 25, 1870, 548ff. = *Kl. Schr.* II (1901) 355ff.; E. Gjerstadt, *ARW* 27, 1929, 189–240; Deubner 10f.; 40ff.; Nilsson I² 441 findet Deub-ners Analyse 'einwandfrei'. Dagegen verfocht Gjerstadt m.E. zu Recht die These, daß alle im Scholion beschriebenen Riten auf die Thesmophoria zu beziehen sind, wie ja Clemens a.O. das μεγαρίζειν eindeutig den Thesmophoria zuweist; das Lukianscholion läßt sich ohne weiteres in diesem Sinn verstehen: Subjekt zu ἤγετο δὲ p. 275,24 ist θεσμοφόρια. ἀναφέρονται δὲ καὶ ἐνταῦθα ἄρρητα ἱερά p. 276,15f. im Anschluß an die Erwähnung der ἀρρητοφόρια (*sic*) bedeutet: "auch hier", bei den Thesmophorien, gibt es ἄρρητα, die zum Thesmophorion 'hin-aufgetragen' werden, nämlich μιμήματα δρακόντων καὶ ἀνδρείων σχημάτων. Freilich sind die Hinweise auf Skirophoria und Arrhe(to)phoria nicht "Interpolation" (so Gjerstadt, dagegen Deubner 40f.), aber doch nur Seitenblicke eines Antiquars, der den einen Sinn im Mannigfalti-gen sucht. Zu den Skira u. Anm. 47.

Thesmophoria erklärt und dieses Fest dabei als analog (ἔχει τὸν αὐτὸν λό-
γον) oder identisch (τὰ δὲ αὐτά...) mit den ἀρρητοφόρια (*sic*) und σκιροφόρια hinstellt. Die Quelle des Scholions war offenbar dem Clemens von
Alexandria bekannt, der gleichfalls diese drei Begehungen in einem Atem
nennt. Das Scholion stellt damit das Problem, ob seine Detailangaben alle
auf die Thesmophoria zu beziehen sind oder ob einzelne Sätze auch Riten
der Skirophoria und Arrhe(to)phoria behandeln. Dieses Problem kann hier
nicht entfaltet werden, weil dabei die gesamten Riten der Thesmophoria und
der Skirophoria mit zu diskutieren wären. Es genügt die Feststellung, daß,
wenn man von dem Lukianscholion ausgeht, eine Unsicherheit am Anfang
steht; daß der Hauptteil des Scholions vom Thesmophorienfest handelt, ist
jedenfalls klar; ans Stichwort θεσμοφόρια bei Lukian ist es angeschlossen,
und zu den Thesmophoria nicht *[8]* nur in Athen gehört der seltsame
Brauch des μεγαρίζειν: Ferkel weiblichen Geschlechts, χόροι, werden in
unterirdische Höhlen oder Gemächer, μέγαρα, hinabgeworfen; die Reste der
Kadaver werden später wieder heraufgeholt und dem Saatgetreide beigemischt. Auch Phalloi und Schlangen aus Teig sowie Pinienzapfen werden in
die μέγαρα geworfen. Die unappetitliche Drastik der offenbar vorliegenden
Agrarmagie hat Religionswissenschaftler seit langem fasziniert;[13] und nun
werden die Arrhephoria genau analog den Thesmophoria konstruiert. Der
Monat Skirophorion, in den nach dem Zeugnis der Lexika das Fest ἀρρηφόρια fiel, paßt nun freilich nicht zur Aussaat – die erfolgt 4 Monate später im
Pyanopsion, dem Monat der Thesmophoria; folglich, schließt man, gab es
zwei Feste Arrhephoria, eines im Skirophorion, eines im Pyanopsion – obgleich zwei Feste gleichen Namens ein Novum wären, ein höchst unprak-
tisches Novum, weil es dann nur Verwechslungen geben kann. – Bei den
Arrhephoria des Skirophorion, meint Deubner, wurden geheime Gegenstände unter die Erde geschafft, die bei den Arrhephoria im Pyanopsion vier
Monate später wieder heraufgeholt wurden. So bleibt nur zu fragen, wel-
ches der beiden Arrhephorienfeste Pausanias meint; Deubner entscheidet
sich für das Herbstfest, weil ein Heraufholen, von dem Pausanias auch
spricht, im Sommer "gar keinen erkennbaren Zweck hätte" (11). Die ἀρρηφόροι tragen freilich laut Pausanias zuerst und vor allem etwas hinab;
Deubner erklärt dies etwas vage als 'Ersatzopfer'. Daß der Nachdruck bei
Pausanias offenbar auf dem liegt, was da übergeben und hinuntergetragen
wird, zur Nachtzeit auf steilem Weg durch den Bezirk der Aphrodite hindurch, davon ist weiter nicht die Rede; und auch daß Pausanias so gut wie

---

[13] Vgl. z.B. Nilsson I^2 119: "Es ist dies ein Fruchtbarkeitsritus von so durchsichtiger und altertüm-
licher Art wie nur möglich …". Doch ist der Ackerbau in der Menschheitsgeschichte eine
durchaus 'junge' Erfindung.

die Etymologica von *einem* Fest Arrhephoria sprechen, ἡ ἑορτή, scheint weiter nicht zu stören. Hier werden die Texte der Theorie angepaßt und nicht die Theorie dem Text; der Forscher hat sich von den Quellen emanzipiert. Aus einem Fest sind zwei geworden, aus dem Sommer sind wir in den Spätherbst gekommen: die μέγαρα der Thesmophorien haben die Arrhephoria in ihren unersättlichen Schlund hinabgezogen; nichts bleibt übrig als simpel-drastische Fruchtbarkeitsmagie. Und das Fundament der Theorie: die spekulative Deutung eines antiken Gelehrten, der auf Grund eines λόγος μυθικός – des Demetermythos, der zu den Thesmophoria gehört - und eines λόγος φυσικός – Fruchtbarkeit der Erde und der Menschen – die innere Identität von drei attischen Festen behauptet hat.

Ganz offenbar hat hier nicht das Gewicht der Quellenzeugnisse entschieden, sondern die Deutung, die auf diese Weise herausspringt. Was liegt letzten Endes den festlichen Begehungen der Stadt Athen zugrunde? Agrarmagie, Manipulation mit Segenskräften und Unheilskräften, Segensstoffen und Unheilsstoffen. Im Sommer "beabsichtigte man gewiß in erster Linie, mittels der *[9]* Fruchtbarkeitssymbole der erschöpften Erde neue zeugerische Kräfte zuzuführen" (11), und im Herbst: "Jene Dinge, die sich in der Tiefe der Erde mit deren Fruchtbarkeitkräften vollgesogen hatten, sollten nunmehr, der Saat beigemischt, eine reiche Ernte garantieren" (10). Immer also ein "erkennbarer Zweck" (11), die Ernte, und dieser Zweck wird ganz vernünftig-planvoll mit gewissen Mitteln angesteuert, nur daß die alten Athener leider über die Chemie des Pflanzenwuchses und der Düngemittel unzureichend informiert waren und darum mit 'Segenskräften' statt mit Stickstoff und Phosphaten zu Werke gingen; so haben sie das Amt der ἀρρηφόροι "für die Vollziehung der Geheimriten geschaffen" (12). Es sei nicht weiter ausgeführt, wie unbildlich abstrakt und darum modern im Grunde dieser 'Fruchtbarkeitsbegriff' ist: was die erschöpfte Erde befruchtet, soll sich eben dabei mit den Fruchtbarkeitskräften der Erde vollsaugen, um dann seinerseits die Erde zu befruchten … Die antiken Zeugnisse sind noch in einem Punkt bezeichnend umgebogen: nach dem Scholion geht es um die Fruchtbarkeit von Erde und Mensch, καρπῶν γένεσις und ἀνθρώπων σπορά; bei dem modernen Forscher geht es nur um die Ernte.

Doch wir wollen nicht spotten und karikieren, sondern ganz schlicht festhalten: der Schwerpunkt von Deubners Erklärung – die Doppelung des Festes und damit die Beziehung zur Aussaat – hängt völlig in der Luft, ja widerspricht dem Wortlaut der Quellen; und dabei erklärt Deubner nur ein einzelnes, losgelöstes Stück aus dem Gesamtkomplex ἀρρηφόοι. Warum sieben- bis elfjährige Mädchen? "Män wählte gerne für den Vollzug wichtiger Riten unschuldige Kinder aus, weil ihre Unbeflecktheit den Erfolg magisch empfundener Handlungen zu garantieren schien" (12); könnte man

also genauso gut sechsjährige Knaben nehmen? Und was heißt 'Unbeflecktheit' der Kinder im alten Griechenland? Warum sagt Pausanias παρθένοι?
Weiter: warum haben sie die Peplosarbeit zu beginnen? Hier bringt Deubner
eine historische Erklärung: die Überreichung des Peplos sei erst bei der
Panathenäenreform 566 eingeführt worden (12; 30), das Amt der ἀρρηφόοι
sei 'ursprünglich' für die Geheimriten geschaffen, später seien "zwei weitere Mädchen unter demselben Namen zur Peplosarbeit bestimmt" worden,
weil "die Beteiligung der unschuldigen Mädchen der Göttin wohlgefällig
sei"; also ein mehr oder weniger zufälliger Einfall, ἀρρηφόροι könnten auch
einmal etwas anderes tun – und dabei geht es gar nicht um 'Beteiligung',
sondern um den Anfang, das διάζειν: auch hier ist Deubner ungenau, abgesehen davon, daß es, wie gezeigt, dieselben zwei Arrhephoren waren, die
Peplosarpeit und Geheimriten durchführten. Schließlich: Warum überhaupt
leben die ἀρρηφόροι mindestens 7 Monate lang auf der Burg? Sind die
Segenskräfte für die erschöpfte Erde ausgerechnet auf dem kahlen Felsen
der Akropolis zu finden? Nichts dazu bei Deubner.

Ein Satz in Deubners Darstellung gibt indessen einen andersartigen, von
seiner Theorie aus fast illegitimen, jedenfalls überflüssigen Hinweis: "Aus
den Geheimriten ist die Geschichte von der Ciste des Erichthonios erwachsen, die *[10]* von den Kekropiden nicht geöffnet werden durfte. In ihr
spiegelt sich das Gerät wider, das von den Arrephoren getragen wurde"
(11). Also ein Mythos, der mit dem Ritus engstens verbunden ist. Deubner
schwächt seinen Hinweis freilich nach Kräften ab: der Mythos ist "aus den
Riten erwachsen", also sekundär – Jane Harrison spricht ungeniert von
einem "foolish myth"[14] –; eine Anmerkung Deubners verweist auf die Annahme von Charles Picard, der Erichthonios-Mythos sei als Nachahmung
eleusinischer Motive "zum Zweck der Konkurrenz erfunden".[15] Also auch
hier der "erkennbare Zweck", beim Mythos wie beim Ritus. Erst hat man zu
Fruchtbarkeitszwecken die Riten erfunden, und dann zu Propaganda-
zwecken die Mythen dazuerfunden.

Nun ist es ausgeschlossen, das Problem des Mythos in seiner Beziehung
zum Kult im ganzen hier aufzurollen. Doch unabhängig von den
Grundsatzfragen darf man von vornherein behaupten: mag ein Mythos noch

---

[14] *Myth. and Mon.* XXXV; der Mythos sei "ritual misunderstood" (XXXIII), immerhin: "A rite
frequently throws light on the myth made to explain it" (*Proleg.* 133). Nilsson I² 442 schließt,
daß die Arrhephoria "in Wirklichkeit den Tauschwestern gehören", der Athena nachträglich
'angehängt' wurden. Den Zusammenhang von Arrhephoren und Kekropiden erkannte schon
F.G. Welcker, *Griech. Götterlehre* III (1862) 103ff.

[15] Deubner zitiert Ch. Picard, "Les luttes primitives d'Athènes et d'Eleusis", *Rev. hist.* 166, 1931,
1–76 insofern ungenau, als dieser nicht die 'Geschichte', sondern ausdrücklich die 'rites' als
Nachahmung der eleusinischen Feier erweisen möchte (40f.).

so sekundär sein, auch der aitiologische Mythos ist ein unschätzbar wert-
volles Zeugnis; nicht nur, weil er uns sagt, was die Griechen historischer
Zeit sich bei ihren Kulten wirklich gedacht haben, sondern vor allem, weil
er uns auf dem Umweg über ein vielleicht fiktives Aition Aufschluß geben
kann über die tatsächlich praktizierten Riten. Im Rhythmus der Erzählung
wird der Mythos, gerade der aitiologische Mythos, das Nacheinander der
Riten spiegeln, und er zeigt damit Zusammenhänge auf, wo die antiqua-
rische Gelehrsamkeit nur disiecta membra bietet. Ja, der Mythos ist die älteste Form, über Religiöses zu sprechen; antiquarisch-wissenschaftliche
Beschreibung der Kulte kommt viel später. Mit Angelo Brelich[16] kann man
feststellen: wir können kein griechisches Fest verstehen ohne den zugehörigen Mythos.

Der Mythos von den Kekropstöchtern[17] stimmt mit den ἀρρηφόροι-Riten
in der Tat in frappanter Weise überein, bis in alle Einzelheiten; abgesehen
scheinbar von der Zahl: drei Töchter hatte Kekrops, – Aglauros, Herse und
Pandrosos. Wir befinden uns da von vornherein im Bereich der Ursprungsmythen: Kekrops der Erdgeborene, halb Mensch, halb Schlange, ist
in allen *[11]* attischen Genealogien der absolut erste König von Attika –
eigentlich das, was vor dem ersten Menschen da war.

Die Kekropiden wuchsen im Haus ihres Vaters heran, dem Königspalast
auf der Akropolis. Die Athener wußten natürlich, was die Archäologie
bestätigt hat, daß das "Haus des Erechtheus" den alten Königspalast ersetzt
oder vielmehr fortgesetzt hatte; gleich bei ihm wohnen auch die
Arrhephoren. Man stellte sich vor, wie die Kekropiden an den Nordhängen
der Akropolis Reigentänze aufführten (Eur. *Ion* 497) – für die Arrhephoren
gab es, wie zufällig bezeugt ist (Plut. *Vit. X or.* 839c), einen eigenen Ball-
spielplatz, σφαιρίστρα. Zum Spiel die Arbeit: Pandrosos, lesen wir bei Photios, "hat als erste zusammen mit ihren Schwestern für die Menschen die
Kleidung aus Wolle hergestellt"[18] – die ἀρρηφόροι aber sind die ersten, die
den heiligen Peplos wirken; sie wiederholen jenen Uranfang der Kultur, den
die Kekropiden gesetzt haben. Und dann kommt die Krisis, um derentwillen
die Kekropidensage erzählt zu werden pflegt: Athene übergibt den Schwes-

---

[16]   *Le iniziazioni* II, Rom 1961, 135.

[17]   Das Material bei L. Preller/C. Robert, *Griechische Mythologie* I⁴ (1894) 199ff., II⁴ (1920)
       137ff.; B. Powell, *Erichthonius and the Three Daughters of Cecrops*, Ithaca 1906; vgl. Jacoby
       zu *FGrHist* 328 F 105 (IIIb Suppl. 424ff.); zu den Vasendarstellungen F. Brommer, "Attische
       Könige", in: *Charites E. Langlotz* (1958) 152–164; *Vasenlisten zur griechischen Heldensage*
       (1960²) 199f. Die Handschriften schreiben oft Ἄγραυλος (auch Porph. *Abst.* 2,54 – Kult in
       Salamis/ Zypern), die Inschriften nur Ἄγλαυρος.

[18]   Phot. Προτόνιον [p.465,2]: ἱμάτίδιον, ὃ ἡ ἱερεία ἀμφιέννυται· ... προτόνιον δὲ ἐκλήθη, ὅτι
       πρώτη Πάνδροσος μετὰ τῶν ἀδελφῶν κατεσκεύασε τοῖς ἀνθρώποις τὴν ἐκ τῶν ἐρίων ἐσθῆτα...

tern einen runden Korb, eine κίστη mit dem strengen Gebot, sie nie zu öffnen; ἱερὴ κίστη heißt sie bei Euphorion (Fr. 9 Powell, vgl. Callim. Fr. 260,29 Pf.). Das, was die ἀρρηφόροι auf dem Haupte tragen, was ihnen die Athenapriesterin übergibt, heißt in der Scholienliteratur κίστη. Doch Pandrosos allein blieb gehorsam; Aglauros und Herse haben zur Nachtzeit die κίστη geöffnet. Ein Euphorion-Bruchstück[19] zeigt, daß in jener Nacht die Lampe der Athene, die als ewiges Licht im Tempel brannte, eine Rolle spielte: fiel sie zu Boden? Fiel etwas, etwa Öl, von der Lampe zu Boden? Erlosch die Lampe? Jedenfalls: die Schwestern erblickten in der geöffneten κίστη das Kind Erichthonios und ihm zur Seite eine Schlange – gelegentlich ist auch von zwei Schlangen die Rede[20] –. Von panischem Schrecken gepackt, *[12]* stürzen die Jungfrauen davon – eine spätarchaische Schale des Brygos-Malers in Frankfurt zeigt die entsetzten Mädchen, verfolgt von einer riesigen Schlange (um 480 v. Chr.) –; sie stürzen sich den steilen Nordabhang der Akropolis hinab in den Tod. Der Weg der ἀρρηφόροι ist nicht ganz so dramatisch, doch hat er den gleichen Sinn: zur Nachtzeit tragen sie ihre κίσται den Nordabhang der Akropolis hinab auf steiler Treppe, und dann müssen sie unter die Erde gleich den Toten: κάθοδος ὑπόγαιος – damit ist ihr Dienst zu Ende. Pandrosos ist für immer auf der Burg verblieben, dort ist ihr Bezirk beim heiligen Ölbaum; unterhalb der Arrhephorenwohnung lag das Heiligtum der Aglauros, wo man ihres Todes gedachte; dort

---

[19] Euphorion Fr. 9 Powell = Berl. Kl. T. V, 1,58 (aus einem Fluch-Gedicht, das einem Feind mannigfache Todesarten anwünscht):

[...] ὄπισθε

[...]α φέροιτο

[...]θι κάππεσε λύχνου

[   ]α κατὰ Γλαυκώπιον Ἔρσῃ,

[οὕνεκ᾽ Ἀθ]ηναίης ἱερὴν ἀνελύσατο κίστην

[δεσποίν]ης.

Zu Γλαυκώπιον vgl. Pfeiffer zu Callim. Fr. 238, 11; zur Lampe der Athena Paus. 1,26,6f.; Strabo 9 p. 396; R. Pfeiffer, *Ausgew. Schr.* (1960) 1–7. Nach Euphorion verbindet Nonnos die Lampe der Athena und die κίστη des Erichthonios (13,172ff.; 27,114ff.; 320ff.; Wilamowitz, *Berl. Kl. T.* a.O.).

[20] 1 Schlange: Apollod. 3,14,6,5; Ov. *Met.* 2,561 (nach Kallimachos?); Vase des Brygos-Malers *Ann. d. Inst.* 1850 Taf. G = *ARV²* p. 386, C. Robert, *Bild und Lied* (1881) 88. – 2 Schlangen: Eur. *Ion* 21ff.; 1427; rotf. Vase London E 372, *Ann. d. Inst.* 1879 Taf. F = Roschers *Myth. Lex.* I 1307 = *ARV²* p. 1218 = *Greece and Rome* 10, 1963, Suppl. pl. Ic; Amelesagoras *FGrHist* 330 F 1; vgl. Hes. s.v. οἰκουρὸς ὄφις. – Pandrosos unschuldig: Paus. 1,18,2; 27,2; Apollod. 3,14,6,4 (anders Amelesagoras a. O.). Es gab auch eine Tradition, Erichthonios sei mit der Schlange identisch: Paus. 1,24,7; Hygin, *Astr.* 2,13; Philostr. *V. Ap.* 7,24; vgl. Anm. 27.

fand auch die Vereidigung der Epheben statt.[21] Nach einem Heiligtum der Herse hat man vergeblich gesucht; schon die nicht-attische Namensform zeigt, daß der Name der Literatur, nicht dem attischen Kult angehört. Doch auch das Literarische ist bedeutungsvoll: Herse wohnte in der Mitte zwischen Pandrosos und Aglauros, sagt Ovid (*Met.* 2,739) – von Pandrosos zu Aglauros führt der Weg der ἀρρηφόροι, die man auch als ἐρσηφόροι etymologisierte. Kulttatsachen und Mythos erhellen sich gegenseitig.[22] Während *[13]* die fruchtbarkeitsmagische Deutung nur ein vereinzeltes Stück erklären konnte, ist die Entsprechung hier durchgehend: vom Wohnen auf der Burg, vom Wirken des Peplos über die nächtliche Krise bis zum Ende.

---

[21] Zu Aglaureion und Pandroseion W. Judeich, *Topographie von Athen* (1931₂) 303f.; 280; zum Ephebeneid L. Robert, *Études épigraphiques et philologiques* (1938) 296ff.; M.N. Tod, *A Selection of Greek Historical Inscriptions* II (1948) 303f. *[no. 204 = P. J. Rhodes und Robin Osborne, Greek Historical Inscriptions 404-323 (2003), 440 no. 88];* der Zusammenhang von Aglaureion und Ephebeneid ist kein Zufall (Hill a.O. 101: "later the sanctuary was devoted to other uses as well"), sondern beruht auf dem notwendigen Ineinandergreifen von Jünglings- und Mädchenweihe; freilich verstand man später nicht mehr, was die neugierige Jungfrau mit dem attischen Soldatentum zu schaffen habe, und erfand daher eine heroische Version vom Tod der Aglauros, Philochoros *FGrHist* 328 F 105 (vgl. auch Aglauros als Gemahlin des Ares, Hellanikos *FGrHist* 323a F 1). – Es gab eine Priesterin für Aglauros und für Pandrosos (*IG* II/III² 3459; *Hesperia* 7, 1938, 1ff.); Aglauros (Harpocr., Suda s.v.) und Pandrosos (Schol. *Aristoph. Lys.* 439) war auch Beiname der Athena; attische Frauen schworen bei Aglauros und Pandrosos, nicht bei Herse (Schol. *Aristoph. Thesm.* 533). Dagegen gab es in Erythrai im Kyrbantes-Kult Orgien Ἕρσης [καὶ Φανναγ]όρης καὶ Φανίδος J. Keil, *Österr. Jahresh.* 13, 1910, Beibl. 29f. *[H. Engelmann und R. Merkelbach, Die Inschriften von Erythrai 2, Bonn 1973, Nr. 203].* – Alkman 3 D. = 57 Page kann dichterische Erfindung sein. – M. Ervin, *Archeion Pontou* 22, 1958, 129–166 wollte das durch einen Horos-Stein bezeugte ΙΕΡΟΝ ΝΥΜΦΗΣ am Südhang der Akropolis mit dem Aglaureion identifizieren; dagegen W. Fuchs, *AM* 77, 1962, 244 Anm. 13.

[22] Mit Aglauros verbunden werden noch zwei Feste, die den Arrhephoria vorausgehen: Kallynteria und Plynteria. Die Kallynteria (Phot. s.v. *[K 124 ed. C. Theodiridis, 1998]*) werden gefeiert, ὅτι πρώτη δοκεῖ ἡ Ἄγραυλος γενομένη ἱέρεια τοὺς θεοὺς κοσμῆσαι· Dem muß im Ritus ein Schmücken des Athenabildes entsprochen haben (Deubner 20 läßt das mythische Aition beiseite, behauptet daher, es sei "nichts überliefert", und postuliert: "es konnte sich dabei nur um die Säuberung des Tempels handeln"); auch vom Goldschmuck der Arrhephoroi ist die Rede (o. Anm. 4). An den Plynteria kurz darauf wird dem Bild der Schmuck abgenommen, sein Platz verhüllt (Plut. *Alc.* 34), die Heiligtümer werden mit Seilen abgesperrt (Poll. 8,141) – man lebt an diesem Tag ohne die Götter. Man gedenkt des Todes der Agraulos vor etwa einem Jahr; die Feigenpaste (ἡγητηρία) weist auf den Bereich der Toten (vgl. z.B. Ath. 3,78c; "eine kleine Stärkung" für die badende Göttin, meint Deubner 20). Wenn der Goldschmuck der Arrhephoroi "heilig wurde", der Göttin anheimfiel (o. Anm. 4), ist er vermutlich in bestimmter Zeremonie den Arrhephoroi abgenommen worden, so daß Schmückung und Ablegung des Schmucks vielleicht dem Rhythmus von Kallynteria und Plynteria entspricht (vgl. auch das pythagoreische Akusma Iambl. *V.P.* 84: χρυσὸν ἔχουσα μὴ πλησιάζειν ἐπὶ τεκνοποιίᾳ. Ablegen von Goldschmuck beim Asklepios-Heilschlaf in Pergamon: F. Sokolowski, *Lois sacrées de l'Asie mineure* [1955] 14). Möglicherweise waren Plynteria und Arrhephoria nur 4 Tage getrennt, doch ist das Datum der Arrhephoria (o. Anm. 8) so zweifelhaft wie die Ansetzung der Plynteria auf den 29. Thargelion (Phot. Kallynteria, Gegeninstanzen bei Deubner 17f.).

Und nun drängt sich eine andere Sinngebung des Gesamtkomplexes auf, wie sie Jeanmaire und Brelich bereits vorgeschlagen haben:[23] es handelt sich um einen Initiationsritus, eine Jugendweihe oder Pubertätsweihe. Seit langem sind die Initiationsriten eingehend studiert worden. Freilich lenkt man das Augenmerk zumeist auf die Jünglingsweihen, doch sind die Mädchenweihen nicht weniger wichtig. Es kommt indessen hier nicht darauf an, Vergleichsmaterial zu häufen, sondern nur darauf, anzuerkennen, daß es Riten der Jugendweihe auf der ganzen Welt gibt, und sich klarzumachen, was sie bedeuten: Initiationsriten sind, wo immer sie bestehen, die zentralen Feste des Stammes, die entscheidenden Erlebnisse des Einzelnen; denn in ihnen vollzieht sich nichts anderes als die Erneuerung der Gemeinschaft. Eine soziale Lebensform, eine wenn auch noch so schlichte Form der Kultur kann die Spanne eines Menschenlebens nur dann überdauern, wenn es gelingt, sie der nächsten Generation weiterzugeben; nur die Lebensformen bleiben bestehen im Wechsel der Generationen, die der jeweils heranwachsenden Jugend eingeprägt, ja als unauslöschliches Siegel eingebrannt werden – wie gewaltsam und grausam primitive Initiationsriten oft verlaufen, ist bekannt –. Solange es keine Schrift, keine schriftlichen Verträge und Gesetze, keine verwaltungsmäßige Ordnung des Gemeinschaftslebens gibt – und ehe dergleichen vor rund 5000 Jahren erfunden wurde, haben Menschen Hunderttausende von Jahren in menschlicher *[14]* Gemeinschaft existiert –, müssen die notwendigen Ordnungen des Gemeinschaftslebens der Seele, und sei es dem unterbewußten, instinktiven Seelenleben eingeprägt sein. Diese Prägearbeit leisten in erster Linie die Initiationsriten. Mit dem Aufkommen der Schriftlichkeit, mit der Stadtkultur treten sie zurück, um schließlich zu verschwinden – vollständig erst in unserer Zeit der atomisierten Gesellschaft. Die Griechen sind dem urtümlichen Leben, vor der Epoche der Schriftkultur und der Stadtkultur, noch überaus nahe.

Als Grundrhythmus der Initiationsriten wie überhaupt der 'Rites de passage' hat van Gennep eine Dreiheit festgestellt: Trennung von der bisheri-

---

[23] H. Jeanmaire, *Couroi et Courètes*, Lille 1939, 264ff.; Brelich a.O. 123ff.; von "unconscious initiation" der Arrhephoroi sprach schon Harrison, *Myth. and Mon.* XXXVI. Zusammenfassend über Initiationsriten M. Eliade, *Das Mysterium der Wiedergeburt*, Zürich 1961; von älterer Literatur sei genannt: A. van Gennep, *Les rites de passage*, Paris 1909; M. Zeller, *Die Knabenweihen*, Diss. Bern 1923; L. Weiser, *Altgermanische Jünglingsweihen und Männerbünde*, Bühl 1927; A.E. Jensen, *Beschneidung und Reifezeremonien bei den Naturvölkern*, Stuttgart 1933. Vgl. auch Brelich, "The Historical Development of the Institution of Initiation in the Classical Ages", *Acta Antiqua* 9, 1961, 267–283; G. Thomson, *Aischylos und Athen*, Berlin 1957, 101ff.; Mädchenweihe und Frauenbund in Rom untersucht J. Gagé, zusammenfassend jetzt: *Matronalia*, Brüssel 1963.

gen Lebensgemeinschaft, Leben in der Absonderung – *en marge* –, Rückgliederung in die neue Gemeinschaft. Der Jüngling, das Mädchen wird herausgerissen aus seiner Kinderwelt, führt eine Zeitlang ein Sonderleben in der Abgeschlossenheit, in Busch und Urwald oder im Initiationshaus inmitten der Gemeinde, um schließlich als vollwertiger, erwachsener Mensch der Gemeinschaft eingegliedert zu werden. Der Übergang in ein neues Leben ist fast überall in einer überaus wirkungsmächtigen Symbolik gestaltet: Tod und Wiedergeburt. Das Kind stirbt, ein neuer Mensch kommt zutage. In diesen Rahmen sind bei der Mädcheninitiation notwendigerweise zwei Komplexe eingepaßt: zum einen lernt das Mädchen die Arbeit der Frau; ἔργα γυναικῶν sind vorzugsweise Spinnen und Weben. Zum andern wartet auf das Mädchen die Aufgabe, Gattin und Mutter zu sein; und darum gehört, neben der Kinderpflege, zur Initiation eine Begegnung mit dem Eros, wobei die Ethnologie alle Spielarten von krassesten Orgien bis zur sublimsten Symbolik belegen kann. Man darf diesen Bereich weder allein ins Zentrum rücken noch prüde beiseite schieben. Die von der Zivilisation dem Menschen auferlegte Arbeit weiterzuführen und neues Leben ins Dasein zu rufen, beides ist gleich notwendig; fehlt das eine oder das andere, stirbt die Lebensform ab. Die Initiationsriten sind also in ihrer Grundstruktur und weithin auch in ihrer Einzelausprägung unmittelbar aus sich selbst verständlich: so und nicht anders müssen sie sich im Rhythmus des Lebens, im Wechsel der Generationen seit Urzeiten herausgebildet haben. Es geht hier primär nicht darum, was mehr oder weniger primitive Menschen glauben oder sich vorstellen; ob sie an Segenskräfte glauben oder an Totenseelen, an Geister oder Götter: entscheidend ist, was geschieht; die heranwachsende Generation muß hineingeformt werden in die Art ihrer Eltern, und die Eltern müssen den Kindern Platz machen; sonst geht die Lebensordnung zugrunde, als wäre sie nie gewesen.

Betrachtet man die ἀρρηφόροι-Riten, wie sie im Kekropidenmythos gespiegelt sind, als Mädchenweihe, so wird das Ganze von Anfang bis Ende durchsichtig, sinnvoll und notwendig. Am Anfang steht die Trennung vom Elternhaus; das autoritative ἐπιόψασθαι des βασιλεύς reißt die Mädchen aus ihrer Kinderwelt heraus. 7–11 Jahre, das scheint uns freilich ein sehr zartes Alter zu sein. Doch markiert das 7. Jahr einen wichtigen Lebensabschnitt; *[15]* Theseus soll Helena als Siebenjährige entführt und in Aphidnai interniert haben,[24] in Rom war das Verlobungsalter 7 Jahre, das gesetzlich erlaubte Heiratsalter 12 Jahre. Die ἀρρηφόροι leben abgeschieden auf der

---

[24] Hellanikos *FGrHist* 323a F 19 (10jährig: Diod. 4,63,2); zur römischen Sitte M. Bang bei L. Friedlaender, *Sittengeschichte Roms* IV (1921[9/10]) 133ff.; M. Durry, *Gymnasium* 63, 1956, 187–190 (Hinweis von Prof. E. Burck).

Burg; das Wort δίαιτα bei Pausanias deutet auf bestimmte Tabus in ihrer Lebensführung, Speise- und Kleidervorschriften, wie sie zu allen Initiationen gehören. Eine besondere Regelung ist meist nötig, um die eingeschlossenen Initianden mit Essen zu versorgen, durch Essensträger – in Athen gibt es eine δειπνοφορία für Aglauros, Herse und Pandrosos (*An. Bekk.* I 239,7).[25] Die ἀρρηφόροι beginnen die Webarbeit, wie die Kekropiden die ersten Gewänder gewirkt haben: indem die Initianden in die Arbeit der Erwachsenen eingeführt werden, wiederholen sie den Anfang, den die Kultur überhaupt genommen hat; darum überhaupt die Bezeichnung *initia*, Initiation. Und dann die κίστη, die zur Nachtzeit durch den Bezirk der Aphrodite getragen wird: kein Zweifel, hier ist symbolisch der zweite Aspekt gestaltet, die Begegnung mit dem Eros. Daß der Weg der ἀρρηφόροι zur Initiation ursprünglich ein Weg zum Brunnen war, paßt besonders gut.[26] Die Jungfrau stirbt bei dieser Begegnung, eine junge Frau tritt ein ins Leben. In der κίστη war das Königskind Erichthonios und die Schlange, erzählt der Mythos. Die Schlange, der οἰκουρὸς ὄφις, gehört seit je zu Athena und zur Burg; man pflegt von ihrer 'chthonischen' Bedeutung zu sprechen, doch ist dies zu allgemein. Die Schlange ist zunächst das Schrecktier schlechthin, vor dem jedes lebende Wesen instinktiv in Entsetzen erstarrt. Sie kommt aus dem Dunkel der Erde, sie ist vielleicht identisch mit dem toten Ahn, seine 'Seele' oder seine Kraft – seit je gehört das Schlangensymbol zum Totenkult –; zugleich aber ist die Schlange in ihrer glatten Beweglichkeit zeugende Macht – so ja auch in der lateinischen *genius*-Vorstellung –; ὁ ὄφις, ὁ δράκων, das können im Griechischen nur Masculina sein. In den Mysterien sind Schlange und Phallos äquivalente Symbole; Schlangen und Phalloi aus Teig wirft man an den Thesmophorien in die μέγαρα.[27]

---

[25] Außerdem gab es δειπνοφόροι bei den Oscchophoria, Harpocr. δειπνοφόρος: ... αἱ τῶν κατακεκλειμένων παίδων μητέρες εἰσέπεμπον καθ' ἡμέραν αὐτοῖς τροφὴν εἰς τὸ τῆς Ἀθηνᾶς ἱερόν, ἐν ᾧ διητῶντο, καὶ αὐταὶ συνῄεσαν ἀσπασόμεναι τοὺς ἑαυτῶν· vgl. Deubner 144; *Hesperia* 7, 1938, 18f.; *IG* II/III² 5151.

[26] Am Parthenion-(= Kallichoron-)Brunnen in Eleusis trifft Demeter die Königstöchter, Hymn. Cer. 98ff.; an der Quelle von Lerna fällt Amymone dem Poseidon anheim, Aesch. Fr. 13ff. N² = 130ff. Mette *[= Fr. 13-15* TrGF*]*(vgl. G.A.M. Richter, *Redfigured Athenian Vases in the Metropolitan Museum of Art*, New Haven 1936, T. 122), an einer Quelle in Tegea überfiel Herakles Auge, Paus. 8,47,4. Zum Fest der Chariten in Orchomenos, mit nächtlichen Tänzen gefeiert, gehört die Legende, die Chariten, Töchter des Königs Eteokles, seien beim Tanz in einen Brunnen gestürzt, *Geop.* 11,4 .

[27] Zur Schlange vgl. E. Küster, *Die Schlange in der griech. Kunst und Religion,* Gießen 1913; W. Pötscher, *Gymnasium* 70, 1963, 408ff.; Powell a.O. 19ff. Der Komplex "Kind und Schlange" wird vielfach variiert, von der Identität (z.B. Paus. 6,20,4f.; Schol. *Od.* ε 272; δράκων heißt das ungetaufte Kind im Neugriechischen, P. Kretschmer, *Der heutige lesbische Dialekt*, Wien 1905, 375) oder hilfreichem Beistand (Pi. *Ol.* 6,45ff.; Paus. 10,33,9f.) bis zum Tod des Kindes durch die Schlange (Archemoros in Euripides' *Hypsipyle*) oder zum Sieg des Wunderkindes (Herakles). δράκων διὰ τοῦ κόλπου in den Sabazios-Mysterien: Clemens *Protr.* 2,16,2, Arnob.

Pausanias berichtet, im *[16]* Tempel der Polias befinde sich ein hölzerner Hermes, von Kekrops geweiht, mit Myrtenzweigen völlig zugedeckt. Frickenhaus hat vermutet, daß dieser 'Hermes' nichts als ein Phallos war.[28] Jedenfalls ist Hermes der Liebhaber der Herse, Hermes, der auch Erichthonios heißt, und die Myrte gehört der Aphrodite – das Symbol der Hochzeit bis auf unsere Zeit –. Für die Arrhephoren wurde ein Kuchen namens ἀνάστατος gebacken – an der Bedeutung dieses Namens haben die Religionswissenschaftler nicht gezweifelt.[29] So sind diese 'Jungfrauen' geradezu umstellt von sogenannten Fruchtbarkeitssymbolen – ihr Weg führt notwendigerweise zum Bezirk des Eros und der Aphrodite. Goldschmuck muß bei diesem Gang freilich abgelegt werden. Wir können es wagen zusammenzufassen; der Mythos wird durchsichtig auf den Ritus hin: Erichthonios und die Schlange, das ist das Geheimnis von Zeugung und Mutterschaft, dem die athenischen Jungfrauen, die Kekropiden, in jener Nacht plötzlich gegenüberstehen, und das das Ende ihrer Mädchenexistenz bedeutet.

Zu erinnern ist dabei an den Mythos von der Herkunft des Erichthonios: die Erde empfing den Samen des Hephaistos, als er sich an Athena vergreifen wollte.[30] Athena mit ihrer Wolle und der "Tau des Hephaistos" –

5,21, Firm. *Err*. 10. Vgl. auch Eduard Mörike, *Erstes Liebeslied eines Mädchens*: "Was im Netze? Schau einmal! Aber ich bin bange: Greif' ich einen süßen Aal? Greif' ich eine Schlange? ... Schon schnellt mirs in Händen! Ach Jammer! O Lust! Mit Schmiegen und Wenden mir schlüpfts an die Brust ...".

[28] *Ath. Mitt.* 33, 1908, 171f. zu Paus. 1,27,1. Hermes und Herse Ov. *Met.* 2,708ff., dazu W. Wimmel, *Hermes* 90, 1962, 326–333: die Geschichte ist dem gewöhnlichen Agraulos-Mythos nachgestaltet; die Entdeckung von Herses Liebschaft durch Aglauros entspricht dabei – dem Öffnen der κίστη; vgl. Apollod. 3,14,3; Toepffer, *Att. Geneal.* 81ff.; Jacoby zu *FGrHist* 324 F 1, 323a F 24. Sophokles nannte die Kekropiden δράκαυλος (Fr. 585 N² = 643 Pearson = *[643* TrGF*]*). Kerényi 43 sieht wohl mit Recht ein Inzestmotiv durchschimmern. Kekrops ist zur Hälfte Schlange, Agraulos heißt auch die Frau des Kekrops, Mutter der Kekropiden. Es ist gar nicht so abwegig, wenn Athenagoras von den μυστήρια "für Agraulos und Pandrosos" spricht (*Leg.* 1, Deubner 14, 8) und *An. Bekk*, I 202,6 vermerkt: ἀρρηφόρια· ἑορτὴ Διονύσου. Ἑρμῆς Ἐριχθόνιος *Et. M.* 371,49, *Et. Gud.* s.v. Ἐριχθόνιος, vgl. *Epigonoi* Schol. *Soph. O.C.* 378.

[29] Paus. Attic. ed. Erbse α 116: ἀνάστατοι· πλακοῦντος εἶδος. οὗτοι δὲ αὐταῖς ταῖς ἀρρηφόροις ἐγίνοντο... Deubner 16f.

[30] *Danais* Fr. 2 Kinkel = Harpocr. αὐτόχθονες, dazu Tabula Borgiana, p. 4 Kinkel = *IG* XIV 1292 *[= Danais F 2, Poetae Epici Graeci ed. Bernabé]*; Thron von Amyklai Paus. 3,18,13; Eur. Fr. 925 N² = Eratosth. *Catast*. 13 *[= Tragicorum Graecorum Fragmenta V:2, 925 ed. R. Kannicht]*; Amelesagoras *FGrHist* 330 F 1; Callimachus Fr. 260, 19 Pf. u.a.m.; vgl. ausführlichst Cook, *Zeus* III 181ff.; ἐρίῳ ἀπομάξασα τὸν γόνον εἰς γῆν ἔρριψε Apollod. 3,14,6. M. Fowler, *ClPh* 38, 1943, 28–32 weist auf ähnliche Motive im Veda hin. Der Mythos muß zum Fest Chalkeia gehören, vgl. Kerényi 54: nach Soph. Fr. 760 N² = 844 Pearson *[= TrGF IV ed. Radt F 844]* naht an diesem Tag πᾶς ὁ χειρῶναξ λεώς der Göttin στατοῖς λικνοῖσι. M.P. Nilsson, *The Dionysiac Mysteries of the Hellenistic Age*, Lund 1957, 21ff. will alle nicht-profane Bedeutung des λίκνον für die vorhellenistische Zeit eliminieren; immerhin gehört es zur Hochzeit: Paus. Attic. s.v. παῖς ἀμφιθαλῆς, schwarzf. Vase London B 174, Nilsson a.O .24.

δρόσον *[17]* Ἡφαίστοιο sagt Kallimachos (Fr. 260,19, dazu Schol. A zu *B* 547), γαμίην ἐέρσην sagt Nonnos (41,64) – da hat man im Mythos nochmals vereinigt, was das Leben der bestimmt. So scheint schließlich doch der Name der ἀρρ- oder ἐρρηφόροι durchsichtig zu werden: die Zusammenstellung mit ἔρση ist zumal von der Wortbildung her sehr plausibel; die Entwicklung dieses indogermanischen Stamms im Griechischen gibt manche Rätsel auf, doch scheint eine Entwicklung zu attisch *ἀρρ- nicht ausgeschlossen zu sein[31] – in der Umgangssprache ist δρόσος dafür eingetreten –, und in der Bedeutung vereinigt dieser Stamm offenbar seit indogermanischer Zeit die Feuchtigkeit und die Fruchtbarkeit: im Altindischen das Wort für 'Regen' wie für 'Stier', ἔρσαι 'Jungtiere' bei Homer. Dann wäre das Wort ἀρρηφόροι gerade der Art, wie man es bei Geheimkulten erwarten muß: scheinbar harmlos – was ist unschuldiger als Tau –, und doch kann es plötzlich eine ganz andere Dimension annehmen, von der sich tödliches Entsetzen verbreitet.

Noch bleibt ein Punkt unerklärt: daß die ἀρρηφόροι nach Pausanias in jener Höhle "etwas anderes" aufnehmen und "eingehüllt" zurücktragen. Hier läßt uns der Mythos im Stich: die Kekropiden sind tot, weiter ist nichts zu erzählen. So bleibt nichts übrig als genau auf die Worte des Pausanias hinzuhören. Meist wird viel zu selbstverständlich angenommen, daß es im wesentlichen gleichartige *[18]* ἄρρητα seien, die da hinunter- und hinaufgetragen werden. Doch es heißt: λαβοῦσαι δὲ ἄλλο τι κομίζουσι ἐγκεκαλυμμέ-

---

[31] So A. Fick, *KZ* 43, 1910, 132f., dagegen ohne Begründung H. Frisk, *Griech. etym. Wörterb.* s.v. ἀρρηφόρος. Nebeneinander stehen die Formen ἐέρση – ἔρση, ἐερσήεις –ἑρσήεις (Homer), dazu ἀέρσαν· τὸν δρόσον. Κρῆτες (Hes.; ἀέρση bei Poseidippos, Pap. Lit. Lond. 60, ein Schreibfehler?). Rechnet man mit anlautendem Laryngal (J. Kurylowicz, *Études Indoeuropéennes* [1935] 31), wäre ἀέρσα die zu erwartende Form, woraus durch Kontraktion attisch *ἄρση > *ἄρρη entstehen konnte; wortbildungsmäßig wäre auch die Schwundstufe, *u̯r̥sā > *ἄρσα > ἄρση > ἄρρη > (Typ δίκη) möglich; die Verschiedenheit der griechischen Anlautformen wird dadurch nicht erklärt, ebensowenig wie durch die Annahme einer Vokalprothese vor ϝ (Schwyzer, *Griech. Gramm.* I 228; 411f.). Da ἀρρη- und ἐρρηφόροι im gleichen Dialekt bezeugt ist, liegt die Annahme nahe, daß eine der beiden Formen durch volksetymologische Umdeutung entstanden ist; vielleicht, als durch einen Dichter oder Genealogen die nichtattische Herse nach Athen verpflanzt wurde? Ob attisch ἐρρη- oder ἐρρηφόρος zu schreiben ist (so Deubner 13ff.), ist mangels alter Inschriften nicht zu entscheiden; auf der Anm. 48 genannten Vase steht, in Mischung ionischer und attischer Orthographie, ΕΡΣΕ neben ΓΕ und ΗΦΑΙΣΤΟΣ geschrieben. Weihinschrift ΑΠΟΛΛΩΝΟΣ ΕΡΣΟ in der Nymphenhöhle von Vari, *IG* I² 783; Ἕρρος· ὁ Ζεύς Hesych. Vgl. auch Kerényi 41. – Die Ableitung aus ἀρρητοφόρος (o. Anm. 12; Deubner 9f.) bricht zusammen, wenn ἀρρηφόρος = ἐρρηφόρος ist. Adrados a.O. 128ff. leitet ἀρρηφόρος aus *ἀρρηνο-φόρος ab, wobei jedoch zweimal sekundäre Analogieformen an Stelle der nach den Gesetzen der Wortbildung zu erwartenden Formen postuliert werden müssen, *ἀρρηνοφόρος statt *ἀρραφόρος und dann, synkopiert, ἀρρηφόρος statt *ἀρρεφόρος. Daß eine Verknüpfung mit ἔρση lautgesetzlich möglich wäre, erkennt Adrados 132f. ausdrücklich an.

vov. Nichts von κίσται, nichts vom Tragen auf dem Kopf; "etwas anderes", ἐγκεκαλυμμένον, das heißt *proprie*: in ein Tuch eingeschlagen. Nun, wenn eine griechische Frau ein Etwas in ein Tuch gewickelt umherträgt, gibt es gemeinhin nur eine Vermutung über den Inhalt: ein Kleinkind, ein Baby – mag auch in Wirklichkeit eine Weinflasche (Aristoph. *Thesm.* 730ff.) oder ein Stein darunter verborgen sein. Und damit enthüllt sich wieder der Sinn des Ritus[32] im Zusammenhang der Initiation: das Leben setzt sich fort auf neuer Stufe, auf den Tod der Jungfrau folgt das Leben als Frau und Mutter.

Es wäre verlockend, jetzt Parallelen aus griechischen Mythen und griechischen Kulten zusammenzustellen, die sich geradezu aufdrängen. Der antike Gelehrte, der Thesmophorien und Demetermythos mit den Arrhephoria verglich, hatte so unrecht nicht: Kore, das 'Mädchen' schlechthin, das der Mutter geraubt wird, das – so die 'orphische' Version[33] – am Webstuhl arbeitend dem schlangengestaltigen Gott zum Opfer fällt. Oder der häufige Brauch, zu heiligem Dienst im Tempel einer Göttin – zumeist der Athena oder Artemis – ein Mädchen zu weihen, "bis es die Reife zur Hochzeit erreicht hat".[34] Und wenn man auf einzelne Motive sieht, möchte man weiterschweifen vom Peplos der Penelope[35] bis zu den *virgines Vestales* und bis zum Märchen von Amor und Psyche, wo die Lampe beim Anblick des Eros eine merkwürdige Rolle spielt. Immer wieder würde sich zeigen lassen, wie Ritus und Mythos sich gegenseitig erhellen.

Wenn maßgebende Vertreter der griechischen Religionswissenschaft wie Rose oder Nilsson dem Schlagwort von "myth and ritual" so ablehnend ge-

---

[32] Gerade weil diese Deutung nicht direkt durch griechische Zeugnisse zu sichern ist, freut es mich, sie schon anderweitig vorgetragen zu finden: E. M. Hooker, *Greece and Rome* 10, 1963, Suppl. p. 19 "originally it must have been an infant prince that was wrapped up and carried up to the Acropolis …". Vgl. zu ἐγκεκαλυμμένον die rf. Pelike bei G.A.M. Richter, *Redfigured Athenian Vases in the Metropolitan Museum of Arts*, New Haven 1936, Taf. 75, Text S. 100, wo Rhea dem Kronos den eingehüllten Stein reicht.

[33] Kore am Webstuhl: Kern, *Orph. Fragm.* F 192ff. *[=F 286. 288 Bernabé]*, Zeus in Schlangengestalt F 58 *[= F 87.88 Bernabé]*, vgl. auch Diod. 5,3,4.

[34] Paus. 7,26,5: Aigeira, Artemis. Paus. 7,19,1,: Patrai, Artemis Triklaria. Paus. 7,22,8f.: Triteia, Athena. Paus. 2,33,3: Kalaureia, Poseidon. Vgl. Paus. 6,20,2f.: Olympia, Eileithyia; Strabo 17 p. 816: Theben in Ägypten, Ammon; Xen. Eph. 3,11,4: Isis.

[35] Arrhephoroi-Riten und den Peplos der Penelope verglich schon M. Delcourt, *Oedipe ou la légende du conquérant*, Paris 1944, 169f.; dazu Promathion *FGrHist* 817; zum Motiv des Webens auch R. Merkelbach, *Roman und Mysterium*, München 1962, 46, 3, der (8ff.) das 'Märchen' von Amor und Psyche als Isismythos deutet.

genüberstehen,[36] so haben sie darin Recht, daß wir griechische Mythen nicht unmittelbar *[19]* in ritueller Funktion fassen; in unserem Fall: nichts spricht dafür, daß während des Festes der ἀρρηφόροι der Kekropidenmythos offiziell rezitiert worden wäre, so wie beim babylonischen Neujahrsfest bestimmt ist, wann und wo das Schöpfungsepos rezitiert wird. Die griechische Dichtung hat mindestens seit dem Zeitalter Homers ihre Freiheit vom Kultus errungen, und den Dichtern waren die Mythen in die Hand gegeben. Doch schließt diese Feststellung nicht aus, daß die Mythen ihren Ursprung in den Riten haben, ja daß der Mythos unmittelbarer über den Sinn der Riten Auskunft geben kann als die Hypothesen moderner Forscher. Denn was erzählt der Kekropidenmythos? Κεκροπίδων πάθη, d.h. das Schicksal der Athenerin schlechthin, sind doch alle Athener Κεκροπίδαι.

Allerdings: nur noch zwei von Tausenden athenischer Mädchen sind in historischer Zeit bestimmt, als ἀρρηφόροι Dienst zu tun. Die Initiation wird nur noch symbolisch-repräsentativ vollzogen.[37] Doch davon war ja schon zu reden: wir sind im Bereich der Stadtkultur, und da sind die Initiationsriten in ihrer ursprünglichen Form ebenso undurchführbar wie unnötig. Die Stadtbevölkerung kann nicht mehr in gleicher Weise im selben Rhythmus leben wie die viel engere, weil kleinere Dorfgemeinschaft; das Privatleben – ἰδίᾳ – trennt sich vom öffentlichen Leben – δημοσίᾳ, die Ordnung wird äußerlich, durch Beamte und Gesetze, aufrechterhalten, sie braucht nicht mehr der Seele eingeprägt zu sein. Es genügt, im symbolisch-repräsentativen Ritus die alten Lebensordnungen festzuhalten. Denn – und das ist die andere Seite –: auch das quasi moderne Stadtleben basiert auf den alten Lebensordnungen, ja diese greifen, wenn auch in gemilderter Form, nach wie vor ins Leben jedes einzelnen ein. Jede Jungfrau, die in Athen vor der Hochzeit stand, mußte an einem bestimmten Tag – προτέλεια – auf die Akropolis geführt werden "zur Göttin", εἰς τὴν θεόν, d.h. doch wohl zu

---

[36] Das Schlagwort "myth and ritual" geht zurück auf das Buch von S.H. Hooke (Oxford 1933); vgl. E.O. James, *Myth and Ritual in the Ancient Near East*, New York 1958. Gegen Anwendung im griechischen Bereich M.P. Nilsson, *Cults, Myths, Oracles and Politics in Ancient Greece* (1951) 9ff.; H.J. Rose, "Myth and Ritual in Classic Civilisation", *Mnemos.* IV. S. 3, 1950, 281–287; N.A. Marlow, "Myth and Ritual in Early Greece", *Bull. of the J. Rylands Libr.* 43, 1960/1, 373–402. Das babylonische Weltschöpfungsepos im Ritual des Neujahrsfestes: J.B. Pritchard, *Ancient Near Eastern Texts* (1955²) 332. Bemerkenswert ist die Schilderung eines attischen Dionysosfestes bei Philostr. *V. Ap.* 4,21 ὅτι αὐλοῦ ὑποσημήναντος λυγισμοὺς ὀρχοῦνται καὶ μεταξὺ τῆς Ὀρφέως ἐποποιίας τε καὶ θεολογίας τὰ μὲν ὡς Ὧραι, τὰ δὲ ὡς Νύμφαι, τὰ δὲ ὡς Βάκχαι πράττουσιν.

[37] Vgl. dazu bes. Brelich in den Anm. 16; Anm. 23 genannten Arbeiten.

Athena, um ein Opfer darzubringen.[38] Jede Jungfrau also muß auf der Burg gewesen sein, auch wenn nur noch zwei aus vornehmer *[20]* Familie die ganze Vorbereitungszeit zu leisten haben – übrigens findet sich auch bei primitiven Initiationsriten bereits eine soziale Differenzierung, die volle Initiation ist Recht und Pflicht der höchsten Gesellschaftsschicht[39] –. Doch damit nicht genug. Unmittelbar nach der Hochzeit kommt die Priesterin der Athena mit der 'heiligen' Aigis zu den neuvermählten Frauen.[40] Deubner hat dies gewußt; "zweifellos", schreibt er, sei die Priesterin hier "als Vertreterin der Göttin selbst charakterisiert". Doch wozu die Aigis? Die Göttin sollte, schreibt Deubner, "auf diese Weise die Ehe segnen und wahrscheinlich ganz speziell ihre Fruchtbarkeit garantieren" (16). Segenskräfte, Fruchtbarkeit – wo paßt es nicht? Wir wollen genauer hinhören und von Homer uns sagen lassen, was es bedeutet, wenn Athena mit der Aigis erscheint: "Da hielt Athene die menschenverderbende Aigis empor, hochher vom Gebälk, und denen wurden die Sinne verstört. Und sie stoben durch die Halle wie Herdenrinder, die eine schillernde Stechfliege anfällt ..." (*Od.* 22, 297ff., übers. Schadewaldt). Τῶν δὲ φρένες ἐπτοιήθην, das ist die Wirkung; mit anderen Worten: jede athenische Frau muß nach der Hochzeitsnacht wenigstens andeutungsweise jenen Schrecken durchleiden, der die Kekropiden in den Tod trieb. Jede Frau erlebt das Schicksal der Aglauros. Die neue Lebensstufe ist nicht bruchlos zu gewinnen, sie führt durch die tödliche Krise hindurch. Wenn dann ein Kind geboren ist, wird es nach athenischem Brauch in eine κίστη gelegt, mit einem schlangengestalteten Gehänge geschmückt, und dies geschieht, so scheint es, in einer der Höhlen am Nord-

---

[38] Suda π 2865 προτέλεια: ἡμέραν οὕτως ὀνομάζουσιν, ἐν ᾗ εἰς τὴν ἀκρόπολιν τὴν γαμουμένην παρθένον ἄγουσιν οἱ γονεῖς εἰς τὴν θεὸν καὶ θυσίας ἐπιτελοῦσι. Deubner 16 erwägt, ob ἡ θεός hier die Artemis Brauronia meine, der die athenischen Bräute (Schol. *Theocrit.* 2,66 p. 284 Wendel) eine κανηφορία brachten. Der Ritus von Brauron, τὸ καθιερωθῆναι πρὸ γάμων τὰς παρθένους τῇ Ἀρτέμιδι (Krateros, *FGrHist* 342 F 9) ist eine Parallele zum athenischen Arrhephoroi-Ritus; inwieweit beides verschmolz, nachdem Peisistratos den Kult der Artemis Brauronia auch auf der Akropolis einführte, ist unseren spärlichen Quellenzeugnissen kaum zu entnehmen; doch scheint die Suda-Notiz mit der des Theokritscholions sich nicht ganz zu decken – dort das Mädchen mit seinen Eltern, hier Braut unter Bräuten –, d.h. προτέλεια und κανηφορία bestanden vermutlich nebeneinander.

[39] Zum Beispiel beobachtete M. Mead auf Samoa ein erstaunlich bruchloses Hinüberwachsen vom Kinder- ins Erwachsenenstadium –, nur für die höchstgestellten Mädchen, die taupo, gibt es eine höchst drastische 'Initiation' (*Coming of Age in Samoa,* 1928; [Mentor Book 1949], 70).

[40] Suda αι 60 αἰγίς: ... ἡ δὲ ἱέρεια Ἀθήνησι τὴν ἱερὰν αἰγίδα φέρουσα πρὸς τὰς νεογάμους εἰσήρχετο. Skeptisch Nilsson I² 443, 4 "eine jener spät aufgekommenen Zeremonien ...".

hang der Akropolis.[41] Gewiß kann man auch hier *[21]* von Segensritus sprechen und von der apotropäischen Kraft der Schlange; doch ebensogut, ja vielleicht besser, griechischer kann man sagen: durch diesen Ritus wird jedes Kind zum Erichthonios-Kind, es gewinnt unmittelbaren Anteil am Geheimnis des Ursprungs, an der Grundordnung des Lebens.

Haben dies die Athener historischer Zeit noch so verstanden? Gerade der *Ion* des Euripides gibt uns Anlaß, mit Ja zu antworten. Ion der Sohn

---

[41] Eur. *Ion* 16ff.: τεκοῦσ᾽ ἐν οἴκοις παῖδ᾽ ἀπήνεγκεν βρέφος ἐς ταὐτὸν ἄντρον οὗπερ ηὐνάσθη θεῶι Κρέουσα, κἀκτίθησιν ὡς θανούμενον κοίλης ἐν ἀντίπηγος εὐτρόχωι κύκλωι, προγόνων νόμωι σώιζουσα τοῦ τε γηγενοῦς Ἐριχθονίου. κείνωι γὰρ ἡ Διὸς κόρη φρουρὼ παραζεύξασα φύλακε σώματος δισσὼ δράκοντε, παρθένοις Ἀγλαυρίσιν δίδωσι σώιζειν· ὅθεν Ἐρεχθείδαις ἐκεῖ νόμος τις ἔστιν ὄφεσιν ἐν χρυσηλάτοις τρέφειν τέκνα. Wilamowitz nahm in seinem Kommentar (Berlin 1926) eine Lücke nach V. 19 an; "wenn hier kein Vers fehlt, so ist der νόμος προγόνων, daß sie ihr Kind in einen Korb legt". Eben dies wird sinnvoll, sobald man erkennt, daß ἀντίπηξ kein gewöhnlicher Korb ist, sondern der rituellen κίστη entspricht: L. Bergson, *Eranos* 58, 1960, 11–19; damit erledigt sich die Notlösung von Owen (Comm. [Oxford 1939] z.d.St.), νόμος auf das Folgende, das Schlangenamulett, zu beziehen. Zu Ἐρεχθείδαις (vgl. 1056; 1060) Wilamowitz: "das Geschlecht, nicht etwa die Athener alle"; doch vgl. *Supp.* 387; 681; 702; *Hipp.* 151; *HF* 1166; *Ph.* 852 – immer steht Ἐρεχθείδαις für 'Athener' allgemein; die kleisthenische Phylenordnung hat mit solchen weit älteren Bräuchen auf keinen Fall etwas zu tun. Nun steht aber V. 24 noch ἐκεῖ; man versteht in 'Athen' (Wilamowitz, Owen), insofern Hermes in Delphi der Sprecher ist; doch jene Gelehrten, die das ἐκεῖ durch Konjekturen zu beseitigen suchten (ἔτι Barnes, ἀεί Elmsley), empfanden ganz richtig die Schwierigkeit für ein athenisches Publikum im Dionysostheater, das ἐκεῖ in dieser Weise gleichsam um zwei Ecken zu verstehen. Die einzige Ortsangabe unmittelbar vorher ist aber ταὐτὸν ἄντρον (zur Apollon-Grotte vgl. Judeich, *Topogr.* 301f.; zu ihr gehört die stets bekannte Akropolis-Quelle Klepsydra, wie zur Aglauros-Grotte der verschüttete Brunnenschacht, o. Anm. 2; Anm. 26). Nun ist ein ganz ähnlicher Ritus durch die Platon-Legende belegt; Olympiod. *V.Pl.* 1 (Parallelen bei A.S. Pease zu Cic. *Div.* 1,78): καὶ γεννηθέντα τὸν Πλάτωνα λαβόντες οἱ γονεῖς βρέφος ὄντα τεθείκασιν ἐν τῶι Ὑμηττῶι, βουλόμενοι ὑπὲρ αὐτοῦ τοῖς ἐκεῖ θεοῖς Πανὶ καὶ Νύμφαις καὶ Ἀπόλλωνι Νομίῳ θῦσαι, καὶ κειμένου αὐτοῦ μέλιτται προσελθοῦσαι πεπληρώκασιν αὐτοῦ τὸ στόμα κηρίων μέλιτος … J.H. Wright, *Harv. Stud.* 17, 1906, 131ff. hat die Geschichte einleuchtend mit der Höhle von Vari (vgl. dazu Cook, *Zeus* III 261ff.) kombiniert, wo am Abhang des Hymettos Pan, Nymphen und Apollon verehrt wurden; Wright weist auch darauf hin, daß die Geschichte aus Speusipps Πλάτωνος Ἐγκώμιον stammen kann (der vorangehende Satz bei Olympiodor entspricht Speusipp bei Diog. Laert. 3, 2); Zeugung durch Apollon und 'Darstellung' des Kindes im Apollonheiligtum gehören zusammen, wobei dem Kind Nahrung (Milch und Honig) gereicht wird (τρέφειν V. 26; 2 Vasenbilder, wie Athena den Erichthonios aus einer Schale trinken läßt, Brommer, *Charites E. Langlotz* 157f.); vgl. zu diesen Riten der "Darstellung im Tempel" bzw. der (potentiellen) 'Aussetzung' auch den Brauch der Gallier *Anth. Pal.* 9,125; Delcourt a.O. 41f.; A. Dieterich, *Mutter Erde* (1905) 6ff. Sinngemäß gehört zu diesem Komplex die Verehrung von Κουροτρόφος: sie wurde im Aglauros-Heiligtum verehrt, *IG* II/III² 5152. Erichthonios hat als erster auf der Akropolis der Kurotrophos geopfert, Suda s.v. κουροτρόφος *[κ 2193]*. Vgl. auch das Kind in der κίστη auf einem lokrischen Votivtäfelchen, *Ausonia* 3, 1908, 193. – Daß die Ion-Sage dem Erichthoniosmythos nachgestaltet ist, hat schon Ch. Picard, *Rev. hist.* 166, 1931, 47 ausgesprochen; ähnlich dürfte die apokryphe Tradition zu verstehen sein, wonach Apollon selbst Sohn der Athena und des Hephaistos (d.h. = Erichthonios) ist, Cic. *Nat. deor.* 3,55; 57; Clemens *Protr.* 2,28.

Apollons geboren in Athen – das ist zweifellos eine relativ junge genealogische Konstruktion; doch eben das Junge paßt sich ein ins Alte, in die rituellen Schemata: nirgends anders kann sich Zeugung und Geburt des Ion abspielen als am Nordhang der Akropolis mit seinen geheimnisvollen Höhlen; nicht zufällig wird der Kekropidenmythos in Euripides' *Ion* immer wieder lebendig. Zur Tragödie die Komödie: wenn die Frauen von Athen nach dem Plan der Lysistrate die eheliche Enthaltsamkeit beschlossen haben, dann müssen sie sich wie selbstverständlich auf der Akropolis internieren; die alten Männer kommen mit ihren Feuertöpfen heran, wie Hephaistos die Athena bedrängte; und wenn dann eine Frau wirklich oder scheinbar ausbrechen will aus dem Gebot der Enthaltsamkeit, kommen wieder nur die Grotten am Nordhang der Akropolis in Frage; *[22]* dort spielt die Szene Myrrhine-Kinesias.[42] Schließlich die Antiquare: Kekrops, heißt es seit Klearchos von Soloi, hat die Ehe erfunden; dies ist aus der 'Zweigestaltigkeit' des Kekrops so künstlich hergeleitet, daß man vermuten darf, hier habe man noch die Kekropstöchter als Urbild der athenischen Bräute verstanden.[43]

Nun gibt es aber noch einen anderen Aspekt der Arrhephoria und der Kekropidensage, der zum Schluß umrissen sei: Erichthonios, das geheimnisvolle Kind in der κίστη, ist der zweite König von Athen, darüber sind sich die Genealogen erstaunlich einig. Wie aber wurde das Kind zum König? Hier schweigt der Mythos; wir können nur ahnen, daß die Aufdeckung auch für das Kind eine Krise bedeutet, vielleicht den Tod – oder vielmehr: Tod und neues Leben, Initiation?[44] Jedenfalls ist Erichthonios später wieder da, als König. Fragt man, was er für Athen geleistet hat, sind sich die Antiquare wieder einig: Erichthonios hat als erster Pferde unter die Deichsel gespannt und das Wagenrennen erfunden, und: er hat das Fest der Panathenäen gestiftet. Beides aber gehört zusammen; denn zwei Riten stehen im Zentrum der Panathenäen: der Agon, zu dem eine besonders altertümliche Form des Wagenrennens gehört, der ἀποβάτης – Absprung vom fahrenden Wagen mit anschließendem Wettlauf –, und die feierliche Über-

---

[42]   Vgl. G.W. Elderkin, "Aphrodite and Athena in the 'Lysistrata'", *ClPh* 35, 1940, 387–396. Vielleicht ist Lysistrate selbst Maske der Polias-Priesterin Lysimache, D.M. Lewis, *ABSA* 50, 1955, 1ff.

[43]   Klearchos Fr. 73 Wehrli; Iustin. 2,6,7; Charax, *FGrHist* 103 F 38; Schol. *Aristoph. Plut.* 773; Suda s.v. Kekrops. Kekrops bedeutet den Übergang zur jetzt gültigen Ordnung, den Zwischenbereich: zwischen Tier und Mensch, zwischen Promiskuität und Ehe, zwischen Kronos und Zeus – sinnvoll darum auch die Tradition, daß Kekrops den Kronos-Kult einführte, Philochoros, *FGrHist* 328 F 97.

[44]   Vgl. die Demophon-Geschichte, *Hymn. Cer.* 231ff.; die orphische Fassung spricht ausdrücklich vom Tod des Demophon, *Berl. Kl. T.* V 1, p. 7 = Kern, *Orph.* Fr. 49, col. VIf. *[= F 396 Bernabé]*, ebenso Apollod. 1,5,1,4; die Sage kennt aber Demophon auch als Sohn des Theseus und König von Athen.

reichung des Peplos. Da sehen wir wieder Erichthonios und die Kekropiden verbunden, wieder im Bereich der Ursprungsmythen: die Kekropiden haben das erste Gewand gewirkt, Erichthonios das erste Gespann gebändigt; jetzt wird der Peplos überreicht,[45] die Wagenfahrt erprobt. Nun sind aber die Panathenäen als das Hauptfest des Monats Hekatombaion das Neujahrsfest, der Geburtstag der Stadt *[23]* Athen. Seit den ersten Panathenäen des Erichthonios gibt es den Namen Athener, erfahren wir ans dem *Marmor Parium*;[46] in diesem Monat tritt der Archon, tritt der Basileus sein Amt an. Am Anfang des Festes steht das Einholen des neuen Feuers im Fackellauf von der Akademie zum Altar der Athena. So nimmt das Leben der Stadt einen neuen Anfang. Dieser Neubegründung der Ordnung am Neujahrsfest muß eine Auflösung der alten Ordnung vorangehen, wie es dergleichen überall gibt: Fastnachtstreiben, Narrenherrschaft, Weiberherrschaft. In Athen geht

---

[45] Bekanntlich sind im Zentrum des Panathenäenfrieses, neben dem Priester und dem Knaben mit dem Peplos, die zwei Arrhephoren dargestellt; "sie laden sich auf den Kopf, was die Athenapriesterin ihnen zu tragen gibt", in diesem Fall zwei Sessel. Eine genauere Deutung ist schwierig, über die Funktion der Arrhephoren beim Panathenäenfest ist nichts überliefert.

[46] Marm Par. *FGrHist* 239 A 10 Ἐριχθόνιος Παναθηναίοις τοῖς πρώτοις γενομένοις ἅρμα ἔζευξε καὶ τὸν ἀγῶνα ἐδείκνυε καὶ Ἀθηναίους ὠνόμασε ... Erfinder der Wagenfahrt auch Eratosth. *Cat.* 13; Ael. *Var. hist.* 3,38; Verg. *Georg.* 3,113; Varro bei Serv. auct. z.d.St. u.a.m. Stiftung der Panathenäen auch Hellanikos, *FGrHist* 323a F 2; Androtion, *FGrHist* 324 F 2; Philochoros, *FGrHist* 328 F 8; Harpocr., Phot., Suda s.v. Panathenaia; Schol. *Pl. Parm.* 127a. Daneben wird auch Theseus als Stifter der Panathenäen genannt, Plut. *Thes.* 24, Paus. 8,2,1, vgl. Jacoby zu *FGrHist* 239 A 10. Zu den Panathenäen am ausführlichsten A. Mommsen, *Feste der Stadt Athen* (1898) 41–159; Deubner 22ff.; C. Ziehen, *RE* XVIII 3 (1949) 457–493; zum ἀποβάτης ib. 478f.; Reisch, *RE* I 2814–17; Dion. Hal. *Ant.* 7,73,2f.; Harpocr. ἀποβάτης; J.A. Davison, "Notes on the Panathenaia", *JHSt* 78, 1958, 23–42; 82, 1962, 141f. Zu den Panathenäen als Neujahrsfest Brelich, *Act. Antiqu.* 1961, 275, vgl. schon Wilamowitz, *SBBerlin* 1929, 37f. Die Ausgestaltung des penterischen Festes erfolgte 566/5 unter Archon Hippokleides (Pherekydes, *FGrHist* 3 F 2, Arist. Fr. 637, Euseb.-Hieron. *Chron.* z. 566); älter bezeugt ist das jährliche Fest (*Il.* B 550f.); doch ist die Penteteris keine neue Erfindung, sie scheint ihren Sinn gerade in den Initationsriten zu haben (Brelich, *Act. Antiqu.* 1961, 282f.): diese müssen nicht jährlich stattfinden. Die Angabe "7–11 Jahre" kann auf ursprünglich penterischen Rhythmus der Arrhephoria weisen (Robert a.O. – oben Anm. 3 –, Brelich, *Iniz.* 125), vgl. Hes. *Erga* 698 ἡ δὲ γυνὴ τέτορ' ἡβώοι, πέμπτωι δὲ γαμοῖτο; 5 als Zahl des γάμος bei den Pythagoreern Alex. *In Arist. Met.* p. 39,8; doch dauerte der Dienst der im 5. Jh. ἀρρηφόροι kaum länger als ein Jahr, vgl. Aristoph. *Lys.* 641f. – Vermutlich wurde das penterische Initiationsfest im Rahmen der Polis-Ordnung zunächst zu einem Jahresfest, während in der Peisistratos-Zeit etwas vom alten, volkstümlichen Charakter restituiert wurde (vgl. die Neubelebung des Dionysoskultes und die Ausgestaltung der eleusinischen Mysterien). Über Agon und Königtum F.M. Cornford bei Harrison, *Themis* (1912) 212ff.; Hooker, *Greece and Rome* 1963, Suppl. p. 20; über Agon und Totenkult K. Meuli, *Antike* 17, 1941, 189ff. *[= Kleine Schriften, ed. Th. Gelzer, Basel 1975, 881ff.]* Tatsächlich fällt beides zusammen, 'Besänftigung' (ἱλάσκεσθαι) des toten und Bewährung des neuen Königs. Der Panathenäen-Sieger erhält einen Ölbaumkranz (Schol. *Pl. Parm.* 127a) – ein Ölbaumkranz umgibt die κίστη des Erichthonios auf der Londoner Vase (oben Anm. 12), ein gleicher Kranz gehört zu Ions Erkennungszeichen (Eur. *Ion* 1433ff.).

dem Monat der Panathenäen der Monat Skirophorion voraus – der Monat der Arrhephoria. In diesem Ritus, der die Krise im Leben der Kekropiden und in der Entwicklung des noch verborgenen zukünftigen Königs der Panathenäen ausdrückt, zerbricht die Ordnung, die auf der Akropolis fast ein Jahr lang geherrscht hat. Wo aber ist der alte König? Das einzig Sichere, was wir vom Fest Skira, wonach der Monat heißt, wissen, ist: daß die Priesterin der Athena, der Priester des Poseidon – d.h. des *[24]* Erechtheus – und des Helios gemeinsam unter einem Baldachin von der Akropolis zur Grenze der Stadt Athen geführt werden[47] und daß die Weiber sich zusammenrotten, wobei sie, beispielshalber, den Staatsstreich der Ekklesiazusen beschließen. Erechtheus und Erichthonios, ursprünglich doch wohl identisch, sind in der uns faßbaren Mythologie in bezeichnender Weise differenziert: Erechtheus ist der alte, Erichthonios der junge König;[48] man erzählt vom Tod des Erechtheus und von der Geburt des Erichthonios. Nach der Sonnenwende verläßt der König mit der scheidenden Sonne die Stadt – das ist der Sinn dieser Prozession; die Männer, die diese πομπή ausrichten, die eigentlich eine ἀποπομπή ist, brauchen das Διὸς κῴδιον, jenes Widderfell, mit dem die Mordbefleckten gereinigt werden – das sieht geradezu aus nach

---

[47] Lysimachides, *FGrHist* 366 F 3 bei Harpocr. s.v. Σκίρον; Deubner 46ff.; Gjerstadt a.O. (o. Anm. 12). Als einer der "Tage, an denen sich die Frauen zusammenrotten nach väterlichem Brauch" (συνέρχονται αἱ γυναῖκες κατὰ τὰ πάτρια), werden die Σκίρα (neben Θεσμοφόρια, Πληρόσια, Καλαμαῖα) durch die Inschrift vom Piräus *IG* II/III² 1177, 10 bezeugt; vgl. Aristoph. *Eccl.* 59. Platon macht in den *Gesetzen* den zwölften Monat zum Monat Plutons, zum Monat der 'Auflösung' (διάλυσις 828d). Die Streitfrage, ob die Skira ein Fest der Athena oder der Demeter waren (Deubner 45f.), ist belanglos, ihr Weg des Festes führt eben von der Akropolis zum Bereich der Demeter. Zum Διὸς κῴδιον Paus. Attic. ed. Erbse d 18 ... χρῶνται δ' αὐτοῖς οἵ τε Σκιροφορίων τὴν πομπὴν στέλλοντες καὶ ὁ δαδοῦχος ἐν Ἐλευσῖνι, καὶ ἄλλοι τινὲς πρὸς τοὺς καθαρμοὺς ὑποστορνύντες αὐτὰ τοῖς ποσὶ τῶν ἐναγῶν. Bemerkenswert ist, daß in Rom ein Festzyklus gleichen Sinnes zur gleichen Jahreszeit faßbar ist: Poplifugia (5. Juli) mit dem Mythos von der Zerreißung des Romulus, und anschließend das Frauenfest der Nonae Caprotinae (vgl. W. Burkert, *Historia* 11, 1962, 356ff.; Elemente eines Neujahrsfestes erkannte in den Riten Brelich, *SMSR* 31, 1960, 63ff.).

[48] Zu Erechtheus-Erichthonios vgl. Preller/Robert I⁴ 198ff.; Escher, *RE* VI 404ff., 439ff.; Kerényi 48; 52. Daß beide Gestalten ursprünglich identisch sind, wird mit Recht allgemein angenommen; dafür spricht vor allem *Il.* B 547ff., wo die Geburtslegende des Erechtheus entsprechend der später geläufigen Erichthonios-Geschichte und zugleich Totenkult (ἱλάσκονται) für Erechtheus bezeugt ist, vgl. Schol. z.d.St. und Hdt. 8,44, wo Erechtheus Nachfolger des Kekrops ist. Vgl. auch E. Ermatinger, *Die attische Autochthonensage bis auf Euripides*, Diss. Zürich 1897. Die Differenzierung nach dem Typ junger König – alter König zeigt besonders die mit Beischriften versehene Berliner Schale F 2537 = *ARV²* 1268f. = Brommer, *Charites E. Langlotz* 152f., T. 21: Erichthonios als Jüngling, Erechtheus mit Bart, obwohl in den üblichen Genealogien Erichthonios vor Erechtheus rangiert, weil am Anfang das Geheimnis des Ursprungs stehen muß, Kekrops-Erichthonios. Die Varianten über den Tod des Erechtheus können hier nicht behandelt werden; bemerkenswert ist, daß darin oft der Krieg mit Eleusis eine Rolle spielt, wie die Prozession der Skira sich in Richtung Eleusis bewegt.

einem Ritus des Königsmordes. Dann aber folgt auf die Auflösung der Ordnung die Neubegründung der Polisordnung an den Panathenäen: Erechtheus ist tot, es lebe Erichthonios! In den Peplos der Athena ist der Gigantenkampf eingewirkt – ein anderer Ausdruck für den Sieg der Ordnung, den Sieg Athenas über Rebellion und Chaos. Das Werk *[25]* der Arrhephoren findet damit seine Erfüllung; der neue König setzt sich durch: er ist der Sieger im Wagenrennen. Die Zusammenhänge von Streitwagen und König, von den Grabstelen von Mykenai bis zu *triumphator* und *sella curulis*, brauchen hier nur angedeutet zu werden. Bezeichnend ist der Apobatenagon: die Ankunft des Königs, der vom Land Besitz ergreift. Als die Athener in historischer Zeit einmal Gelegenheit hatten, einen wirklichen König festlich zu begrüßen, als Demetrios Poliorketes 306 in Athen einzog, da haben die Athener die Stelle, wo Demetrios vom Wagen sprang, dem Zeus Kataibates geweiht (Plut. *Demetr.* 10). So wichtig ist dieser Sprung vom Wagen – es ist der Königssprung.

In den Initiationsriten erneuert sich das Leben der Gemeinschaft, in den daraus erwachsenen Neujahrsriten erneuert sich die Ordnung der Polis. Dies gilt auch noch für das Griechenland der klassischen Zeit. Hier geht es nicht um die erschöpfte Erde, der in mehr oder minder zweckvoller Weise neue Fruchtbarkeitskräfte zuzuführen wären. Die Erde tut das ihre doch immer wieder schlecht und recht, auch wenn der Bauer immer zu klagen hat, die Nahrung in Griechenland immer knapp blieb, ja wirklich die Verschlechterung des ungenügend gedüngten Ackerbodens ein Problem war. Doch akuter, unmittelbarer dem Menschen aufgegeben sind die Probleme der Gemeinschaft und ihrer Ordnung. Nur was den Bereich individueller Beliebigkeit übersteigend als 'heilig' anerkannt war, konnte überdauern. Die griechischen Polisgemeinschaften, gerade auch die Athener, wußten, daß ihre Lebensform in den Kulten und Festriten verwurzelt war; nicht weil darin auf Grund primitiver Vorstellungen Zwecke der Agrarmagie verfolgt wurden, sondern weil in der untastbaren Heiligkeit der Riten und auch in deren Erhellung durch die Mythendichtung Lebensordnungen aus uralter Zeit bewahrt waren, ja Grundordnungen des menschlichen Daseins.

Erschienen in: Classical Quarterly 20 (1970) 1–16.

11. Jason, Hypsipyle, and New Fire at Lemnos:
A Study in Myth and Ritual

History of religion, in its beginnings, had to struggle to emancipate itself from classical mythology as well as from theology and philosophy; when ritual was finally found to be the basic fact in religious tradition, the result was a divorce between classicists, treating mythology as a literary device, on the one hand, and specialists in festivals and rituals and their obscure affiliations and origins on the other.[1] The function of myth in society was studied by anthropologists,[2] the interrelation of myth and ritual was stressed by orientalists,[3] but the classicists' response has been mainly negative.[4] It

---

[In Abweichung vom Original wurden die Anmerkungen hier fortlaufend numeriert. Verweise innerhalb des Aufsatzes wurden entsprechend angepasst.]

[1] This paper was read at the joint Triennial Classical Conference in Oxford, September 1968. The notes cannot aim at completeness of bibliography. The preponderance of ritual as against myth was vigorously stated by W. Robertson Smith, *Lectures on the Religion of the Semites* (1889; 1927³), ch. I, pressed further by Jane Harrison: myth "nothing but ritual misunderstood" (*Mythology and Monuments of Ancient Athens* [1890], xxxiii). In Germany, it was the school of Albrecht Dieterich who concentrated on the study of ritual. Thus mythology is conspicuously absent from the indispensable handbooks of M.P. Nilsson (*Griechische Feste von religiöser Bedeutung* [1906; hereafter: Nilsson, *GF*] and *Geschichte der griechischen Religion* [I, 1940; I³, 1967; hereafter: Nilsson, *GGR*]) and L. Deubner (*Attische Feste* [1932; hereafter: Deubner]), whereas Wilamowitz stated that mythology was the creation of poets: "Der Mythos ... entsteht in der Phantasie des Dichters" (*Der Glaube der Hellenen* I [1931], 42). Mythology tried to re-establish itself in the trend of phenomenology and C.G. Jung's psychology, largely ignoring ritual: cf. the surveys of J. de Vries, *Forschungsgeschichte der Mythologie* (1961); K. Kerényi, *Die Eröffnung des Zugangs zum Mythos* (1967); "die Religionswissenschaft ist vornehmlich Wissenschaft der Mythen" (K. Kerényi, *Umgang mit Göttlichem* [1955], 25).

[2] B. Malinowski, *Myth in Primitive Psychology* (1926); D. Kluckhohn, "Myths and rituals: a general theory", *HThR* 35 (1942), 45–79.

[3] S.H. Hooke (ed.), *Myth and Ritual* (1933), defining myth as "the spoken part of the ritual", "the story which the ritual enacts" (3); *Myth, Ritual, and Kingship* (1958). Th.H. Gaster, *Thespis* (1961²). Independently, W.F. Otto, in his *Dionysos* (1934) spoke of "Zusammenfall von Kultus und Mythos" (43 and *passim*). In fact connections of myth and ritual had been recognized by F.G. Welcker and, in an intuitive and unsystematic manner, by Wilamowitz ("Der mythische Thiasos aber ist ein Abbild des im festen Kultus gegebenen", *Euripides Herakles* I [1889], 85, cf. 'Hephaistos' [*GGN*, 1895, 217–45; hereafter: Wilamowitz; = *Kl. Schr.* V. 2, 5–35], 234f. on

cannot be denied that Greeks often spoke of correspondence of λεγόμενα and δρώμενα,[5] that rituals are usually *[2]* said to have been instituted "on account of" some mythical event; but it is held that these myths are either "aetiological" inventions and therefore of little interest, or that "well-known types of story" have been superimposed on "simple magical rites and spells", as Joseph Fontenrose concluded from his study of Python: "The rituals did not enact the myth; the myth did not receive its plot from the rituals."[6]

Still, a formula such as "simple magical rites" should give rise to further thinking. Life is complex beyond imagination, and so is living ritual. Our information about ancient ritual is, for the most part, desperately scanty, but to call it simple may bar understanding from the start; the simplicity may be just due to our perception and description. It is true that we do not usually find Greek myths as a liturgically fixed part of ritual; but this does not preclude the possibility of a ritual origin of myth; and if, in certain cases, there is secondary superimposition of myth on ritual, even the adopted child may have a real father – some distant rite of somehow similar pattern. Only detailed interpretation may turn such possibilities into probability or even certainty. But it is advisable to remember that those combinations and superimpositions and aetiological explanations were made by people with first-hand experience of ancient religion; before discarding them, one should try to understand them.

One of the best-known Greek myths, from Homer's time (*Od.* 12.70) throughout antiquity, is the story of the Argonauts; one incident, the "Lemnian crime" followed by the romance of Jason and Hypsipyle, enjoyed proverbial fame. That it has anything to do with ritual, we learn only through

---

the binding of Hera). In interpretation of Greek tragedy, due attention has been paid to ritual, cf., e.g., E.R. Dodds, *Euripides Bacchae* (1960²) xxv–xxviii.

[4] Nilsson, *GGR* 14 n. with reference to Malinowski: "für die griechischen Mythen trifft diese Lehre nicht zu"; cf. *Cults, Myths, Oracles, and Politics in Ancient Greece* (1951), 10; H.J. Rose, *Mnemosyne* 4ᵗʰ ser. 3 (1950), 281–7; N.A. Marlow, *BRL* 43(1960/1), 373–402; J. Fontenrose, *The Ritual Theory of Myth* (1966). As a consequence, historians of religion turn away from the Greek, cf. M. Eliade, *Antaios* 9 (1968), 329, stating "daß wir nicht einen einzigen griechischen Mythos in seinem rituellen Zusammenhang kennen".

[5] With regard to mysteries, as Nilsson (cf. n. 4 above) remarks (Gal. *UP* 6, 14 [iii. 576 K.]; Paus. 1.43.2; 2.37.2; 2.38.2; 9.30.12, cf. Hdt. 2.81; 2.47; 2.51; M.N.H. van den Burg, *ΑΠΟΡΡΗΤΑ ΔΡΩΜΕΝΑ ΟΡΓΙΑ*, Diss. Amsterdam, 1939), not because there was nothing similar in non-secret cults, but because only the secrecy required the use of general passive expressions as λεγόμενα, δρώμενα. Ritual as μίμησις of myth, e.g. Diod. 4.3.3; Steph. Byz. s.v. Ἄγρα. Cf. Ach. Tat. 2.2 τῆς ἑορτῆς πατέρα διηγοῦνται μῦθον.

[6] *Python* (1959), 461–2, against Hooke (above, n. 3) and J.E. Harrison who wrote "the myth is the plot of the δρώμενον" (*Themis* [1927²], 331).

sheer coincidence: the family of the Philostrati were natives of Lemnos, and one of them included details of Lemnian tradition in his dialogue *Heroikos*, written about A.D. 215.[7] The Trojan vine-dresser who is conversant with the ghost of Protesilaus describes the semi-divine honours allegedly paid to Achilles by the Thessalians long before the Persian war, and he illustrates them by reference to certain Corinthian rites and to a festival of Lemnos; the common characteristic is the combination of propitiation of the dead, ἐν-αγίσματα, with mystery-rites, τελεστικόν:

ἐπὶ δὲ τῷ ἔργῳ τῷ περὶ τοὺς ἄνδρας ὑπὸ τῶν ἐν Λήμνῳ γυναικῶν ἐξ Ἀφροδίτης ποτὲ πραχθέντι καθαίρεται μὲν ἡ Λῆμνος †καὶ καθ' ἕνα τοῦ ἔτους† καὶ σβέννυται τὸ ἐν αὐτῇ πῦρ ἐς ἡμέρας ἐννέα, θεωρὶς δὲ ναῦς ἐκ Δήλου πυρφορεῖ, κἂν ἀφίκηται πρὸ τῶν ἐναγισ-μάτων, οὐδαμοῦ τῆς Λήμνου καθορμίζεται, μετέωρος δὲ ἐπισαλεύει τοῖς ἀκρωτηρίοις, ἔς τε ὅσιον τὸ ἐσπλεῦσαι γένηται. θεοὺς γὰρ χθονίους καὶ ἀπορρήτους καλοῦντες τότε καθαρόν, οἶμαι, τὸ πῦρ τὸ ἐν τῇ θαλάττῃ φυλάττουσιν, ἐπειδὰν δὲ ἡ θεωρὶς ἐσπλεύσῃ καὶ νείμωνται τὸ πῦρ ἔς τε τὴν ἄλλην δίαιταν ἔς τε τὰς ἐμπύρους τῶν τεχνῶν, καινοῦ τὸ ἐντεῦθεν βίου φασὶν ἄρχεσθαι.[8] *[3]*

It is frustrating that one important detail, the time of the festival, is obscured by corruption. The reading of the majority of the manuscripts, καθ' ἕκαστον ἔτος, is too obvious a correction to be plausible. But the ingenious sugges-tion of Adolf Wilhelm[9] to read κατ' ἐνάτου ἔτους has to be rejected, too: it introduces an erroneous orthography of old inscriptions into a literary text of the Imperial age, it gives an unattested meaning to κατά with genitive,[10] and it fails to account for the καί; it is as difficult to assume two unrelated corruptions in the same passage as to imagine how the misreading of ἐνάτου should have brought forth the superfluous καί. Looking for other remedies, one could surmise that a masculine substantive, required by καθ' ἕνα, is

---

[7]   On the problem of the Philostrati and the author of the *Heroicus*, K. Münscher, *Die Philostrate* (1907), 469ff.; F. Solmsen, *RE* XX (1941), 154–9; on the date of the *Heroicus*, Münscher, 474, 497–8, 505; Solmsen, 154.

[8]   Ch. 19 § 20 in the edition of G. Olearius (1709; followed by Kayser) = ch. 20 § 24 in the edi-tion of A. Westermann (1849; followed by Nilsson, *GF* 470) = ii. 207 of the Teubner edition (C.L. Kayser, 1871); critical editions: J.F. Boissonade (Paris, 1806), 232; Kayser (Zürich, 1844, 1853₂), 325. καὶ καθ' ἕνα τοῦ ἔτους is found in three codices (g, f, c) and apparently in a fourth (p) before correction; the printed editions, from the Aldina (1503), dropped the καὶ at the beginning; Boissonade and Westermann adopted καθ' ἕκαστον ἔτος found in the other manu-scripts. Kayser lists 32 codices altogether.

[9]   *AAWW*, 1939, 41–6, followed by M. Delcourt, *Héphaistos ou la légende du magicien* (1957; hereafter: Delcourt), 172–3; Nilsson, *GGR* 97, 6. – S. Eitrem *SO* 9 (1930), 60 tried καθ-αίρονται ἡ Λῆμνος (καὶ οἱ Λήμνιοι) καθ' ἕνα κατ' ἔτος.

[10] κατά c. gen. "down to a certain deadline" in the instances adduced by Wilhelm: a contract κατ' εἴκοσι ἐτῶν, κατὰ βίου, κατὰ τοῦ παντὸς χρόνου. Cf. W. Schmid, *Der Attizismus* IV (1898), 456.

missing, hiding in that very καί: καιρὸν καθ᾽ ἕνα τοῦ ἔτους – an unusual word-order, modelled on Herodotus' frequent χρόνον ἐπὶ πολλόν and similar expressions and thus combining archaism with peculiarities of later Greek.[11] Of course it is possible that more serious corruption has occurred; still the traditional emendation καθ᾽ ἕκαστον ἔτος may not be far off the mark as to the content: Achilles received his honours which the Lemnian custom is meant to illustrate, ἀνὰ πᾶν ἔτος too (ii. 207,2, Teubner edn.)

Nilsson, in *Griechische Feste* (470), has Philostratus' account under the heading "festivals of unknown divinities". This is an excess of self-restraint. There is one obvious guess as to which god must have played a prominent role in the fire festival: Lemnos is the island of Hephaistos,[12] the main city is called Hephaistia throughout antiquity, it has the head of Hephaistos on its coins. Incidentally, one Lucius Flavius Philostratus was ἱερεὺς τοῦ ἐπωνύμου τῆς πόλεως Ἡφαίστου in the 3rd cent. A.D. (*IG* XII. 8,27). But Hephaistos is the god of fire, even fire himself (*Il.* 2.426): the purification of the island of Hephaistos, brought about by new fire, was a festival of Hephaistos. Philostratus indeed alludes to this: the new fire, he says, is distributed especially "to the craftsmen who have to do with fire", i.e. to potters and blacksmiths. The island must have been famous for its craftsmen at an early date: the Sinties of Lemnos, Hellanicus said (*FGrHist* 4 F 71), invented fire and the forging of weapons. The 'invention', the advent of fire, is repeated in the festival. It is true that Philostratus mentions Aphrodite as the agent behind the original crime: she ought to have a place in the atonement, too.[13] But the question: to *[4]* which god does the festival 'belong', seems to be rather a misunderstanding of polytheism: as the ritual mirrors the complexity of life, various aspects of reality, i.e. different dei-

---

[11] Moer.: ὥρα ἔτους Ἀττικοί, καιρὸς ἔτους Ἕλληνες, cf. Schmid, loc. cit. 361. For inversion of word-order, cf. *Heroicus* 12.2 κρατῆρας τοὺς ἐκεῖθεν.

[12] *Il.* 1.593, *Od.* 8.283–4 with schol. and Eust. 157.28; A.R. 1.851–2 with schol.; Nic. *Ther.* 458 with schol., etc.; cf. Wilamowitz; C. Fredrich, "Lemnos", *MDAI(A)* 31 (1906), 60–86, 241–56 (hereafter: Fredrich); L. Malten, 'Hephaistos', *JDAI* 27 (1912), 232–64 and *RE* VIII 315–16. Combination with the fire-festival: F.G. Welcker, *Die aeschyleische Trilogie Prometheus und die Kabirenweihe zu Lemnos* (1824; hereafter: Welcker), 155–304, esp. 247ff.; J.J. Bachofen, *Das Mutterrecht* (1861), 90 = *Ges. Werke*, II. 276; Fredrich, 74–5; Delcourt, 171–90, whereas L.R. Farnell, *Cults of the Greek states*, V (1909), 394 concluded from the silence of Philostratus that the festival was not connected with Hephaistos. The importance of the craftsmen was stressed by Welcker, 248, Delcourt, 177. That the festival belongs to Hephaistia, not Myrina is shown by the coins already used by Welcker, cf. n. 35 below.

[13] Cf. A.R. 1.850–2, 858–60; a dedication Ἀ]φροδίτει Θρα[ικίαι from the Kabeirion of Lemnos, *ASAA* 3/5 (1941/3), 91 nr. 12; a temple of Aphrodite at Lemnos, Schol. *Stat. Theb.* 5.59; the κρατίστη δαίμων in Aristophanes' *Lemniai* (fr. 365) may be the same "Thracian Aphrodite".

ties, are concerned.[14] The "beginning of a new life" at Lemnos would affect all the gods who played their part in the life of the community, above all the Great Goddess who was called Lemnos herself.[15]

To get farther, it is tempting to embark on ethnological comparison. Festivals of new fire are among the most common folk customs all over the world; striking parallels have been adduced from the Red Indians as well as from East Indian Burma;[16] and one could refer to the Incas as well as to the Japanese. Nilsson, wisely, confines himself to Greek parallels, not without adding the remark (*GF* 173): "Daß das Feuer durch den täglichen Gebrauch ... seine Reinheit verliert, ist ein überall verbreiteter Glauben." "Ubiquitous belief" is meant to explain the ritual. Where, however, one ought to ask, do such ubiquitous beliefs come from? The obvious answer is: from the rituals.[17] People, living with their festivals from childhood, are taught their beliefs by these very rituals, which remain constant as against the unlimited possibilities of primitive associations. Thus the comparative method does not, by itself, lead to an explanation, to an understanding of what is going on – if one does not take it for granted that whatever Greeks or Romans told about their religion is wrong, but what any savage told to a merchant or missionary is a revelation. At the same time, by mere accumulation of comparative material, the outlines of the picture become more and more blurred, until nothing is left but vague generalities.

In sharp contrast to the method of accumulation, there is the method of historical criticism; instead of expanding the evidence, it tries to cut it down, to isolate elements and to distribute them neatly to different times and places. The πυρφορία described by Philostratus connects Delos and Lemnos. This, we are told, is an innovation which betrays Attic influence. The suggestion cannot be disproved, though it is remarkable that Philostratus wrote at a time when Lemnos had just become independent from Athens, that the Athenians got their new fire not from Delos, but from

---

[14] The sacrificial calendars regularly combine different deities in the same ceremonies, cf. as the most extensive example the calendar of Erchiai, G. Daux, *BCH* 87 (1963), 603ff., S. Dow, *BCH* 89 (1965), 180–213.

[15] Phot., Hsch. s.v. μεγάλη θεός = Ar. fr. 368; Steph. Byz. s.v. Λῆμνος. Pre-Greek representations: Fredrich, 60ff. with pl. VIII/IX; A. Della Seta, *AE*, 1937, 644, pl. 2/3; Greek coins in B.V. Head, *Historia Numorum* (1911²), 263.

[16] Fredrich, 75; J.G. Frazer, *The Golden Bough* (hereafter: Frazer, *GB*; 1911³) VIII. 72–5; X. 136; generally on fire-festivals: II. 195–265; X. 106–XI. 44.

[17] Usually 'beliefs' are traced back to emotional experience; but cf. C. Lévi-Strauss, *Le totémisme aujourd'hui* (1962), 102f.: "Ce ne sont pas des émotions actuelles ... ressenties à l'occasion des réunions et des cérémonies qui engendrent ou perpétuent les rites, mais l'activité rituelle qui suscite les émotions."

Delphi (Plut. *Num.* 9), and that the role of Delos as a religious centre of the islands antedates not only Attic, but plainly Greek influence.[18] Still, the critical separation of Lemnian and Delian worship has its consequences: if the Lemnians originally did not sail to Delos, *[5]* where did their new fire come from? Obviously from an indigenous source: the miraculous fire of Mount Mosychlos.[19] This fire has a curious history. The commentators on Homer and Sophocles and the Roman poets clearly speak of a volcano on Lemnos;[20] this volcano was active in literature down to the end of the 19th century, with some scattered eruptions even in later commentaries on Sophocles' *Philoctetes*,[21] though geographical survey had revealed that there never was a volcano on Lemnos at any time since this planet has been inhabited by *homo sapiens*.[22] Thus the volcano disappeared, but its fire remained: scholars confidently speak of an "earth fire", a perpetual flame nourished by earth gas on Mount Mosychlos. As earth gas may be found nearly everywhere and fires of this kind do not leave permanent traces, this hypothesis cannot be disproved. Nothing has been adduced to prove it either. The analogy with the fires of Baku ought not to be pressed; no reservoir of oil has been found at Lemnos.

There is no denying that "Lemnian fire" was something famous and uncanny. Philoctetes, in his distress, invokes it:

ὦ Λημνία χθὼν καὶ τὸ παγκρατὲς σέλας ἡφαιστότευκτον (986f.).

Antimachus mentions it in comparison (fr. 46 Wyss):

---

[18] F. Cassola, "La leggenda di Anio e la preistoria Delia", *PdP* 60 (1954), 345–67; there is an old sanctuary of the Kabeiroi on Delos, B. Hemberg, *Die Kabiren* (1950; hereafter: Hemberg), 140–53; the Orion myth combines Delos and Lemnos, below, n. 24.

[19] Fredrich, 75; with reference to a custom in Burma, Frazer, *GB* X. 136; Malten, *JDAI* 27 (1912), 248f.; Fredrich, however, thinks that the earth fire came to be extinguished at an early date.

[20] κρατῆρες: Eust. 158.3; 1598. 44; Schol. *Soph. Phil.* 800, 986; Val. Flacc. 2.332–9; Stat. *Theb.* 5.50, 87; *Silv.* 3.1.131–3. Less explicit: Heraclit. *All.* 26.15 (echoed by Eust. 157.37, schol. *Od.* 8.284) ἀνίενται γηγενοῦς πυρὸς αὐτόματοι φλόγες (F. Buffière, *GB* 1962 keeps the manuscript reading ἐγγυγηγενοῦς, "un feu qu'on croirait presque sorti de terre", but this is hardly Greek); Acc. *Trag.* 532 *nemus exspirante vapore vides* … is incompatible with the volcano-, though not with the earth-fire-hypothesis.

[21] L. Preller – C. Robert, *Griechische Mythologie*, I⁴ (1894), 175, 178; R.C. Jebb, *Sophocles: Philoctetes* (1890), 243–5; P. Mazon, *Sophocles: Philoctète* (Collection Budé 1960), note on v. 800.

[22] K. Neumann – J. Partsch, *Physikalische Geographie von Griechenland* (1885) 314–18, who immediately thought of the earth fire, cf. Fredrich, 253–4, Malten, *JDAI* 17 (1912), 233, *RE* VIII 316, Nilsson, *GGR* 528–9; R. Hennig, "Altgriechische Sagengestalten als Personifikation von Erdfeuern", *JDAI* 54 (1939), 230–46. Earth fires are well attested at Olympos in Lycia (Malten, *RE* VIII 317–19), where the Hephaistos-cult was prominent, and at Trapezus in Arcadia (Arist. *Mir.* 127, Paus. 8.29.1) and at Apollonia in Epirus (Theopompus, *FGrHist* 115 F 316) without the Hephaistos-cult.

Ἡφαίστου φλογὶ εἴκελον, ἥν ῥα τιτύσκει

δαίμων ἀκροτάτης ὄρεος κορυφῆισι Μοσύχλου.

This fire on the summit of the mountain is in some way miraculous, δαιμό-
νιον – but τιτύσκει (after *Il.* 21.342) is hardly suggestive of a perpetual
flame. There is, however, another invocation of Lemnian fire in the
Philoctetes: τῷ Λημνίῳ τῷδ' ἀνακαλουμένῳ πυρὶ ἔμπρησον, (800f.), the
hero cries. ἀνακαλουμένῳ has proved to be a stumbling-block for believers
either in the volcano or the earth fire.[23] ἀνακαλεῖν, ἀνακαλεῖσθαι is a verb
of ritual, used especially for 'imploring' chthonic deities: Deianeira im-
plores her δαίμων (Soph. *Tr.* 910), Oedipus at Colonus his ἀραί (Soph. *OC*
1376). Thus ἀνακαλουμένῳ seems to imply a certain ceremony to produce
this demoniac fire; it is not always there. Understood in this way, the verse
turns out to be the earliest testimony to the fire-festival of Lemnos; it confirms the guess that the fire was not brought from Delos at that *[6]* time.
How the fire was kindled in the ritual, may have been a secret. Considering
the importance of Lemnian craftsmen, the most miraculous method for
χαλκεῖς would be to use a χαλκεῖον, a bronze burning-mirror to light a new
fire from the sun.[24] Hephaistos fell on Lemnos from heaven, the *Iliad* says
(1.593), on Mount Mosychlos, native tradition held;[25] he was very feeble,
but the Sinties at once took care of him. In the tiny flame rising from the
tinder in the focus, the god has arrived – alas, this is just a guess. But it
seems advisable to send the earth fire of Mosychlos together with the volcano after the volcanic vapours of Delphi, which, too, vanished completely
under the spade of the excavators; the miracles of ritual do not need the miracles of nature; the miracles of nature do not necessarily produce mythology.

---

[23] Meineke and Pearson changed the text to ἀνακαλούμενον, Mazon translates "que tu évoqueras
pour cela", though keeping ἀνακαλουμένῳ. Jebb translates "famed as", with reference to *El.*
693, where, however, ἀνακαλούμενος is "being solemnly proclaimed" as victor.

[24] Ancient burning-mirrors were always made of bronze; the testimonies in J. Morgan, "De ignis
eliciendi modis", *HSCP* 1 (1890), 50–64; earliest mention: Theophr. *Ign.* 73, Eucl. *Opt.* 30
(burning-glass: Ar. *Nub.* 767); used in rituals of new fire: Plut. *Num.* 9 (Delphi and Athens, 1st
cent. B.C.); Heraclit. *All.* 26.13 κατ' ἀρχὰς οὐδέπω τῆς τοῦ πυρὸς χρήσεως ἐπιπολαζούσης
ἄνθρωποι χρονικῶς χαλκοῖς τισιν ὀργάνοις κατεσκευασμένοις ἐφειλκύσαντο τοὺς ἀπὸ τῶν
μετεώρων φερομένους σπινθῆρας, κατὰ τὰς μεσημβρίας ἐναντία τῷ ἡλίῳ τὰ ὄργανα τιθέντες.
Parallels from the Incas, Siam, China: Frazer, *GB* II. 243, 245; X. 132, 137. Fredrich, 75. 3
thought of the burning-mirror in connection with the myth of Orion, who recovers his eyesight
from the sun with the help of the Lemnian Kedalion (Hes. fr. 148 Merkelbach-West). "Fire
from the sky" lit the altar at Rhodes, the famous centre of metallurgy (Pi. *O.* 7.48). The practice
may have influenced the myth of Helios' cup as well as the theories of Xenophanes and
Heraclitus about the sun (21 A 32, 40; 22 A 12, B 6 DK).

[25] Galen XII. 173 K., cf. Acc. *Trag.* 529–31.

To get beyond guesses, there is one clue left in the text of Philostratus: the purification is performed "on account of the deed wrought by the Lemnian women against their husbands". It is by myth that ancient tradition explains the ritual. Modern scholarship has revolted against this. As early as 1824, Friedrich Gottlob Welcker found a "glaring contrast" between the "deeper" meaning of the festival and the "extrinsic occasion" said to be its cause.[26] George Dumézil,[27] however, was able to show that the connection of myth and ritual, in this case, is by no means "extrinsic": there is almost complete correspondence in outline and in detail.

The myth is well known:[28] the wrath of Aphrodite had smitten the women of Lemnos; they developed a "foul smell" (δυσωδία) so awful that their husbands, understandably, sought refuge in the arms of Thracian slave-girls. This, in turn, enraged the women so much that, in one terrible night, they slew their husbands and, for the sake of completeness, all the male population of the island. Thereafter Lemnos was a community of women without men, ruled by the virgin queen Hypsipyle, until the day when the ship arrived, the Argo with Jason. This was the end of Lemnian celibacy. With a rather licentious festival the island returned to bisexual life. The story, in some form, is already known to the *Iliad*: the son of Jason and Hypsipyle is dwelling on Lemnos, Euneos, the man of the fine ship.

With this myth, the fire ritual is connected not in a casual or arbitrary manner, but by an identity of rhythm, marked by two περιπέτειαι: first, there *[7]* begins a period of abnormal, barren, uncanny life, until, secondly, the advent of the ship brings about a new, joyous life – which is in fact the return to normal life.

Correspondences go even farther. The mythological *aition* compels us to combine with the text of Philostratus another testimony about Lemnian ritual, which, too, is said to be a remnant of the Argonauts' visit. Myrsilos of Lesbos is quoted for a different explanation of the infamous δυσωδία: not Aphrodite, but Medeia caused it; in accordance with the older version ousted by Apollonius,[29] Myrsilos made the Argonauts come to Lemnos on their return from Kolchis, though the presence of Medeia brought some complications for Jason and Hypsipyle. The jealous sorceress took her re-

---

[26]   Op. cit. 249–50.

[27]   *Le Crime des Lemniennes* (1924; hereafter: Dumézil).

[28]   Survey of sources: Roscher, *Myth. Lex.* I 2853–6 (Klügmann), II. 73–4 (Seeliger), v. 808–14 (Immisch); L. Preller – C. Robert, *Griech. Mythologie*, II⁴ (1921), 849–59; cf. Wilamowitz, *Hellenistische Dichtung*, II (1924), 232–48. Jason, Hypsipyle, Thoas, Euneos in Homer: *Il.* 7.468–9, 14.230, 15.40, 21.41, 23.747; cf. Hes. fr. 157, 253–6 Merkelbach-West.

[29]   Pi. *P.* 4.252–7.

venge: καὶ δυσοσμίαν γενέσθαι ταῖς γυναιξίν, εἶναί τε μέχρι τοῦ νῦν κατ' ἐνιαυτὸν ἡμέραν τινά, ἐν ᾗ διὰ τὴν δυσωδίαν ἀπέχειν τὰς γυναῖκας ἄνδρα τε καὶ υἱεῖς.[30]

Thus one of the most curious features of the myth reappears in ritual, at least down to Hellenistic times: the foul smell of the women, which isolates them from men. Evidently this fits very well into that abnormal period of the purification ceremony. Extinguishing all fires on the island – this in itself means a dissolution of all normal life. There is no cult of the gods, which requires incense and fire on the altars, there is no regular meal in the houses of men during this period, no meat, no bread, no porridge; some special vegetarian diet must have been provided. The ἑστία, the centre of the community, the centre of every house is dead. What is even more, the families themselves are broken apart, as it were by a curse: men cannot meet their wives, sons cannot see their mothers. The active part in this separation of sexes is, according to the text of Myrsilos, played by the women; they are the subject of ἀπέχειν. They act together, by some sort of organization; probably they meet in the streets or the sanctuaries, whereas the male population is scared away. Thus the situation in the city closely reflects the situation described in the myth: disagreeable women rule the town, the men have disappeared.

Dumézil already went one step farther and used the myth to supplement our information about the ritual. There is the famous fate of King Thoas, son of Dionysus, father of Hypsipyle: he is not killed like the other men; Hypsipyle hides him in a coffin, and he is tossed into the sea.[31] Valerius Flaccus (*Arg.* 2.242ff.) gives curious details: Thoas is led to the temple of Dionysus on the night of the murder; on the next day, he is dressed up as Dionysus, with wig, wreath, garments of the god, and Hypsipyle, acting as Bacchant, escorts the god through the town down to the seashore to see him disappear. It is difficult to tell how much of this Valerius Flaccus took from

---

[30] *FGrHist* 477 F 1a = Schol. *A.R.* 1.609/19e; F 1b = Antig. *Hist. mir.* 118 is less detailed and therefore likely to be less accurate: κατὰ δή τινα χρόνον καὶ μάλιστα ἐν ταύταις ταῖς ἡμέραις, ἐν αἷς ἱστοροῦσιν τὴν Μήδειαν παραγενέσθαι, δυσώδεις αὐτὰς οὕτως γίνεσθαι, ὥστε μηδένα προσιέναι.. Delcourt, 173, 2 holds that only the information about Medea goes back to Myrsilos; but the scholiast had no reason to add a reference to 'contemporary' events, whereas Myrsilos was interested in contemporary *mirabilia* (F 2; 4–6). Welcker, 250, already combined Myrsilos' with Philostratos' account.

[31] A.R. 1.620–6; Theolytos, *FGrHist* 478 F 3, Xenagoras, *FGrHist* 240 F 31, and Kleon of Kurion in schol. A.R. 1.623/6a; cf. Eur. *Hyps.* fr. 64. 74ff.; 105ff. Bond; Hypoth. Pi. *N.* b, III. 2,8–13 Drachmann; Kylix Berlin 2300 = *ARV²* 409, 43 = G.M.A. Richter, *The Furniture of the Greeks, Etruscans and Romans* (1966), 385.

older tradition;[32] the *[8]* general pattern, the ἀποπομπή of the semi-divine king, the way to the sea, the tossing of the λάρναξ into the water surely goes back to very old strata.[33] It is fitting that the new life, too, should arrive from the sea – ἀποπμπή and *adventus* correspond.

One step further, beyond Dumézil's observations, is to realize that the bloodshed wrought by the women, the killing of the men, must have had its counterpart in ritual, too: in sacrifices, involving rather cruel spectacles of bloodshed.[34] It would be impossible to "call secret gods from under the earth" (Philostratus *loc. cit.*) without the blood of victims, flowing into a pit, possibly at night; the absence of fire would make these acts all the more dreary. Women may have played an active part in these affairs; at Hermione, in a festival called Chthonia, four old women had to cut the throats of the sacrificial cows with sickle swords (Paus. 2.35). In Lemnos, a ram-sacrifice must have been prominent; a ram is often represented on the coins of Hephaistia.[35] The fleece of a ram, Διὸς κῴδιον, was needed in many purification ceremonies;[36] incidentally, the Argonauts' voyage had the purpose of providing a ram's fleece.

Most clearly the concluding traits of the myth reflect ritual: the arrival of the Argonauts is celebrated with an *agon*; the prize is a garment.[37] This is as characteristic a prize as the Athenian oil at the Panathenaia, the Olympian olive-wreath in Olympia; the Lemnian festival must have ended with an *agon*, though it never attained Panhellenic importance. The garment, made by women, ἀγλαὰ ἔργα ἰδυῖαι, is a quite fitting gift to end the war of the

---

[32] Cf. Immisch, Roschers *Myth. Lex.* v. 806. Domitian had made a very similar escape from the troops of Vitellius in A.D. 68: *Isiaco celatus habitu interque sacrificulos* (Suet. *Dom.* 1.2, cf. Tac. *Hist.* 3.74; Jos. *Bell. Iud.* 4.11.4; another similar case in the civil war, App. *BC* 4.47; Val. Max. 7.3.8).

[33] This is the manner of death of Osiris, Plut. *Is.* 13.356c. Parallels from folk-custom: W. Mannhardt, *Wald- und Feldkulte*, I (1875), 311ff.; Frazer, *GB* ii. 75, IV. 206–12; Dumézil, 42ff. Hypsipyle is a telling name; "vermutlich war Hypsipyle einst eine Parallelfigur zu Medea: die 'hohe Pforte' in ihrem Namen war die Pforte der Hölle" (Wilamowitz, *Griechische Tragoedien* III[7] [1926], 169,1) – or rather, more generally, the "high gate" of the Great Goddess. The same name may have been given independently to the nurse of the dying child – another aspect of the Great Goddess (*Hymn. Cer.* 184ff.) – at Nemea.

[34] Cf. Burkert, "Greek tragedy and sacrificial ritual", *GRBS* 7 (1966), 102–21 *[=Kleine Schriften VII 1–36]* .

[35] Cf. *Königliche Museen zu Berlin, Beschreibung der antiken Münzen* (1888), 279–83; Head, 262–3; A.B. Cook, *Zeus*, III (1940), 233–4; Hemberg, 161. A similar ram-sacrifice has been inferred for Samothrace, Hemberg, 102, 284. Instead of the ram, the coins of Hephaistia sometimes have torches, πῖλοι (of Kabeiroi-Dioskouroi), and kerykeion, also vines and grapes; all these symbols have some connection with the context of the festival treated here.

[36] Nilsson, *GGR* 110–13; Paus. *Att.* δ 18 Erbse.

[37] Simonides, 547 Page; Pi. *P.* 4.253 with schol.; cf. A.R. 2.30–2; 3.1204–6; 4.423–34.

sexes; if Jason receives the garment of Thoas (Ap. Rh. 4.423–34), continuity bridges the gap of the catastrophe. There is one more curious detail in
Pindar's account of the Lemnian *agon*: the victor was not Jason, but a
certain Erginos, who was conspicuous by his untimely grey hair; the others
had laughed at him.[38] Erginos "the workman", grey-haired and surrounded
by laughter, but victorious at Lemnos after the ship had arrived – this seems
to be just a transformation, a translation of Hephaistos the grey-haired
workman, who constantly arouses Homeric laughter.[39] Thus the myth itself
takes us back to the *[9]* fire-festival: this is the triumph of Hephaistos, the
reappearing fire which brings new life, especially to the workmen in the
service of their god. It is possible that laughter was required in the ritual as
an expression of the new life – as in Easter ceremonies, both the new fire
and laughter, even in churches, are attested in the Middle Ages.[40] Another
peculiarity seems to have been more decidedly 'pagan': surely neither
Aeschylus nor Pindar invented the unabashed sexual colouring of the
meeting of Lemniads and Argonauts; in Aeschylus, the Lemniads force the
Argonauts by oath to make love to them.[41] Behind this, there must be ritual
αἰσχρολογία or even αἰσχροποιία at the festival of licence which forms the
concluding act of the abnormal period.

Many details are bound to escape us. Hephaistos, at Lemnos, was connected with the Kabeiroi. The Kabeirion, not far from Hephaistia, has been
excavated; it offers a neat example of continuity of cult from pre-Greek to
Greek population, but it did not yield much information about the mysteries,

---

[38] Pi. *O.* 4.23–31; cf. schol. 32c; Callim. fr. 668. Here Erginos is son of Klymenos of Orchomenos, father of Trophonios and Agamedes (another pair of divine craftsmen, with a fratricide-
myth, as the Kabeiroi), whereas A.R. 1.185, after Herodorus, *FGrHist* 31 F 45/55, makes him
son of Poseidon, from Miletus, cf. Wilamowitz, *Hellenistische Dichtung*, ii. 238.

[39] The constellation Erginos-Jason-Hypsipyle is akin to the constellation Hephaistos-Ares-
Aphrodite in the famous Demodocus hymn (*Od.* 8.266–366): another triumph of Hephaistos
amidst unextinguishable laughter. A special relation to Lemnos is suggested by a pre-Greek
vase fragment, found in a sanctuary in Hephaistia (A. Della Seta, *AE*, 1937, 650; Ch. Picard,
RA 20 (1942/3), 97–124; to be dated about 550 B.C., as B.B. Shefton kindly informs me; cf.
Delcourt, 80–2): a naked goddess *vis-à-vis* an armed warrior, both apparently fettered. This is
strikingly reminiscent of Demodocus' song, as Picard and Delcourt saw, though hardly a direct
illustration of Homer's text, rather of "local legend" (cf. K. Friis Johansen, *The Iliad In Early
Greek Art* [1967], 38, 59), i.e. a native Lemnian version. The crouching position of the couple
reminded Picard of Bronze Age burial customs; anthropology provides examples of human
sacrifice in the production of new fire: a couple forced to mate and killed on the spot (cf. E.
Pechuel-Loesche, *Die Loango-Expedition* III. 2 [1907], 171ff.). Surely Homer's song is more
enjoyable without thinking of such a gloomy background.

[40] Mannhardt, 502–8, Frazer, *GB* X. 121ff.; on "risus Paschalis", P. Sartori, *Sitte und Brauch*
(1914), III. 167.

[41] Fr. 40 Mette *[= p.352 TrGF III]*, cf. Pi. *P.* 4.254; Herodorus, *FGrHist* 31 F 6.

except that wine-drinking played an important role.[42] Myth connects the Kabeiroi of Lemnos with the Lemnian crime: they left the accursed island.[43] Since their cult continued at Lemnos, they evidently came back, when the curse had come to an end. In Aeschylus' *Kabeiroi*, they somehow some-where meet the Argonauts; they invade the houses and mockingly threaten to drink everything down to the last drop of vinegar.[44] Such impudent begging is characteristic of mummery;[45] these Kabeiroi, grandchildren of Hephaistos, reflect some masked club, originally a guild of smiths, pro-bably, who play a leading role at the purification ceremony anyhow. It is tempting to suppose that the ship of the Argonauts arriving at Lemnos really means the ship of the Kabeiroi; being associated with seafaring everywhere, it fits them to arrive by ship. The herald of the Argonauts who rises to prominence only in the negotiations of Argonauts *[10]* and Lemniads is called Aithalides, "man of soot";[46] this binds him to the blacksmiths of Lemnos; the island itself was called Aithalia.[47] These Kabeiroi-blacksmiths would, after a night of revel, ascend Mount Mosychlos with their magic cauldron and light the fire, which was then, by a torch-race, brought to the city and distributed to sanctuaries, houses, and workshops – seductive possibilities.

Equally uncertain is the connection of the purification ceremonies with the digging of "Lemnian earth". Λημνία γῆ, red-coloured clay, described by Dioskurides and Galen, formed an ingredient of every oriental drugstore down to this century;[48] superstition can even outlive religion. Travellers

---

[42] Preliminary report *ASAA* 1/2 (1939/40), 223–4; inscriptions: *ASAA* 3/5 (1941/3), 75–105; 14/16 (1952/4), 317–40; D. Levi, "Il Cabirio di Lemno", *Charisterion A.K. Orlandos*, III (Athens, 1966), 110–32; Hemberg, 160–70. Wine-vessels bore the inscription Καβείρων. Kabeiroi and Hephaistos: Akousilaos, *FGrHist* 2 F 20, Pherekydes, *FGrHist* 3 F 48 with Jacoby ad loc.; O. Kern, *RE* X. 1423ff.; this is not the tradition of Samothrace nor of Thebes (where there is one old Κάβιρος, Nilsson, *GGR*, pl. 48,1), and thus points towards Lemnos. In the puzzling lyric fragment, adesp. 985 Page, Kabeiros son of Lemnos is the first man.

[43] Photios s.v. Κάβειροι· δαίμονες ἐκ Λήμνου διὰ τὸ τόλμημα τῶν γυναικῶν μετενεχθέντες· εἰσι δὲ ἤτοι Ἡφαιστοὶ ἢ Τιτᾶνες.

[44] Fr. 45 Mette *[= frg. 97 TrGF]*; that the Kabeiroi are speaking is clear from Plutarch's quota-tion (*Q. conv.* 2,1,7, 633a): αὐτοὶ παίζοντες ἠπείλησαν.

[45] K. Meuli, "Bettelumzüge im Totenkult, Opferritual und Volksbrauch", *Schweizer Archiv für Volkskunde* 28 (1927/8), 1–38 *[= Gesammelte Schriften, ed. Th. Gelzer, Basel 1975, 33–68].*

[46] A.R. 1.641–51, cf. Pherekydes, *FGrHist* 3 F 109.

[47] Polyb. 34.11.4, Steph. Byz. Αἰθάλη.

[48] Fredrich, 72–4; F.W. Hasluck, *ABSA* 16 (1909/10) 220–30; F.L.W. Sealey, *ABSA* 22 (1918/19) 164–5; Cook, III. 228ff.; Diosc. 5.113; Galen, xii. 169–75 K. (on the date of his visit to Lemnos, Fredrich, 73.1; 76.1: late summer A.D. 166). According to Dioscorides, the blood of a goat was mixed with the earth, but Galen's informants scornfully denied this. The "priests of Hephaistos" used the earth to heal Philoctetes: schol. AB B 722, Philostr. *Heroic.* 6.2, Plin. *N.H.* 35.33. Philoctetes' sanctuary, however, was in Myrina (Galen, XII. 171).

observed how the clay was dug under the supervision of the priest at the hill which, by this, is identified as Mount Mosychlos; in the time of Galen, it was the priestess of Artemis[49] who collected it, throwing wheat and barley on the ground, formed it into small disks, sealed it with the seal of a goat and sold it for medical purposes. The priestess of the goddess operating at the mount of Hephaistos – it is possible to connect this with the fire festival. Indeed it is all the more tempting because, owing to the continuity of ritual, this would give a clue as to the date of the festival: Lemnian earth was collected on 6 August; this corresponds with the time of Galen's visit.[50] Late summer is a common time for new-year festivals in the ancient world; incidentally, the μύσται of the Kabeiroi at Lemnos held conventions in Skirophorion,[51] i.e. roughly in August. Still, these combinations do not amount to proof.

One question has been left unsolved: what about the recurrent δυσωδία? Can this be more than legend or slander?[52] The simple and drastic answer is given by a parallel from Athens: the authority of Philochoros[53] (*FGrHist* 328 F 89) is quoted for the fact that the women ἐν (δὲ) τοῖς Σκίροις τῆι ἑορτῆι ἤσθιον σκόροδα ἕνεκα τοῦ ἀπέχεσθαι ἀφροδισίων, ὡς ἂν μὴ μύρων ἀποπνέοιεν. Thus we have an unmistakable smell going together with disruption of marital order, separation of the sexes, at the Skira. The women flock together at this festival according to ancient custom,[54] and Aristophanes' fancy has them plan their *coup d'état* on this occasion (*Eccl.* 59). But there is even more similarity: the main event of the Skira is a procession which starts from the old temple of the Akropolis and leads towards Eleusis to the old border-line of Attica, to a place called Skiron. The priest of Poseidon-Erechtheus, the priestess of Athena, and the priest of *[11]* Helios are led together under a sunshade by the Eteobutadai:[55] Erechtheus is the

---

[49] Possibly the "great Goddess", cf. above, n. 15.

[50] Cf. n. 48 above.

[51] *ASAA* 3/5 (1941/3), 75ff. nr. 2; nr. 6; but nr. 4 Hekatombaion.

[52] General remarks in Dumézil, 35–9. Welcker, 249 thought of some kind of fumigation. Cf. Frazer, *GB* VIII. 73 for the use of purgatives in a New Fire festival. A marginal gloss in Antig. *Hist. mir.* 118 (cf. p. 7, n. 2) mentions πήγανον , cf. Jacoby, *FGrHist* III, Komm. 437, Noten 223.

[53] E. Gjerstad, *ARW* 27 (1929/30), 201–3 thinks Philochoros misunderstood the sense of the ritual, which was rather "aphrodisiac"; though he recognizes himself that short abstinence enhances fertility.

[54] *IG* II/III² 1177.8–12 ὅταν ἡ ἑορτὴ τῶν Θεσμοφορίων καὶ πληροσίαι καὶ Καλαμαίοις καὶ τὰ Σκίρα καὶ εἴ τινα ἄλλην ἡμέραν συνέρχονται αἱ γυναῖκες κατὰ τὰ πάτρια.

[55] Lysimachides, *FGrHist* 366 F 3; Schol. *Ar. Eccl.* 18; fullest account: E. Gjerstad, *ARW* 27 (1929/30), 189–240. Deubner's treatment (40–50) is led astray by Schol. *Luk.* p. 275.23ff. Rabe, cf. Burkert, *Hermes* 94 (1966), 23–4, 7–8 *[= in diesem Band Nr.10]*.

primordial king of Athens; he left his residence, the myth tells us, to fight the Eleusinians ἐπὶ Σκίρῳ and disappeared mysteriously in the battle; his widow became the first priestess of Athena.[56] Thus we find in Athens, on unimpeachable evidence, the ritual ἀποπομπή of the king which was inferred from myth for the corresponding Lemnian festival. At Athens, the concluding *agon* has been moved farther away: the "beginning of new life" is the Panathenaia in the following month Hekatombaion, the first of the year. If the perennial fire in the sanctuary of Athena and Erechtheus, the lamp of Athena, is refilled and rekindled only once a year,[57] this will have happened at the Panathenaia when the new oil was available and used as a prize for the victors. The month Skirophorion coincides approximately with August, the time of the digging of Lemnian earth. The name Σκίρα is enigmatic, but most of the ancient explanations concentrate on some stem σκιρ- (σκυρ-) meaning "white earth", "white clay", "white rock". The place Skiron is a place where there was some kind of white earth, and Theseus is said, to have made an image of Athena out of white earth and to have carried it in procession when he was about to leave Athens.[58] Were the σκίρα some kind of amulets 'carried' at the σκιροφόρια, though less successful in superstitious medicine than their Lemnian counterparts?

There was another festival at Athens where the women ate garlic in considerable quantities:[59] the Thesmophoria. This festival was among the most widespread all over Greece, and there must have been many local variants; but there are features strikingly reminiscent of the pattern treated so far: there is the disruption of normal life, the separation of sexes; the wo-

---

[56] Eur. *Erechtheus* fr. 65 Austin *[= R. Kannicht, ed., Tragicorum Graecorum Fragmenta V:1, F 370,95-97]*; death and tomb of Skiros: Paus. 1.36.4.

[57] Paus. 1.26.6–7.

[58] An. Bekk. 304; 8 Σκειρὰς Ἀθηνᾶ: εἶδος ἀγάλματος Ἀθηνᾶς ὀνομασθέντος οὕτως ἤτοι ἀπὸ τόπου τινὸς οὕτως ὠνομασμένου, ἐν ᾧ γῆ ὑπάρχει λευκή... (shorter *EM* 720,24); Schol. *Paus.* p. 218 Spiro σκιροφόβρια παρὰ τὸ φέρειν σκίρα ἐν αὐτῇ τὸν Θησέα ἢ γύψον· ὁ γὰρ Θησεὺς ἀπερχόμενος κατὰ τοῦ Μινοταύρου τὴν Ἀθηνᾶν ποιήσας ἀπὸ γύψου ἐβάστασεν (cf. Wilamowitz, *Hermes* xxix [1894], 243; slightly corrupt *Et. Gen.* p. 267 Miller = *EM* p. 718,16, more corrupt Phot., Suda s.v. Σκιαρα, who speak of Theseus' return); schol. Ar. *Vesp.* 926 Ἀθηνᾶ Σκιρράς, ὅτι γῆ (τῇ codd.) λευκῇ χρίεται. R. van der Loeff, *Mnemosyne* xliv (1916), 102–3, Gjerstad, 222–6, Deubner, 46–7 tried to distinguish Σκίρα and Ἀθηνᾶ Σκιράς, Deubner, 46, 11 even Σκίρα and the place Σκῖρον (Σκίρον? Herodian, *Gramm. Gr.* III. 1,385.1–4; III. 2,581.22–31 [cf. Steph. Byz. Σλίρος] seems to prescribe Σκῖρον; Σκίρα Ar. *Thesm.* 834, *Eccl.* 18); *contra*, Jacoby, *FGrHist* IIIb Suppl., Notes 117–18. The changing quantity (cf. σῖρος) is less strange than the connection σκιρ-, σκυρ- (cf. LSJ s.v. σκῖρον, σκῖρος, σκίρρος, σκῦρος) which points to a non-Greek word. On Σκῦρος (cf. Oros. *EM* 720,24) Theseus was thrown down the white rock (Plut. *Thes.* 35).

[59] *IG* II/III² 1184 διδόναι ... εἰς τὴν ἑορτὴν ... καὶ σκόρδων δύο στητῆρας. On Thesmophoria, Nilsson, *GF*, 313–25, *GGR*, 461–6, Deubner, 50–60.

men gather (cf. n. 59 below) for three or four days, they live at the Thesmophorion in huts or tents; in Eretria they did not even use fire (Plut. *Q. Gr.* 31). They performed uncanny sacrifices to chthonian deities; subterranean caves, μέγαρα, were opened, pigs thrown down into the depths; probably there was a bigger, secret sacrifice towards the end of the festival. In mythological phantasy, the separation of the sexes was escalated into outright war. The lamentable situation of the κηδεστής in Aristophanes' *Thesmophoriazusai* is not the only example. The *[12]* Laconian women are said to have overpowered the famous Aristomenes of Messene, when he dared to approach them at the time of the Thesmophoria; they fought, by divine instigation, with sacrificial knives and spits and torches – the scenery implies a nocturnal ἀπόρρητος θυσία (Paus. 4.17.1). The women of Kyrene, at their Thesmophoria, smeared their hands and faces with the blood of the victims and emasculated King Battos, who had tried to spy out their secrets.[60] The most famous myth in this connection concerns those women whom Euripides already compared with the Lemniads (*Hek.* 887): the Danaids. They slew their husbands all together at night, too, with one notable exception, as at Lemnos: Lynkeus was led to a secret escape by Hypermestra the virgin. As the Argives kept the rule of extinguishing the fire in a house where somebody had died,[61] the night of murder must have entailed much extinguishing of fires. Lynkeus, however, when he was in safety, lit a torch in Lyrkeia, Hypermestra answered by lighting a torch at the Larisa, ἐπὶ τούτῳ δὲ Ἀργεῖοι κατὰ ἔτος ἔκαστον πυρσῶν ἑοτρὴν ἄγουσι (Paus. 2.25.4). It is questionable whether this ritual originally belongs to the Danaid myth;[62] the word-play Lyrkeia-Lynkeus does not inspire confidence. The myth at any rate has much to tell about the concluding *agon*, in which the Danaids were finally given to husbands.[63] After the outrage against nature, a new life must begin, which happens to be just ordinary life. But it is Herodotus who tells us that it was the Danaids who brought to Greece the τελετή of Demeter Thesmophoros, i.e. introduced the festival Thesmophoria.[64]

---

[60] Aelian, fr. 44 = Suda s.v. σφάκτριαι and θεσμοφόρος. Nilsson, *GF*, 324–5.

[61] Plut. *Q. Gr.* 24.296 F.

[62] Cf. Nilsson, *GF* 470,5; Apollod. 2.22, Zenob. 4.86, etc. point to a connection of Danaid myth and Lerna (new fire for Lerna: Paus. 8.15.9).

[63] Pi. *P.* 9.111ff., Paus. 3.12.3, Apollod. 2.22. Dumézil, 48ff. discussed the similarities of the Argive and the Lemnian myth, without taking notice of the Thesmophoria.

[64] Hdt. 2.171: τῆς Δήμητρος τελετῆς πέρι, τὴν οἱ Ἕλληνες Θεσμοφόρια καλέουσι ... αἱ Δαναοῦ θυγατέρες ἦσαν αἱ τὴν τελετὴν ταύτην ἐξ Αἰγύπτου ἐξαγαγοῦσαι καὶ διδάξασαι τὰς Πελασγιώτιδας γυναῖκας. The connection of Danaoi and Egypt is taken seriously by modern historians (G. Huxley, *Crete and the Luwians* [1961], 36–7; F.H. Stubbings, *C.A.H.* XVIII [1963], 11ff.; P. Walcot, *Hesiod and the Near East* [1966], 71); Epaphos may be a Hyksos name. Now Mycenean representations mainly from the Argolid show 'Demons' (cf. Nilsson, *GGR*, 296–7)

Thus the similarity of the myths of the Danaids and Lemniads and the similarity of the rituals of Thesmophoria and the Lemnian fire-festival is finally confirmed by Herodotus, who connects myth and ritual.

One glance at the Romans: their μέγιστος τῶν καθαρμῶν (Plut. *Q. R.* 86) concerns the *virgines Vestales* and the fire of Vesta, and it covers a whole month. It begins with a strange ἀποπομπή: 27 puppets are collected in sanctuaries all over the town, brought to the *pons sublicius* and, under the leadership of the *virgo*, thrown into the Tiber. They are called Argei, which possibly just means "grey men".[65] There follows a period of Lent and abstinences: no marriage is *[13]* performed in this period,[66] the *flaminica*, wife of the *flamen Dialis*, is not allowed to have intercourse with her husband. From 7 to 15 June, the temple of Vesta is opened for nine days; the *matronae* gather, barefoot, to bring offerings and prayers. Especially strange is the rule of the Matralia on 11 June: the *matronae*, worshipping Mater Matuta, are not allowed to mention their sons; so they pray for their nephews. Finally on 15 June the temple of Vesta is cleaned; *quando stercus delatum fas*, ordinary life may start again. The correspondence with the Lemnian πυρφορία is striking: the ἀποπομπή and tossing into the water, the separation of the sexes, of man and wife, even of mother and son, while the fire is 'purified' on which the *salus publica* is thought to depend.

Enough of comparisons;[67] the danger that the outlines of the picture become blurred as the material accumulates can scarcely be evaded. Whether it will be possible to account for the similarity of pattern which emerged, by some historical hypothesis, is a formidable problem. There seems to be a common Near Eastern background; the pattern of the Near Eastern new-

---

in ritual functions – procession, sacrifice – whose type goes back to the Egyptian hippopotamus-Goddess Taurt, "the Great One" (cf. Roeder, Roschers *Myth. Lex.* V 878–908). S. Marinatos, *Proc. of the Cambridge Colloquium on Mycenean Studies* (1966), 265–74 suggests identifying them with the Δίψιοι of Linear B texts. If these 'Demons' were represented by masks in ritual (E. Heckenrath, *AJA* xli [1937], 420–1) it is tempting to see in this ritual of the "Great Goddess", influenced from Egypt, the Thesmophoria of the Danaids. Cf. also n. 33.

[65] Cf. G. Wissowa, *Religion und Kultus der Römer* (1912²), 420; K. Latte, *Römische Religionsgeschichte* (1960), 412–14; on Vestalia: Wissowa, 159–60, Latte, 109–10; on Matralia: Wissowa, 111, Latte, 97–8, G. Radke, *Die Götter Altitaliens* (1965), 206–9, J. Gagé, *Matronalia* (1963), 228–35. The flogging of a slave-girl at the Matralia has its analogy in the role of the Thracian concubines at Lemnos and the hair-sacrifice of the Thracian slave-girls in Erythrai (below, n. 67). With the 'tutulum' (= *pilleum lanatum*, Sueton. apud Serv. auct. *Aen.* 2.683) of the Argei, cf. the πῖλοι of Hephaistos and Kabeiroi (above, n. 33).

[66] Plut. *Q. R.* 86,284 F: no marriage in May; Ov. *Fast.* 6.219–34: no marriage until 15 June, the *flaminica* abstains from combing, nail-cutting, and intercourse.

[67] There is connection between the Lemnian festival and the Chian myth of Orion (above, n. 24); a cult legend of Erythrai implies another comparable ritual: 'Heracles' arrived on a raft, and Thracian slave-girls sacrificed their hair to pull him ashore (Paus. 7.8.5–8).

year festival has been summed up in the steps of mortification, purgation, invigoration, and jubilation,[68] closely corresponding, in our case, to ἀπο-πμπή, ἀπόρρητος θυσία, abstinences on the one hand, *agon* and marriage on the other. There appear to be Egyptian influences; more specifically, there are the traditions about the pre-Greek 'Pelasgians' in Argos, Athens, Lemnos (according to Athenian tradition), and even in Italy.[69] But there is not much hope of disentangling the complex interrelations of Bronze Age tribes, as tradition has been furthermore complicated by contamination of legends. It may only be stated that similarities of ritual ought to be taken into account in such questions as much as certain names of tribes or of gods or certain species of pottery.

Still there are some definite conclusions, concerning the problem of myth and ritual: there is correspondence which goes beyond casual touches or secondary superimposition. But for the isolated testimonies of Myrsilus and Philostratus, we would have no clue at all to trace the myth back to Lemnian ritual, as we know nothing about the Thesmophoria of Argos. But the more we learn about the ritual, the closer the correspondence with myth turns out to be. The uprising of the women, the disappearance of the men, the unnatural life without love, the blood flowing – all this people will experience in the festival, as *[14]* well as the advent of the ship which brings the joyous start of a new life. So far Jane Harrison's formula proves to be correct: "the myth is the plot of the dromenon";[70] its περιπέτειαι reflect ritual actions. The much-vexed question, whether, in this interdependence,

---

[68] Th. Gaster, *Thespis* (1961₂); for necessary qualification of the pattern, C.J. Bleeker, *Egyptian Festivals, Enactment of Religious Renewal* (1967), 37–8.

[69] The evidence is collected by F. Lochner-Hättenbach, *Die Pelasger* (1960). The Athenians used the legends about the Pelasgians, whom they identified with the Τυρρηνοί (Thuc. 4.109.4), to justify their conquest of Lemnos under Miltiades (Hdt. 6.137ff.). There was a family of Εὐνεῖδαι at Athens, acting as heralds and worshipping Dionysos Melpomenos, J. Toepffer, *Attische Genealogie* (1889), 181–206; Preller-Robert, ii. 852–3. On Pelasgians in Italy, Hellanikos, *FGrHist* 4 F 4, Myrsilos, *FGrHist* 477 F 8 apud D.H. *Ant.* 1.17ff., Varro apud Macr. *Sat.* 1.7.28f.; on Camillus-Καδμῖλος A. Ernout – A. Meillet, *Dict. étym. de la langue latine* (1959₄) s.v. *Camillus*.

[70] The evidence is collected by F. Lochner-Hättenbach, *Die Pelasger* (1960). The Athenians used the legends about the Pelasgians, whom they identified with the Τυρρηνοί (Thuc. 4.109.4), to justify their conquest of Lemnos under Miltiades (Hdt. 6.137ff.). There was a family of Εὐνεῖδαι at Athens, acting as heralds and worshipping Dionysos Melpomenos, J. Toepffer, *Attische Genealogie* (1889), 181–206; Preller-Robert, ii. 852–3. On Pelasgians in Italy, Hellanikos, *FGrHist* 4 F 4, Myrsilos, *FGrHist* 477 F 8 apud D.H. *Ant.* 1.17ff., Varro apud Macr. *Sat.* 1.7.28f.; on Camillus-Καδμῖλος A. Ernout – A. Meillet, *Dict. étym. de la langue latine* (1959⁴) s.v. *Camillus*.

myth or ritual is primary, transcends philology,[71] since both myth and ritual were established well before the invention of writing. Myths are more familiar to the classicist; but it is important to realize that ritual, in its function and transmission, is not dependent on words. Even today children will get their decisive impressions of religion not so much from words and surely not from dogmatic teaching, but through the behaviour of their elders: that special facial expression, that special tone of voice, that poise and gesture mark the sphere of the sacred; the seriousness and confidence displayed invite imitation, while at the same time relentless sanctions are added against any violation: thus religious ritual has been transmitted in the unbroken sequence of human society. By its prominence in social life, it not only provided stimulation for story-telling, but at the same time some kind of "mental container"[72] which accounts for the stability, the unchanging patterns of mythical tradition. Thus for understanding myth, ritual is not a negligible factor.

Still one can look at flowers without caring much for roots: myth can become independent from ritual; ritual origin does not imply ritual function – nor does the absence of ritual function exclude ritual origin. Ritual, if we happen to know about it, will be illustrative especially of strange features in a myth; but as these tend to be eliminated, myth can live on by its own charm. Apollonios did not bother about Lemnian festivals, and he dropped the δυσωδία. The first and decisive step in this direction was, of course, Homer; or to be more exact, Greek myth found its final form in the oral tradition of skilled singers which is behind the *Iliad*, the *Odyssey*, and the other early epics. As a consequence of this successful activity of ἀοιδοί and ῥαψῳδοί there took place, of course, all kinds of conflation, exchange, and superimposition of myths, as local traditions were adapted to 'Homeric' tales. Thus myths are often attached to rituals by secondary construction; in this case, the details rarely fit. Poets and antiquarians are free to choose between various traditions, even to develop new and striking combinations. One myth may illustrate or even replace another, the motifs overlap, as the underlying patterns are similar or nearly identical.

Still more clear than the importance of ritual for the understanding of myth is the importance of myth for the history of religion, for the reconstruction and interpretation of ritual. Myth, being the 'plot', may indicate

---

[71] Cf. above, n. 3. In Egypt, there were clearly rituals without myths, Bleeker, 19; E. Otto, *Das Verhältnis von Rite und Mythus im Ägyptischen*, SBHeid. 1958, 1. Biologists have recognized rituals in animal behaviour, cf. K. Lorenz, *On aggression* (1966), 54–80.

[72] An expression coined by W.F. Jackson Knight, *Cumaean gates* (1936), 91 for the function of the mythical pattern as to historical facts.

connections between rites which are isolated in our tradition; it may provide supplements for the desperate lacunae in our knowledge; it may give decisive hints for chronology. In our case, Philostratus' testimony comes from the 3rd century A.D., Myrsilus' from the 3rd century B.C., Sophocles' allusion takes us back to the 5th; but as the Hypsipyle story is known to the *Iliad*, both myth and ritual must antedate 700 B.C. This means that not even Greeks are concerned, but the pre-Greek inhabitants of Lemnos, whom Homer calls Σίντιες, the later Greeks *[15]* Τυρρηνοί.[73] Excavations have given some picture of this pre-Greek civilization and its continuity into the Greek settlement; in spite of continuous fighting and bloodshed, there seems to have been a surprising permeability in religion, in ritual, and even in myths, between different languages and civilizations, and an equally surprising stability of traditions bound to a certain place.

If myth reflects ritual, it is impossible to draw inferences from the plot of the myth as to historical facts, or even to reduce myth to historical events. From Wilamowitz down to the *Lexikon der Alten Welt*,[74] we read that the Lemnian crime reflects certain adventures of the colonization period, neatly registered in *IG* XII. 8, p. 2: "Graeci ± 800–post 700" inhabiting Lemnos – as if the Lemniads had been slain by the Argonauts or the Argonauts by the Lemniads. To be cautious: it is possible that the crisis of society enacted in a festival breaks out into actual murder or revolution, which is henceforward remembered in the same festival;[75] but actual atrocities by themselves produce neither myth nor ritual – or else our century would be full of both. Another historical interpretation of the myth, given by Bachofen but envisaged already by Welcker, has, through Engels, endeared itself to Marxist historians:[76] the Lemnian crime as memory of prehistoric matriar-

---

[73] Identification of Sinties and Tyrrhenians: Philochoros, *FGrHist* 328 F 100/1 with Jacoby ad loc. Main report on the excavations (interrupted before completion by the war): *ASAA* 15/16 (1932/3); cf. D. Mustilli, *Enc. dell'arte antica*, III (1960), 230–1, L. Bernabò Brea, ib. IV (1961), 542–5. It is remarkable that there are only cremation burials in the pre-Greek necropolis (*ASAA*, loc. cit. 267–72). Wilamowitz, 231 had wrongly assumed that the pre-Greek 'barbarians' would have neither city nor Hephaistos-cult.

[74] Wilamowitz, 231; *LAW* s.v. Lemnos.

[75] In several towns of Switzerland there are traditions about a "night of murder" allegedly commemorated in carnival-like customs; a few of them are based on historical facts; cf. L. Tobler, "Die Mordnächte und ihre Gedenktage", *Kleine Schriften* (1897), 79–105.

[76] Welcker, 585ff.; Bachofen, cf. above, n. 12; F. Engels, *Der Ursprung der Familie, des Privateigentums und des Staats* (1884), Marx-Engels, *Werke* XXI. 47ff.; G. Thomson, *Studies in Ancient Greek Society* (1949), 175 (more circumspect: *Aeschylus and Athens* [1941; 1966³], 287). For a cautious re-evaluation of the theory of matriarchy, cf. K. Meuli in Bachofen, *Ges. Werke*, III. 1107–15; on the Lycians, S. Pembroke, "Last of the matriarchs", *Journ. of the Econ. and Soc. Hist. of the Orient* 8 (1965), 217–47.

chal society. The progress of research in prehistory, however, has left less and less space for matriarchal society in any pre-Greek Mediterranean or Near Eastern civilization. Indeed Hypsipyle did not reign over men – which *would* be matriarchy – the men have simply disappeared; and this is not a matriarchal organization of society, but a disorganization of patriarchal society, a transitional stage, a sort of carnival – this is the reason why the Lemniads were an appropriate subject for comedy.[77] Social order is turned upside down just to provoke a new reversal, which means the re-establishment of normal life.

If ritual is not dependent on myth, it cannot be explained by 'beliefs' or 'concepts' – which would be to substitute another myth for the original one. Ritual seems rather to be a necessary means of communication and solidarization in human communities, necessary for mutual understanding and co-operation, necessary to deal with the intra-human problems of attraction and, above all, aggression. There are the never-dying tensions between young and old, and also between the sexes; they necessitate periodically some sort of 'cathartic' discharge; it may be possible to play off one conflict to minimize the *[16]* other. This is what the myth is about: love, hatred, and their conflict, murderous instincts and piety, solidarity of women and family bonds, hateful separation and lustful reunion – this is the story of Hypsipyle, this is the essence of the ritual, too; only the myth carries, in phantasy, to the extreme what, by ritual, is conducted into more innocent channels: animals are slain instead of men, and the date is fixed when the revolution has to come to an end. Thus it is ritual which avoids the catastrophe of society. In fact only the last decades have abolished nearly all comparable rites in our world; so it is left to our generation to experience the truth that men cannot stand the uninterrupted steadiness even of the most prosperous life; it is an open question whether the resulting convulsions will lead to κάθαρσις or catastrophe.

---

[77] Λήμνιαι were written by Aristophanes (fr. 356–375), Nikochares (fr. 11–14), and Antiphanes (fr. 144/5); cf. Alexis (fr. 134), Diphilos (fr. 54), and Turpilius (90–9).

Erschienen in: Zeitschrift für Religions- und Geistesgeschichte 22 (1970) 356-368

12. Buzyge und Palladion:
Gewalt und Gericht in altgriechischem Ritual

'Ritual' ist ein Wort, das heute zumeist in 'emanzipatorischer' Tendenz verwendet wird, um traditionelle Ordnungen und Handlungsweisen als irrational und primitiv zu denunzieren und damit beiseite zu fegen. In der Tat reichen die überkommenen Verhaltensmuster[1] zur Steuerung der modernen Welt offenbar nicht mehr aus. Die notwendige Zunahme der Bewußtheit verlangt jedoch zugleich danach, zu klären und zu verstehen, was bisher in der menschlichen Gesellschaft unreflektiert funktionierte. Wenn in ihr gerade Rituale eine so wichtige Rolle spielen, wenn diese weithin als absolut, als 'heilig' gesetzt worden sind, dann muß ihnen doch ein bestimmter Sinn eignen, eine wesentliche Aufgabe zukommen. Sie unbesehen zu verwerfen, wäre dann freilich riskant.

Die altgriechische, vorchristliche Religion ist in diesem Betracht besonders interessant, weil hier inmitten einer überaus fortgeschrittenen, hochdifferenzierten Geistigkeit uraltes Ritual als heilig überdauerte. Zwar war seit den Anfängen der Philosophie die vom Mythos gegebene Deutung der Religion zusammengebrochen; die vernichtende Zensur, die Xenophanes den Göttermythen erteilt hatte, blieb unaufgehoben, ja Platon nahm *[357]* auch dem Kult den naiv geglaubten, 'magischen' Sinn durch den Nachweis,

---

Überarbeitete Fassung der Antrittsrede, gehalten an der Universität, Zürich am 23.6.1969. Die Anmerkungen beschränken sich auf das Notwendigste. Mehrfach und nur mit Autornamen zitiert sind: F.F. Chavannes, *De Palladii raptu*, Diss. Berlin 1891. A.B. Cook, *Zeus* III, Cambridge 1914–40. L.R. Farnell, *The Cults of the Greek States* I–V, Cambridge 1896–1909. L. Deubner, *Attische Feste*, Berlin 1932. F. Imhoof-Blumer, P. Gardner, *Numismatic Commentary on Pausanias*, London 1885–7. J.H. Lipsius, *Das attische Recht und Rechtsverfahren* I–III, Berlin 1905–14. A. Mommsen, *Feste der Stadt Athen im Altertum*, Leipzig 1898. M.P. Nilsson, *Geschichte der griech. Religion* I³, München 1967. E. Pfuhl, *De Atheniensium pompis sacris*, Berlin 1900. J. Toepffer, *Attische Genealogie*, Berlin 1889.

[1] Seit Sir Julian Huxley ist der Begriff des Ritus von der Verhaltensforschung usurpiert worden, im Sinn eines Verhaltensschemas, das, von seinem eigentlichen Zweck abgelöst, Mitteilungsfunktion angenommen hat; vgl. K. Lorenz, *Das sogenannte Böse*, Wien 1963 (1970²⁵) Kap. V – m. E. ein durchaus fruchtbarer Ansatzpunkt zum Verständnis, auch wenn das 'Heilige' ohne Analogon in der Zoologie bleibt. Vgl. auch P. Weidkuhn, *Aggressivität, Ritus, Säkularisierung*, Basel 1965.

daß der absolut gute Gott unmöglich durch "Opfer und Gebete" zu beein-
flussen sei.[2] Trotzdem aber bestanden die Götterkulte mit ihren problematischen Ritualen, bestanden die Feste der Polis mindestens 700 Jahre über
Xenophanes hinaus. Die Bürgerschaft blieb in ihrer Mehrheit überzeugt,
daß von der im Kult ausgeprägten Frömmigkeit die Sittlichkeit und der
Fortbestand der Stadt abhänge. So ist die Ausrichtung der Feste seit je eine
Hauptaufgabe der Beamten; und das Wehrdienstjahr der Epheben wird zu
einer Einführung in die Kulte der Vaterstadt, die ihm seine markanten
Höhepunkte geben, die eben von den Epheben mit vorbereitet und durchgeführt werden, damit sie "von frühester Jugend an in der peinlichen
Sorgfalt für Opfer und Prozessionen die Ordnung erfüllen und die damit
verbundenen Ehrungen empfangen und so in den Sitten der Vaterstadt sich
bewegen lernen".[3] Auf diese Weise empfangen sie die Prägung, die sie zu
"guten Nachfolgern und Erben der Vaterstadt" macht.[4] Religion und Tradition sind nahezu identisch. Wieso man freilich gerade von der "peinlichen
Sorgfalt für Opfer und Prozessionen" eine solche Wirkung erwartet, ist dem
Außenstehenden zunächst rätselhaft. Einleuchtend könnte es werden, wenn
es gelingt ein solches traditionelles Ritual in seinen dramatischen Einzelheiten wie in seinem Gesamtrhythmus zu vergegenwärtigen. Dies sei an
einem Einzelbeispiel versucht.

Unter den von den Epheben durchgeführten Festen, zwischen den
Eleusinischen Mysterien im Herbst und den Großen Dionysien im Frühjahr,
nennen drei Inschriften ein Ritual der Pallas Athene: "sie halfen auch, die
Pallas nach Phaleron hinauszuführen und von dort wieder hereinzuführen,
bei Fackelschein, mit aller wünschenswerten Disziplin".[5] Phaleron ist die
von Athen aus nächstgelegene Meeresbucht, der Weg der Pallas geht also
offenbar von ihrem Heiligtum in oder nahe der Stadt 'hinaus' zum Meer
und wieder 'hinein' in ihren heiligen Bezirk. Die Fackeln deuten auf eine
nächtliche Prozession. Die Inschriften stammen *[358]* aus den Jahren 123–

---

2   Pl. *Leg.* 885 b, 716 d ff., 905 d ff., *Resp.* 364 b ff.; als Sinn des Kultes blieb die "Angleichung
    an Gott". Für die traditionellen Riten fand Xenokrates (Fr. 23–5 Heinze) den Ausweg, sie seien
    an niedere Dämonen gerichtet.

3   *IG* II/III² 1039,26–8: ὅπως ἀπὸ τῆς πρώτης ἡλικίας ἐν τεῖ [τ]ε [περὶ τὰς θυ]σία[ς καὶ τὰς
    πομπὰ]ς ἐπιμελείαι τὸ τ[εταγμένον ποιού]μενοι καὶ τυγχάνοντες τῆς περὶ ταῦτα τιμ[ῆς ἐν] τοῖς
    τ[ῆς πόλεως] ἐθισμοῖς ἀναστρ[αφῶσιν... Vgl. Liv. 27,8,5 (dazu A.D. Nock, *RAC* II 111) über
    die *cura sacrorum et caerimoniarum*.

4   *IG* II/III² 1006,52–4: ὁ δῆμος ... βουλόμενος τοὺς ἐκ τῶν παίδων μεταβαίνοντας εἰς τοὺς
    ἄνδρας ἀγαθοὺς γίνεσθαι τῆς πατρίδος διαδόχους...

5   *IG* II/III² 1006,11: συνεξήγαγον δὲ καὶ τὴν Παλλάδα Φαληροῖ κἀκεῖθεν πάλιν συνεισήγαγον
    μετὰ φωτὸς μετὰ πάσης εὐκοσμίας, vgl. 75f. (123/2 v.Chr.); 1008,9f. (119/8 v.Chr.); 1011,10f.:
    συνεξήγαγον δὲ καὶ τ[ὴ]ν Παλλάδα μετὰ τῶν γεννητῶν καὶ πάλιν εἰ[σήγαγ]ον μετὰ πάσης
    εὐκοσμίας (107/6 v.Chr.).

106 v.Chr.; ans Ende des 4. Jahrhunderts v.Chr. führt die fragmentarische Notiz aus dem Lokalschriftsteller Philochoros, die Behörde der "Gesetzeswächter" habe die Prozession der Pallas zu ordnen, "wenn das Götterbild zum Meer gebracht wird".[6] Eine viel spätere Inschrift, um 265 n.Chr., die alle Funktionäre der Ephebenorganisation zusammenstellt, erwähnt an prominenter Stelle einen "Wagenlenker der Pallas".[7] Offenbar fuhr Pallas auf einem jener Streitwagen, wie die griechischen Bilddarstellungen sie regelmäßig den Göttern geben, während sie in der Praxis nur noch im Pferderennen verwendet wurden. Dies bringt einen anschaulichen Einzelzug in das sonst recht skizzenhafte Bild vom nächtlichen Fackelzug der Epheben zum Meere und zurück.

Weiter zu führen scheint die Kombination mit dem 'Wäschefest' der Athene, den Plynteria.[8] Dieses Fest fand, wie jetzt auch inschriftlich bestätigt ist, am 29. des Sommermonats Thargelion statt. Xenophon (*Hell.* 1,4,12) und Plutarch (*Alk.* 34,1) erzählen, Alkibiades sei im Jahre 408 gerade an diesem Tag in Athen eingezogen, und das habe den schlimmen Ausgang, den es dann mit Alkibiades nahm, schon ahnen lassen; denn dies sei ein Tag der Befleckung: Priester und Priesterinnen aus dem Geschlecht der Praxiergiden führen unheimliche Riten aus am Holzbild der Athena Polias, das im Erechtheion auf der Akropolis stand, sie „nehmen ihm den Schmuck ab und verhüllen das Bild". Da der Name des Festes vom Waschen spricht und griechische Frauen seit Nausikaa mit ihrer Wäsche ans Meer fahren, da auch ausdrücklich eine Prozession an den Plynteria bezeugt ist, lag es nahe, die Prozession der Pallas nach Phaleron ans Meer und zurück damit gleichzusetzen. Das Bild vom großen Reinigungsfest, in dem die sachliche Notwendigkeit, Tempel samt Kultbild zu säubern, zum Wegschaffen dämonischer Unheilsmächte oder Unheilsstoffe wird, hat offenbar etwas überaus Einleuchtendes; jedenfalls findet man die Kombination von Plynteria und Pallas-Prozession fast in *[359]* allen Handbüchern und Spezi-

---

6 *FGrHist* 328 F 64 b (vgl. Jacoby z.d.St.) (οἱ νομοφύλακες) καὶ τῆι Παλλάδι τὴν πομπὴν ἐκόσμουν, ὅτε κομίζοιτο τὸ ξόανον ἐπὶ τὴν θάλασσαν.

7 *IG* II/III² 2245 col. iii 299 (262/3 oder 266/7 n.Chr.). Der ἡνίοχος Παλλάδος steht zwischen σωφρονισταί, γυμνασίαρχοι und συνστρεμματάρχαι. Demnach handelt es sich kaum um ein ad hoc geschaffenes Amt für eine einmalige Weihung einer Statue (so J. Kirchner *IG* z.d.St.). Attische Münzen der Kaiserzeit mit Pallas Athene auf dem Streitwagen: Imhoof-Blumer 136, T. AA XXII/XXIII; J.N. Svoronos, *Les Monnaies d'Athènes* (1924) T. 88, Nr. 8–22 (über liegende Gestalt hinweggaloppierend: Nr. 8/9).

8 Dazu Deubner 17–22, Nilsson 120. Ein Fragment aus dem offiziellen attischen Staatskalender des Nikomachos: [δευτέραι] φθίνοντος ... [Αθηνά]αι φᾶρος (*Hesperia* 4 [1935] 21,517; F. Sokolowski, *Lois sacrées des cités grecques. Supplément* [1962] Nr. 10 A 5) bestätigte – gegen Deubner 18 – den Ansatz auf den 29. Thargelion.

alstudien.[9] Indessen: klingt es bei Xenophon und Plutarch nicht, als stehe das Götterbild, verhüllt, weiterhin im Tempel, vom Tuch verborgen wie die Bilder im Petersdom zur Passionszeit? Nur aufs Waschen der Gewänder deutet der Name Plynteria, nicht aufs Bad der Göttin.[10] Zudem haben die "vier Dörfer", zu denen Phaleron gehört, ihre eigenen kultischen Traditionen, getrennt von denen der Athener Akropolis.[11] Die Göttin im Erechtheion, der der Panathenäenpeplos dargebracht wird, heißt offiziell Athena Polias, sie heißt 'Athena' gerade im Plynterieneintrag des Festkalenders (Anm. 9), die Epheneninschriften aber sprechen wie Philochoros konsequent von "der Pallas".[12] Vor allem macht der Festkalender Schwierigkeiten: die Plynterien fallen in den Hochsommer, die Pallasprozession aber ist stets zwischen den Mysterien im Herbst und den Dionysien im Frühling genannt.[13] Also müßte aller Wahrscheinlichkeit nach die Pallasprozession ihren Platz um die Zeit des Winteranfangs finden, zwischen den einmal im Anschluß an die Mysterien genannten Proerosia, dem 'Vorpflügefest'[14] und den vor den Großen Dionysien noch im Winter gefeierten Kleinen Dionysien vom Piräus.[15] Man käme so vermutungsweise in den Monat Maimakterion, der vom Monat der Plynteria denkbar weit abliegt. *[360]*

An dem uns fremden Polytheismus besonders verwirrend ist das Nebeneinander von ähnlichen und doch je besonderen Kulten – wohl das Spiegelbild einer bereits pluralistischen Gesellschaft in den frühen Stadtkul-

---

9   W. Rinck, *Die Religion der Hellenen*, Zürich 1854, II 178; Mommsen 7f.; 10f.; 496,3; 499–504 (ähnlich Heortologie [1864] 429ff.); Toepffer 135; L. Preller – C. Robert, *Griech. Mythologie* I[4] (1894) 209,3; Pfuhl 90; P. Stengel, *Die griech. Kultusaltertümer* (19203) 247; J. Harrison, *Prolegomena to the Study of Greek Religion* (1922[3]) 115; Deubner 18f.; Cook III 749; L. Ziehen *RE* s.v. Plynteria XXI 1060–2; Nilsson 102; Chr. Pelekidis, *Histoire de l'éphébie attique* (1962) 251; F.R. Walton, *Lexikon der Alten Welt* (1965) s.v. Plynteria. Vgl. Anm. 22.

10   Den Unterschied von λούειν 'baden' und πλύνειν 'waschen' hoben Farnell I 262a; Pfuhl 91,21 hervor. Daher die Doppelbenennung Phot. s.v. λουτρίδες· δύο κόραι περὶ τὸ ἕδος τῆς Ἀθηνᾶς· ἐκαλοῦντο δὲ αὗται καὶ πλυντρίδες· οὕτως Ἀριστοφάνης (Fr. 841): das Bild λούεται, das Gewand πλύνεται. Das athenische Fest hieß Plynteria, nicht Λουτρά, wohl weil nur das 'Waschen' zur öffentlichen Prozession gehörte.

11   Die vom Erechtheion wegführende Prozession der Skirophoria (Lysimachides *FGrHist* 366 F 3; Deubner 46) führt Richtung Eleusis, nicht Phaleron. Zu Tetrakomoi Pollux 4,99; 105; Hsch. Τετράκωμος; Steph. Byz. Ἐχελίδαι.

12   Hervorgehoben von O. Jahn, *De antiquissimis Minervae simulacris Atticis* (1866) 21; Farnell I 261.

13   Mommsen 496,3 sucht einen Ausweg durch die Annahme, die Epheneninschriften zählten die Kulte nicht chronologisch auf; doch ist die Pallas-Prozession keiner Sachgruppe zuzuordnen, und das chronologische Grundgerüst der Inschriften ist klar; nie werden etwa die Dionysien vor den Mysterien genannt.

14   *IG* II/III[2] 1006,10; Deubner 68.

15   *IG* II/III[2] 1008,13; 1011,12; Deubner 137.

turen. Das alte Schnitzbild auf der Burg von Athen war nicht die einzige in Athen verehrte Athena. Es gab mindestens ein anderes hochheiliges Holzbild der Göttin, das speziell mit dem Namen Pallas verbunden war: das Palladion. Alle Griechen wußten vom Palladion aus dem troianischen Sagenkreis: Troia konnte erst erobert werden, als Diomedes und Odysseus in nächtlich-tollkühnem Unternehmen das kleine, tragbare Pallasbild aus Troia geraubt hatten. Wohin dieses dann gelangt sei, war umstritten: Argos, die Heimat des Diomedes, hatte ein Palladion vorzuweisen, doch ebenso Athen, nicht minder Neu-Ilion an der Stätte des alten Troia; um die Echtheit oder Unechtheit dieser Palladien fochten die Lokalhistoriker mit kühnen sagengeschichtlichen Konstruktionen, bis auch hier die Parteigänger der Römer den Sieg davontrugen mit der Behauptung, das Palladion sei im Vesta-Tempel zu Rom in jenem Innenraum, den niemand betreten durfte.[16] Doch ob trojanisch oder nicht, vorhanden war jedenfalls auch in Athen ein primitives Holzbild der gewappneten Pallas, aufbewahrt in einem eigenen Heiligtum, wo auch einer der ranghöchsten Priester von Athen seinen Amtssitz hatte, der "Priester des Zeus am Palladion und Buzyge".[17] Er hatte mit einem Ochsengespann – daher der Name 'Buzyge' – eine "Heilige Pflügung" durchzuführen, und sprichwörtlich war der Fluch des Buzygen gegen den Übertreter einiger elementarer Moralgebote. Daß die Göttin in ihrem alten Schnitzbild, der Gott dagegen nur in seinem Priester – wozu Altar und Opfer gehören – präsent ist, dürfte eine hochaltertümliche Konstellation sein.[18] "Am Palladion" amtete weiterhin einer der wichtigsten Gerichtshöfe Athens, an Rang gleich neben dem Areopaggericht stehend; er *[361]* war für unvorsätzliche Tötung, für Anstiftung zum Mord und für Gewaltverbre-

---

[16] Vgl. Chavannes pass.; Wörner Roschers *Myth. Lex.* III 1301–24, 3413–50; J. Sieveking ib. 1325–33; L. Ziehen *RE* XVIII, 3 171–89; G. Lippold ib. 189–201; C. Koch ib. VIII A 1731.

[17] ἱερεὺς τοῦ Διὸς τοῦ ἐπὶ Παλλαδίου καὶ βουζύγης *IG* II/III² 3177 vgl. 1906, anläßlich der Weihung einer neuen Statue mit Billigung des Delphischen Orakels (Nr. 457 Parke-Wormell) in Augusteischer Zeit; Theatersessel βουζύγου ἱερέως Διὸς ἐν Παλλαδίῳ IG II/III² 5055; Gelder Ἀθ]εναίας ἐπὶ Παλλαδίοι Δεριονέοι in der Abrechnungsurkunde IG I² 324 *[=IG I³ 369]*, 78. 95 (426/2 v.Chr.; vgl. SEG 22,47). Δεριονέοι ist dunkel; Ziehen RE XVIII, 3 179 erschließt einen Derioneus als Stifter; Dione als Name einer Amazone Quint. Smyrn. 1,42; 230; 258. Zum Buzygen Toepffer 136–49; RE III 1094–7; Cook III 606–10. Daß der Buzyge das Palladion verwahrt, ist in der Legende Polyain. 1,5 (u. Anm. 26) vorausgesetzt.

[18] Sie kann bis zu den paläolithischen Frauenstatuetten zurückgehen; vgl. Technikgeschichte 34 (1967) 289–92 *[= Nr. 7 in diesem Band]*.

chen an Fremden und Sklaven zuständig.[19] Gemeinsam ist dieser heterogenen Reihe offenbar, daß ein Schuldspruch nicht Hinrichtung, sondern nur Verbannung nach sich zog: der Verurteilte hatte sich auf einem "festgelegten Weg" außer Landes zu begeben und durfte allenfalls, wenn die Familie des Opfers ihren Verzicht auf Rache aussprach, nach bestimmten Reinigungszeremonien zurückkehren.[20] Zumindest noch in der Zeit des Demosthenes ist so der Strafvollzug, der Weg in die Verbannung und der Rückweg vorzugsweise ein Ritual, nicht ein Verwaltungsakt. Der Ort "am Palladion' ist nicht genau fixiert, er wird im Südosten in Richtung Stadion-Ardettoshügel oder in Richtung Phaleron gesucht. Ob die disiecta membra, die die Überlieferung bietet – das alte Bild der bewaffneten Göttin, die heilige Pflügung und der Fluch des Buzygen, und schließlich das Gericht – mehr als das Lokal gemeinsam haben, hat man kaum gefragt.

Einige Male ist schon im vorigen Jahrhundert vermutet worden, daß die Epheben eben dieses Palladion in Prozession zum Meere und zurück geleiteten.[21] Hierauf deutet schon die Topographie, noch mehr der Name 'Pallas', sowie eine analoge Prozession zum 'Bade', die dem argivischen Palladion galt.[22] Vor allem stützt der Festkalender diese Vermutung: die *[362]*

---

[19] Th. Lenschau RE s.v. ἐπὶ Παλλαδίῳ XVIII, 3 168–71 m. Lit.; Lipsius 20 nimmt an, der Gerichtshof sei älter als das Areopaggericht. Zur Lokalisierung W. Judeich, Topographie von Athen (1931²) 421: einziger Anhaltspunkt ist Kleidemos' Angabe (*FGrHist* 323 F 18), die Amazonen hätten "vom Palladion, vom Ardettos und Lykeion aus" angegriffen. Der Altar der 'Unbekannten' war in Phaleron (Paus. 1,1,4). In den Phanodemos-Exzerpten klingt es, als sei 'ebendort' das Palladion geweiht; doch nach den Ephebeninschriften war sein gewöhnlicher Aufbewahrungsort gerade nicht Phaleron. Die Exzerpte haben wohl Anfang und Ende der τακτὴ ὁδός (Anm. 21) verwechselt. Trotz der Rolle des Akamas in der aitiologischen Legende kommt kein Ort der Phyle Akamantis für das Heiligtum ἐπὶ Παλλαδίῳ in Frage, vgl. die Karte bei E. Kirsten, *Atti del III°Congresso Internazionale di Epigrafia Greca e Latina* (1959) T. 26.

[20] Demosth. 23,72 τὸν ἁλόντ' ἐπ' ἀκουσίῳ φόνῳ ἔν τισιν εἰρημένοις χρόνοις ἀπελθεῖν τακτὴν ὁδόν, καὶ φεύγειν ἕως ἂν αἰδέσηταί τινα (τις edd.) τῶν ἐν γένει τοῦ πεπονθότος. τηνικαῦτα δ' ἥκειν δέδωκεν (ὁ νόμος) ἔστιν ὃν τρόπον, οὐχ ὃν ἂν τύχῃ, ἀλλὰ καὶ θῦσαι καὶ καθαρθῆναι καὶ ἄλλ' ἄττα διείρηκεν ἃ χρὴ ποιῆσαι.

[21] Chr. Petersen, *Die Feste der Pallas Athene in Athen* (1855) 12; O. Jahn (o. Anm. 13); Chavannes 36; Farnell I 261f. Chavannes und Farnell wiesen auch bereits auf die aitiologischen Legenden hin. An die Oschophoria dachten W. Dittenberger, *De ephebis Atticis*, Diss. Göttingen 1863, 63; 77 und A. Dumont, *Essai sur l'éphébie Attique* (1875–6) I 283.

[22] Kallimachos, Λουτρὰ Πάλλαδος, vgl. L. Ziehen, *Hermes* 76 (1941) 426–9. Kallimachos 35–42 (vgl. Scholion zu V. 37) verweist auch auf die aitiologische Ursprungslegende: der Priester Eumedes habe, als Verräter zum Tod verurteilt, das Palladion samt dem Schild des Diomedes errafft und sei so in die Berge geflohen; seine Rückkehr fiel dann offenbar mit der Machtübernahme der Herakliden zusammen, deren Herrschaft durch das neu 'errichtete' Palladion mit befestigt wurde. Sieht man in Argos den Priester der Pallas mit dem Schild des Diomedes und der Statue der Göttin im Streitwagen einherfahren, wobei Eumedes-Diomedes deutlich aneinander anklingt, kann man nicht umhin, sich an das packende Bild im 5. Buch der *Ilias* zu erinnern, als Pallas Athene selbst auf den Streitwagen des Diomedes springt und seinen Speer lenkt, daß er Ares verwunden kann *[Il. 5,835–863]*. Inwieweit ist die Iliasszene bereits Spie-

"Heilige Pflügung" des Buzygen gehört in den Monat Maimakterion,[23] in eben diesen Monat führten die Angaben der Ephebeninschriften, und im nämlichen Monat wurde, wie aus dem Redner Antiphon und einem Aristophanesscholion zu schließen ist, das Gericht "am Palladion" eröffnet.[24] Daß drei unabhängige Zeugen in dieser chronologischen Bestimmung zusammentreffen, ist doch wohl ein Hinweis, daß Pflügung, Pallas-Prozession und Gericht in einem zunächst freilich dunklen Zusammenhang stehen.

Weiter führt der aitiologische Mythos. Er erzählt von einer vermeintlichen Vergangenheit, die für die lebendigen Bräuche den Grund gelegt hat, insbesondere für die Feste und ihre Rituale, wobei natürlich eben diese in der Erzählung sich spiegeln. Nach den Dichtern haben die Lokalhistoriker sich dieser Aufgabe angenommen, Traditionen durch einleuchtende Ursprungserzählungen verständlich zu machen und dadurch weiterzugeben, in Athen vor allem die 'Atthidographen' des 4. Jahrhunderts. Die Religionsgeschichte hat von ihren scheinbar willkürlichen, widersprüchlichen Angaben wenig Notiz genommen. Doch beachtet man, was sie vom Palladion in Athen berichten, so bestätigt sich nicht nur die Zugehörigkeit der Prozession nach Phaleron zum Palladion über allen Zweifel hinaus, es eröffnet sich auch ein Einblick in die Zusammenordnung der Kulte um das alte Bild, den 'ochsenanschirrenden' Zeuspriester und das Blutgericht.

Die Atthidographen, als gute Lokalpatrioten, zweifeln nicht daran, daß das athenische Palladion echt ist, d. h. aus Troia stammt. Wie es von Diomedes nach Athen kam, blieb zu erklären. Das Epos von Troias *[363]* Zerstörung[25] ließ zwei Söhne des Theseus, Demophon und Akamas, vor Troia mitkämpfen; man konnte behaupten, sie hätten, auf welchem Weg immer, von Diomedes das wundersame Götterbild erhalten. In der Regel aber wird auffallenderweise von einem blutigen Konflikt in Attika berichtet: auf der Heimfahrt von Troia seien Argiver, die das Palladion mitführten, zur

---

gelung des argivischen Ritus?

[23] Dies ergibt sich aus dem athenischen Kalenderfries, Deubner 250 zu T. 36 Nr. 8.

[24] Schol. V. zu Ar. *Av.* 1047 kritisiert die Ladung des Peisetairos "auf den Munichion",ὡς ἐν τούτῳ τῶν ἐναγομένων ξένων ἀπὸ τῶν πόλεων καλουμένων· οὐκ ἦν δέ, ἀλλὰ ὁ Μαιμακτηριών, wofür Philetairos Fr. 12 Kock zitiert wird. – Nach Antiphon 6,42; 44 darf der Basileus eine Mordklage nicht seinem Nachfolger weitergeben; sie kann also frühestens im Hekatombaion eingereicht werden; es folgen τρεῖς προδικασίας ἐν τρισὶ μησί, ehe die Hauptverhandlung stattfinden kann – im 5. Monat also, Maimakterion.

[25] Iliupersis Fr. 3 Allen-Bethe *[= Iliupersis F 6, Poetae Epici Graeci ed. Bernabé]* = Lysimachos *FGrHist* 382 F 14. Die Schale des Makron Leningrad 649 (ARV² 460, 13; Wiener Vorlegeblätter A 8) zeigt ΑΚΑΜΑΣ und ΔΕΜΟΦΟΝ im Streit mit ΔΙΟΜΕΔΕΣ und ΟΛΥΤΤΕΥΣ, deren jeder ein Palladion hält; in der Mitte ΑΓΑΜΕΣΜΟΝ. Offenbar ist ein Palladion unecht, eines echt, das nach Athen kommen wird, Polyain. 1,5; Ptolemaios Chennos ap. Phot. *Bibl.* 148 a 29; vgl. auch Dionysios *FGrHist* 15 F 3 = Clem. *Protr.* 4,47,6; Chavannes 1–3; 33.

Nachtzeit in Phaleron gelandet, die Athener hielten sie für Räuber und erschlugen die Unbekannten auf dem Platze. Hernach habe dann Akamas die Toten als Argiver erkannt, das Palladion gefunden; man bestattete die Toten, ehrte sie durch einen Altar der "Unbekannten" – offenbar den berühmten Altar der "Unbekannten Götter" in Phaleron, der für die Areopagrede des Apostels Paulus das Stichwort gab – und errichtete am Ort der Bluttat einen heiligen Bezirk für das Palladion, wo der Gerichtshof fortan unvorsätzliche Tötung und Mord an Fremden zu ahnden hatte.[26] Die Abfolge von blutigem Kampf mit Gewinnung des Palladion und Einsetzung des Gerichtshofs bestimmt auch die Varianten der Erzählung, die die Handlung noch zu steigern wissen: König Demophon selbst habe im nächtlichen Getümmel das Palladion an sich gerissen, "geraubt"[27] und viele dabei getötet, ja er sei mit dem Bild geflohen auf seinem königlichen Streitwagen und habe dabei einige Feinde[28] oder gar einen Athener[29] unter den Rädern des Wagens zermalmt. Dann war *[364]* Demophon nicht so sehr Stifter des Gerichts als der erste Angeklagte, und er hatte demnach als, erster und maßgebend das Ritual zu vollziehen, dem der "am Palladion" schuldig Befundene unterworfen war. Eine Version des aitiologischen Mythos sagt ausdrücklich, Demophon habe, als er das Palladion errafft hatte, es "hinab zum Meere geführt und gereinigt wegen der geschehenen Morde und habe es dann an diesem seinem Platze geweiht".[30]

Was schon in den anderen Fassungen durchschimmerte, wird hier ganz deutlich: die aitiologischen Legenden von der Gewinnung des Palladion und

---

[26] Phanodemos *FGrHist* 325 F 16 = Paus. Att. ε 53 Erbse, ausführlicher bei weithin wörtlicher Übereinstimmung Poll. 8,118 und Schol. *Aischines* 2,87, stark verkürzt Schol. Patm. *Dem.* 23,71 und Hsch. ἄγνωστος θεός. Zum Altar der 'Unbekannten Götter' Paus. 1,1,4; Tert. *Ad nat.* 2,9; *Adv. Marc.* 1,9; Philostr. *V. Ap.* 6,3; Hieronymus *PL* 26, 607 B; E. Norden, *Agnostos Theos* (1913) bes. 55; 115. O. Weinreich, *De dis ignotis* (1914) bes. 25ff. = *Ausgew. Schriften* (1969) 273ff.

[27] Kleidemos *FGrHist* 323 F 20 = Paus. Att. ε 53 Erbse, sehr ähnlich Harpokr. s.v. ἐπὶ Παλλαδίῳ; Schol. Patm. *Dem.* 23,37 kontaminiert Phanodemos- und Kleidemostradition, die schon Paus. Att. nebeneinanderstellt.

[28] An. Bekk. 311,3 Δημοφῶντα ἁρπάσαντα Διομήδους τὸ Παλλάδιον φεύγειν ἐφ᾽ ἅρματος, πολλοὺς δὲ ἐν τῇ φυγῇ ἀνελεῖν συμπατήσαντα τοῖς ἵπποις. Die Schilderung berührt sich eng mit Kleidemos, der jedoch Agamemnon statt Diomedes nennt; Diomedes kam dagegen in diesem Zusammenhang bei Lysias vor, Fr. 220 B.-S. = Schol. *Arist.* III 320 Dind.

[29] Paus. 1,28,9f. Δημοφῶντα ... καὶ τὸ Παλλάδιον ἁρπάσαντα οἴχεσθαι, Ἀθηναῖόν τε ἄνδρα οὐ προϊδόμενον ὑπὸ τοῦ ἵππου τοῦ Δημοφῶντος ἀνατραπῆναι καὶ συμπατηθέντα ἀποθανεῖν· ἐπὶ τούτῳ Δημοφῶντα ὑποσχεῖν δίκας. Vgl. die Sage Paus. 5,1,8: Aitolos hat Apis mit dem Wagen überfahren und wird darum ἐφ᾽ αἵματι ἀκουσίῳ zur Verbannung verurteilt; dazu auch Tullia und Servius Tullius; J. Grimm, *Deutsche Rechtsaltertümer* II (1899⁴) 266; 273; o. Anm. 8.

[30] Schol. Patm. *Dem.* 23,71 τὸ Παλλάδιον τὸ ἐκ Τροίας κεκομισμένον ὑπὸ τῶν Ἀργείων τῶν περὶ Διομήδην λαβὼν ὁ Δημοφῶν καὶ καταγαγὼν ἐπὶ θάλατταν ἁγνίσας διὰ τοῦ φόνους ἱδρύσατο ἐν τούτῳ τῷ τόπῳ.

der Einsetzung des Gerichts spiegeln einen Ritus, und zwar eben die Fahrt der Pallas im Streitwagen zum Meer in Phaleron. Sämtliche Einzelheiten, die von der Prozession bekannt sind, erscheinen in den Legenden: die Lokalisierung, die nächtliche Stunde, das Bild der Göttin auf dem Streitwagen, die Reinigung im Meer und die Rückkehr zum Heiligtum. Die Zugehörigkeit der Ephebenprozession zum Palladion – nicht zu den Plynteria der Athena Polias – ist damit gesichert, und zugleich ergibt sich ihre Funktion: jährlich erneute "Errichtung" des Kultbildes und Eröffnung des Gerichts.

Es bleibt die Frage, was im Ritual des Festes der Bluttat entsprach, um die der Mythos kreist. Hier ist ein Umweg zu gehen über einen außerattischen Kult, in dem gleichfalls ein "Ochsenanschirrer" fluchend seine Rolle spielt. In Lindos auf Rhodos, wo auf dem malerisch aufragenden Burgfelsen Athena Lindia waltete, fand unterhalb der Burg ein merkwürdiges Ochsenopfer statt, das Lindos sprichwörtlich machte: der Priester hatte dabei, im schärfsten Kontrast zu dem üblichen heiligen Schweigen bei der Opferhandlung, aus Leibeskräften zu schimpfen und zu fluchen, und die Leute hatten offenbar ihren Spaß dabei. Zur Erklärung erzählte der Mythos, Herakles, der hungrige Weltenbummler, sei eines Abends nach Lindos gekommen, habe dort einen Bauern getroffen, der mit zwei Ochsen pflügte, und zu essen verlangt. Als der Bauer dem nicht gleich nachkam, habe er kurzerhand den einen Ochsen ausgespannt, geschlachtet, gebraten und verzehrt, und die erbitterten Flüche des geprellten Bauern hätten seinen Appetit nur angeregt. Darum habe er auf der Stelle den Bauern zu seinem Priester ernannt, und seither werde das Opfer in dieser ungewöhnlichen Form in Lindos begangen.[31] *[365]*

---

[31] Kallim. *Fr.* 22/3, Lact. *Inst.* 1,21,31 etc., vgl. Nilsson, *Griech. Feste* (1906) 450f., Höfer, Roschers *Myth. Lex.* V 556–66, R. Pfeiffer, *Kallimachosstudien* (1922) 78–102, auch zum ganz parallelen Mythos von Herakles, den Dryopern und Theiodamas, der offenbar schon bei Hesiod, *Keykos Gamos* vorkam (R. Merkelbach – M. West, *Rhein. Mus.* 108 [1965] 304–5). Bemerkenswert ist der Einzelzug Schol. *Ap. Rh.* 1,1212–19a, daß Herakles im Kampf mit den Dryopern, der aufs Ochsenopfer folgte, Deianeira bewaffnete, wobei diese an der Brust verwundet wurde: die Amazone neben Herakles (auf dem Streitwagen?) als Gegenstück zu Pallas neben Diomedes bzw. Demophon. Die Dryoperstadt Asine wurde schon im 8. Jh.v.Chr. von Argos zerstört (vgl. W.S. Barrett, *Hermes* 82 [1954] 425–9), so blieb nur der Mythos ohne Ritus; der entsprechende Ritus ohne Mythos Paus. 9,12,1 vom Altar des Apollon Spodios in Theben: man opfert βοῦς ἐργάτας, von einem "zufällig vorbeikommenden Wagen". – Bei Athena Lindia selbst fanden keine blutigen Opfer statt, doch unterhalb des Burgfelsens sind Βοκόπια, neben oder wechselnd mit Θεοδαίσια, reich bezeugt: Chr. Blinkenberg, Lindos II 2: Inscriptions (1941) 896–946, Nr. 580–619; er lehnt, gegen Hiller von Gaertringen *RE* III 1017, Pfeiffer a. O. 88, 1 die Gleichsetzung der Bokopia mit dem Herakles-Schmaus ab (905), den er vielmehr mit Berufung auf Apollod. Bibl. 2,118 nach Thermydron (identifiziert durch Hiller v. Gaertringen, *Ath. Mitt.* 17 [1892] 316–8) verlegen möchte: an der Stelle der Βοκόπια sei kein Ackerland – doch ebensowenig an der Stelle der attischen Buphonia; wir wissen nichts vom Weg der Opferprozession. Blinkenberg spricht von 'vaches', doch fig. 8 M p. 905 zeigt einen

Die Ähnlichkeit zu den attischen Gegebenheiten ist mehr als Zufall: hier wie dort der "Ochsenanschirrer" und sein Fluch im Wirkungsbereich der Athena. Daß in Lindos Herakles eingeführt ist, macht kaum einen Unterschied, sobald man fragt, wer in Wirklichkeit den Herakles beim Opfer vertrat, den Ochsen verschmauste: es sind im allgemeinen die Epheben, die sich mit dem draufgängerischen Sohn des Zeus identifizieren, Rinderopfer gehören zu ihren bevorzugten Leistungen, bei denen sie Kraft und Appetit bewähren können. Den Pflugochsen dem Buzygen auszuspannen und zu opfern fiel also vermutlich Lindischen Epheben-Kollegien zu; sie hatten zu Füßen der Akropolis von Lindos im sinkenden Abend den Ochsen zu braten und restlos zu verspeisen, inmitten des von der rituellen Schimpfkanonade ausgelösten Gelächters.

In Athen fand keine Burleske statt. Doch wenn der wütende Fluchschrei des athenischen Buzygen sprichwörtlich wurde – "was schreist du wie ein Buzyge", konnte man sagen,[32] – muß dieser Fluch seinen Platz und seinen Anlaß gehabt haben in einem öffentlichen Fest. Einer der Flüche galt dem, der den Pflugtier tötet, was einem Mord gleichzuachten sei.[33] Die Lindische Parallele führt zu dem Schluß: die Tötung des Pflugstiers *[366]* war nicht eine zu verhindernde Möglichkeit, sondern eine vollzogene Tatsache. Keine Rede, daß die attischen Bauern ihre Pflugstiere auf Gnadenbrot gesetzt hätten;[34] man schlachtet sie endlich doch nach Abschluß der Feldbestellung, und doch waren sie Mitarbeiter, Knechte, Hausgenossen – ein Konflikt, der nicht aufgehoben, nur ausgetragen werden kann, indem auf das 'heilige' Opfer die Entsühnung folgt, und die Einsetzung eines Gerichts.

Stier. Vom βουζύγης auf Lindos spricht Lact. *Inst.* 1,21,31, vgl. Suda s.v.

[32] *App. Prov.* 1,61 *(Paroem. Gr.* I 388) βουζύγης· ἐπὶ τῶν πολλὰ ἀρωμένων. Eupolis Fr. 97 Kock: τί κέκραγας ὥσπερ βουζύγης ἀδικούμενος. – Beim Palladiongericht spielte die Selbstverfluchung der διωμοσία eine große Rolle, Antiph. 6,6, Lipsius 830–3.

[33] Ael. var. hist. 5,14 nennt das Verbot, den Pflugochsen zu töten, einen attischen Brauch, neben dem Gebot, einen Leichnam zu bestatten, das Schol. Soph. Ant. 255 dem Buzygen zuweist. Bei Arat 131f. ist das Schlachten des Pflugochsen ein urzeitliches Verbrechen, die Scholien verweisen auf die Buphonia in Athen. Vgl. zum Tabu des Pflugochsen Aristoxenos Fr. 29 a W. (Pythagoras), Dion, *Or.* 64,3 (Kypros), Ael. *Hist. an.* 12,34 (Phryger), Plin. *N. h.* 8,180 und Val. Max. 8,1 damn. 8 (Rom).

[34] Dies läßt Ovid, *Met.* 15,470 Pythagoras verlangen, Adaios *Anth. Pal.* 6,228 läßt einen thessalischen Bauern so verfahren: was so selten war, war ein Epigramm wert. Ovid meint auch, am Ceres-Fest dürfe kein Stieropfer stattfinden (fast. 4,413–6), in Eleusis aber belegen die Inschriften das Stieropfer gerade "an den Mysterien" (*IG* II/III² 1008,8 vgl. 1006,10; 1011,8 etc.), und doch steht daneben das Gesetz des Triptolemos ζῷα μὴ σίνεσθαι Porph. *Abst.* 4,22. Vgl. AT Lev. 17,3f.: "Welcher aus dem Haus Israel einen Ochsen oder Lamm oder Ziege schlachtet … und es nicht vor die Hütte des Stifts bringt, daß es dem Herrn zum Opfer gebracht werde vor der Wohnung des Herrn, der soll des Bluts schuldig sein als der Blut vergossen hat." Schlachten ist Blutschuld – nur im sakralen Raum ist es erlaubt.

"Dies sind keine Sakralhandlungen mehr, sondern Sakrilegien! Hier wird das heilig genannt, was sonst, wenn es vorfällt, aufs strengste geahndet wird", ruft der Christ Laktanz aus angesichts des Lindischen Ritus (*Inst.* 1,21,37); und er trifft den Kern der Sache. In jedem Tieropfer bestätigt sich das Leben durch eine Handlung des Tötens;[35] oft ist dies unter abstumpfender Routine verschüttet, oft aber auch bricht es erschreckend hervor, gerade in einigen der großen Stieropfer. Auf der Akropolis ereignete sich ein solcher 'Rindermord', Buphonia, zum Jahresende im Spätsommer. Der Priester, der den tödlichen Schlag geführt hatte, mußte fliehen, eine Gerichtsverhandlung schloß sich an und verurteilte, ins Burleske umschlagend, das Opfermesser, das im Meer versenkt wurde.[36] Auch anderswo gab es 'unsagbare', 'verboten-geheime' Opfer, *[367]* meist zur Nachtzeit ausgeführt. Das Heilige ist das Unerhörte, die Umkehrung der Alltäglichkeit; hier werden Grenzen gesprengt, der Blick in den Abgrund erzwungen. Der Weg zurück vom Schrecken zur Ordnung ist dann markiert durch Fluchtrituale, durch Reinigungszeremonien, durch Sakralisierung der Reste – etwa der Stierhörner – und Errichtung eines Mals, einer Statue durch Kampf oder Agon, als dessen Sonderform der Gerichtsprozeß erscheinen kann. Historisch gesehen führen die blutigen Opfer wohl paläolithische Jägerbräuche fort, die die Bauern- und Stadtkultur sich anverwandelt hat um ihrer soziologisch-psychologischen Funktion willen: im sakral abgesicherten Raum erhalten Vernichtungsinstinkte und Tötungslust freien Lauf, um dann aus Erschrecken und Schuldgefühl eine erneute, geheiligte Ordnung aufzubauen. Das Erlebnis der Gewalt prägt die Schranken des Rechtes ein.

So schließen sich der Ritus des 'Ochsenanschirrens', die Pallasprozession der Epheben und die Eröffnung des Gerichts zusammen zum dramatischen Spannungsbogen eines Festes: mit der "Heiligen Pflügung" endet die Herbstbestellung der Felder; der Pflugstier wird am Abend vom Pflug gespannt und stirbt, vom Axthieb getroffen, im Heiligtum des Zeus und der Pallas. Es waren wohl die Epheben, die hier wie sonst das Opfer vollführ-

---

[35] Grundlegend K. Meuli, "Griechische Opferbräuche," in: *Phyllobolia, Festschrift P. Von der Mühll* (1946) 185–288 *[= Gesammelte Schriften, ed. Th. Gelzer, Basel 1975, 907–1018]*, vgl. Verf., "Greek Tragedy and Sacrificial Ritual", *Greek, Roman, and Byzantine Studies* 7 (1966), bes. 102–113 *[= Kleine Schriften VII 1–36]*.

[36] Es sei auf Deubner 158–74, Cook III 570–872, Meuli 275–7 *[= 1004–1006]* verwiesen. Die drei von Plut. *Praec. coniug.* 144a genannten "Heiligen Pflügungen" πρῶτον ἐπὶ Σκίρῳ ... δεύτερον ἐν τῇ Ῥαρίᾳ, τρίτον ὑπὸ πόλιν τὸν καλούμενον Βουζύγιον verteilen sich vielleicht auf Skirophoria-Buphonia, Mysterien bzw. Proerosia und Maimakterion, sie folgen einander in der von Plutarch angegebenen Reihenfolge zwischen Ernte und Abschluß der Aussaat. Das Nebeneinander von Akropolis, Eleusis, Βουζύγιον ist wohl ein weiteres Beispiel der 'pluralistischen' Religionsordnung der Polis. Es werden auch Buzygen "von der Akropolis" (Ael. Arist. *Or.* 2, I 20 Dind.) und in Eleusis (Schol. *Arist.* III 473 Dind.) genannt.

ten. Die blutige Gewalttat zieht den Fluch auf sich; doch der Ritus weist den Weg, ihm zu entgehen: das Pallasbild wird 'errafft', in Prozession zu Wagen bis zum Meere geleitet, das ja "alles menschliche Unheil hinwegspült" (Eur. *Iph. Taur.* 1193). Noch in der Nacht kehrt der Zug zurück, bei Fackelschein: Feuer flammt jetzt wohl auch auf den Altären auf, die Reste der Schlächterei lösen sich auf in Weihrauch und Opferduft. Wenn der Tag anbricht, kann das Gericht zusammentreten im heiligen Bezirk der neu installierten Göttin. So ist der Übergang von der Gewalttat zu der trotzdem möglichen Gemeinschaft des Rechts gewonnen. Auch der Fluch des Buzygen ist einbezogen in diese Wandlung: seine drei vornehmsten Flüche gelten dem, der sich weigert, einem anderen Wasser zu reichen, Feuer vom eigenen Feuer entzünden zu lassen und einem Verirrten den Weg zu zeigen;[37] es sind elementare Gebote dem Menschen, gerade dem Fremden gegenüber, die im Bezirk des Zeus und der Pallas verkündet werden, wo auch der Mord an Fremden und Sklaven Sühne findet. Der Ritus hat den Weg markiert, auf dem die Bewältigung *[368]* der Blutschuld durch die Gemeinde sich vollziehen kann. Zum Gericht "am Palladion" gehört ja der "festgesetzte Weg" des Schuldigen in die Verbannung und die "Reinigungen" dessen, der zurückkehren darf. Dem Mythos nach hat Demophon mit dem Palladion diesen Weg als erster durchfahren. Das Fest wiederholt von neuem den konstituierenden Akt, die Gewinnung und Einsetzung des Palladion; und indem es das mythische Urgeschehen spiegelt, umreißt es realiter die Formen für die Ordnungen des Alltags.

Über 1000 Jahre lang hat eine Polis wie Athen in einer gewissen Identität ihrer Struktur bestanden, mit ihrer religiösen Organisation und in gewissem Sinn durch diese; sie reichte offenbar in tiefere Schichten als die Kritik eines Xenophanes. Erst in der Periode des allgemeinen sozialen, wirtschaftlichen, militärischen Zusammenbruchs am Ende der Antike sind die Städte und die alte Religion fast zugleich verschwunden. Bestehen blieb das Problem von Aggression und Gewalt. Selbst Futurologen sollten es vielleicht nicht verschmähen, auf den Befund der Vergangenheit zu achten, wenn es zwischen möglichen und unmöglichen Formen menschlicher Gesellschaft zu scheiden gilt.

---

[37] Diphilos Fr. 62 Kock, Antipatros *SVF* III 253 = Cic. *Off.* 3,54, Clem. *Strom.* 2,139,1, vgl. Ennius, *Scen.* 398–400 V², Philon bei Euseb. *Praep. Ev.* 8,7,8; Toepffer 139; Nilsson 421, 1; o. Anm. 34.

Erschienen in: Gunter Gebauer (Hg.): Körper- und Einbildungskraft. Inszenierungen des Helden im Sport. Berlin 1988, 31–42.

13. Heros, Tod und Sport:
Ritual und Mythos der Olympischen Spiele in der Antike

Die Frage, wie bewußt und ausdrücklich bei der Olympiade von 1936 auf die Antike Bezug genommen wurde, fordert den Vertreter des klassischen Altertums heraus, zu diesen Versuchen der Sakralisierung durch eine moderne Pseudo-Religion aus der Sicht der alten Religion Stellung zu nehmen. Die Zusammenhänge sind bereits von Thomas Alkemeyer in seiner Studie über *Gewalt und Opfer im Ritual der Olympischen Spiele*[1] in eindrucksvoller Weise dargestellt worden. Hier sollen, an Stelle von Einzelzitaten, einige Grundlinien des antiken Gesamtbildes nachgezeichnet werden, als Gegenentwurf gleichsam zur Realität von 1936.

Sport, als eine Form des Spiels auf biologischem Fundament aufbauend, ist als eigentliche Kulturform von den Griechen in besonderer Weise ausgebildet worden. Sport wurde dann jahrhundertelang durchaus professionell betrieben, mit festen Disziplinen, Trainern und Profis, und er wurde so ernst genommen, daß das Wort für den sportlichen Kampf, 'Agon', in seiner Fortbildung 'agonia' eine ganz unvorhergesehene Bedeutung annahm, eben 'Agonie'.

Olympia ist das eigentliche Zentrum der griechischen Sportkultur, weil es das Hauptheiligtum des herrschenden Gottes für die Griechen ist, des Olympischen Zeus.[2] Sein Kult in Olympia läßt sich archäologisch mindestens ins 10./9. Jahrhundert v.Chr. zurückverfolgen; das Jahr 776, das die Griechen selbst als das Datum der "ersten Olympiade" später ausgerechnet ha-

---

Schriftliche Fassung eines Referats, gehalten anläßlich der Tagung *Olympia – Berlin. Gewalt und Mythos in den Olympischen Spielen von Berlin 1936*, 16.–18.10.1986 in Berlin.

[1] Th. Alkemeyer 1986; siehe auch Alkemeyers Beitrag in: Gunter Gebauer (Hg.): *Körper- und Einbildungskraft. Inszenierungen des Helden im Sport* (Berlin 1988).

[2] Für Olympia im allgemeinen sei verwiesen auf: H.V. Herrmann 1972; A. Mallwitz 1972; H. Bengtson 1971; vgl. auch I. Opelt 1970. – Bibliographie zu griechischem Sport und Wettkampfstätten: N.B. Crowther 1984 und 1985.

ben, hat wahrscheinlich mehr mit der Einführung der griechischen Schrift als mit der Stiftung der Spiele zu tun. Die Olympiaden bestanden dann bis 393 n.Chr., als Kaiser Theodosius alle heidnischen Opfer verbot. Wenig später haben Vandalen diesen Platz geplündert, später kamen Erdbeben, und die Ruinen wurden vom Fluß Alpheios zugeschwemmt.

Wir überblicken also rund 1300 Jahre sportlicher Praxis an der Stätte des Zeusfestes von Olympia mit seinen Ritualen, seinen Mythen, seiner 'Ideologie'. In dieser langen Zeit hat Griechenland eine einzigartige Entwicklung erfahren und auch vielerlei Erschütterungen und Katastrophen erlebt, im geistigen, im politischen und im wirtschaftlichen Bereich. Eine gewisse Identität nicht nur des Ortes, sondern *[32]* auch der 'Ideologie' scheint trotzdem faßbar, dank dem Kult, der nach dem Brauch der Väter fortbestand, und den Mythen, die längst literarisch fixiert waren. Vor allem bestanden die Opferstätten, die Tempel und Altäre über all die Jahrhunderte hinweg; dabei galt das von Phidias geschaffene Bild des Zeus im großen Zeustempel unwidersprochen als das bedeutendste Werk der griechischen religiösen Kunst. Eine besondere Blütezeit ist kenntlich im 6./5. Jahrhundert v.Chr.; in die Jahre zwischen 500 und 445 fallen die Siegeslieder des Pindar, die erhalten sind, etwa 470/58 wurde der große Zeustempel erbaut. Eine Nachblüte erlebte ganz Griechenland und so auch Olympia in der Kaiserzeit, im 2. Jahrhundert n.Chr.; aus dieser Zeit stammen die ausführlichsten Schriftquellen, die über Olympia und Olympische Spiele Auskunft geben: der Bericht des Reiseschriftstellers Pausanias und die Schrift *Über Gymnastik* des Sophisten Philostrat.[3]

Das Sportfest zu Olympia wie auch an allen andern Stätten, wo die 'Agone' sich entwickelten, war in den Götterkult fest eingebunden: Man geht nach Olympia, "um zu opfern und Sport zu treiben", in dieser Reihenfolge; wird eine Stadt aus politischen Gründen von der Teilnahme ausgeschlossen – auch dies kam vor –, so eben "von Opfer und Agon". Ein griechisches Opfer besteht im Normalfall in der rituellen Schlachtung eines Tieres im heiligen Bezirk, unter Gebeten, unter der Leitung eines Priesters oder Opferherrn. Die Knochen werden auf dem Altar verbrannt, ein Festmahl schließt sich an. Was die Teilnehmer vom Fest gewinnen, ist so weit deutlicher als das, was dem Gott zukommt; die Griechen selbst meinten, der Menschenfreund Prometheus habe den Zeus bei der Teilung des Opfers wohl betrogen; aber der Brauch stand fest. Es gehört zu einem solchen Opfer immerhin eine Antinomie von Grausigem und Behaglichem, das Töten als Voraussetzung des Mahls; alle sehen zu, wie das Tier getroffen wird und

---

[3] Übersetzungen: E. Meyer: *Pausanias* (Zürich 1954); J. Jüthner: *Philostratos. Über Gymnastik* (Leipzig 1909; repr. 1969).

verblutet. Jedes Opfer hat damit einen Todesaspekt so gut wie einen Lebensaspekt; Sakralität setzt den Gewaltakt der Tötung voraus.[4]

Wie lebendig der Todesaspekt, ja Terroraspekt des Opfers im Bewußtsein der Griechen war, sieht man vor allem daran, wie das Motiv "Opfer" in den Metaphern und in ganzen Szenen der griechischen Tragödie verwendet wird. Nur ein Beispiel: Christa Wolfs Buch *Kassandra* ist zu einem großen literarischen Erfolg geworden. Vielleicht bemerken nicht alle Leser, daß diese Dichtung ganz aus einer Hauptszene des *Agamemnon* von Aischylos herauswächst: *Kassandra*, die kriegsgefangene Sklavin, vor dem Tor des Palasts von Mykene, in dem soeben der Mord an Agamemnon sich vollzieht, in der Gewißheit – sie ist Seherin –, daß sie selbst unmittelbar danach ermordet *[33]* werden wird. Diese Kassandra, in solcher Situation, ist in der Sprache des Aischylos ein "Opfer": "Wie eine gottgetriebene Kuh schreitest du festen Mutes zum Altar", so der Chor;[5] denn dies gehört zum Paradox des Opfervorgangs, daß das "Opfer", das Tier, sich freiwillig der Gewalttat darbietet. Dies also ist eine Opferszene im antiken Sinn; dabei gilt das Opfer als das "Heilige" schlechthin, nach der Festlegung der griechischen Sprache: der Opfervorgang ist 'Heiliges' (*hiera*), der Priester ist der 'Heiligende' (*hiereus*), das Opfer ist 'Instrument des Heiligen' (*hiereion*).

Es gibt im griechischen Opfer gleichsam eine vertikale Achse, indem vom Altar das Feuer mit Fettdunst und Rauch zum Himmel steigt und so den Kontakt zu den Göttern herstellt – darum auch die Gebete beim Schlachten und Verbrennen –, und es gibt den horizontalen Kreis, der zugleich gezogen wird, eine geschlossene Linie, die trennt, wer dazugehört und wer nicht, wer zu essen bekommt und wer ausgeschlossen bleibt. Damit ist in dieser Kultur die Teilnahme am Opfer praktisch das Grundmodell, fast die Definition von Gemeinschaft überhaupt geworden: Jede Gemeinschaft der Menschen konstituiert sich in einem Opfer und hält sich aufrecht im wiederholten Opferritual; man versichert sich des Kontakts mit den Göttern, entscheidet aber damit auch stets, wer Teil hat und wer nicht. Selbst noch die 'Demokratie' im griechischen Verständnis ist nicht eine grenzenlose "offene Gesellschaft", sondern eine Gemeinde von Zusammengehörenden, die sich abschließen von denen, die keine gleichen Rechte haben, Nicht-Bürger, Frauen, Kinder, Sklaven.

Das sakrale Zentrum von Olympia ist dementsprechend der Altar des Zeus. Er bestand nur in einem Aschenhaufen, gemäß uralter Praxis; indem man die Reste der Opfer dort nie wegräumte, vielmehr nur mit Schlamm vom Fluß Alpheios überdeckte, entstand mit der Zeit ein hoher Hügel, den

---

[4]   Vgl. W. Burkert 1972 (im folgenden *HN* nach der deutschen Ausgabe zitiert).

[5]   Aischylos, *Agamemnon* 1297f.; vgl. W. Burkert 1966, bes. S. 119f.

Pausanias beschreibt.[6] Von ihm haben die Ausgräber keinen Rest gefunden, obgleich doch verbrannte Materialien chemisch recht stabil sind und von Archäologen meist leicht sich orten lassen, bis weit in die Prähistorie zurück. Offenbar wurde der Zeusaltar sorgfältig abgetragen, als gemäß christlichem Edikt Olympia als Kultstätte sein Ende fand. Der ungefähre Ort des Altars allerdings liegt fest, und deutlich ist, daß die Stätte des Wettlaufs, das Stadion, direkt auf den Zeusaltar zuführt. Dies gilt insbesondere für die ältere Anlage; das jetzt wieder restaurierte größere Stadion war etwas weiter abgerückt.

Am Altar also schlachtet man dem Zeus die Tiere, Stiere vor allem; Knochen und Fett werden auf dem Hügel deponiert, das Fleisch wird fürs Kochen vorbereitet. Offenbar dienten in Olympia besonders *[34]* Dreifußkessel, über dem Feuer stehend, zum Kochen des Fleisches, während Prunkdreifüße zugleich die charakteristischen Weihgaben für den Olympischen Zeus waren.[7] Auf diesen Altar führt die Rennbahn zu, und wir erfahren durch Philostrat, daß der Sieger im Wettlauf die Ehrenaufgabe hatte, das Feuer auf dem Altar zu entzünden.[8] Der sportliche Wettkampf, der in seinem Kern und ursprünglich allein aus diesem Stadionlauf besteht, hat seinen Platz also gleichsam in einem Hiat der Opferhandlung, zwischen Schlachten und Gebet einerseits und dem Entzünden des Feuers für die Götter und fürs Festmahl andererseits.

Eine Erklärung der merkwürdigen Verbindung von Kult und Agon hat Karl Meuli im Totenbrauch gefunden.[9] Die älteste Beschreibung sportlicher Spiele bei den Griechen gibt Homer: es sind die Leichenspiele für Patroklos.[10] In der entfalteten griechischen Kultur freilich ist es nicht der Totenkult, sondern der regelmäßig wiederholte Opferkult in bestimmten Heiligtümern, an den sich die Agone anschließen. Karl Meuli führte aus, wie gegenüber dem Verstorbenen Empfindungen von Schuld und Wut nach Ausdruck suchen und im Kampfspiel kanalisiert werden; er hat aber auch dem Jagd- und Opfertier gegenüber entsprechende Empfindungen aufgezeigt. Man mag streiten, ob Rituale aus Gefühlen entstehen oder ob die Gefühle nicht umgekehrt von den traditionellen Riten geformt werden; in den langen Zeiträumen, über die rituelle Tradition sich offenbar fortpflanzen

---

[6]   Pausanias 5,13,8–11; 14,1–3. Zum folgenden *HN* 108–119.

[7]   *HN* S. 116.

[8]   Philostrat, *Über Gymnastik* 5; *HN* 112.

[9]   K. Meuli 1968; "Der Ursprung der Olympischen Spiele," *Die Antike* 17 (1941), 189–208, wieder in: *Gesammelte Schriften* II, 1975, 881–906; vgl. auch "Griechische Opferbräuche", *Ges. Schr.*, 907–1021. C. Ulf, I. Weiler: 1980.

[10] Homer, *Ilias*, B. 23.

kann, kommt es zweifellos zu gegenseitigen Verstärkungen. Festzuhalten bleibt die von Karl Meuli erbrachte hermeneutische Chance, Toten- und Opferrituale überhaupt zu verstehen.

Die Opfer-Ambivalenz mit der Antithese von Gewalt, Blut, Unbehagen einerseits und Sieg, Glanz, Festesfreude andererseits ist in Olympia noch komplexer ausgestaltet. Neben dem Zeusaltar liegt die andere zentrale Kultstätte: das Grab des Pelops, sein "Heroon".[11] Nach ihm heißt bis heute die "Insel des Pelops", Peloponnes, trafen doch die Bewohner recht verschiedener Landschaften und Städte südlich des Isthmus sich regelmäßig eben in Olympia; die Behörde, die Olympia verwaltete, führte darum in klassischer Zeit den Titel "Richter über die Griechen" (*hellanodikai*), nachdem der Kreis der Teilnehmer entsprechend erweitert worden war. Die Zusammengehörigkeit besteht eben in der Teilnahme am Kult; man trifft sich im Heiligtum des Zeus, am Grab des Pelops. Auf diese Weise wird der Opferkult zweipolig: Totenopfer für Pelops, Opfer für Zeus. Das Opfer für den Heros erfolgt am Abend, bei Dunkelheit. Nach griechischer Zeitauffassung, wie beim jüdischen Sabbat und noch bei unserem Weihnachtsfest, ist die Grenze zwischen einem und dem folgenden Tag der Sonnenuntergang, Abend und Nacht werden zum folgenden *[35]* Tag gerechnet. So ist das Voropfer für den Heros beim Einbruch der Nacht mit dem Opfer für den Gott am lichten Tag in fester Sequenz verbunden. Das Opfer für Pelops ist ein schwarzer Widder, das Opfer für Zeus sind vorzugsweise Stiere. Dabei heißt es, daß wer vom Widder des Pelops ißt, das Heiligtum des Zeus nicht betreten darf;[12] wer am Fest des Zeus teilnehmen will, muß sich dementsprechend beim Pelops-Opfer enthalten: auch im Nicht-Essen und Essen findet die Polarität von Heros und Gott ihren Ausdruck.

Die Athleten hatten sich einige Wochen vor den Spielen in Olympia einzufinden. Olympia war keine selbständige Stadt, vielmehr ein nach damaligen Verkehrsverhältnissen entlegenes Heiligtum. So lebten die Athleten außerhalb normaler Wohngebiete in Klausur, wenn nicht im 'Kloster', und eine fest geregelte Lebensweise wurde ihnen abverlangt. Die alte Regel war, merkwürdigerweise, daß sie kein Fleisch zu essen hätten, vielmehr Käse und Feigen.[13] Auch sexuelle Enthaltsamkeit war üblich – der Apostel Paulus hat darum später diese Enthaltungen zum Vorbild für den Kampf der Heiligung des rechten Christen gemacht.[14] Im 5. Jahrhundert v.Chr. freilich hat dann ein Trainer bewiesen, daß proteinreiche Fleischkost für den sportli-

---

[11]   Pausanias 5,13,1; *HN* 111f.

[12]   Pausanias 5,13,2; *HN* S. 113.

[13]   Pausanias 6,7,10; *HN* S. 117.

[14]   Paulus, *I. Korinther* 9, 24f.

chen Erfolg physiologisch günstiger ist – ein Sieg der Empirie über die rituelle Ordnung.

Zu diesen Institutionen gehört für die Griechen der Mythos.[15] Mythen sind traditionelle Erzählungen, von denen man in der Regel nicht weiß, wer sie 'erfunden' hat, bei denen es auch nicht darauf ankommt, daß ein Dichter sie besonders kunstvoll ausgestaltet; man nimmt sie als gegeben, weil sie einleuchten, und doch wird an ihnen immer wieder gearbeitet, eben weil sie einleuchten müssen. Man kann Mythen nicht dekretieren, wohl aber kann man versuchen, sie zu deuten; manche Deutungen werden Gemeingut, andere bleiben als Einfälle vereinzelt.

Der eigentliche Pelops-Mythos ist abstrus: er erzählt, daß Pelops' Vater Tantalos die Götter zum Mahle lud und ihnen dabei den eigenen Sohn Pelops zerstückelt als Fleischmahlzeit vorsetzte; die Götter durchschauten, was vorging, nur Demeter, in Trauer um ihre Tochter, aß ein Stück von der Schulter. Danach verfiel Tantalos der Strafe des Zeus, und darum leidet er Tantalusqualen in der Unterwelt; Pelops aber wurde wiederhergestellt, die Schulter durch ein Stück Elfenbein ersetzt. Daß diese Erzählung zum Heiligtum des Pelops in Olympia gehörte, ist nicht zu bezweifeln.[16] Ganz offensichtlich handelt es sich um einen Opfermythos, der vom Problem "Essen oder Nicht-Essen" handelt; dies sei hier nicht weiter ausgeführt. *[36]*

Der Pelops-Mythos hat eine enge Parallele in Arkadien, das Olympia benachbart ist. Dort ist auch einiges über ein entsprechendes Opferritual bekannt.[17] Es geht um den Zeus-Kult am Berg Lykaion. Im Mythos schlachtet Lykaon einen Menschen, um ihn den Göttern vorzusetzen, die ihn zum Fest besuchen kommen. Die Götter strafen Lykaon, er wird in einen Wolf verwandelt. Im Ritual gab es offenbar ein nächtliches Opfer, von dem man munkelte oder bei dem man suggerierte, in einen Kessel, aus dem man sich verschiedenartige Fleischstücke herauszuspießen hatte, sei auch Menschenfleisch hineingeschnitten; wer aber ein Stück Menschenfleisch erhält und ißt bei diesem nächtlichen Opfermahl, verwandelt sich in einen Wolf. Neun Jahre lang bleibt er in dieser Gestalt; wenn er sich in dieser Zeit des Menschenfleisches enthält, wird er wieder zum voll integrierten Menschen. Ein Olympischer Sieger des 5. Jahrhunderts hat offenbar behauptet, er sei ein solcher 'Wolf' gewesen; so wurde die arkadische Wolfsgeschichte bekannt; Platon verwendet sie, auch Pausanias hat sie gekannt.[18]

---

[15] Zum griechischen Mythos allgemein sei verwiesen auf G.S. Kirk 1970; W. Burkert 1979; F. Graf 1985.

[16] *HN* S. 114f.

[17] *HN* S. 98–108.

[18] Platon, *Staat* 565d; Pausanias 6,8,2; 8,38,6.

Im Zusammenhang mit diesem Ritus ist der Mythos verständlich als eine Initiationserzählung. Die Initiation erscheint hier in ihrer klassischen Struktur, wie sie Arnold van Gennep beschrieben hat, mit der Abfolge von Ausschließung, Leben 'en marge' und schließlicher Reintegration.[19] Und wie zum Lykaia-Ritual auch ein Agon gehört, läßt sich umgekehrt auch das Olympische Fest auf diesem Hintergrund besser verstehen. Auch der Sportler hat seine Heimat verlassen, um eine freilich kurze Zeitspanne "am Rande" menschlichen Lebensraums zu verbringen, auch er hat sich zu "enthalten", doch durch die Bewährung im Agon sichert er sich einen neuen, ranghöheren Platz in der Gesellschaft der Erwachsenen. Der 'rite de passage' im Übergang vom Knaben zum Mann wird im Mythos in der Weise reflektiert, daß ein Kind stirbt, schließlich jedoch ein Mann in die Gemeinschaft aufgenommen wird. So viel zum ersten, offenbar ältesten Pelops-Mythos.

Daneben steht ein zweiter Pelops-Mythos, der voraussetzt, daß das Wagenrennen in Olympia eingeführt wurde – der Überlieferung nach im Jahr 680 v.Chr.[20] Das Pferderennen als der aufwendigste Sport zog bald das Publikumsinteresse besonders auf sich, auch wenn sein sportlicher Sinn so zweifelhaft war wie bei modernen Autorennen; in Pindars Zeit waren es vorzugsweise die Tyrannen von Sizilien, die sich die besten Pferde leisten konnten. Pelops jedenfalls wird in diesem Mythos zum Herrn des Wagenrennens; es handelt sich um eine Erzählung vom Brautraub; indem die Braut Hippodameia heißt, ist der Bezug zum Pferd schon festgelegt. Ihr Vater Oinomaos pflegte alle Brautbewerber zu töten, indem er sie beim Pferderennen, zu dem sie aufgefordert waren, überholte und niederstach. Pelops jedoch *[37]* gewann und entführte Hippodameia, während Oinomaos zu Tode stürzte. Die Figuren von Pelops, Hippodameia, Oinomaos sind auf dem Ostgiebel des großen Tempels von Olympia dargestellt, den Mythos allen Besuchern des Heiligtums vor Augen zu führen. Merkwürdig an diesem Pelops-Mythos ist indessen, daß er erzählt, Pelops habe durch Betrug gesiegt: Von ihm angestiftet, manipulierte der Wagenlenker des Oinomaos, Myrtilos, den Wagen mit Wachsstiften so, daß er auseinanderbrach; es wird weiter erzählt, Myrtilos habe als Belohnung ein *ius primae noctis* bei Hippodameia beansprucht, Pelops aber habe ihn ins Meer gestürzt. So wird der Heros, an dessen Grab man sich versammelt, in ein Verbrechen hineingestellt; Tragiker haben dementsprechend eine Folge der Greuel von Pelops zu seinen Nachkommen Atreus und Thyestes bis hin zu Agamemnon gestaltet. Wie diese Paradoxie des Mythos von Pelops aufzulösen sei, ob sie überhaupt aufgelöst werden soll – man kann den Namen Pelops als den

---

[19] A. van Gennep 1909.
[20] *HN* S. 110; S. 113f.

'Dunkelgesichtigen' verstehen –, sei dahingestellt; man denke daran, daß Romulus, der Gründer von Rom, nach römischem Mythos zugleich der Brudermörder ist. Das Unheimliche, das den ersten Pelopsmythos prägt, ist jedenfalls auch in dem neuen, zweiten nicht überwunden.

Einen dritten Mythos bietet Pindar in seiner ersten Olympischen Ode.[21] Offenbar gestaltet er ihn eigenständig, wenn auch in den Bahnen der bisherigen Traditionen. Ausdrücklich und scharf lehnt Pindar das Kannibalen-Mahl der Götter ab: dergleichen kann nur Erfindung lügender Dichter sein. Er erzählt statt dessen, Pelops als schöner Knabe sei vom Gott Poseidon entführt worden, wie ein zweiter Ganymedes, zu homosexueller Gemeinschaft. Dann, als er voll erwachsen war, brachte Poseidon ihn zurück und half ihm später, den Wagensieg zu erringen und Hippodameia zu gewinnen. Dies ist wiederum, ja deutlicher denn je ein Initiationsmythos. In Kreta zumindest gab es Initiationsriten eben dieser Form, daß ein schöner Knabe von einem Liebhaber entführt wurde, mit ihm eine Zeitlang im 'Draußen' außerhalb der Städte zusammenlebte und dann zurückgebracht wurde; er erhielt dabei Waffen und reiche Geschenke von seinem Liebhaber, und das Ganze galt als eine Auszeichnung für den nun erwachsenen jungen Mann.[22] Vorausgesetzt ist in Pindars Version, daß Homosexualität ein gesellschaftlich akzeptiertes Verhalten ist. Die Entführung des Ganymed durch Zeus war eben in Olympia in einer eindrucksvollen Terrakotta-Gruppe dargestellt.[23] Wiederum findet sich der Dreischritt der Initiationsrituale: die Entführung, das Leben im Grenzbereich – und sei es ein göttlicher Bereich – und die Rückkehr mit der Integration in die Erwachsenenwelt, wozu auch hier die Heirat gehört. *[38]*

Mit der Zweipoligkeit von Heroen-Opfer und Götter-Opfer wie auch mit der um das Bild des Kindertodes kreisenden Initiationsmythologie ist Olympia keineswegs isoliert. Hingewiesen sei auf die Nemeischen und auf die Isthmischen Spiele: Zu beiden gibt es Mythen, die das Bild des toten Knaben zeichnen, wenn auch in je verschiedenem Kontext. Am Isthmos

---

[21] Pindar, *Ol.* 1,36–89. Die hier gegebene Interpretation verdanke ich Eveline Krummen 1990.

[22] Strabon 10, 483 C = Ephoros, *FGrHist* 70 F 149; dazu H. Patzer 1982, vgl. auch K.J. Dover 1978. Anzumerken ist, daß die völlige Nacktheit der Sportler für die Griechen selbst weder ganz selbstverständlich noch ganz unbedenklich war; ein Thukydides geht ausführlich darauf ein (1,6), die Geschichte von Orsippos, der beim Olympiaden-Lauf 720 v.Chr. den Schurz verlor und nackt Sieger wurde, hat die Funktion eines Gründungsmythos angenommen. Die Schamgrenze war dahin verschoben, daß die Vorhaut die Eichel bedeckt halten muß, meist durch Fäden oder Klammern festgehalten. Dies schloß alle Beschnittenen, z.B. Ägypter und Juden, vom griechischen Sport aus. Auch die Römer haben sich nur zögernd beteiligt. Frauensport gab es nur ganz wenig und in geschlossenem Kreis; der Sport der spartanischen Frauen erschien den Athenern als unanständig (Euripides, *Andromache*, 597–600).

[23] Abgebildet z.B. bei Herrmann (Anm. 3) Tafel III.

heißt der tote Knabe Palaimon.[24] Er wird dargestellt auf einem Delphin, man erzählt, er sei hier ans Ufer getragen und begraben worden, die Isthmischen Spiele seien seine Leichenfeier. Jedenfalls hatte Palaimon sein Heroon, das in der Kaiserzeit als eine Art unterirdischer Rundtempel ausgebaut war; dort fand die Vereidigung der Sportler für die Isthmischen Wettkämpfe statt. Der Gott des Heiligtums am Isthmus aber ist Poseidon, der Meeresgott, er hat da seinen alten, großen Tempel. Auch hier also die Polarität von Heros, dem ein unheimlicher Mythos gilt – die Einzelheiten seien hier übergangen –, und Gott, Grab und Tempel; die Athleten wenden sich zuerst an Palaimon, um dann später, nach dem Agon, Fest- und Dankesopfer am Altar des Poseidon zu feiern.

In Nemea,[25] zwischen Argos und Korinth gelegen, nimmt der Mythos Bezug auf den Zug der "Sieben gegen Theben": Die sieben Krieger, die von Argos auszogen, um Theben zu erobern – ein Unternehmen, das sie nicht zum Sieg, sondern in den Tod führen sollte –, seien hier vorbeigekommen, eben als ein Königskind von einer Schlange getötet wurde; man nannte das Kind Archemoros, "Anfang des Todes", und ehrte es durch den Agon; sein eigentlicher Name freilich war Opheltas, der 'Förderer', was den Lebensaspekt in der Todessphäre ahnen läßt. Der Mythos war vor allem in einem Drama des Euripides gestaltet, das aber nicht erhalten ist.[26] Wieder finden wir die gleiche Polarität: das im Tod geehrte, heroisierte Kind einerseits, das Heiligtum des Zeus, Zeus Nemeios in diesem Fall, andererseits. Eine Besonderheit ist, wie der Mythos hier die sportlichen Spiele zum Vorspiel des Krieges macht, zum "Anfang des Todes". Sonst haben Griechen Sport und Krieg eher als Antithese gesehen; Fechten war keine olympische Disziplin, und mit den etruskisch-italischen Gladiatorenspielen haben die griechischen Agone nichts gemein – obgleich auch diese in bezeichnender Weise auf die Totenfeier zurückgehen.[27] Aber auch die Olympischen Spiele enden mit einer Waffenparade,[28] und nicht selten finden Olympische Sieger dann Erwähnung als Helden des Krieges, die ihrem Vaterland Macht und Ehre eingebracht haben. Die Antithese von Sport und Krieg wird zur Polarität, in der eins das andere bedingt. Dies fügt sich sogar recht wohl zum Initiationsaspekt der sportlichen Spiele; dem Spiel im ausgegrenzten Freiraum

---

[24] *HN* S. 219–221.

[25] Die neueren amerikanischen Ausgrabungen sind noch nicht abgeschlossen. Verwiesen sei auf G. Gruben 1984³, 133–135. Das Opheltas-Heroon war eine Krypta im Tempel.

[26] Dazu G.W. Bonds 1963.

[27] Vgl. jetzt G. Ville 1981. Die blutigen Totenriten sind von der 'Trauer-Wut' im Sinne Meulis (Anm. 10) herzuleiten.

[28] Philostrat: *Über Gymnastik* 7; *HN* S. 117f.

antwortet der Ernst für die Integrierten, Erwachsenen. Biologen haben festgestellt, daß Spiele bei Tieren in erster Linie um kampfbezogene *[39]* Verhaltensmuster kreisen: sie üben ein, was dann im 'Ernstfall' verfügbar sein
muß.[29] Dies gibt der unbehaglichen Sicht, wonach Sport das Vor-Spiel des
Krieges sei, eine eigentümliche Stütze. Pindar sah es anders; für ihn ist der
Sieg in Olympia, Nemea oder am Isthmus nicht Vorbereitung, sondern Erfüllung in sich selbst, der einmalige Augenblick, da göttlicher Glanz sich
über das vergängliche Dasein eines Menschen ergießt. Soweit der Dichter
der klassischen Zeit.

Stellt man aufgrund des antiken Befunds, wie er hier umrißhaft angedeutet
wurde, nun die Frage nach den Beziehungen zu der von NS-Ideologie
geprägten Olympiade von 1936, so wird die Antwort kontrovers bleiben.
Die vielerlei Berufungen auf Antikes, die Zitate und Entlehnungen sind unbestreitbar; was hiervon legitim, was deplaziert erscheint, ist eine andere
Frage. Das pseudogriechische Unsinnswort "templon" in einer Beschreibung des Reichssportfeldes entlarvt den antikisierenden Anspruch in
peinlicher Weise.[30] Zu denken allerdings gibt die Ausrichtung des Stadions
auf die Langemarckhalle, die Stätte des Totengedenkens mit dem hohen
Turm, von dem die Glocke die "Jugend der Welt" zu rufen hat: Heroisches
und Göttliches auch hier, Todesaspekt und Lebensaspekt, Opfer und agona-
ler Sieg, Sport einbezogen ins Sakrale, dazu die explizite Polarität von
Wettkampfspiel und Kriegertum: findet hier ein ganzer Sinnkomplex seine
Entsprechung, seine lebendige Vergegenwärtigung? Tritt hier im NS-Be-
reich ein echter Atavismus zutage? Erschrocken mag man weiter fragen:
waren auch alte Kulturen schon 'faschistisch'? Ist die Natur selbst faschis-
toid – wehren sich doch progressive Soziologen oft fast verzweifelt gegen
biologische Perspektiven?
    Philologisch-historische Kritik wird demgegenüber indessen zeigen
können, daß die Berufungen und Zitate eher dazu dienen, grundlegende
Unterschiede zu kaschieren. Moderne Betonkonstruktion, mit Naturstein
verblendet: was vom Olympiastadion selbst gilt, läßt sich mutatis mutandis
auch metaphorisch gebrauchen. Es sind gerade die Begriffe, nein: die Worte
'Heros' und 'Opfer', die eine trügerische Brücke herstellen. Der antike 'Heros' ist ein wirkungsmächtiger Toter, der sich bemerkbar macht und damit
Verehrung fordert; daß er ein verdienstliches oder gar heiligenmäßiges Leben geführt hat, ist keineswegs vorausgesetzt. Wohl aber hat man mit ihm
zu rechnen und ihn durch Kult zu 'versöhnen': zum Zorn gereizt, kann er

---

[29] Vgl. N. Bischof 1985, S. 247–252.
[30] W. March, zitiert bei Alkemeyer (wie Anm. 2), S. 61.

allerlei Böses verursachen, Unfruchtbarkeit, Seuche, Niederlage im Krieg; durch rechte Verehrung befriedigt, wird er zum gewaltigen Helfer, kämpft gar mit in der Schlacht für das Vaterland.[31] Pelops, Palaimon, Opheltas – die 'Heroen' sind eine seltsam gemischte Gesellschaft, Repräsentanten eines undurchschaubaren Bereichs zwischen krausem Leben und grausem Tod – um mit Morgenstern zu sprechen; einer *[40]* eindeutigen 'heldischen' Ideologie wollen sie sich nicht fügen. Platon allerdings forderte, daß, wer fürs Vaterland gefallen ist, als 'Daimon' verehrt werden solle;[32] dies blieb Utopie.

So erweist sich denn die Entsprechung von Pelops-Heroon und Langemarckhalle als hochtrabende Äquivokation. Sie wird noch deutlicher im Begriff des Opfers – Opfer für Pelops hier, Opfer des Weltkrieges dort: was haben sie gemein? Der Pelops des Mythos war ein Knabe, der zerstückelt wurde, oder aber ein Barbar, der die Herrschaft über die Peloponnes mit durchaus zweifelhaften Mitteln errang: nichts Verpflichtendes geht von ihm aus. Man ehrt sein Grab, weil dies der Brauch ist, und hierin erkennt die Peloponnes ihre Identität. Dagegen jene Toten, an die die Langemarckhalle "mahnt", mit der Verpflichtung zu gleichem Opfermut: der klirrende Appell des militaristischen Staats ist vom verspielten alten Mythos toto coelo verschieden. Selbst was die tragische Situation des "Opfers" betrifft, Kassandra vor dem Palasttor von Mykene: sie ist ein "Opfer" gewiß, doch nicht im Sinne eines "tut mir nach", sondern ein grauenhaftes *ecce homo*, ein Exempel des Unheimlichen: so ist die Wirklichkeit, so sind vielleicht die Götter. Dem steht die Vorbildlichkeit des Opfers in der Kriegerehrung als etwas durchaus anderes gegenüber, das uns freilich, gerade im Blick auf 1936, in anderem Sinn als besonders unheimlich erscheint.

So heroisch die klassische Antike oft dargestellt wird: den heroischen Tod als "Opfer" zu bezeichnen, ist nicht eigentlich antik, entspricht nicht dem Sinn der alten Religion. Das Paradigma hierfür hat vielmehr – was Nationalsozialisten kaum zugegeben hätten – die Deutung des Todes Jesu Christi geliefert: "Niemand hat größere Liebe, denn daß er sein Leben läßt für seine Freunde"[33] – nicht zufällig hat dieses Jesuswort für manchen Heldengedenkgottesdienst noch im zweiten Weltkrieg den Text geliefert. Christus ist das einmalige "Opfer", doch die Märtyrer sind seinen Weg gegangen und haben darum jetzt ihrerseits ihre Verehrungsstätten, an denen die Gläubigen sich versammeln; und jeder Christ ist aufgerufen, Christi Weg zu gehen. Dies ist dem 'Opfer'-Begriff auch des Nationalsozialismus gewiß

---

[31]   Vgl. zu den Heroen W. Burkert 1977, S. 312–319.

[32]   Platon: *Staat* 469b; 540c.

[33]   *Johannes-Evangelium* 15,13. Vgl. zur Begriffsgeschichte des „Opfertodes" M. Hengel 1981.

sehr viel näher, als was am Grab des Pelops und am Altar des Zeus im alten Olympia vor sich ging. Es steckt, mit anderen Worten, in den NS-Ritualen und Symbolen viel mehr an Ersatzchristentum – besonders an katholischem Christentum, möchte ich vermuten –, als man wahrhaben wollte: die "Gemeinschaft", die "Ordensburgen", die "Blutfahne der Bewegung", vor der man in heiligem Schauer erstarrt – ist das nicht wie San Gennaro di Napoli? Nur daß man im traditionellen Volksglauben gelten läßt, was im verordneten Staatsritual so krampfhaft wirkt. "Deutschland, Heiliges Wort, du voll Unendlichkeit, *[41]* über die Zeiten fort seist du gebenedeit" – dies ist, philologisch gesehen, ein christlicher Text, der auf ein "Amen" wartet. Doch dies liegt außerhalb des hier zu behandelnden Themas.

Literatur

Alkemeyer, Th.: "Gewalt und Opfer im Ritual der Olympischen Spiele 1936", in: W. Dreßen (Hg.): *Selbstbeherrschte Körper* (Berlin 1986), 61–77 und 103–105.

Bengtson, H.: *Die Olympischen Spiele in der Antike* (Zürich 1971).

Bischof, N.: *Das Rätsel Oedipus* (München 1985).

Bond, G.W.: *Euripides Hypsipyle* (Oxford 1963).

Burkert, W.: "Greek Tragedy and Sacrificial Ritual", in: *Greek, Roman, and Byzantine Studies* 7 (1966), 87–121 *[= Kleine Schriften VII 1–36]*.

Burkert, W.: *Homo Necans. Interpretationen altgriechischer Opferriten und Mythen* (Berlin 1972; Engl. *Homo Necans. The Anthropology of Ancient Greek Sacrificial Ritual and Myth*, Berkeley 1983).

Burkert, W.: *Griechische Religion der archaischen und klassischen Epoche* (Stuttgart 1977).

Burkert, W.: *Structure and History in Greek Mythology and Ritual* (Berkeley 1979).

Crowther, N.B.: "Studies in Greek Athletics", in: *Classical World* 78 (1984), 497–558; 79 (1985), 73–135.

Dover, K.J.: *Greek Homosexuality* (Cambridge, Mass. 1978, dt. *Griechische Homosexualität* München 1982) *[42]*

Gennep, A. van: *Les rites de passage* (Paris 1909).

Graf, F.: *Griechische Mythologie* (München 1985).

Gruben, G.: *Die Tempel der Griechen* (München 1984³).

Hengel, M.: *The Atonement. The Origins of the Doctrine in the New Testament* (London 1981).

Herrmann, H.V.: *Olympia, Heiligtum und Wettkampfstätte* (München 1972).

Jacoby, F. (Hg.): *Fragmente der griechischen Historiker*. II A (Leiden 1926).

Jüthner, J.: *Philostratos. Über Gymnastik* (Leipzig 1909, repr. 1969) [Übersetzung].

Kirk, G.S.: *Myth. Its Meaning and Functions in Ancient and Other Cultures* (Berkeley 1970).

Krummen, E.: *Pyrsos Hymnon. Festliche Gegenwart und mythisch-rituelle Tradition als Voraussetzung einer Pindarinterpretation* (Berlin/New York 1990).

Mallwitz, A.: *Olympia und seine Bauten* (München 1972).

Meuli, K.: *Der griechische Agon* (Köln 1968; Habilitationsschrift 1926).

Meuli, K.: *Gesammelte Schriften* (Basel 1975).

Meyer, E.: *Pausanias* (Zürich 1954) [Übersetzung].

Opelt, I.: "Das Ende von Olympia", in: *Zeitschrift für Kirchengeschichte* 81 (1970), 64–69.

Patzer, H.: *Die griechische Knabenliebe* (Wiesbaden 1982).

Ulf, C., Weiler, I.: "Der Ursprung der antiken olympischen Spiele – Versuch eines kritischen Kommentars", in: *Stadion* 6 (1980), 1–38.

Ville, G.: *La gladiature en occident des origines à la mort de Domitien* (Paris 1981).

Erschienen in: H. F. J. Horstmanshoff, H.W. Singor, F. T. van Straten, und J.H.M. Strubbe (Hrsgg.), Kykeon. Studies in Honour of H. S. Versnel, Leiden: Brill, 2002, 1–22.

14. 'Mythos und Ritual' im Wechselwind der Moderne

Wenn ich recht verstanden habe, erwartet man zu Ehren Henk Versnels aus religionswissenschaftlicher Arbeit einen methodischen Überblick, Rückblick, Ausblick, durchaus in persönlicher Sicht und aus eigener Erfahrung. Der persönliche Weg, auf dem man sich tastend voranbewegt hat, und der scheinbar objektive Gang 'der Wissenschaft', wie er sich nachträglich konstruieren läßt, stehen allerdings in einem dialektischen Spannungsverhältnis. Es gibt reine Zufälligkeiten der persönlichen Begegnungen; und doch erscheint das meiste im nachhinein den allgemeineren Trends durchaus zugeordnet. Selbst wenn man sich den eigenen Elfenbeinturm einzurichten sucht, lebt man nicht isoliert, sondern steht in einem Zirkel des Austausches oder zumindest in einem Feld der Resonanzen; da gibt es Verstärkungen, manchmal unerwartete Verstärkungen, die dann eine neue Lage schaffen.

Das Thema "Mythos und Ritual" hat mich selbst Jahrzehnte lang beschäftigt, ja beherrscht; doch auch Henk Versnel hat diesem Thema eine durchgreifende Behandlung gewidmet, nachdem seine eigenen Anfänge in der religionswissenschaftlichen Forschung von eben diesem Thema deutlich gezeichnet waren.[1] Die Entwicklung von Thesen und Wirkungsketten der "myth and ritual"-Thematik ist oft nachgezeichnet worden.[2] Hier bleibt nur kurz zu resümieren: Man findet entscheidende Anfänge im 19. Jahrhundert bei Wilhelm Mannhardt und Hermann Usener und hat dann, neben Robertson Smith und James George Frazer, bei Jane Harrison den eigentlichen Ansatz. Harrison behandelte 1890 in ihrem Buch *Mythology and Monuments of Ancient Athens* den Text des Pausanias über die Arrhephoroi von Athen;[3] sie *[2]* sah den Zusammenhang mit dem Mythos von den Kekropstöchtern und formulierte, Mythos sei offensichtlich "ritual misunderstood".[4]

---

[1] Versnel 1970, bes. 201–255: "Gods, Kings and the New Year Festival"; Versnel 1993, 15–88.

[2] Verwiesen sei auf Kirk 1970; Burkert 1980 und 1993; Graf 1985/1991³; Ackermann 1991; Versnel 1993.

[3] Harrison 1890, xxvi–xxxvi; Pausanias 1,27,3; mein erster einschlägiger Aufsatz, Burkert 1966a, hat hier eingesetzt.

[4] Harrison 1890, iii, xxxiii.

Harrison hat dann das Thema der männlichen Initiation 1912 im Anfangs-
kapitel ihres Buchs *Themis* aufgegriffen[5] – drei Jahre nach Van Genneps
einflußreichem Essai über *Les rites de passage*.[6] Schlüsseltext war diesmal
der Hymnos von Palekastro, der dem göttlichen "größten Kuros" gilt, der da
aufs Jahr zur Dikte 'kommen' und 'springen' soll; wie Harrison sah, sind es
natürlich die realen, im Kult aktiven Κοῦροι, die da zum Jahresfest tanzen
und springen, und damit die eigene jugendliche 'Passage' vollziehen. Harrison formulierte jetzt: "the myth is the plot of the dromenon", aber auch:
myth and ritual "arise *pari passu*".[7] Damit sind, streng genommen, bereits
drei Möglichkeiten des Verhältnisses von Mythos und Ritus vorgeschlagen,
Mythos entweder als mißverstandenes Ritual oder als diesem gleichgeordnet
oder gar als organisierende Formkraft, als 'plot' des Rituals. Wichtiger als
Distinktionen war aber zunächst die Synthesis, die Verstärkung, die durch
die Verbindung von zwei Kommunikationsformen gewonnen war; dazu
kam in *Themis* eine weitere Tiefendimension durch den prinzipiellen Einbe-
zug der Durkheimschen Soziologie.

Der Impuls von Harrison, in Verbindung mit Frazers monumentalem
Golden Bough, hat zunächst in England gewirkt, besonders durch Harrisons
jüngere Freunde, Francis Macdonald Cornford in Cambridge und Gilbert
Murray alsbald in Oxford.[8] In der nächsten Generation standen dann etwa
George Thomson und T.B.L. Webster.[9] In Deutschland, wo sich gerade die
Religionswissenschaft des Altertums in der Nachfolge Useners etablierte,
mit Albrecht Dieterich, Richard Wünsch, Martin Nilsson, mit dem Archiv
für Religionswissenschrift und den Religionsgeschichtlichen Versuchen und
Vorarbeiten, wurde Harrison kaum rezipiert; nur daß Carl Robert 1915
Oidipus den unseligen Wanderer zum 'Jahrgott' machte, zeigt eine Wirkung
an. Martin Nilsson wandte seine gewaltigen Energien dem Minoisch-Myke-
nischen zu, einem *[3]* Bereich ohne Sprache. Diesen hatte Arthur Evans mit
Frazerschen Kategorien zu erschließen unternommen.[10] 'Mythos' fehlt uns
dort bis heute. In Frankreich gelangte, trotz Distanz der eigentlichen Durk-
heimianer,[11] der Impuls Harrisons zu Henri Jeanmaire, der dem Thema der

---

[5]   Harrison 1912, 1–29; der Text: I.U. Powell, *Collectanea Alexandrina* (Oxford 1925) 160–162.
      Inscriptiones Creticae III 2,2; M.L. West, *JHS* 85 (1965) 149–159; Fontenrose 1971, 63–66.

[6]   Van Gennep 1909.

[7]   Harrison 1912, 331; 16. Vgl. Versnel 1993, 29.

[8]   Sie haben zu *Themis* wichtige Kapitel beigesteuert, Cornford 1912, Murray 1912.

[9]   Siehe etwa Thomson 1949, Webster 1958.

[10] Evans 1901.

[11] Dazu Versnel 1993, 48f.

Kureten ein gründliches Buch widmete;[12] und zu Louis Gernet, der aber, nach Algerien verschlagen, erst nach 1950 zu spätem Einfluß kam, vor allem dank Jean-Pierre Vernant.

Nach dem ersten Weltkrieg gab es für "Mythos und Ritual" zwei selbständig weiterführende Linien, die sich gegenseitig verstärkten und es im angelsächsischen Raum zu rechter Popularität brachten, bis in die "schöne Literatur" hinein. Diese betrafen Altes Testament und Alten Orient einerseits, die allgemeine Ethnologie andererseits. Für die empirische Ethnologie – um damit zu beginnen – war Bronislav Malinowski epochemachend. Ihn hatte Frazers *Golden Bough* zur Ethnologie gezogen. Er brachte mit seinen Forschungen bei den "Argonauten des Pazifik" ein ganz neues, direktes Verständnis für das, was man seit dem 19. Jh. sehr von oben herab 'primitiv' genannt hatte. *Myth in Primitive Psychology* erschien 1926[13] ein besonderer Gewinn war der Begriff des "Charter Myth",[14] schlecht auf deutsch zu übersetzen: Mythos als regulierende Begründung für Details der Lebensordnung, als "Magna Carta" oder auch speziellere "Carta", also in einer etwas veränderten 'Plot'-Funktion, nicht direkt in rituelle Aktion umgesetzt. In Deutschland führten die Forschungen des Frobenius-Instituts auf West-Ceram in ähnliche Richtung; sie brachten den 'Hainuwele'-Mythos zur Kenntnis, einen Mythos um ein Mädchen, das sich durch Tanz und Tötung in Knollenfrüchte verwandelt.[15] Hier frappierte eine gewisse Parallele zur griechischen Persephone, was von Walter F. Otto, Karl Kerényi, C.G. Jung und auch Angelo Brelich aufgegriffen wurde. Französische Forscher studierten ihrerseits "la mythologie vécue" in Französisch-Afrika, bei den Dogon im Kongo.[16] *[4]*

Zum Schlagwort wurde *Myth and Ritual* eben damals nicht in der Ethnologie, sondern in der Historie, durch das Buch von S.H. Hooke.[17] Die Entdeckung, daß im Ritual des Babylonischen Neujahrs-Festes das Weltschöpfungsepos *Enuma elish* formell rezitiert wurde – der Ritual-Text war seit 1921 zugänglich[18] –, gab einen entscheidenden Anstoß: Hier fand man einen umfänglichen, vielschichtigen, literarisch ausgearbeiteten Mythos vom Götterkampf in seinem Kontext, als Bestandteil des Festrituals. Der Mythos, wurde jetzt formuliert, sei "the spoken part of the ritual", "the story

---

[12] Jeanmaire 1939.

[13] Malinowski 1926, auch in Malinowski 1954, 93–148.

[14] Malinowski 1954, 85.

[15] Jensen 1939; Jung – Kerényi 1941. Vgl. auch Chirassi 1969. Kritisch Smith 1978, 302–307.

[16] Griaule 1938; Dieterlen 1978.

[17] Hooke 1933.

[18] Thureau-Dangin 1921, 127–154; *ANKT* 331–334; vgl. Auffarth 1991,45–55.

which the ritual enacts".[19] Als spekulativer Hintergrund erschien das sakrale Königtum, die Erneuerung der Königskraft im Fest – das hatte schon Frazer im *Golden Bough* in etwa so gesehen. Alttestamentliche Königsideologie ließ sich in paralleler Weise herausarbeiten, etwa Advents-Psalmen als Königsritual, Königs-Einzug als Gottes Einzug.[20] Der Göttermythos ist präsent im Königsritual, das er reflektiert und steuert.

In diese Perspektive fügten sich dann besonders die mythisch-rituellen Texte aus Ugarit, die eben um 1930 entschlüsselt wurden; ihrer hat sich vor allem Theodore Gaster angenommen.[21] In seiner Interpretation verbinden sich die Königs- und die Jahreszeiten-Rituale zu einem Schema des "Stirb und Werde". Der von Harrison konstruierte *Eniautos Daimon* schien Wirklichkeit geworden. Die etwa gleichzeitig entzifferten hethitischen Texte machten vor allem wegen ihrer Parallelen zu griechischen Mythen, zu Hesiod Sensation. Der Text vom *Königtum im Himmel* tritt zu *Enuma elish*, zu Hesiod und zum Phönikischen, und gemeinsam konstituieren sie den Sukzessions-Mythos, der dem myth-and-ritual-Schema verbunden bleibt.[22] Der hethitische Illuyankas-Mythos ist ausdrücklich mit einem Fest verbunden.

Allerdings strotzen gerade die Ugarit-Texte von Problemen, wenig umfangreich wie sie sind, fragmentarisch, nicht selten rein sprachlich mehrdeutig, mit ungewissem Kontext; die Baal-Texte zumal sind insofern kein günstiger Ansatzpunkt für Popularisierung. Auch beim Material aus Babylon hat man aus Halbverstandenem gelegentlich vorschnelle Schlüsse gezogen: für einen rituellen Drachenkampf etwa *[5]* gibt es, soweit ich sehe, kein einziges sicheres Zeugnis; ja daß die böse Urmutter 'Meer', Tiamat, ein Drache sei, steht nicht im Text von *Enuma elish*, und die bildlichen Zeugnisse vom Drachenkampf, die sich über zwei Jahrtausende verteilen, sind mit den Texten nicht sicher liiert.[23] Aber dabei wird es bleiben, daß die Zusammengehörigkeit von polytheistischen Göttergeschichten und Götterfesten in einer nahöstlich-ägäischen Koine deutlicher zutage tritt als in der verengten Sicht der 'klassischen' griechischen Poesie.

Der zweite Weltkrieg schuf einen Leerraum; danach herrschte zunächst die englisch-amerikanische Perspektive. Eine zusammenfassende Theorie für "Myth and Ritual" hatte Clyde Kluckhohn 1942 vorgeschlagen. Der

---

[19]   Hooke 1933, 3.

[20]   Vgl. Mowinckel 1953.

[21]   Siehe de Moor 1987; Gaster 1950; 1959.

[22]   *ANET* 120f.; 125f.; Steiner 1959.

[23]   Vgl. Merkelbach *RAC* IV 232 s.v. 'Drache'; Burkert 1987.

erste internationale Kongreß für Religionswissenschaft 1951 war dem Thema "Myth and Ritual" gewidmet.[24] Ein Ethnologe wie E.R. Leach formulierte 1954 mit Selbstverständlichkeit: "Myth, in my terminology, is the
counterpart of ritual".[25] Auch die Klassische Philologie nahm jetzt davon
Kenntnis, mit Kritik und Distanzierung, so Herbert Jennings Rose (1950),
Martin Nilsson, (1951), später noch Joseph Fontenrose (1966). Dabei mar-
kierte Hookes zweites Buch, *Myth, Ritual, and Kingship* von 1958, eigentlich bereits den Niedergang der 'Bewegung', wenn es denn eine war.

Damals geriet ich in den Bereich dieser Thematik. Ich habe, scheint mir, mit
einem eher ziellosen Schlendern und Blumenpflücken begonnen; aber durch
wiederholtes und intensives Herumwandern ist wohl doch eine allgemeinere
und präzisere Kartierung zustandgekommen. Am Anfang stand das Interesse für das 'Irrationale', was zu Dodds bedeutendem Buch *The Greeks
and the Irrational* führte. Hieraus, und aus dem Aufsatz "Skythica" von
Karl Meuli, von dem Dodds bereits zehrt, habe ich unter anderem die Of-
fenheit für den Begriff des 'Schamanismus' gewonnen, nicht so sehr der
Exotik wegen als darum, weil hier das Mirakulöse als Realität auftritt, oder
umgekehrt eine rituelle Wirklichkeit die phantastischen Erzählungen speist.
Ein Glücksfall war, seit 1958, die Begegnung mit Reinhold Merkelbach.
Merkelbach arbeitete an seinem Buch über den griechischen Roman,[26] er
entwickelte eine These über die Romane als Mysterientexte, als *[6]* ver-
schlüsselte Darstellungen von Mysterienritualen; er sprach davon, wie man
von den Erzählmotiven immer wieder auf rituellen Hintergrund geführt
werde. Merkelbachs Thesen sind kontrovers geblieben. Sie machten mich a-
ber sozusagen zum Quereinsteiger in den Bereich von Mythos und Ritual.
    Unvergeßliche Eindrücke brachte eine Reise nach Unteritalien: Kurz
hintereinander sah ich die *Villa dei Misteri* in Pompei und die nächtliche
Karfreitagsprozession in Sorrento: Hier ein rauhes, abschreckendes Ritual,
das aus der Demonstration des Todes ein geheimes Postulat der Auferste-
hung gewinnen möchte; dort die Sequenz der erotisch faszinierenden Bilder
mit ihren Andeutungen von Sexualität, Strafe und befreiendem Tanz; Merkelbach hat, nach anderen, das "Märchen" von Amor und Psyche zu den
Bildern der "Villa" gestellt.[27]
    Damals habe ich in Angriff genommen, was ich zunächst "Griechische
Mysterien" nannte, bald schon "Initiationsrituale" – so mein 1964 formu-

---

[24] Bleeker – Drewes – Hidding 1951.
[25] Leach 1954, 13.
[26] Merkelbach 1962, vgl. 1995.
[27] Merkelbach 1962, 48–50.

liertes Projekt für das Center for Hellenic Studies in Washington D.C. (1965 /66) – und was schließlich zum Studium der Opferrituale wurde. Schrittweise arbeitete ich mich auch in jene 'objektive' Geschichte der Wissenschaft ein, von der die Rede war, wobei mein persönlicher Pfad bei Angelo Brelich einsetzte, zurück zu Harrison, von Harrisons *Themis* zur französischen Soziologie einerseits, zu Freuds *Totem und Tabu* andererseits führte. Auf die Erweiterung in Richtung auf die Prähistorie, die Urgeschichte der Menschen, ja die 'Hominisation' überhaupt, führte Karl Meuli mit seinen "Opferbräuchen"; und dann erschien gerade das Buch von Konrad Lorenz, *Das sogenannte Böse*,[28] das eine noch breitere, biologische Basis erschloß. Konrad Lorenz lieferte insbesondere einen eigentlich zoologischen Ritual-Begriff, der mir geeignet schien, auch in der Religionswissenschaft festgehalten und angewandt zu werden: Ritual als Handlung mit Zeichen-Charakter. Die Ethologie der Aggression, wie sie Konrad Lorenz entwickelte, bot die Chance zu verstehen, was mich gerade bei den Griechen von "Amor und Psyche" wieder abgeführt und eher in den Karfreitagsbereich zurückgebracht hatte, die Rolle von Blutvergießen, Kämpfen und Töten in der altgriechischen Religion und Kunst, von den archaischen Tempelgiebeln und Vasenbildern bis zur klassischen Tragödie. Grundgedanken habe *[7]* ich, mit einer Vorlesung über "Greek Tragedy and Sacrificial Ritual", 1965 in Oxford vorgetragen.[29] Das Endergebnis war mein Buch *Homo Necans*, das 1971 fertig wurde.[30]

Aus einem Abstand von fast 30 Jahren wird allerdings deutlich, wie jede These dieses Buchs einen Schweif von Problemen nach sich zieht.

1. *Homo Necans* war in meiner Sicht in erster Linie ein Buch über Mythos und Ritual; ich hatte den Eindruck, als sei ich der erste, der umfassend und methodisch die Parallelismen der beiden Phänomene im griechischen Material verfolgte. Nicht nur im Nahen Osten ist beides nebeneinander zu finden und gemeinsam zu berücksichtigen. Es handelt sich um zwei Systeme der Zeichengebung, die sich immer wieder treffen und aneinander hängen. Betrachtet man sie miteinander, werden sie sich gegenseitig erhellen. Gemeinsam zeigen sie eine dynamische Gliederung, Gelenke, Peripetien. Damit ist die hermeneutische Aufgabe gestellt, die Splitter der Überlieferung in ihrem gegenseitigen Zusammenhang zu sammeln und zu sortieren. Man gewinnt auch für Fragmente einen Kontext und kann möglicherweise einen Sinn erfassen. Es wird auch möglich, die rituellen Hinweise

---

[28] Lorenz 1963.
[29] Burkert 1966b.
[30] Burkert 1972. Es gab kaum Rezensionen, insbesondere nicht in *Gnomon*.

gerade der klassischen Dichtung, bei Pindar etwa und Aischylos, nicht als
kuriose Schnörkel sondern als Zeichen zu verstehen, die zentralen Aufschluß geben.[31]

2. Für den Mythos ergibt sich aus der rituellen Perspektive ein Bezugs-
punkt: Mythen stehen nicht als Fiktionen im Leeren, sondern als norm-
gebende Aussagen in sozialem Kontext. Sie erscheinen nicht als wunder-
liche – schöpferische oder absurde – Erfindungen, die man von Fall zu Fall
als Dichtungen einordnen mag, deren Fortgestaltung man historisch festmachen kann. Mythos als "traditional tale" ist nicht ein Text, auch nicht eine gerade erfundene Geschichte, sondern eine Sinnstruktur , die wiederhol-
bar und zugleich variabel ist. Parallel dazu bietet Ritual ein Zentrum des
Wiederholbaren, vielleicht ein Sinnzentrum.

3. Für die Rituale ihrerseits ergibt sich vom Mythos her ein 'menschlicher' Zugang, insofern die Perspektive einer – stets anthropomorphen –
Erzählung erscheint. Ritual ist nicht, mit Frazer, als *[8]* Ausfluß eines "tra-
gischen Irrtums" zu beachten, als Versuch einer der primitiven Mentalität
entsprungenen Magie, sondern – mit Meuli – als durchaus Verständlicher
Ausdruck menschlichen Empfindens. Ritual erscheint dann allenfalls in
sekundärer Interpretationen als eine zweckhandlung. Insofern fand ich mich
in Frontstellung gegen Ludwig Deubner – so sehr seine philologische Kom-
petenz anzuerkennen blieb –, der immer wieder auf Manipulation von
unpersönlichen Fruchtbarkeits- und Segenskräften abstellt.[32]

Zugleich ergibt sich vom Mythos her fürs Ritual auch eine ordnende,
dynamische Struktur, ein 'plot'. Die Anregung durch van Gennep kommt
hier zum Tragen. Mein Ansatz begann im Bereich der Initiationen, mit der
Chance, eine Märchenerzählung wie "Amor und Psyche" zur Erhellung
einer Ritensequenz einzusetzen. Als dann die Opferhandlungen ins Zentrum
traten, erschienen sie ihrerseits als Drama in drei Phasen, mit der einleiten-
den Vorbereitung, der 'unsagbaren' Mitte und dem ordnenden Abschluß.
Ein Dreischritt also auch hier, der sich auch aus den mythischen Erzählungen herausfiltern ließ.

4. Die Konzentration aufs Ritual führt allerdings über die Philologie im
eigentlichen Sinn, als Wissenschaft von gestalteten Sprachzeugnissen,
hinaus. Wir geraten in einen Kontext von kollektivem Handeln und damit in
die Analyse von soziologisch-anthropologischen Systemen und Funktionen.
Als ich den Begriff des Rituals als kommunikativen Handelns von der Verhaltensforschung übernahm, war noch kaum abzusehen, welche Bedeutung
'Semiologie' anzunehmen begann.

---

[31] Dazu Krummen 1990.
[32] Deubner 1932.

Wohin wir auf diese Weise schließlich gelangen, ob wir irgendwo ankommen im Raum der Gesellschaft und ihrer Geschichte, ist damit noch keineswegs ausgelotet. Die Aufgabe ist gestellt, Sinn oder Funktion dieser Phänomene in einem weiteren Zusammenhang zu finden, aber wo man dies festmachen kann, darüber gibt es ganz divergente Ansichten. Durch die soziologisch-anthropologische Einbettung wird der Bereich des Unklaren, Unsicheren, Umstrittenen, Mißverstandenen und Mißverständlichen um viele Dimensionen erweitert. Wenn es eine alte Option war, bei "der Religion" als einem letzten zu enden – das Ritual sei "religiös", und damit Punktum –, wird Religionswissenschaft ihrerseits doch weiter fragen. Durkheim hat vorgeschlagen, *[9]* "die Gesellschaft" und ihre Solidarität als ein letztes anzusetzen; die Historie aber fragt zumindest auch nach der diachronen Dimension; in letzter Konsequenz steht eine evolutionäre Anthropologie ins Haus.

Auf den Spuren von Jane Harrison gelangte ich seinerzeit zu einem soziologisch-historischen Funktionalismus: Der Mensch als Wesen, das sich durch Rituale organisiert, die sich bewähren und durchsetzen. Sie haben sich im Lauf der Entwicklung zu Formen optimiert, die den Bestand der Gesellschaft langfristig ermöglichen, wahrscheinlich machen, wenn nicht sichern. Zentral war in meiner Sicht der Schock des notwendigen Tötens und die ebenso notwendige Entschuldung durch den Überwurf des Göttlichen. Man kann Ansätze der Semiologie integrieren: Der Mensch als Wesen, das sich durch Zeichengebung organisiert und durchsetzt. Das soziale Zusammenspiel wird in dieser Weise artikuliert und manipuliert, gerade durch "Mythos und Ritual", etwa in der Initiation der Altersklassen, in Hochzeit, Geburt und Tod, in besonderer Weise auch im Krieg.

Das Soziale erscheint von hier aus als primär gegenüber den Gegebenheiten der Umwelt, dem Jahreslauf, der agrarischen Fruchtbarkeit. So versank die Bedeutung eines "Jahreskönigs". Die Naturmythologie des 19. Jahrhunderts, die Farnell als "a highly figurative discourse about the weather" verspottet hatte,[33] erschien als sekundäre Projektion sozialer Dynamik.

Damit verband sich in *Homo Necans* eine ins Weite schweifende historische Perspektive unter der Hypothese kultureller Kontinuitäten. Aus der paläolithischen Jagd-Gesellschaft ließen sich, dank den von Karl Meuli gewonnenen Perspektiven und Materialien, die Tieropfer recht direkt herleiten. Mit der Rolle von Jagd und der Fleischnahrung ist auch die wirtschaftliche Grundlage der sozialen Organisation im Blick. Vorausgesetzt ist die

---

[33] Farnell 1896, 9.

prägende Weitergabe von Ritualen in menschlichen Kulturen, die der "rational choice" des Individuums nicht viel Raum lassen. Daß bei solcher "Erziehung des Menschengeschlechtes" mit der Aggressivität zugleich eigentlich menschliches Mitempfinden exemplarisch gezeigt und trainiert wurde, glaube ich mit Meuli annehmen zu können. Den griechischen Befunden kann man, als dem Ältesten gut Verständlichen und Zugänglichen, sogar ihre 'klassische' Bedeutung belassen. *[10]*

Daß die Geschichte der Religionswissenschaft im allgemeinen und der Mytheninterpretation im besonderen auch ein Reflex zeitgenössischer Trends und Tendenzen sei, läßt sich nicht in Abrede stellen. Uns wird auffallen, wie der Neuansatz um 1900 mit dem Aufbruch des Expressionismus noch vor dem ersten Weltkrieg zusammengeht. Als Harrisons *Themis* erschien, führte Strawinsky in Paris *Le Sacre du Printemps* auf, "la musique nègre", wie ein Kritiker sagte; das Sujet des Balletts, vom angeblichen jahreszeitlichen Mädchenopfer in Rußland, war durchaus Frazer-haft.[34] Die traditionell-bürgerliche, rationale, damals auch national verengte Welt geriet aus den Fugen; man war vom Exotischen fasziniert. So geriet bei den Cambridger Anthropologen auch das Klassische zum Exotischen, mit der Buntheit Gauguinscher Farben und Figuren. Die "Argonauten des Pazifik" strahlen auf die Argonauten der Klassik aus. In Deutschland gehörte dazu die Rezeption von Nietzsche und die Wiederentdeckung von Bachofen, was dann zu Walter F. Otto führte. Man wird auch das Phänomen der Komplementarität beachten, wie da in Jahreszeitenfesten und agrarischer Fruchtbarkeit vergöttlicht und repristiniert wurde, was in europäischen Industriewüsten eben damals unterging, und wie die phantasievolle Ambivalenz der Sakralkönige gefeiert wurde, als Europas Gottes-Gnaden-Monarchen purzelten. Man hatte begonnen, soziale Systeme zu analysieren oder zu entwerfen, eben weil hergebrachte soziale Ordnungen nicht mehr selbstverständlich, nicht durchsichtig und im Grunde unhaltbar waren.

Schwieriger ist es, die eigene Zeit und Situation zu analysieren. Wenn ich die Sechziger Jahre in der Erinnerung suche, erscheinen sie mir als eine Art Umkehrpunkt der Nachkriegszeit, im Banne noch des Kriegs, der Wiedererholung, inmitten fortbestehender Insekurität über Korea-Krieg, Kuba-Raketen-Krise, Vietnam-Krieg hinweg. Die Ablehnung des Kriegs, der Argwohn gegen Gewalt verband sich noch oder wieder mit einem gewissen Optimismus in Bezug auf unsere 'abendländische' Tradition, mit distanzierter Nähe zu einem längst problematischen Christentum, mit sehr bewußter

---

[34] Vgl. Burkert 1980, 182.

Distanz zur ehemals bürgerlichen Welt des 19. Jahrhunderts, auch zum Hegelschen Geistesfortschritt, mit sich lockernder Gesellschaftsmoral im Gefolge psychoanalytischer Aufklärung. Nach einer farbigen Welt der 'Wilden' hatte man kaum mehr Ausschau zu halten; man hatte die Barbarei *[11]* zu nahe erlebt und konnte darum auch 'wilde' Klassik wahrnehmen und als Ordnung akzeptieren.

Daher die Akzeptanz dessen, was sich als positive Lebensordnung gab; so die Welt der Lebewesen in der Sicht des Biologen Konrad Lorenz, im Kontrast zu 'Todsünden' der Moderne;[35] Das "sogenannte Böse", die Aggression war in seiner Sicht unverzichtbare Lebensmacht. Man war bereit, Formen von Gewalt als real zu akzeptieren, das 'Gute' im 'Bösen' zu sehen, im scheinbar Unsinnigen Sinn zu finden – und sei es im blutigen Opferritual, oder im Krieg als Initiation. Man suchte eher das "gesunde Alte" in seinen notwendigen Paradoxien zu bewahren oder zurückzugewinnen, sei es in biologischer, sei es in historischer Perspektive. Daß in *Homo Necans* mit dem Motiv des "schlechten Gewissens" und der Wiedergutmachung rechte Relikte christlicher Akkulturation am Werke sind, ist nicht zu bestreiten.

Dies geriet dann in Bewegung durch die Jungen von diesseits des Weltkriegs, die Hippies und die inzwischen legendären 'Achtundsechziger', auf die die etwas Älteren mit einer Mischung von Verständnis und Unverständnis blickten. Sie wollten jedenfalls nicht wieder einreißen, was gerade wieder aufgebaut worden war, und fühlten sich doch eher als modern denn als reaktionär.

Als fortschrittlich und 'links' erschien damals die moderne Linguistik und in ihrem Gefolge der Strukturalismus. Dieser war im wesentlichen das Werk von Claude Levi-Strauss; er hat als eine neue, universelle Methode der Geisteswissenschaften Erfolg gehabt, vor allem im Französischen und Italienischen, auch im Angloamerikanischen, am wenigsten im Deutschen. Er erreichte den Höhepunkt seines Einflusses um 1970, doch stammt eine der meistzitierten Veröffentlichungen, *The Structural Study of Myth*, bereits von 1955.[36]

Homo Necans hatte eine Opfer-Struktur entwickelt, analog der van Gennep-Struktur, kompatibel mit Propps Schema der Erzählung,[37] hatte aber den eigentlichen Strukturalismus noch nicht rezipiert. Versuche einer Auseinandersetzung folgten später im Kontakt mit Geoffrey Kirk, mit Marcel Detienne und mit Claude Calame; eindrücklich in Erinnerung ist mir ein

---

[35] Lorenz 1973.

[36] Lévi-Strauss 1955, vgl. 1964–1971.

[37] Vgl. Versnel 1993, 76.

von Claude Calame organisierter Kongreß in Urbino 1974.[38] Als geglückte Adaptationen im Klassisch-Philologischen *[12]* Bereich würde ich das Adonis- und das Orpheus-Buch von Marcel Detienne hervorheben.[39]

Strukturalismus erlaubt, traditionelle Zeichensysteme, insbesondere auch Mythen und Rituale in Elemente oder 'Terme' aufzubrechen und diese auf ihre Relationen zu untersuchen, insbesondere Antithesen und Permutationen; man kann damit scheinbar willkürliche, wirre Einzelheiten verorten und integrieren. So wird ein eleganter und gleichzeitig farbig-konkreter Formalismus entwickelt, in dem Kojoten und Papageien oder Weihrauch und Knoblauch Bedeutungsmuster bilden. Mythen und Rituale können dabei durchaus parallel behandelt werden, die Methode ist aber auf ihren Zusammenhang nicht angewiesen. Es geht um Zeichensysteme überhaupt, ihren Aufbau, ihre Analysierbarkeit, ihre Transformationen. Strukturalismus braucht sich um das Funktionieren der Gesellschaft, die Ordnungen des Lebens und auch um die zufälligen Tatsachen der Geschichte nicht zu kümmern. Insofern entgeht er einer Menge von Fallgruben, Voraussetzungen, Zusatzhypothesen, die man im Funktionalismus mitschleppen muß. Lévi-Strauss zielt auf einen Geist-Begriff, den er ausdrücklich als menschlichen Geist versteht und von Biologischem fernhält.

Gegen den Strukturalismus nahmen meine *Sather Lectures* Stellung.[40] Es ging darum, die Historie im Sinne der Kulturkontinuität und auch im Sinne des Kulturtransfers zu verteidigen. Im Zentrum stand noch immer "myth and ritual", jetzt aber ausdrücklich im Sinn einer sekundären Überlagerung; gebraucht wird die Metapher von der 'Flechte', in der sich Algen und Pilze zu einer charakteristischen Art von Gewächsen immer wieder neu verbinden. So sah ich in den zwei 'Sprachen' von Mythos und Ritual zwei Traditionen, die sich auch getrennt verfolgen lassen, verbunden aber zu besonderer Wirkung kommen. Im Blick sind gestaltende Kräfte, die auch wiederholte Selbstorganisation und damit eine gewisse Stabilität bewirken.

Die Kritik am Strukturalismus artikulierte vor allem den Verdacht, daß der Strukturalismus es gestattet, mit Elementen virtuos umzugehen, die man trotz alledem nicht versteht. Kann man Verstehen durch Akrobatik der Antithesen und Permutationen ersetzen? Man wird sich allerdings mit solchem Einspruch dem Verdacht aussetzen, einem altmodischen warmmenschlichen Verstehensbegriff anzuhängen, der *[13]* auf dem Niveau höherer Abstraktion keine Berechtigung mehr hat. Im Postmodernen scheint er sich erst recht zu verflüchtigen.

---

[38]   Publiziert als: *Il Mito Greco. Atti del Convegno Internazionale*, Roma 1977.

[39]   Detienne 1972; 1977; vgl. auch Graf 1981.

[40]   Burkert 1979, 10–14.

Was hat sich seither geändert? Läßt sich dies, über persönliche Impressionen und Projektionen hinaus, überhaupt erfassen und beschreiben, oder findet man sich, älter werdend, lediglich überholt von dem, was man nicht mehr rezipiert? Verräterisch ist das Schlagwort 'postmodern' gerade wegen seiner Inhaltslosigkeit: Da sei etwas zu Ende gegangen, das man nicht weiter charakterisieren muß, und man weiß nicht zu sagen, was an seine Stelle tritt; nur daß die postmoderne Phase auch schon wieder zu Ende geht, glaubt man jetzt zu konstatieren.

Vielbesprochene Phänomene der Gegenwart spielen hier ineinander, vor allem die Explosion der Kommunikationsmöglichkeiten mit Computer und Internet zum einen, der Globalisierungseffekt mit dem Verschwinden traditioneller Orientierungen, Sicherheiten und Selbstverständlichkeiten zum andern. Ein Jahrmarkt der Beliebigkeiten bietet sich an, gespeist vom wachsenden Wohlstand nach dem Wegfall der Kriegsangst: Weltdorf zwischen Welt-Börse und Welt-Slum. Man spricht vom Ende der Geschichte; man könnte auch vom Ende der Gemeinschaften sprechen, der traditionellen Gemeinschaften, ob man nun auf Familien, Berufsgruppen, Stämme oder Nationen blickt. Trifft es zu, daß auch der Humanismus "vergeht wie das in den Sand gezeichnete Gesicht des Menschen"?[41]

Die Geisteswissenschaft gerät in der postmodernen Beliebigkeit in doppelter Weise in die Krise: Indem das neue Werkzeug der Elektronik unvorstellbare Datenmengen zu erfassen und zu verarbeiten gestattet, bleibt das altertümliche, schlichte, anthropomorphe Verstehen auf der Strecke. Das Humboldtsche Ideal "Alles Wissenswerte wissen – alles Gewußte verstehen" ist zur Unmöglichkeit geworden. Computer-Ergebnisse sind nur noch Computern zugänglich. Man kann Material mit Computern 'bearbeiten' und Ergebnisse destillieren, man kann Modelle miteinander konkurrieren lassen, aber kann man noch sinnvoll darüber sprechen? Zugleich aber scheint der Geisteswissenschaft der gemeinsame geistige, historisch-traditionelle Hintergrund abhanden gekommen. Mit der Aufgabe von traditionellen Verbindlichkeiten erscheinen nun die verschiedensten Interpretationen und Thesen gleichberechtigt nebeneinander zu stehen, gleich viel wert oder gleich *[14]* subjektiv. Das 'Abendland' kriegt sein schlechtes Gewissen nicht mehr los. Es bleibt, frühere Interpretationen dekonstruierend auf ihre Subjektivität und ihre versteckte Ideologie hin zu entlarven. Die Phänomene verschwinden; 'Tatsachen' gibt es angeblich nicht mehr.

Dies greift sogar über die Geisteswissenschaften hinaus. Berühmt geworden ist der Nonsense-Aufsatz von Alan Sokal, "Transgressing the Boun-

---

[41] L. Lütkehaus, *Neue Zürcher Zeitung* 15/16.4.2000, 66.

daries. A Transformative Hermeneutics of Quantum Gravity", der 1996 in die Zeitschrift *Social Text* eingeschleust wurde:[42] 'Transformation' wie bei Chomsky und Lévi-Strauss. 'Hermeneutik' wie bei Gadamer, 'Quanten' wie bei Max Planck, 'Gravitation' eher nach Einstein-gängige Schlagworte halbverstandener Physik als bewußter Unsinn, der von den zuständigen Fachreferenten als solcher nicht mehr erkannt wurde. Mit Erleichterung konnte man anläßlich der Sonnenfinsternis im letzten Jahr feststellen, daß ein solches Phänomen doch offenbar nicht Begriffsbildung, Projektion oder Fiktion der westlich-kapitalistischen Gesellschaft ist, sondern ein irgendwie reales Ereignis. Es hielt sich sehr genau an die Voraus berechnungen. Aber das dauerte nur vier Minuten.[43]

Der Historiker kann sich immer als *laudator temporis acti* profilieren; dies bringt nichts. Trends getreulich mitzumachen, bringt wechselnden Gewinn. Nicht entbinden kann man sich von der Aufgabe, die intellektuellen Herausforderungen aufzunehmen, die auch in den Trends enthalten sind. Henk Versnel hat sich in seiner Weise den Herausforderungen gestellt, wie besonders die Einleitung zu seinen *Inconsistencies* zeigt.[44] Ich sträube mich eher gegen die Destruktion des Objektiven und möchte insbesondere die kritische Auflösung der Begriffe Mythos und Ritual, die etwa Marcel Detienne und Claude Calame eingeleitet haben,[45] nicht mitmachen. Vorsicht ist löblich, wir sollten die Kategorien der Überlieferung durchdenken, frühere Romantisierungen widerlegen, die gegenseitige Hermeneutik erweitern und verfeinern. Aber dies bedeutet nicht den Abbruch inhaltsbezogener Studien zum Mythos, zum Ritual und zu beidem.

Einer anderen Herausforderung suchte ich mich zu stellen, die seit mehr als 100 Jahren besteht, doch immer dringlicher wird, der Herausforderung der Geisteswissenschaften durch die Biologie. Die *[15]* Geisteswissenschaften, insbesondere die Soziologie, zeigen sich freilich zumeist von der gegenstrebigen Reaktion beherrscht, sie klagen gegen 'Reduktionismus' und verwenden beträchtliche Energien darauf, Biologisches fernzuhalten.[46] 'Progressive' Soziologen sind gegen die Aggressions-Theorie von Konrad Lorenz Sturm gelaufen; es gelang, Konrad Lorenz wegen falschen Zungenschlags in der Nazi-Zeit zur Unperson zu machen.[47] Dabei läuft der Fort-

---

[42] Vgl. Sokal – Bricmont 1999.

[43] Vgl. auch Burkert 2000.

[44] Versnel 1990, 1–35.

[45] Detienne 1981; Calame 1991.

[46] Frei von Einseitigkeit ist Versnel, vgl. die Anerkennung von D'Aquili – Laughlin – McManus: Versnel 1993,41 Anm. 69.

[47] Vgl., als Auseinandersetzung eines Lorenz-Schülers, Bischof 1991.

schritt der Biologie dem interessierten Beobachter davon: Es ist schwer, neue Ergebnisse auch nur rezeptiv zur Kenntnis zu nehmen, ohne den halbverstandenen Sensationen der Medien anheimzufallen. Viel zu reden gibt zur Zeit die Genetik, doch geht es um die Fortschritte der Molekularbiologie insgesamt, die die Mechanismen des Lebens offenlegen.

Ein entscheidender Begriff, der weit über Details hinausgreift und Kulturwissenschaften durchaus affiziert, ist 'Selbstorganisation', im Gegensatz zu planendem Eingriff und zu direktem Kopieren. Die zentralen Auseinandersetzungen indes betreffen vor allem das, was traditionellerweise 'Seele' oder 'Geist' heißt: In der Gehirnforschung werden immer kompliziertere Details entdeckt, Antworten gegeben, wo wir uns über die Fragestellungen noch kaum einig sind; Immaterielles jedenfalls ist nicht zu entdecken. Soviel scheint klar: Zuversichtliche Verallgemeinerungen über 'das Menschliche', die *Homo Necans* auf den Bahnen von Meuli oder Lorenz noch riskiert, werden fast unmöglich; auch Sigmund Freuds Theorien erscheinen mehr und mehr als zeitbedingte Mythen.

Als Fortschritt, der die Dynamik sozialer Gruppen direkt betrifft, präsentiert sich ein neuer, Computer-gestützte Darwinismus, der die "Gruppen-Selektion" durchaus bestreitet. Dies hat 1976 Richard Dawkins in seinem Buch *The Selfish Gene* gezeigt,[48] dessen Titel nicht zufällig zum Schlagwort geworden ist: Wenn irgendwo, so hat man hier den Reflex der aktuellen Gegenwart. Doch setzt dies seine Feststellungen nicht außer Kraft. Die 'Solidarität' der Gruppe als Richtwert, der Erfolg der Gruppen-Solidarität als Entwicklungsziel ist durchaus fraglich geworden. Der Egoismus des einzelnen triumphiert. Das Interesse der Biologen wendet sich denn auch seither, *[16]* anders als bei Konrad Lorenz, eher dem Negativen zu: Nicht mehr von Tötungshemmungen im Sinn der Arterhaltung ist die Rede, sondern vom Vergewaltigen und vom Kinderfressen, oder zumindest von Lug und Trug als Zeichen von Intelligenz.

Inmitten dieser Entwicklungen steht ein Ansatz zu einer neuen umfassenden Theorie, der 'Soziobiologie' von E.O. Wilson, als "the new synthesis" schon 1975 vorgestellt und seither weiter verfolgt.[49] Sie scheint mit der Biologie die Geschichte zu vereinen, indem sie die "gemeinsame Evolution von Genen und Kultur" in den Blick nimmt und ihre andauernde gegenseitige Wechselwirkung konstatiert. Kultur, die dem Leben so viel mehr sichere Chancen bietet, wirkt zugleich als Auslesefaktor. Kulturelle Regeln,

---

[48] Dawkins 1976; Burkert 1979 arbeitet noch auf funktionalistischer Basis, in der Nähe von Sozialdarwinismus.

[49] Wilson 1975; 1978; 1983; Lumsden – Wilson 1981: mit dem Anspruch der umfassenden Synthese Wilson 1998.

in bestimmten Institutionen verankert, begründen eine neue Art von 'Fitness'. Wer sich ihnen am besten anpassen kann, hat zugleich die besten Chancen, sich fortzupflanzen; dadurch perpetuieren sich die Regeln. Kultureller Erfolg schlägt sich nieder als Fortpflanzungserfolg. In dieser Weise sollte die Entwicklung der Kultur und die Modifikation der Gene Hand in Hand gehen und Kultur entsprechend in die biologische Entwicklung eingebettet sein und bleiben. Von den veränderten Genen aus baut sich sozusagen ein neues Geleise auf, das das Verhalten in eine bestimmte Richtung lenkt.

Hierzu eine wenig erbauliche Überlegung: Wenn jede Generation mindestens einen Krieg hat und dabei diejenigen, die nicht hingehen, die Nicht-Aggressiven, von den Kampfwilligen konsequent umgebracht werden – und für solche Praxis gibt es Belege über mehr als 3000 Jahre hin –, muss das Folgen haben für den Menschentyp oder wenigstens seine maskuline Variante; doch auch die sich anpassenden Frauen werden den grösseren Fortpflanzungserfolg haben.[50] So wird Kultur zur Natur, die die kulturelle Wertung und das kulturelle Verhalten festschreibt. Dabei bezeichnet Wilson selbst die Religion als die größte Herausforderung der Soziobiologie.[51]

Daß Konzeptionen wie die von *Homo Necans* mit Wilsons Theorie sehr wohl kompatibel sind, auch nach der Korrektur der wegfallenden Gruppen-Selektion, scheint klar. Die Probleme liegen indes beim *[17]* detaillierten Nachweis, bei der Verifizierbarkeit der Hypothesen über eine soziobiologische Entwicklung der Menschheit. Gerade mit der fortschreitenden Entschlüsselung des genetischen Codes wird immer deutlicher, wie schwierig die Brücken von der Genetik zum manifesten Verhalten festzumachen sind; und die Rückwirkung etwaigen 'Erfolgs' dürfte vielschichtig sein. Die Genese des Menschen in seiner Eigenart, in seiner Trennung vom Schimpansen dürfte sich auf mehr als 2 Millionen Jahre verteilen, für die nur äußerst spärliche Indizien vorliegen. Es gibt ein halbes Dutzend oder mehr Zwischenglieder, die alle ausgestorben sind – und das für 1 1/2 Prozent genetischer Veränderung. Der Schimpanse ist dem Menschen näher gerückt, durch Werkzeugherstellung, eine gewisse Sprachfähigkeit, auch durch Jagdverhalten – aber Riten, gar 'Schuldgefühle' im Jagen lassen sich nicht erkennen. Und wie steht es mit dem Neanderthaler, der neben dem "modernen Menschen" existierte, ohne mit ihm direkt verwandt zu sein? Die Evolution wird komplizierter und bleibt doch dunkel. Schon die Frage, wann und wie sich Sprache entwickelt hat, bleibt vorläufig kontrovers.[52] Ich

---

[50] Vgl. Burkert 1998, 25f.

[51] Wilson 1978, 175, vgl. 169–93.

[52] Vgl. Burkert 1998, 33–35.

meine nach wie vor, daß in jenen Zeichensystemen, mit denen die Kulturwissenschaft es zu tun hat, bestimmte Vorzeichnungen, Bahnen, Programme
angelegt sind, die auch in die Religion hineinführen. Es gibt da gestaltende
Kräfte, 'Attraktoren', die in wiederholter Selbstorganisation sich manifes-
tieren und damit eine gewisse Stabilität anthropologischer Psychologie bewirken,[53] behaupte aber nicht, definitive Beweise geliefert zu haben.

Dem Traum von der großen anthropologischen Theorie der Religion ist
wohl eher zu entsagen. Eine Theorie haben heißt Voraussagen machen, sie
bedeutet Einschränkung möglicher Erfahrung. Eher möchte ich auf Neues,
Überraschendes gefaßt bleiben, und finde mich dabei in Übereinstimmung
mit Henk Versnel, der Anthropologie 'polyparadigmatic' sein lassen möchte.[54] Dabei bin ich altmodisch genug, an Objektivität in Bezug auf die Gegenstände der Wissenschaft zu glauben, an Suchen und Finden, auch beim
Historiker der Antike, auch beim Religionswissenschaftler.

Wichtig ist darum die schlichte Feststellung, daß auch in der Thematik
von Mythos und Ritual immer wieder Neufunde den Fortschritt *[18]* begleitet oder gar ausgelöst haben: Solche Funde waren die Inschrift von Palekastro für Jane Harrison, der Text über das babylonische Neujahrs-Ritual
für Hooke, die Ugarit-Texte für Gaster, die Çatal Hüyük-Ausgrabungen für
Homo Necans, für die These von der Kontinuität zwischen Jägertum und
agrarischer Kultur. Ich habe mich weiterhin vor allem um Erweiterung des
Materials bemüht, besonders im orientalischen Bereich und in der Interaktion von Orientalischem und Griechischem.

Ein Beispiel, das wohl noch wenig bekannt ist:[55] der sumerische Mythos
von der Stiftung des Opfers. Es handelt sich um einen Text über den sagen-
haften König Lugalbanda, von dem verschiedene sumerische Texte erzählen. Unser Text ist erst 1983 veröffentlicht worden und mir 1996 bekannt
geworden.[56] Die Erzählung läuft so:

Lugalbanda erkrankt auf einem Kriegszug, an dem er teilnimmt, und wird von seinen
Kameraden in einer Höhle zurückgelassen, um zu sterben. Doch Lugalbanda betet zu den
Göttern, und da wird er wieder gesund; der ihm hinterlassene Essensvorrat jedoch ist zu
Ende. Was tun? Lugalbanda erfindet das Feuer neu, d.h. das Feuermachen mit Feuerstein, und er wird zum Jäger. Hier wird also angenommen, daß die Menschen vorher, 'ursprünglich', kein Fleisch gegessen haben. Lugalbanda gelingt es, mit Fallen ein Wildrind
und zwei Ziegen einzufangen. Doch wie weiter? Hier greifen Götter ein. Ein Gott er-

---

[53] Burkert 1998.

[54] Versnel 1993, 86.

[55] Hinweis in Burkert 1999.

[56] Hallo 1983; 1996, 212–220; zu den zuvor bekannten Lugalbanda-Texten C. Wilcke, *Real-
      lexikon der Assyriologie* VII (1987) 117–131.

scheint Lugalbanda im Traum und gibt ihm Anweisung zum Opferritual: Er muß die Tiere regelrecht schlachten, den Stier mit der Steinaxt, die Ziegen mit dem Messer, so daß ihr Blut in eine Grube rinnt. Lugalbanda erwacht noch vor Tagesanbruch, und er tut wie geheißen: Er erschlägt den Ochsen mit der Axt, er schlachtet die Ziegen, das Blut fließt, und so lädt Lugalbanda mit Tagesanbruch die vier großen Götter zu Tisch, Anu, Enlil, Enki und Ninhursag, neben der Grube, in die das Blut geflossen ist. Lugalbanda gießt Libationen von Bier und Wein aus, er schneidet und röstet das Fleisch, der Duft steigt empor als Wohlgeruch, und "von der Speise, die Lugalbanda bereitete, verzehrten Anu, Enlil, Enki und Ninhursag die besten Teile." *[19]*

Wir haben hier einen – zuvor unbekannten – mythischen Text, zugleich einen literarischen Text in der bei den Sumerern damals entwickelten Literatur, einen Text über das zentrale Ritual, das Opferritual. Wir finden Mythos und Ritual. Und ich denke, es ist kein *circulus vitiosus*, sondern ein Beispiel eines gelingenden interdisziplinären Dialogs, wenn der Erstherausgeber seinerseits auf *Homo Necans* verweist.[57] Es bleibt die Faszination der transkulturellen und überzeitlichen Entsprechungen. Übrigens gibt es auch im Alten Testament eine Traditionslinie, wonach die Menschen bis zur Sintflut vegetarisch gelebt haben. Nach der Sintflut, als Noah der Arche entsteigt, bringt er das Opfer dar – ebenso handeln die mesopotamischen Vorbilder Noahs, d.h. alle Sintfluthelden. Seit der Sintflut besteht das Opfer, das der Mensch vollzieht und zu dem die Götter – oder der Gott, Jahwe – eingeladen werden.[58] Man könnte auch die Parallelen zur Erfindung des Opfers im homerischen Hermes-Hymnos ausziehen und die Initiations-Motive herausstellen, parallel zu Bemerkungen Henk Versnels:[59] die 'Überlebensübung' als Initiation.

Wird sich Religion, wird sich Altertumswissenschaft, wird sich Religionswissenschaft des Altertums im neuen Jahrtausend behaupten? Der Historiker ist kein Prophet. Er kann mehr oder weniger grämlich feststellen, wie Neues oft dem Alten gleicht: Die neuen Mythen um Ufos und Star Wars z. B. enthalten kaum neue Elemente gegenüber Marduks Kampf gegen Tiamat. Wenn das computerisierte Internet vorzugsweise Vorlieben für aggressive Computer-Spiele und für Pornographie zu speisen scheint, so behaupten sich damit die Urstromtäler des Menschlichen, Sexualität und Aggression, Initiations- und die Opferthematik. Neue Rituale etwa der Popmusik erweisen sich als erstaunlich kulturübergreifend, instrumentieren aber wie seit je die "initiatorische Krise" der Heranwachsenden und markieren vor

---

[57]　Hallo 1996, 212.

[58]　Vgl. Burkert 1998, 28.

[59]　Versnel 1993, 56.

allem Zugehörigkeit, 'in' und 'out'. Kritischer ist mir die Frage: Können wir die alten Lebensordnungen noch als mögliche Modelle humanen Lebens vorstellen und verlebendigen? Das Alte rückt immer ferner und wird mehr denn je unwiederholbar. Daß hier der Wind noch einmal umschlagen wird, ist nicht zu erwarten. Trotzdem meine ich, daß wir als Historiker der Religion nicht nur Ersatzbefriedigung *[20]* bieten für archaisch gestimmte Seelen, nicht nur in den globalen Erlebnispark das eine oder andere Hexenhäuschen hineinstellen. Die immer noch geheimnisvolle Besonderheit des Menschen ist sein Selbstbewußtsein. Wir tragen in der historischen Dimension bei zu einer menschlich-geistigen Ganzheit, die weder in einen Darwinismus der 'Meme' , von dem man auch schon gesprochen hat, noch in eine globale Vernetzung von Werbespots aufzulösen ist. Wenn man will: Wir sind bemüht um 'Humanismus' – auch wenn ich lieber griechisch von Anthropologie spreche.

Bibliographie

ANET = Pritchard, J.B., ed., *Ancient Near Eastern Texts Relating to the Old Testament* (Princeton [3]1964).

Ackerman, R., *The Myth and Ritual School* (New York 1991).

Auffarth, Chr., *Der drohende Untergang. 'Schöpfung' in Mythos und Ritual im alten Orient und in Griechenland* (Berlin 1991).

Bischof, N., *Gescheiter als alle die Laffen. Ein Psychogramm von Konrad Lorenz* (Hamburg 1991).

Bleeker, C.J., Drewes, G.WJ., Hidding, K.A, ed., *Proceedings of the 7th Congress for the History of Religions* (Amsterdam 1951).

Brelich, A, *Paides e Parthenoi* I (Rom 1969).

Burkert, W., "Kekropidensage und Arrhephoria. Vom Initiationsritus zum Panathenäenfest", *Hermes* 94 (1966) 175–200 (= Burkert 1966a) *[= in diesem Band Nr. 10.]*

—, "Greek Tragedy and Sacrificial Ritual", *GRBS* 7 (1966) 87–121 (= Burkert 1966b) *[= Kleine Schriften VII, 1-36].*

—, *Homo Necans* (Berlin 1972; engl. Berkeley 1983).

—, *Structure and History in Greek Mythology and Ritual* (Berkeley 1979).

—, "Griechische Mythologie und die Geistesgeschichte der Moderne", in: *Les Études classiques au XIXe et XXe siècles.* Entretiens sur l'antiquité classique 26 (Vandoeuvres-Genève 1980) 159–199 *[= Kleine Schriften IV Nr.3]*

—, "Oriental and Greek Mythology: The Meeting of Parallels", in: J. Bremmer (ed.), *Interpretations of Greek Mythology* (London 1987), 10–40 *[= Kleine Schriften 2, 48–72]*.

—, "Der Mensch, der tötet", in: H. Ritter (Hrsg.), *Werkbesichtigung Geisteswissenschaften* (Frankfurt 1990), 185–193.

—, "Mythos. Begriff, Struktur, Funktionen", in: F. Graf (Hrsg.), *Mythen in mythenloser Gesellschaft* (Colloquium Rauricum 3) (Stuttgart 1993), 9–24 *[= Kleine Schriften IV Nr.4]*.

—, "Aggression und Behagen: Die heiligen Schauer des Essens", in: A Keck, I. Kording, A Prochaska (Hrsg.), *Verschlungene Grenzen. Anthropophagie in Literatur und Kulturwissenschaften* (Tübingen 1999), 243–256.

—, *Kulte des Alterums: Biologische Grundlagen der Religion* (München 1998).

—, "Revealing Nature Amidst Multiple Cultures. A Discourse with Ancient Greeks", in: *The Tanner Lectures on Human Values* 21 (2000), 125–151.

Calame, C., *Illusions de la mythologie* (Limoges 1991).

—, 'Mythe' et 'rite' en Grèce: Des catégories indigènes?", *Kernos* 4 (1991) 179–204.

Chirassi, I., *Elementi di culture precereali nei miti e riti greci* (Rom 1969).

Cornford, F.M., "The Origin of the Olympic Games", in: Harrison 1912, 212–259.

—, "A Ritual Basis for Hesiod's Theogony", in: F.M. Cornford, *The Unwritten Philosophy and Other Essays*, ed. with an introductory memoir by W.K.C. Guthrie (Cambridge 1950), 95–116. *[21]*

D'Aquili, E.G., Laughlin, Ch.D., McManus, J., *The Spectrum of Ritual. A Biogenetic Analysis* (New York 1976).

Dawkins, T., *The Selfish Gene* (Oxford 1976).

Detienne, M., *Les jardins d'Adonis* (Paris 1972).

—, *Dionysos mis à mort* (Paris 1977).

—, *L'invention de la mythologie* (Paris 1981).

Deubner, L., *Attische Feste* (Berlin 1932).

Dieterlen, G., "La cosmogonie des Dogon et les cérémonies soixantenaires du Sigui", *Cahiers internationaux de syymbolisme* 35–36 (1978) 175–185.

Dodds, E.R., *The Greeks and the Irrational* (Berkeley 1951).

Evans, A., "Mycenaean Tree and Pillar Cult", *JHS* 21 (1901) 99–204.

Farnell, L.R., *The Cults of the Greek States* I (Oxford 1896).

Fontenrose, J., *The Ritual Theory of Myth* (Berkeley 1971).

Gaster, Th.H., *Thespis. Ritual, Myth and Drama in the Ancient Near East* (Garden City 1950; [2]1961).

—, *The New Golden Bough* (London 1959).

van Gennep, A., *Les rites de passage* (Paris 1909; 1981); dt. *Übergangsriten* (Frankfurt 1986); engl. *The Rites of Passage* (London 1960).

Gernet, L., *Anthropologie de la Grèce antique* (Paris 1968).

Graf, F., "Milch, Honig und Wein. Zum Verständnis der Libation im griechischen Ritual", in: *Perennitas. Studi in Onore di A. Brelich* (Rom 1981), 209–221.

—, *Griechische Mythologie* (München/Zürich 1985, [3]1991).

Griaule, M., *Masques Dogon* (Paris 1938).

Hallo, W.W., "Lugalbanda Excavated," *Journal of the American Oriental Society* 103 (1983) 165–180.

—, *Origins. The Ancient Near Eastern Background of Some Modern Western Institutions* (Leiden 1996).

Harrison, J., *Mythology and Monuments of Ancient Athens* (London 1890).

—, *Themis. A Study of the Social Origins of Greek Religion* (Cambridge 1912, [2]1927).

Hooke, S.H., ed., *Myth and Ritual. Essays on the Myth and Ritual of the Hebrews in Relation to the Culture Pattern of the Ancient Near East* (Oxford 1933).

—, *Myth, Ritual, and Kingship* (Oxford 1958).

Jeanmaire, H., *Couroi et Courètes* (Lille 1939).

Jensen, A.K, *Hainuwele. Volkserzählungen von der Molukkeninsel Ceram* (Frankfurt 1939).

Jung, C.G., Kerényi, K. *Einführung in das Wesen der Mythologie. Gottkindmythos, Eleusinische Mysterien* (Amsterdam, Zürich 1941).

Kirk, G.S., *Myth. Its Meaning and Functions in Ancient and Other Cultures* (Berkeley 1970).

Kluckhohn, C., "Myths and Rituals. A General Theory", *Harvard Theological Review* 35 (1942) 45–79.

Krummen, E., *Pyrsos Hymnon: Festliche Gegenwart und mythisch-rituelle Tradition als Voraussetzung einer Pindarinterpretation* (Berlin 1990).

Leach, E.R., *The Political Systems of Highland Burma* (London 1954).

Lévi-Strauss, C., "The Structural Study of Myth", *Journal of American Folklore* 68 (1955) 428–44; franz. in: *Anthropologie Structurale* (Paris 1958), 227–255; dt. in: *Strukturale Anthropologie* (Frankfurt 1967), 266–254.

—, *Mythologiques* I–IV (Paris 1964–1971), dt.: *Mythologica* (Frankfurt 1971–1975).

Lorenz, K., *Das sogenannte Böse. Zur Naturgeschichte der Aggression* (Wien 1963).

—, *Die acht Todsünden der zivilisierten Menschheit* (München [2]1973).

Lumsden, C.J., Wilson, E.O., *Genes, Mind, and Culture. The Coevolutionary Process* (Cambridge, Mass. 1981).

Malinowski, B., *Myth in Primitive Psychology* (London 1926).

—, *Magic, Science and Religion* (Garden City 1954).

Merkelbach, R., *Roman und Mysterium in der Antike* (München 1962).

—, *Isis regina – Zeus Sarapis* (Stuttgart 1995). *[22]*

Meuli, K., "Scythica", *Hermes* 70 (1935), 121–176 = *Gesammelte Schriften* (Basel 1975), 817–879.

—, "Griechische Opferbräuche", in: O. Gigon, K. Meuli, W. Theiler (Hgg.), *Phyllobolia für Peter Von der Mühll zum 60. Geburtstag* (Basel 1946), 185–288 = *Gesammelte Schriften* (Basel 1975), 907–1021.

Moor, J.C. de, *An Anthology of Religious Texts from Ugarit* (Leiden 1987).

Mowinckel, S., *Religion und Kultus* (Göttingen 1953).

Murray, G., "Excursus on the Ritual Forms preserved in Greek Tragedy", in Harrison (1912), 341–363.

Nilsson, M.P., *Cults Myths, Oracles, and Politics in Ancient Greece* (Lund 1951).

Propp, V., *Morphology of the Folktale* (Bloomington 1958), dt. *Morphologie des Märchens* (München [2]1975); urspr. russisch (Leningrad 1928).

Robert, C., *Oidipus* (Berlin 1915).

Rose, H.J., "Myth and Ritual in Classical Civilization", *Mnemosyne* 3 (1950) 281–287.

Smith, J.Z., *Map is not Territory* (Leiden 1978).

Sokal, A., Bricmont, J., *Eleganter Unsinn. Wie die Denker der Postmoderne die Wissenschaften mißbrauchen* (München 1999).

Steiner, G., *Der Sukzessionsmythos in Hesiods Theogonie und ihren orientalischen Parallelen* (Diss. Hamburg 1959).

Thomson, G., *Studies in Ancient Creek Society. The Prehistoric Aegean* (London 1949).

Thureau-Dangin, F., *Rituels accadiens* (Paris 1921).

Versnel, H.S., *Triumphus. An Inquiry into the Origin, Development and Meaning of the Roman Triumph* (Leiden 1970).

—, *Inconsistencies in Greek and Roman Religion.* I: *Ter Unus. Isis, Dionysos, Hermes: Three Studies in Henotheism* (Leiden 1990, ²1998).

—, *Inconsistencies in Greek and Roman Religion.* II: *Transition and Reversal in Myth and Ritual* (Leiden 1993, ²1994); darin 15–88: "What is Sauce for the Goose is Sauce for the Gander: Myth and Ritual, Old and New"; urspr. in L. Edmunds (ed.), *Approaches to Greek Myth* (Baltimore 1990), 25–90.

Webster, T.B.L., "Some Thoughts on the Prehistory of Greek Drama", *BICS* 5 (1958) 43–48.

Wilson, E.O., *Sociobiology. The New Synthesis* (Cambridge, Mass. 1975).

—, *On Human Nature* (Cambridge, Mass. 1978).

—, *Promethean Fire. Reflections on the Origin of Mind* (Cambridge, Mass. 1983).

—, *Consilience. The Unity of Knowledge* (New York 1998), dt. *Die Einheit des Wissens* (München 1999).

Indices

a. Ausgewählte Stellen

Aeschylus
– – –, *Agamemenon* 1297: 4
– – –, *Fr.*97 Radt(*TrGF): 197
– – –, *Fr.*161 Radt (*TrGF*): 82
Antimachus, ed. Wyss
– – –, Fr.46: 191
Aristophanes
    Lys. 641: 162
    Nubes 257: 137
    Eccl. 780–783: 82
    Plut. 676–681: 75

Caesar
    Bellum Gallicum 6,14,2: 33 Anm. 9
Cicero
    De Divinatione 2,33,70: 154
Clemens Alexandrinus
    Protr. 2,17: 167

Dio Chrystostumus
    Or. 12,33: 27
Diodor, *Bibl.*
    5,4,7: 122
Donatus, ed. Wessner
    In Ter.Phorm. 15,3 (II 363): 131

Euphorion, ed. Powell
    Fr. 9: 171
Euripides
    Iph. Aul. 433ff.: 138
    Ion 16ff.: 181
    Kreter, F 19 (*TrGF*): 101

Harpocration
    A 59: 163
Hellanicus, *FGrHist* 4
    F 71: 189
Herodot
    2,171: 200
    3,8: 113
    4,196: 79

    9,77,1: 149
    9,80f.: 76
Homer
    Il. 15,188–193: 148
    Od. 8.266–366: 196 Anm. 39
    – – 9,299ff.: 107
    – – –,378ff.: 106
    – – 14,435f.: 80

Inschriften
    CEG 5 = *IG I³ 1 163:* 152
    IG XII Suppl. 126,15: 116 Anm. 33
    Pylos, Tablet Tn316: 74

Kallimachos, ed. Pfeiffer
    Fr.22/3: 214
    Hy. 5, 35–863: 211

Livius
    1,36,2–6: 151
    10,38: 132
Lysias
    Or. 21,5: 162

Myrsilos von Lesbos, *FGrHist* 477
    F 1a: 194

Pausanias
    1,27,3: 160–161
    2,25,4: 200
    4,12,7ff.: 116
    4,17,1: 200
    9,12,1: 214
Philochoros, *FGrHist* 328
    F 64b: 208
    F 89: 198
Philostratus
    Heroikos 20: 188
    V. Ap. 4,21: 179 Anm. 36.
Photios, *Lexicon* ed. Porson
    s.v. προτέλεια (p.464,19): 137

b. Namen und Sachen

c. Graeca et Latina

d. Moderne Autoren

Strabons Geographika

herausgegeben von Stefan Radt

V&R

Die zehnbändige Ausgabe Stefan Radts ist auf der Grundlage neuer Kollationierung der Haupthandschriften und unter Berücksichtung der gesamten zu Strabon erschienenen Sekundärliteratur konstituiert.

Band 1: Prolegomena. Buch I–IV: Text und Übersetzung
2002. XXVI, 563 Seiten, Leinen
ISBN 978-3-525-25950-4

Band 2: Buch V–VIII: Text und Übersetzung
2003. IV, 560 Seiten, Leinen
ISBN 978-3-525-25951-1

Band 3: Buch IX–XIII: Text und Übersetzung
2004. 681 Seiten, Leinen
ISBN 978-3-525-25952-8

Band 4: Buch XIV–XVII: Text und Übersetzung
2005. IV, 574 Seiten, Leinen
ISBN 978-3-525-25953-5

Band 5: Abgekürzt zitierte Literatur, Buch I–IV: Kommentar
2006. VI, 495 Seiten mit 4 Karten, Leinen
ISBN 978-3-525-25954-2

Band 6: Buch V–VIII: Kommentar
2007. VI, 525 Seiten mit 6 Karten, Leinen
ISBN 978-3-525-25955-9

Band 7: Buch IX–XIII: Kommentar
2008. 584 Seiten, Leinen
ISBN 978-3-525-25956-6

Band 8: Buch XIV–XVII: Kommentar
2009. VI, 556 Seiten, Leinen
ISBN 978-3-525-25957-3

Band 9: Epitome und Chrestomathie
2010. 357 Seiten, Leinen
ISBN 978-3-525-25958-0

»Damit liegt nun erstmals seit geraumer Zeit wieder eine vollständige Textausgabe vor, die allen philologischen Anforderungen genügt, sowie eine zuverlässige deutschsprachige Übersetzung bietet.« *Michael Rathmann, Tyche*

»Radt's Strabon will become one of the main standard editions for a long time to come. Everyone who consults his translation will benefit from it, and even those not looking specifically for a German translation may turn to the Greek text as a highly reliable source.«
Peter C. Nadig, Bryn Mawr Classical Review

Vandenhoeck & Ruprecht

Hypomnemata

Untersuchungen zur Antike und zu ihrem Nachleben.

V&R

Band 177: Christos Simelidis

**Selected Poems
of Gregory of Nazianzus**

I.2.17; II.1.10, 19, 32: A Critical Edition
with Introduction and Commentary

2009. 284 Seiten, gebunden
ISBN 978-3-525-25287-1

Band 178: Johannes Breuer

**Der Mythos in den Oden
des Horaz**

Praetexte, Formen, Funktionen

2008. 444 Seiten, gebunden
ISBN 978-3-525-25285-7

Band 179: Thomas D. Frazel

**The Rhetoric of Cicero's
»In Verrem«**

2009. 264 Seiten, gebunden
ISBN 978-3-525-25289-5

Band 180: Euree Song

**Aufstieg und Abstieg der
Seele**

Diesseitigkeit und Jenseitigkeit in
Plotins Ethik der Sorge

2009. 184 Seiten, gebunden
ISBN 978-3-525-25290-1

Band 181: John Schafer

Ars Didactica

Seneca's 94th and 95th Letters

2009. 125 Seiten, gebunden
ISBN 978-3-525-25291-8

Band 182: Margherita Maria Di Nino

I fiori campestri di Posidippo

Ricerche sulla lingua e lo stile di
Posidippo di Pella

2010. 378 Seiten, gebunden
ISBN 978-3-525-25292-5

Band 183: Silvio Bär

**Quintus Smyrnaeus
»Posthomerica« 1**

Die Wiedergeburt des Epos aus dem
Geiste der Amazonomachie. Mit einem
Kommentar zu den Versen 1–219

2009. 640 Seiten, gebunden
ISBN 978-3-525-25293-2

Band 184: Béatrice Lienemann

**Die Argumente des Dritten
Menschen in Platons Dialog
»Parmenides«**

Rekonstruktion und Kritik aus analy-
tischer Perspektive

2010. 414 Seiten, gebunden
ISBN 978-3-525-25275-8

Band 185: Yosef Z. Liebersohn

**The Dispute concerning Rhe-
toric in Hellenistic Thought**

2010. 224 Seiten, gebunden
ISBN 978-3-525-25294-9

Weitere Bände in Vorbereitung.
Nähere Informationen sowie früher
erschienene Bände unter www.v-r.de

Vandenhoeck & Ruprecht